职业教育课程改革系列教材

机电类专业教学与考工用书

数控编程与操作

主　编　吴光明

副主编　孔　君

参　编　缪遇春　覃日英　黄　云

　　　　胥永林　马　广　郭沃辉

主　审　张竹青

机 械 工 业 出 版 社

本书共分5章。第一章为数控机床概述，第二章为数控加工基础知识，第三章为数控车床的编程与操作，第四章为数控铣床/加工中心的编程与操作，第五章为数控电火花线切割机床编程与操作。主要内容都结合加工实例进行了细致的分析，将数控加工程序和工艺的编制融合到一个个编程实例中，让学生在学习过程中潜移默化地掌握这些数控编程指令。

本书详细地介绍了FANUC 0i、GSK980TD与GSK983M、HNC—21/22等常用系统的基本操作。数控车、铣和电火花线切割三章都安排有实训项目。实训内容和相关知识点紧密结合，循序渐进，帮助学生有效地消化所学知识，强化技能训练，提高实际动手能力。

本书围绕中高级数控加工操作的职业岗位要求合理地安排内容，将数控理论与技能有机地结合在一起，针对性、实用性强，适合高职和中职学校数控、模具、机电类专业教学和国家职业技能鉴定考工培训使用。另外，本书还配有电子教案，可登录机械工业出版社教材网后下载。

图书在版编目（CIP）数据

数控编程与操作/吴光明主编. —北京：机械工业出版社，2010.5（2022.10重印）

职业教育课程改革系列教材. 机电类专业教学与考工用书

ISBN 978-7-111-28732-2

Ⅰ.①数…　Ⅱ.①吴…　Ⅲ.①数控机床-程序设计-职业技能鉴定-教材②数控机床-操作-职业技能鉴定-教材　Ⅳ.①TG659

中国版本图书馆CIP数据核字（2010）第053423号

机械工业出版社（北京市百万庄大街22号　邮政编码100037）
策划编辑：汪光灿　责任编辑：汪光灿　版式设计：霍永明
责任校对：陈立辉　封面设计：王伟光　责任印制：常天培
固安县铭成印刷有限公司印刷
2022年10月第1版第10次印刷
184mm×260mm · 19印张 · 468千字
标准书号：ISBN 978-7-111-28732-2
定价：49.80元

电话服务	网络服务
客服电话：010-88361066	机　工　官　网：www.cmpbook.com
010-88379833	机　工　官　博：weibo.com/cmp1952
010-68326294	金　书　网：www.golden-book.com
封底无防伪标均为盗版	机工教育服务网：www.cmpedu.com

前　言

数控技术是提高产品质量、提高劳动生产率必不可少的重要手段，是关系我国制造业发展和综合国力提高的关键技术。只有加快数控技术的发展，进一步提高模具产品的设计制造水平，才能促进我国先进生产力的发展。目前，我国掌握数控技术的机电复合型人才缺口巨大，尽快加速培养掌握数控加工编程技术的应用型人才已成为当务之急。

本书是为了满足国家对数控人才的迫切需要，根据教育部、国防科工委、中国机械工业联合会联合制定的职业教育数控技术应用专业领域技能型人才培养指导方案的要求，并结合作者多年在数控加工工艺、编程和模具制造方面的教学与工作经验而编写的。

本书共分5章。第一章为数控机床概述，介绍了数控机床的发展、特点、分类及典型结构，结合工厂的实际情况，还较为详尽地介绍了数控加工刀具、常用工具及夹具。第二章为数控加工基础知识，讲述了数控编程的基本概念等知识。第三章为数控车床的编程与操作，不仅详细地介绍了数控车床的基本命令，还介绍了 FANUC 0i 系统、GSK980TD 系统、HNC—21/22T 系统的基本操作。第四章为数控铣床/加工中心的编程与操作，在详细地介绍了数控铣削指令后，还介绍了 FANUC 0i 系统、GSK983M 系统、HNC—21/22 系统的基本操作。第五章为数控电火花线切割机床编程与操作，详细地介绍了线切割机床的原理和特点、编程、加工工艺。主要内容都结合加工实例进行了细致的分析。

本书从培养数控技能专业人才的角度出发，坚持以就业为导向，以职业能力的培养为核心的原则。在内容的安排上，基本理论叙述以够用为度，突出实用性和可操作性，将数控加工程序和工艺的编制融合到一个个编程实例中，让学生在学习过程中潜移默化地掌握这些数控编程指令。

本书的数控车、铣和电火花线切割三章都安排有实训项目。实训内容的安排都和相关知识点紧密结合，循序渐进。每个实训课题不仅能有效地帮助学生消化所学的知识，更能强化他们的技能训练，提高学生的实际动手能力。

本书围绕中高级数控加工操作的职业岗位要求合理地安排内容，将数控理论与技能有机地结合在一起，针对性、实用性强，适合高职和中职学校数控、模具、机电类专业学生学习和国家职业技能鉴定考工培训使用。

本书由东莞市职业技能鉴定指导中心组织编写，由吴光明任主编，孔君任副主编，张竹青主审。吴光明编写了第四章中的第一、二、三、六节，孔君编写了第三章中的第一、二、三、六节，缪遇春编写了第二章，覃日英编写了第五章，黄云编写了第三、四章中的第四、五节，胥永林编写了第一章的前四节，马广编写了第一章的后三节，郭沃辉参加了部分内容的编写工作。全书由吴光明统稿。东莞市技能鉴定指导中心提出了很多修改意见。在编写过程中，东莞市职业技能鉴定指导中心、东莞理工学校、东莞市高级技工学校、联合技工学校、育才职业技术学校、长安职业高级中学、常平黄水职业中学、智通职业技术学校、华粤职业技术学校、南华职业技术学校、南博职业技术学院、东莞理工学院及东莞模具制造等相关企业也给予了大力支持，在此一并表示衷心的感谢。

限于编者的水平，书中难免有错误和不妥之处，恳请广大读者批评指正，编者的电子邮箱为 wgm2170@126.com。

编　者

目　　录

第一章

数控机床概述

制造业是一个国家国民经济的支柱产业，它一方面创造价值，生产物质财富，另一方面为国民经济各个部门提供装备，其现代化程度决定了国家其他行业的发展步伐。数控技术和数控装备是制造业现代化的重要基础，这个基础是否牢固，直接影响到一个国家的经济发展和综合国力，在一个国家的建设事业中具有战略意义。因此，世界上各工业发达国家均采取措施来大力发展自己的数控技术及其产业。随着计算机技术的迅速发展，数控系统及数控机床的性价比和数控机床在机械制造业中的普及率将大幅提高。

第一节　数控机床的发展过程及发展趋势

1. 数控机床的产生

第二次世界大战结束后，美、苏两国的军备竞赛日益激烈，制空权更是竞争的焦点，对新型的性能更好的飞机需求十分迫切。而那时飞机零件的加工、整体机身的装备均是依靠样板来进行的，样板的数量极其惊人。样板的加工主要是依靠仿形铣床或者是依靠划线后按线铣削，最后靠手工钳修成形，而仿形铣床的模板也是靠人工钳修打磨成形的，因此生产效率极低，精度也不高。生产一种新机型，其生产周期需二三年时间。因此，1948 年美国空军部门向美国吉斯汀-路易斯公司提出了研制直升飞机螺旋桨叶片轮廓检查样板加工设备的任务。该公司经过调查研究，提出了用大量的直线组成的一条折线来逼近样板曲线，使两者之间误差控制在允许范围内，然后，将每一条直线在 X、Y 坐标上的投影量编制成一个程序记录在纸带上输给计算机，计算机根据程序指令经过插补计算，同时给 X、Y 的伺服驱动装置发出不同频率、不同数量的指令脉冲，X、Y 两个坐标的伺服驱动装置按照各自的指令脉冲驱动各自的运动部件，从而使刀具相对于工件走了一段由 X、Y 两个坐标合成的并与程序相符合的直线。这样，一个程序一个程序走下去，就加工出一个符合零件要求的曲线的方案，这就是数控铣削方案。1949 年经过美国空军部门的批准，该公司与美国麻省理工学院合作，开始了数控铣床的研究，经过三年的研制，于 1952 年试制成功了世界上第一台数控铣床。不久即开始正式生产，于 1957 年正式投入使用。这是制造技术发展过程中的一个重大突破，标志着制造领域中数控加工时代的开始。

2. 数控机床的发展过程

第一代数控铣床的出现引起了世界各国的关注，认为它的出现不仅解决了复杂曲线与型面的加工问题，而且指出了今后机床自动化的方向，因此纷纷投入数控机床及其相关技术的研究。

当时的数控装置采用电子管元件，体积庞大，价格昂贵，只在航空工业等少数有特殊需要的部门用来加工复杂型面零件。1959 年，出现了晶体管元件和印制电路板，使数控装置进入了第二代，体积大为缩小，成本有所下降，但其可靠性还是很低，得不到广大用户的认同。

1965 年，出现了第三代的集成电路数控装置，不仅体积小，功率消耗少，且可靠性提高，价格进一步下降，促进了数控机床品种和产量的发展。

20 世纪 60 年代末，先后出现了由一台计算机直接控制多台机床的直接数控系统（简称 DNC），又称群控系统。采用小型计算机控制的计算机数控系统（简称 CNC），使数控装置进入了以小型计算机化为特征的第四代。

1974 年，研制成功使用微处理器和半导体存储器的微型计算机数控装置（简称 MNC），这是第五代数控系统。第五代与第三代相比，数控装置的功能扩大了一倍，而体积则缩小为原来的 1/20，价格降低了 3/4，可靠性也得到极大的提高。

20 世纪 80 年代初，随着计算机软、硬件技术的发展，出现了能进行人机对话式自动编制程序的数控装置，数控装置愈趋小型化，可以直接安装在机床上，数控机床的自动化程度进一步提高，具有自动监控刀具破损和自动检测工件等功能。

20 世纪 90 年代后期，出现了 PC + CNC 智能数控系统，即以 PC 机为控制系统的硬件部分，在 PC 机上安装 NC 软件系统，此种方式系统维护方便，易于实现网络化制造。

数控系统是数控机床的核心。数控系统的不断提高，使得数控机床功能也越来越完善，使用越来越方便，可靠性越来越高。

3. 我国数控机床发展的过程

我国数控机床开发的起步并不晚，大约与日本、德国、前苏联同步。1958 年，北京第一机床厂与清华大学合作试制成功我国第一台数控铣床。但是，由于相关工业基础差，尤其是数控系统的支撑工业——电子工业薄弱，致使发展速度缓慢。直到 1970 年，北京第一机床厂的 XK5040 型数控升降台铣床才作为商品，小批量生产并推向市场。

1975 年，沈阳第一机床厂的 CSK6163 型数控车床才真正进入商品化。

在 1974 ~ 1976 年间，虽然开发了加工中心、数控镗床、数控磨床和数控钻床，但是因为系统不过关，多数机床没有在生产中发挥作用。

20 世纪 80 年代前期，即“六五”期间，在引入了日本 FUNAC 数控技术后，我国的数控机床才真正进入小批量生产的商品化时代。

通过“七五”期间数控技术攻关和“八五”期间数控系统攻关，大大推动了我国数控机床的发展。目前，我国已经有自主版权的数控系统，特别是进入 21 世纪以来，我国数控机床的产量持续增长，数控化率也显著提高。另一方面，我国数控产品的技术水平和质量也不断提高，目前我国一部分普及型数控机床的生产已经形成一定规模，产品技术性能指标较为成熟，价格合理，在国际市场上具有一定的竞争力。我国数控机床行业所掌握的五轴联动数控技术较成熟，并已有成熟商品走向市场。

我国在数控机床高端产品的生产上取得了一定的突破。目前已经可以供应网络化、集成化、柔性化的数控机床。同时，我国也已进入世界高速数控机床生产国和高精度精密数控机床生产国的行列，已经研制成功一批主轴转速在 8000～10000r/min 以上的数控机床。

我国数控机床行业近年来大力推广应用 CAD 等信息技术，很多企业已开始和计划实施应用 ERP、MRPⅡ和电子商务。例如，济南第二机床集团有限公司的 CAD 普及率达 100%，是国家级“CAD 示范企业”，企业的 MRP Ⅱ系统应用也非常成功，现代化管理水平较高，但是和发达国家相比，我国数控机床行业在信息化技术应用上仍然存在很多不足。

1）信息化技术基础薄弱，对国外技术依存度高。我国数控机床行业总体的技术开发能力和技术基础薄弱，信息化技术应用程度不高。行业现有的信息化技术来源主要依靠引进国外技术，对国外技术的依存度较高，对引进技术的消化仍停留在掌握已有技术和提高国产化率上，没有上升到形成产品自主开发能力和技术创新能力的高度。具有高精、高速、高效、复合功能、多轴联动等特点的高性能数控机床基本上还得依赖进口。

2）产品成熟度较低，可行性不高。国外数控系统平均无故障时间在 10000h 以上，国内自主开发的数控系统仅 3000～5000h；整机平均无故障工作时间国外达 800h 以上，国内最好只有 300h。

3）创新能力低，市场竞争力不强。我国生产数控机床的企业虽达百余家，但大多数未能形成规模生产，信息化技术利用不足，创新能力低，制造成本高，产品市场竞争能力不强。

4. 数控机床的发展趋势

为了满足市场和科学技术发展的需要，为了达到现代制造技术对数控技术提出的更高的要求，当前，世界数控技术及其装备发展趋势主要体现在以下几个方面：

（1）高速、高效、高精度、高可靠性　要提高加工效率，首先必须提高切削和进给速度，同时，还要缩短加工时间；要确保加工质量，必须提高机床部件运动轨迹的精度，而可靠性则是上述目标的基本保证。为此，必须要有高性能的数控装置作保证。

1）高速、高效。机床向高速化方向发展，可充分发挥现代刀具材料的性能，不但可大幅度提高加工效率，降低加工成本，而且还可提高零件的表面加工质量和精度，超高速加工技术对制造业实现高效、优质、低成本生产有广泛的适用性，新一代数控机床只有通过高速化大幅度缩短切削工时才可能进一步提高其生产率。20 世纪 90 年代以来，欧、美、日各国争相开发应用新一代高速数控机床，加快机床高速化发展步伐，高速主轴单元（电主轴，转速为 15000～100000r/min）、高速且高加或减速度的进给运动部件（快移速度为 60～120m/min，切削进给速度高达 60m/min）、高性能数控系统和伺服系统以及数控工具系统都出现了新的突破，达到了新的技术水平。随着超高速切削机理、超硬耐磨长寿命刀具材料和磨料磨具、大功率高速电主轴、高加或高减速度直线电动机驱动进给部件以及高性能控制系统（含监控系统）和防护装置等一系列技术领域中关键技术的解决，使数控机床的加工更加高效。

2）高精度。从精密加工发展到超精密加工，是世界各工业强国致力发展的方向。其精度从微米级到亚微米级，乃至纳米级（<10nm），其应用范围日趋广泛。超精密加工主要包括超精密切削（车、铣）、超精密磨削、超精密研磨抛光以及超精密特种加工（三束加工及微细电火花加工、微细电解加工和各种复合加工等）。随着现代科学技术的发展，对超精密加工技术不断提出了新的要求，新材料及新零件的出现、更高精度要求的提出等都需要超精

密加工工艺，发展新型超精密加工机床，完善现代超精密加工技术，以适应现代科技的发展。

3）高可靠性。数控系统的可靠性要高于被控设备的可靠性在一个数量级以上，但也不是可靠性越高越好，仍然是适度可靠。因为是商品，受性能价格比的约束，对于每天工作两班的无人工厂而言，如果要求在16h内连续正常工作，无故障率 $P(t)=99\%$ 以上的话，则数控机床的平均无故障运行时间MTBF就必须大于3000h，MTBF大于3000h，对于由不同数量的数控机床构成的无人化工厂差别就大多了。我们只对一台数控机床而言，如主机与数控系统的失效率之比为10:1的话（数控系统的可靠性比主机高一个数量级），此时数控系统的MTBF就要大于33333.3h，而其中的数控装置、主轴及驱动等的MTBF就必须大于10万h。当前国外数控装置的MTBF值已达6000h以上，驱动装置达30000h以上。

（2）模块化、智能化、柔性化和集成化

1）模块化、专门化与个性化。为了适应数控机床多品种、小批量的特点，机床结构模块化、数控功能专门化、机床性能价格比显著提高并加快优化，个性化是近几年来特别明显的发展趋势。

2）智能化。智能化的内容包括在数控系统中的各个方面：

- 为追求加工效率和加工质量方面的智能化，如自适应控制、工艺参数自动生成。
- 为提高驱动性能及使用连接方便方面的智能化，如前馈控制、电动机参数的自适应运算、自动识别负载自动选定模型、自整定等。
- 简化编程、简化操作方面的智能化，如智能化的自动编程、智能化的人机界面等。
- 智能诊断、智能监控、方便系统的诊断及维修等。

3）柔性化、集成化。数控机床向柔性自动化系统发展的趋势是：从点（数控单机、加工中心和数控复合加工机床）、线（FMC、FMS、FTL、FML）向面（工段车间独立制造岛、FA）、体（CIMS、分布式网络集成制造系统）的方向发展，另一方面向注重应用性和经济性方向发展。柔性自动化技术是制造业适应动态市场需求及产品迅速更新的主要手段，是各国制造业发展的主流趋势，是先进制造领域的基础技术。其重点是以提高系统的可靠性、实用化为前提，以易于联网和集成为目标，注重加强单元技术的开拓、完善。CNC单机向高精度、高速度和高柔性方向发展，数控机床及其构成柔性制造系统能方便地与CAD、CAM、CAPP、MTS连接，向信息集成方向发展，网络系统向开放、集成和智能化方向发展。

（3）开放性　为适应数控进线、联网，普及型个性化、多品种、小批量、柔性化及数控迅速发展的要求，数控机床体系结构必须向开放式发展。

第二节　数控机床的组成与加工特点

1. 数控机床的组成

数控机床一般由输入/输出装置、数控装置、驱动装置和检测装置、辅助控制装置、机床本体所组成（见图1-1）。

（1）输入/输出装置　数控加工程序可通过键盘，用手工方式直接输入数控系统，还可由编程计算机用RS232C或采用网络通信方式传送到数控系统中。

零件加工程序输入过程有两种不同的方式：一种是边读入边加工；另一种是一次将零件

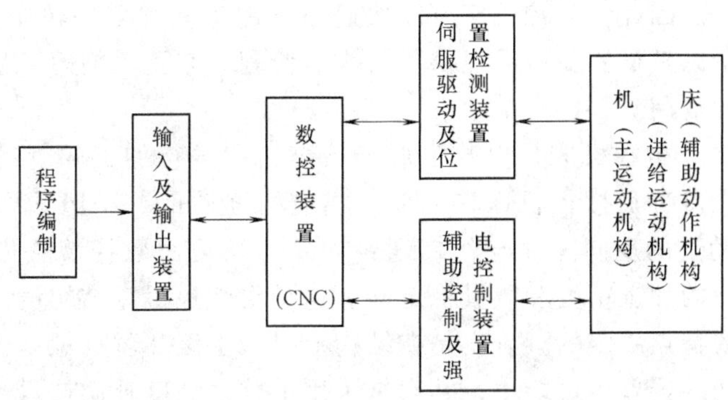

图 1-1 数控机床的组成

加工程序全部读入数控装置内部的存储器，加工时再从存储器中逐段调出进行加工。

（2）数控装置 数控装置是数控机床的中枢。数控装置从内部存储器中取出或接受输入装置送来的一段或几段数控加工程序，经过它的逻辑电路或系统软件进行编译、运算和逻辑处理后，输出各种控制信息和指令，控制机床各部分的工作，使其进行规定的有序运动和动作。

零件的轮廓图形往往由直线、圆弧或其他非圆弧曲线组成，刀具在加工过程中必须按零件形状和尺寸的要求进行运动，即按图形轨迹移动。但输入的零件加工程序只能是各线段轨迹的起点和终点坐标值等数据，不能满足要求。因此，要进行轨迹插补，也就是在线段的起点和终点坐标值之间进行“数据点的密化”，求出一系列中间点的坐标值，并向相应坐标输出脉冲信号，控制各坐标轴（即进给运动各执行部件）的进给速度、进给方向和进给位移量等。

（3）驱动装置和检测装置 驱动装置接受来自数控装置的指令信息，经功率放大后，严格按照指令信息的要求驱动机床的移动部件，加工出符合图样要求的零件。驱动装置包括控制器（含功率放大器）和执行机构两大部分。目前大都采用直流或交流伺服电动机作为执行机构。

检测装置将数控机床各坐标轴的实际位移量检测出来，经反馈系统输入到机床的数控装置中。数控装置将反馈回来的实际位移量值与设定值进行比较，控制驱动装置按指令设定值运动。

（4）辅助控制装置 辅助控制装置的主要作用是接收数控装置输出的开关量指令信号，经过编译、逻辑判别和运算，再经功率放大后驱动相应的电器，带动机床的机械、液压、气动等辅助装置完成指令规定的开关量动作。这些控制包括主轴运动部件的变速、换向和起停指令，刀具的选择和交换指令，冷却、润滑装置的起停，工件和机床部件的松开、夹紧，分度工作台转位分度等开关辅助动作。

现在广泛采用可编程序控制器（PLC）做数控机床的辅助控制装置。

（5）机床本体 数控机床的机床本体与传统机床相似，由主轴传动装置、进给传动装置、床身、工作台以及辅助运动装置、液压气动系统、润滑系统、冷却装置等组成。

2. 数控机床的加工特点

（1）加工对象改型的适应性强 利用数控机床加工改型零件，只需要重新编制程序就能实现对零件的加工。它不同于传统的机床，不需要制造、更换许多工具、夹具和量具，更不需要重新调整机床。因此，数控机床可以快速地从加工一种零件转变为加工另一种零件，这就为单件、小批量以及试制新产品提供了极大的便利。它不仅缩短了生产准备周期，而且节省了大量工艺装备费用。

(2) 加工精度高　数控机床是以数字形式给出指令进行加工的。目前数控装置的脉冲当量（即每输出一个脉冲后数控机床移动部件相应的移动量）一般达到了0.001mm，也就是1μm。而进给传动链的反向间隙与丝杠螺距误差等均可由数控装置进行补偿，因此，数控机床能达到比较高的加工精度和质量稳定性。这是由数控机床结构设计采用了必要的措施以及具有机电结合的特点决定的。首先是在结构上引入了滚珠丝杠螺母机构、各种消除间隙结构等，使机械传动的误差尽可能小；其次是采用了软件精度补偿技术，使机械误差进一步减小；第三是用程序控制加工，减少了人为因素对加工精度的影响。这些措施不仅保证了较高的加工精度，同时还保持了较高的质量稳定性。

在采用点位控制系统的钻孔加工中，由于不需要使用钻模板与钻套，钻模板的坐标误差造成的影响也不复存在。又由于加工中排除切屑的条件得以改善，可以进行有效的冷却，被加工孔的精度及表面质量都有所提高。对于复杂零件的轮廓加工，在编制程序时已考虑到对进给速度的控制，可以做到在曲率变化时，刀具沿轮廓的切向进给速度基本不变，被加工表面就可获得较高的精度和表面质量。

(3) 生产效率高　零件加工所需要的时间包括在线加工时间与辅助时间两部分。数控机床能够有效地减少这两部分时间，因而加工生产率比一般机床高得多。数控机床主轴转速和进给量的范围比普通机床的范围大，每一道工序都能选用最有利的切削用量，良好的结构刚性允许数控机床进行大切削用量的强力切削，有效地节省了在线加工时间。数控机床移动部件的快速移动和定位均采用了加速与减速措施，由于选用了很高的空行程运动速度，因而消耗在快进、快退和定位的时间要比一般机床少得多。

数控机床在更换被加工零件时几乎不需要重新调整机床，而零件又都安装在简单的定位夹紧装置中，可以节省用于停机进行零件安装调整的时间。

数控机床的加工精度比较稳定，一般只做首件检验或工序间关键尺寸的抽样检验，因而可以减少停机检验的时间。在使用带有刀库和自动换刀装置的数控加工中心时，在一台机床上实现了多道工序的连续加工，减少了半成品的周转时间，生产效率的提高就更为明显。

(4) 自动化程度高　数控机床对零件的加工是按事先编好的程序自动完成的，操作者除了操作面板、装卸零件、关键工序的中间测量以及观察机床的运行之外，其他的机床动作直至加工完毕，都是自动连续完成，不需要进行繁重的重复性手工操作，劳动强度与紧张程度均可大为减轻，劳动条件也得到相应的改善。

(5) 良好的经济效益　使用数控机床加工零件时，分摊在每个零件上的设备费用是较昂贵的。但在单件、小批生产情况下，可以节省工艺装备费用、辅助生产工时、生产管理费用及降低废品率等，因此能够获得良好的经济效益。

(6) 有利于生产管理的现代化　用数控机床加工零件，能准确地计算零件的加工工时，并有效地简化了检验和工夹具、半成品的管理工作。这些特点都有利于使生产管理现代化。

数控机床在应用中也有不利的一面，如提高了起始阶段的投资，对设备维护的要求较高，对操作人员的技术水平要求较高等。

第三节　数控机床的分类

1. 按加工工艺方法分类

（1）金属切削类数控机床　有数控车床、铣床、钻床、磨床、齿轮加工机床和加工中心等。

（2）特种加工类数控机床　有数控电火花线切割机床、数控电火花成形机床、数控等离子弧切割机床、数控火焰切割机床以及数控激光加工机床等。

（3）板材加工类数控机床　有数控压力机、数控剪板机和数控折弯机等。

（4）非加工设备　如数控多坐标测量机、自动绘图机及工业机器人等。

2. 按控制运动的方式分类

（1）点位控制数控机床　机床移动部件只能实现由一个位置到另一个位置的精确定位，在移动和定位过程中不进行任何加工。如数控坐标镗床、数控钻床、数控冲床、数控点焊机等。点位控制数控机床的数控装置称为点位数控装置。

（2）点位直线控制数控机床　机床移动部件不仅要实现由一个位置到另一个位置的精确移动定位，而且要控制工作台以一定的速度沿平行坐标轴方向进行直线切削加工。主要有简易数控车床、数控镗铣床等。

（3）轮廓控制数控机床　轮廓控制数控机床不仅可完成点位及点位直线控制数控机床的加工功能，而且能够对两个或两个以上坐标轴进行插补，因而具有各种轮廓切削加工功能。

常用的数控车床、数控铣床、数控磨床就是典型的轮廓控制数控机床。轮廓控制系统的结构要比点位直线控制系统更为复杂，在加工过程中需要不断进行插补运算，然后进行相应的速度与位移控制。

3. 按驱动装置的特点分类

（1）开环控制数控机床　其控制系统不带反馈装置，通常使用功率步进电动机为伺服执行机构。

开环控制系统结构简单，成本较低，不能进行误差校正，步进电动机的失步、步距角误差、齿轮与丝杠等传动误差都将影响被加工零件的精度。开环系统仅适用于加工精度要求不很高的中小型数控机床，特别是简易经济型数控机床（见图1-2）。

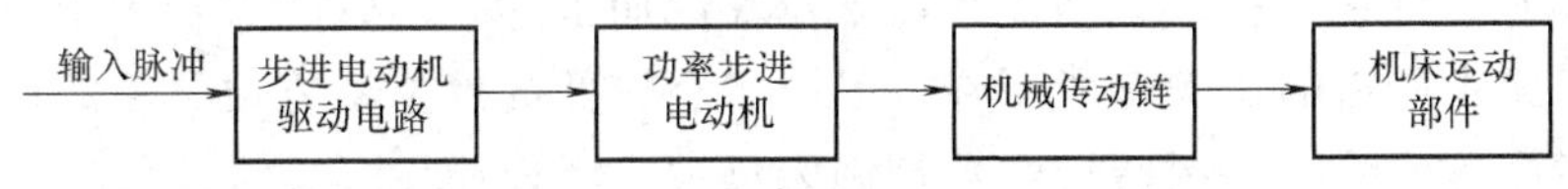

图1-2　开环控制系统

（2）半闭环控制数控机床　半闭环控制数控机床的特点是在伺服电动机的轴或数控机床的传动丝杠上装有角度检测装置（如光电编码器等），通过检测丝杠的转角间接地检测移动部件的实际位移，然后反馈到数控装置中去，并对误差进行修正。半闭环数控系统的调试比较方便，并且具有很好的稳定性。目前大多将角度检测装置和伺服电动机设计成一体，使结构更加紧凑（见图1-3）。

（3）闭环控制数控机床　闭环控制数控机床的特点是在机床移动部件上直接安装直线

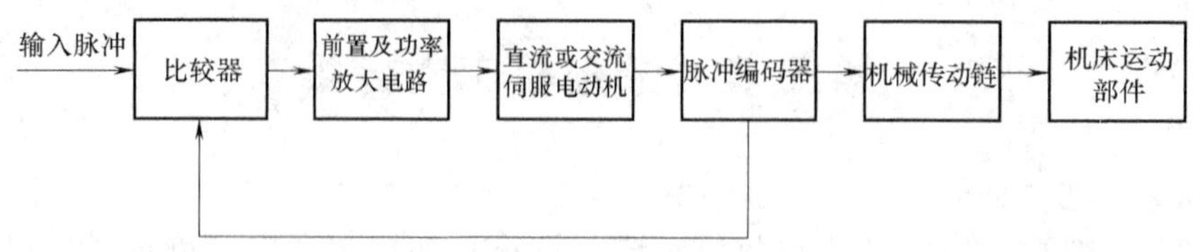

图 1-3　半闭环控制系统

位移检测装置，将测量的实际位移值反馈到数控装置中，与输入的指令位移值进行比较，用差值对机床进行控制，使机床部件运动（见图 1-4）。

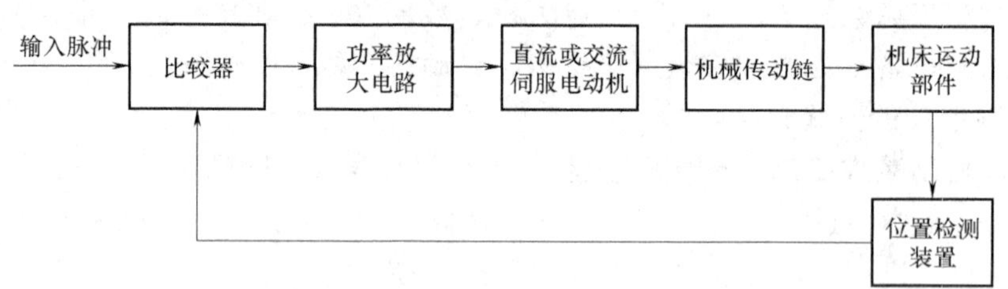

图 1-4　闭环控制系统

（4）混合控制数控机床　将以上三类数控机床的特点结合起来，就形成了混合控制数控机床。混合控制数控机床特别适用于大型或重型数控机床。混合控制系统又分为两种形式：

1）开环补偿型　其特点是基本控制选用步进电动机的开环伺服机构，另外附加一个校正电路。通过装在工作台上的直线位移测量元件的反馈信号校正机械系统的误差。

2）半闭环补偿型　其特点是用半闭环控制方式取得高速度控制，再用装在工作台上的直线位移测量元件实现全闭环修正，以获得高速度与高精度的统一。

第四节　数控机床的典型结构

1. 数控铣床

数控铣床是采用铣削加工方式加工工件的数控机床。其加工功能很强，能够铣削各种平面轮廓和立体轮廓零件，如凸轮、模具、叶片、螺旋桨等。配上相应的刀具后，数控铣床还可以用来对零件进行钻、扩、锪和镗孔加工及螺纹加工等。尽管随着加工中心的兴起，数控铣床在数控机床中所占的比例有所下降，但由于有较低的价格、方便灵活的操作性能、较短的工作准备时间等优势，在制造行业数控铣床仍被广泛地应用。

（1）数控铣床的基本组成　数控铣床一般是由数控系统、主轴传动系统、进给伺服系统、液压润滑系统、机床机械部件几大部分组成。但从外形上讲又包括底座、强电柜、变压器箱、垂直升降进给伺服电动机、主轴变速手柄、床身、数控柜、保护开关、挡铁、操纵箱、横向滑板、纵向进给伺服电动机、升降台、纵向工作台（见图 1-5）。

（2）XK5040A 型数控铣床的主要技术参数

工作台工作面积（长×宽）	1600mm×400mm
工作台最大行程	纵向：750mm；横向：375mm；垂直：400mm

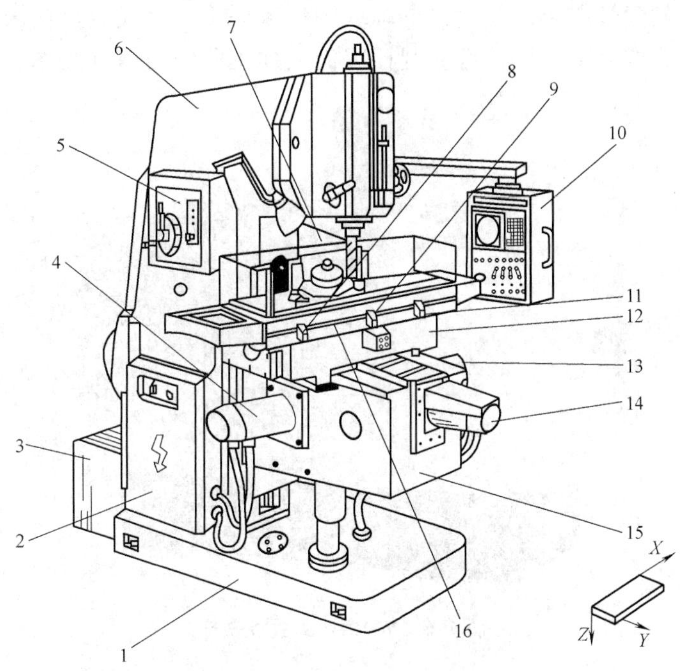

图 1-5　XK5040A 型数控铣床

1—底座　2—强电柜　3—变压器箱　4—垂直升降进给伺服电动机　5—主轴变速手柄
6—床身　7—数控柜　8、11—保护开关　9—挡铁　10—操纵箱　12—横向滑板
13—纵向进给伺服电动机　14—横向进给伺服电动机　15—升降台　16—纵向工作台

工作台 T 形槽	宽：18mm；间距：100mm；数量：3 个
主轴孔直径	27mm
主轴套筒移动距离	70mm
主轴中心线到床身垂直导轨的距离	430mm
工作台侧面到床身垂直导轨的距离	30 ~ 405mm
主轴端面至工作台面的距离	50 ~ 450mm
主轴转速范围	30 ~ 1500r/min
主轴转速级数	18
工作台进给量	纵向：10 ~ 1500mm/min
	横向：10 ~ 1500mm/min
	垂直：10 ~ 600mm/min
主轴电动机功率	7. 5kW
伺服电动机额定转矩	纵向：18N · m；横向：18N · m；垂直：35N · m
机床外形尺寸（长 × 宽 × 高）	2495mm × 2100mm × 2170mm

（3）数控铣床的分类

1）按机床主轴的布置形式及机床的布局特点分类。按机床主轴的布置形式及机床的布局特点，数控铣床通常可分为立式、卧式和立卧两用式三种。

① 立式数控铣床。立式数控铣床的主轴轴线垂直于水平面，是数控铣床中最常见的一

种布局形式，应用范围最广泛，其中以三轴联动铣床居多。立式数控铣床主要用于水平面内的型面加工，增加数控分度头后，可在圆柱表面上加工曲线沟槽（见图1-6）。

图1-6　V-10立式数控铣床

② 卧式数控铣床。卧式数控铣床的主轴轴线平行于水平面，主要用于垂直平面内的各种型面加工，配置万能数控转盘后，还可以对工件侧面上的连续回转轮廓进行加工，并能在一次安装后加工箱体零件的四个表面。通常采用增加数控转盘来实现四轴或五轴加工（见图1-7）。

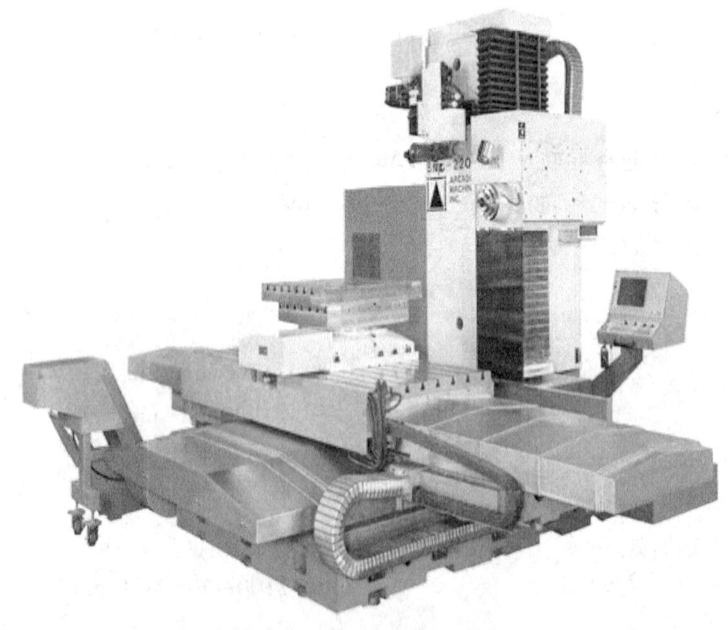

图1-7　卧式数控铣床

③ 立卧两用式数控铣床。立卧两用式数控铣床的主轴轴线方向可以变换，既可以进行立式加工，又可以进行卧式加工，使用范围更大，功能更强。若采用数控万能主轴（主轴

头可以任意转换方向)，就可以加工出与水平面成各种角度的工件表面；若采用数控回转工作台，还能对工件实现除定位面外的五面加工。

2) 按数控系统的功能分类

① 简易型数控铣床。简易型数控铣床是在普通铣床的基础上，对机床的机械传动结构进行简单的改造，并增加简易数控系统后形成的。这种数控铣床成本较低，自动化程度和功能都较差，一般只有 X、Y 两坐标联动功能，加工精度也不高，可以加工平面曲线类和平面型腔类零件。

② 普通数控铣床。普通数控铣床可以三坐标联动，用于各类复杂的平面、曲面和壳体类零件的加工，如各种模具、样板、凸轮和连杆等。

③ 数控仿形铣床。数控仿形铣床主要用于各种复杂型腔模具或工件的铣削加工，特别对不规则的三维曲面和复杂边界构成的工件更显示出其优越性。

④ 数控工具铣床。数控工具铣床在普通工具铣床的基础上，对机床的机械传动系统进行了改造，并增加了数控系统，从而使工具铣床的功能大大增强。这种铣床适用于各种工装、刀具对各类复杂的平面、曲面零件的加工。

(4) 数控系统　数控系统是数字控制系统的简称，英文名称为 Numerical Control System，早期由硬件电路构成的称为硬件数控（NC)，1970 年以后，硬件电路元件逐步由专用的计算机代替称为计算机数控系统（Computerized numerical control，简称 CNC)，是由计算机控制加工功能，实现数字控制的系统。CNC 系统根据计算机存储中的控制程序，执行部分或全部数字控制功能，并配有接口电路和伺服驱动装置的专用计算机系统。

CNC 系统由数控程序、输入装置、输出装置、计算机数控装置（CNC 装置)、可编程序控制器（PLC)、主轴驱动装置和进给（伺服）驱动装置（包括检测装置）等组成（见图 1-8)。

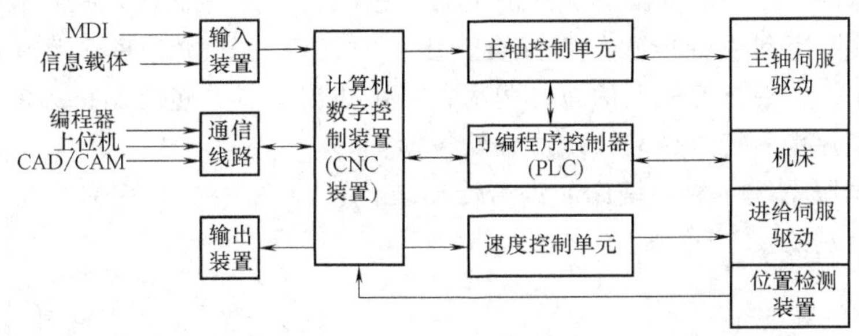

图 1-8　数控系统的组成

CNC 系统的核心是 CNC 装置。由于使用了计算机，系统具有了软件功能，又用 PLC 代替了传统的机床电器逻辑控制装置，使系统更小巧，其灵活性、通用性、可靠性更好，易于实现复杂的数控功能，使用、维护也方便，并具有与上位机连接及进行远程通信的功能。

(5) 主轴传动系统　主轴部件是数控铣床上的重要部件之一，它带动刀具旋转完成切削，其精度、抗振性和热变形对加工质量有直接的影响。

主轴在结构上要保证良好的润滑，尤其是在高转速场合，通常采用循环式润滑系统。其结构及其润滑如图 1-9 所示。对于电主轴（见图 1-10）而言，往往设有温控系统，且主轴外表面有槽结构，以确保散热冷却。

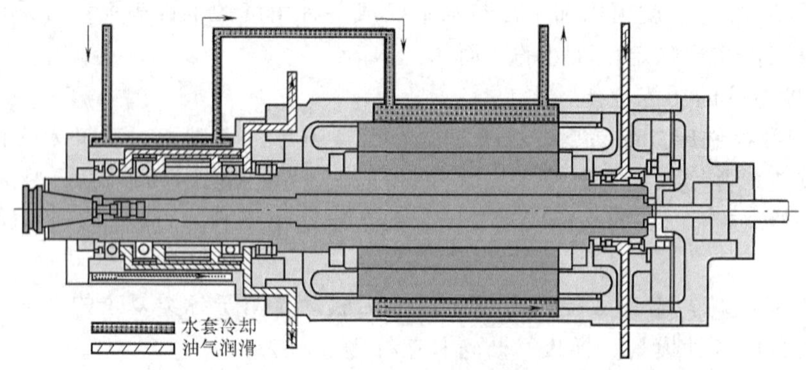

图 1-9　主轴结构及其润滑

图 1-10　电主轴

在数控铣床上多采用气压或液压装夹刀具，常见的刀具自动夹紧机构由拉杆、拉杆端部的夹头、蝶形弹簧、活塞、气缸等组成。夹紧状态时，蝶形弹簧通过拉杆及夹头，拉住刀柄的尾部，使刀具锥柄和主轴锥孔精密配合；松刀时，通过气缸活塞推动拉杆，压缩蝶形弹簧，使夹头松开，夹头与刀柄上的拉钉脱离，即可拔出刀具，进行新旧刀具的交换。新刀装入后，气缸活塞后移，新刀具又被蝶形弹簧拉紧。

（6）进给伺服系统　数控铣床的进给传动装置（见图 1-11）多采用伺服电动机直接带

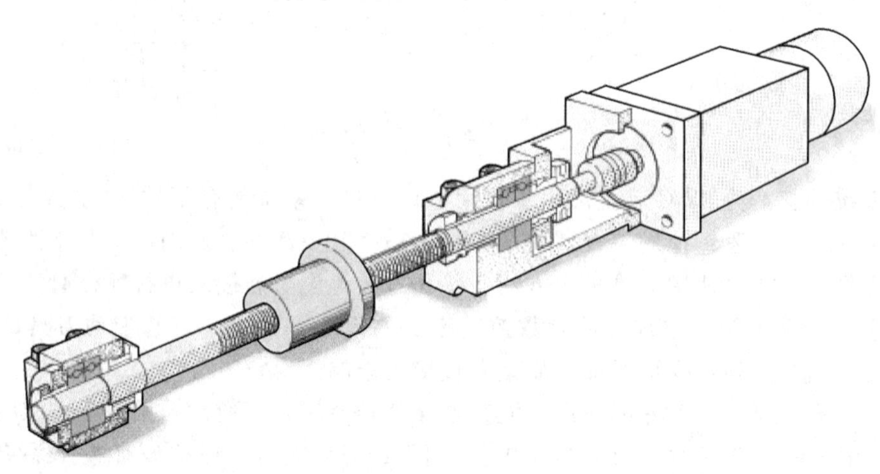

图 1-11　进给传动装置

动滚珠丝杠旋转，在电动机轴和滚珠丝杠之间用锥环无键联接或高精度十字联轴器结构，以获得较高的传动精度。

1）进给传动系统作用。数控机床的进给传动系统负责接受数控系统发出的脉冲指令，并经放大和转换后驱动机床运动执行件实现预期的运动。

2）对进给传动系统的要求。为保证数控机床高的加工精度，要求其进给传动系统有高的传动精度、高的灵敏度（响应速度快）、工作稳定、有高的构件刚度及长的使用寿命、小的摩擦及运动惯量，并能清除传动间隙。

3）进给传动系统种类。通常分为以下几种：

① 步进伺服电动机伺服进给系统。它一般用于经济型数控机床。

② 直流伺服电动机伺服进给系统。它功率稳定，但因采用电刷，其磨损导致在使用中需进行更换。一般用于中档数控机床。

③ 交流伺服电动机伺服进给系统。它应用极为普遍，主要用于中高档数控机床。

④ 直线电动机伺服进给系统。它无中间传动链，精度高，进给快，无长度限制；但散热差，防护要求特别高，主要用于高速机床。

4）进给系统传动部件

① 滚珠丝杠螺母副　数控加工时，需将旋转运动转变成直线运动，故采用丝杠螺母传动机构。数控机床上一般采用滚珠丝杠（见图 1-12），它可将滑动摩擦变为滚动摩擦，满足进给系统减少摩擦的基本要求。该传动副传动效率高，摩擦力小，并可消除间隙，无反向空行程；但制造成本高，不能自锁，尺寸亦不能太大，一般用于中小型数控机床的直线进给。

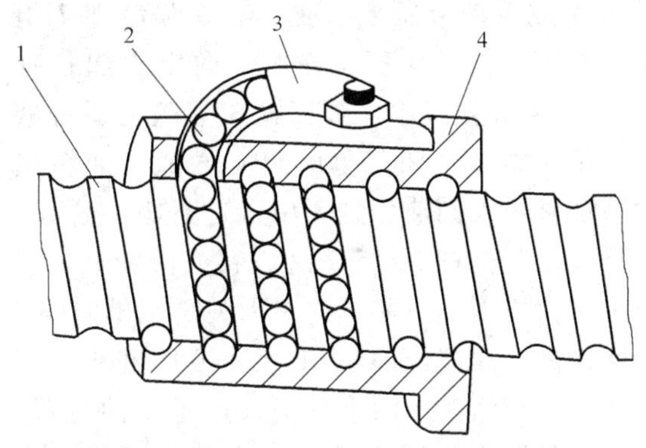

图 1-12　滚珠丝杠螺母副

1—丝杠　2—滚珠　3—回珠管　4—螺母

② 回转工作台　为了扩大数控机床的工艺范围，数控机床除了沿 X、Y、Z 三个坐标轴作直线进给外，往往还需要有绕 Y 或 Z 轴的圆周进给运动。数控机床的圆周进给运动一般由回转工作台来实现。对于加工中心，回转工作台已成为一个不可缺少的部件。

数控机床中常用的回转工作台有分度工作台和数控回转工作台。

● 分度工作台　分度工作台只能完成分度运动，不能实现圆周进给，它是按照数控系统的指令，在需要分度时将工作台连同工件回转一定的角度。分度时也可以采用手动分度。分度工作台一般只能回转规定的角度（如 90°、60°和 45°等）。

● 数控回转工作台　数控回转工作台外观上与分度工作台相似，但内部结构和功用大不相同。数控回转工作台的主要作用是根据数控装置发出的指令脉冲信号，完成圆周进给运动，进行各种圆弧加工或曲面加工，它也可以进行分度工作。

③ 导轨　导轨是进给传动系统的重要环节，是机床基本结构的要素之一，它在很大程度上决定数控机床的刚度、精度与精度保持性。目前，数控机床上的导轨形式主要有滑动导轨、滚动导轨等。

● 滑动导轨　滑动导轨具有结构简单、制造方便、刚度好、抗振性高等优点，在数控机床上应用广泛，目前多数使用金属对塑料形式，称为贴塑导轨。贴塑滑动导轨的特点：摩擦特性好，耐磨性好，运动平稳，工艺性好，速度较低。

● 滚动导轨　滚动导轨是在导轨面之间放置滚珠、滚柱或滚针等滚动体，使导轨面之间为滚动摩擦而不是滑动摩擦。

滚动导轨与滑动导轨相比，其灵敏度高，摩擦因数小，且动、静摩擦因数相差很小，因而运动均匀，尤其是在低速移动时，不易出现爬行现象；定位精度高，重复定位精度可达0.2μm；牵引力小，移动轻便；磨损小，精度保持性好，使用寿命长。但滚动导轨的抗振性差，对防护要求高，结构复杂，制造困难，成本高。

（7）液压润滑系统　数控铣床在实现自动化控制中，除数控系统外，还需要配备液压或气压装置来辅助实现机床的自动运行功能。

润滑对数控铣床的正常运行也起着重要的作用，它能减少零件的磨损并带走运行中产生的热量。机床不同部位的润滑方式及所需的润滑油（或脂）的量是不同的。数控铣床进给导轨等一般采用自动润滑站的电动机间歇润滑泵集中供油润滑的方式。

润滑系统的液压传动原理如图1-13所示。图中杠杆1、活塞2、液压缸3和单向阀4、5组成手动液压泵；液压缸6和活塞7组成升降压缸。千斤顶工作时，向上提起杠杆1，则活塞2被提起，液压缸3下腔中压力减小，单向阀5关闭，单向阀4导通，油箱里的油液被吸入到液压缸3中，这是吸油过程；随后，压下杠杆1，活塞2下移，液压缸3下腔中压力增大，迫使单向阀4关闭，单向阀5导通，高压油液经油管11流入液压缸6的下腔中，推动活塞7向上移动，这是压油过程。如此反复操作便可将重物8提升到需要的高度。在此过程中，控制阀9始终处于截止状态。若打开控制阀9，则液压缸6下腔中的油液将在重物的重力作用下排回油箱。

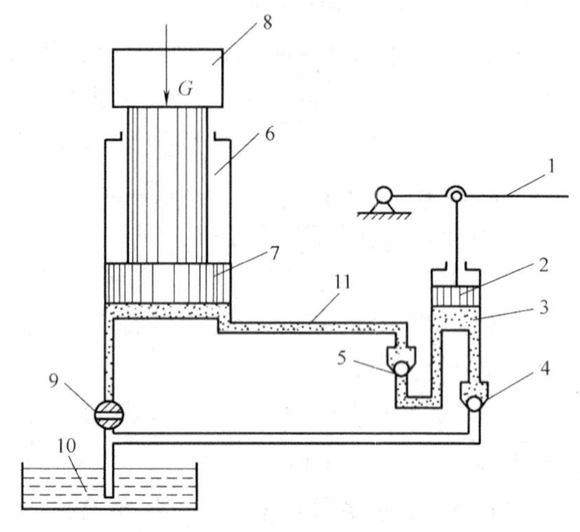

图1-13　液压传动的工作原理

1—杠杆　2、7—活塞　3、6—液压缸　4、5—单向阀　8—重物　9—控制阀　10—油箱　11—油管

（8）机床机械部件　数控铣床的机械部件包括床身、立柱、横梁和工作台等。

数控铣床的机械部件都是采用焊接结构和合理的结构形式，在减轻机床自重的条件下，获得了高结构刚度和抗振性，改善了动态特性。与普通的铣床相比，数控铣床机械部件有如下几个特点：

1）采用了高性能的主轴及进给伺服驱动装置，机械传动结构得到简化，传动链较短。

2）机械结构具有较高的动态特性、动态刚度、阻尼刚度、耐磨性以及抗热变形性能。

3）较多地采用高效传动件，如滚珠丝杠螺母副、直线滚动导轨等。

4）还有一些配套部件（如冷却、排屑、防护、润滑、照明、储运等一系列装置）和附属设备（编程机和对刀仪等）。

2. 数控车床

数控车床主要用于车削加工，一般可以加工各种轴类、套筒类和盘类零件上的回转表面，如内外圆柱面、圆锥面、成形回转表面及螺纹面等。在数控车床上还可加工高精度的曲面与端面螺纹。数控车床上所用的刀具主要是车刀、各种孔加工刀具（如钻头、铰刀、镗刀等）及螺纹刀具。其尺寸精度可达 IT5 ~ IT6，表面粗糙度 R_a 值为 1.6μm 以下。

（1）数控车床的基本组成　数控车床一般是由主轴箱、转塔刀架、尾座、控制面板、刀架滑板、床身、底座等组成（见图 1-14）。

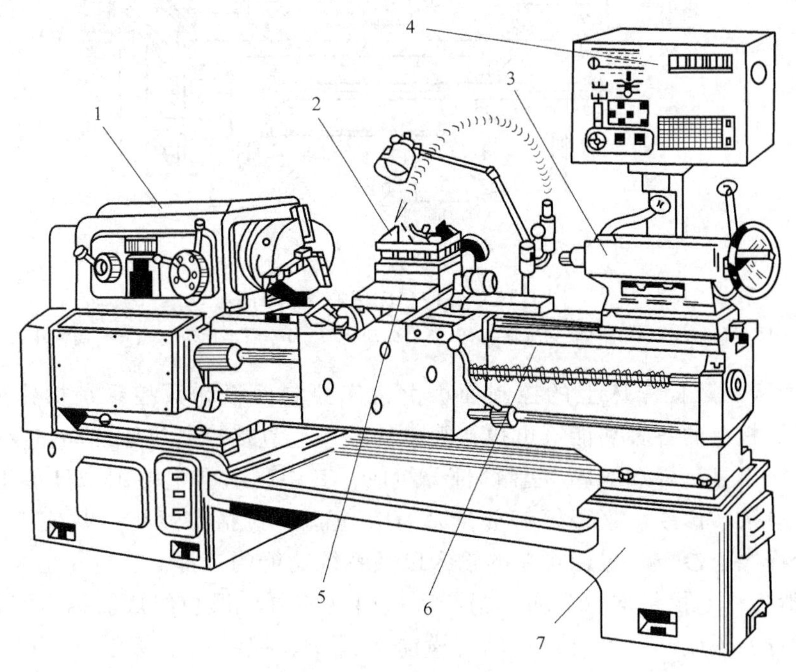

图 1-14　数控车床的基本组成

1—主轴箱　2—转塔刀架　3—尾座　4—控制面板　5—刀架滑板　6—床身　7—底座

1）主轴箱（床头箱）　它固定在床身的最左边。主轴箱中的主轴通过卡盘等夹具装夹工件。主轴箱的功能是支撑并传动主轴，使主轴带动工件按照规定的转速旋转，以实现机床的主运动。

2）转塔刀架　转塔刀架是由刀架换刀机构和刀盘组成的。转塔刀架的换刀机构是实现刀盘的开定位、转动换刀位、定位和夹紧的传动机构。要实现刀盘的转动换刀，就要使刀盘的定位机构脱开后，才能进行转动。当转动到位后，刀盘要定位并夹紧，才能进行加工。

3）尾座　尾座装在床身导轨上（见图 1-15），它可以在根据工件的长短调整位置后，用拉杆加以夹紧定位。顶尖 1 与尾座套筒 2 用锥孔联结，尾座套筒可带动顶尖一起移动。在机床自动工作循环中，可通过加工程序由数控系统控制尾座套筒的移动。当数控系统发出尾座套筒伸出的指令后，液压电磁阀动作，压力油通过活塞杆 4 的内孔进入尾座套筒 2 的左腔，推动尾座套筒伸出。当数控系统令其退回时，压力油进入尾座套筒的右腔，从而使尾座套筒退回。尾座套筒移动的行程，靠调整套筒外部联结的行程杆 9 上面的移动挡块 5 来完成。如图中所示，移动挡块的位置在右端极限位置时，套筒的行程最长。当套筒伸出到位时，行程杆上的移动挡块5压下确认开关8，向数控系统发出尾座套筒到位信号。当套筒退回时，行程杆上的固定挡块6压下确认开关7，向数控系统发出套筒退回的确认信号，停止套筒的运动。

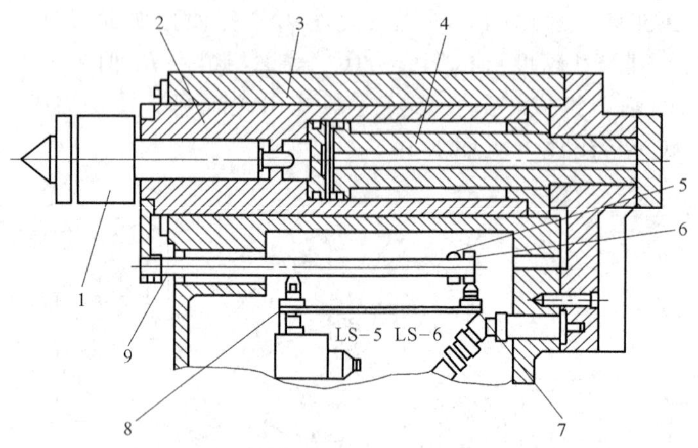

图1-15 数控车床尾座结构简图

1—顶尖 2—尾座套筒 3—尾座体 4—活塞杆 5—移动挡块 6—固定挡块 7、8—确认开关 9—行程杆

4）控制面板 数控车床上的控制面板由机床控制面板和数控系统操作面板两部分组成。机床控制面板上的各种功能键可执行简单的操作，直接控制机床的动作及加工过程；数控系统操作面板由显示屏和MDI键盘两部分组成，其中显示屏主要用来显示相关坐标位置、程序、图形、参数、诊断、报警等信息，而MDI键盘，包括字母键、数值键以及功能按键等，可以进行程序、参数、机床指令的输入以及系统功能的选择。

5）刀架滑板 它由纵向（*Z*向）滑板和横向（*X*向）滑板组成。纵向滑板安装在床身导轨上，沿床身实现纵向（*Z*向）运动；横向滑板安装在纵向滑板上，沿纵向滑板上的导轨实现横向（*X*向）运动。刀架滑板的作用是使安装在其上的刀具在加工中实现纵向进给和横向进给运动。

6）床身 它固定在机床底座上，是机床的基本支撑件。在床身上安装着车床的各主要部件。床身的作用是支撑各主要部件，并使它们在工作时保持准确的相对位置。

7）底座 它是车床的基础，用于支撑机床的各部件，连接电气柜，支撑防护罩和安装排屑装置。

（2）数控车床的分类 随着数控车床制造技术的不断发展，形成了产品繁多、规格不一的局面，因而也出现了几种不同的分类方法。数控系统按其功能不同，可分为以下几种：

1）经济型数控车床（见图1-16） 它们一般是在卧式车床的基础上进行改进设计，并采用步进电动机驱动的开环伺服系统。其控制部分采用单

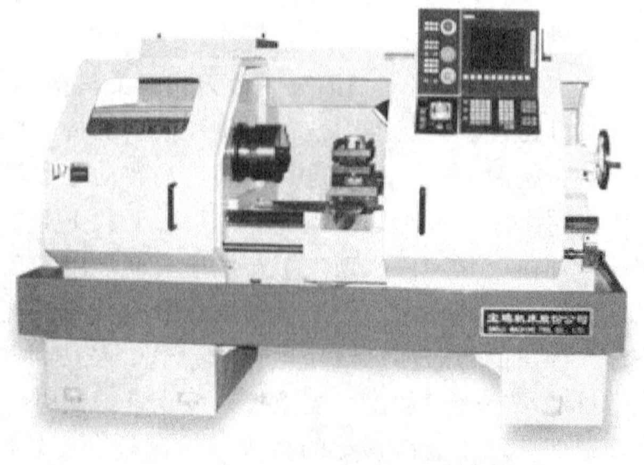

图1-16 经济型数控车床

板机或单片机来实现。此类车床结构简单，价格低廉，但无刀尖圆弧半径自动补偿和恒线速度切削等功能。

2）全功能型数控车床　全功能型数控车床就是通常所说的“数控车床”，又称标准型数控车床，即它的控制系统是标准型的，带有高分辨率的 CRT 显示器以及各种显示、图形仿真、刀具补偿等功能，而且带有通信或网络接口。全功能型数控车床采用闭环或半闭环控制的伺服系统，可以进行多个坐标轴的控制，具有高刚度、高精度和高效率等特点。图 1-17 所示为某全功能型数控车床。

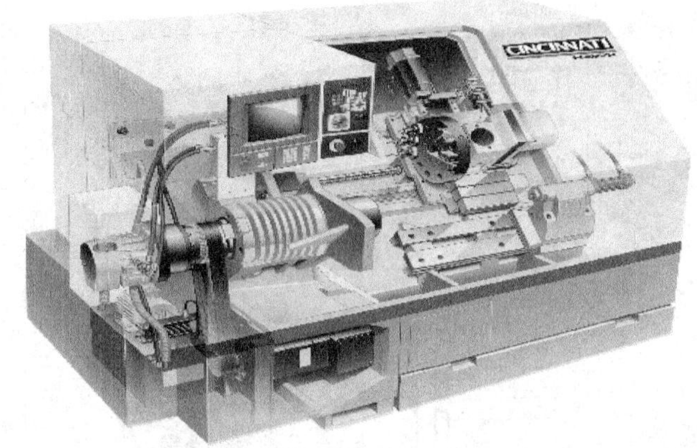

图 1-17　全功能型数控车床

3）车削中心　车削中心是以全功能型数控车床为主体，并配置有刀库、换刀装置、分度装置、铣削动力头和机械手等，以实现多工序复合加工的机床。在工件一次装夹后，它可完成回转类零件的车、铣、钻、铰、攻螺纹等多种加工工序。其功能全面，但价格较高。

4）FMC 型数控车床（见图 1-18）　它实际上是一个由数控车床、机器人等构成的柔性加工单元。它能实现工件搬运、装卸的自动化和加工调整准备的自动化。

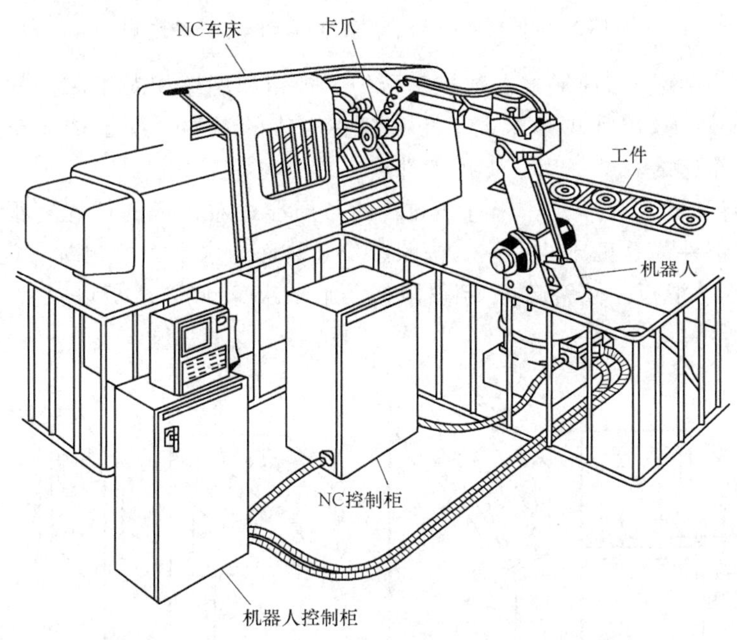

图 1-18　FMC 型数控车床

（3）数控车床的布局形式

1）影响数控车床布局形式的因素。数控车床布局形式受到工件的尺寸、质量和形状，机床生产率，机床精度，可操作性，运行要求和安全与环境保护要求的影响。数控车床的布局有卧式车床、端面车床（分有床身和无床身式）、单柱立式车床、双柱立式车床和龙门移动式立式车床等形式（见图 1-19）。

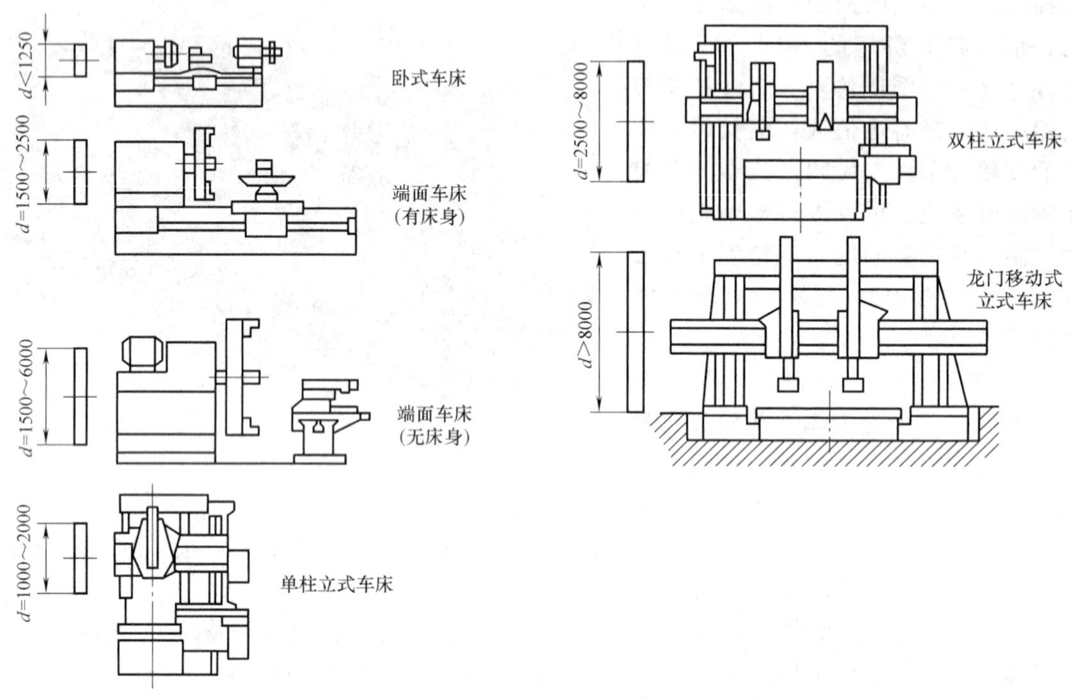

图 1-19　工件的尺寸、质量对车床布局的影响

2）主轴箱和尾座的布局形式。数控车床的主轴箱和尾座相对于床身的布局形式与普通卧式车床基本一致。数控卧式车床主轴箱布置在车床的左端，用于传递动力并支撑主轴部件；尾座布置在车床的右端，用于支撑工件或安装刀具。

3）床身和导轨的布局形式。床身和导轨的布局形式对机床的性能有很大影响。床身是机床的主要承载部件，是机床的主体。按照床身导轨面与水平面的相对位置，床身的布局形式有水平床身-水平滑板、倾斜床身-倾斜滑板、水平床身-倾斜滑板以及直立床身-直立滑板等，如图 1-20 所示。

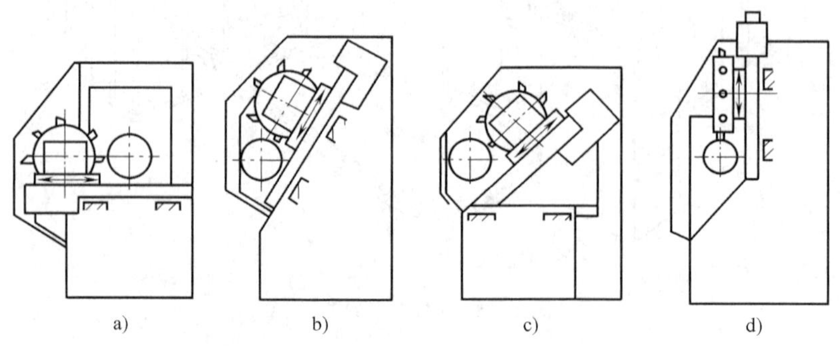

图 1-20　数控卧式车床的布局形式

a）水平床身-水平滑板　b）倾斜床身-倾斜滑板　c）水平床身-倾斜滑板　d）直立床身-直立滑板

① 水平床身-水平滑板布局形式（见图1-20a）。水平床身的工艺性好，便于导轨面的加工。水平床身配上水平放置的刀架可提高刀架的运动精度，一般用于大型数控车床或小型精密数控车床的布局。但是水平床身由于下部空间小，故排屑困难。从结构尺寸来看，刀架水平放置使得滑板横向尺寸较大，从而加大了机床宽度方向的结构尺寸。

② 倾斜床身-倾斜滑板布局形式（见图1-20b）。这种结构的导轨倾斜角度分别为30°、45°、60°、75°和90°，其中90°的称为直立床身-直立滑板形式，如图1-20d所示。若倾斜角度过小，则排屑不便；若倾斜角度过大，则导轨的导向性及受力情况差。导轨倾斜角度的大小还直接影响机床外形尺寸高度和宽度的比例。综合考虑上面的诸多因素，中小规格的数控车床，其床身的倾斜度以60°为宜。

③ 水平床身-倾斜滑板布局形式（见图1-20c）。这种结构通常配置有倾斜式的导轨防护罩。这种布局形式一方面具有水平床身工艺性好的特点，另一方面机床宽度方向的尺寸较水平配置滑板的要小，且排屑方便，故一般认为是卧式数控车床的最佳布局形式。

水平床身-倾斜滑板和倾斜床身-倾斜滑板布局形式被中、小型数控车床所普遍采用。这是由于这两种布局形式排屑容易，热切屑不会堆积在导轨上，也便于安装自动排屑装置；操作方便，易于安装机械手，可以实现单机自动化；机床占地面积小，外形美观，容易实现封闭式防护。

4）刀架的布局。数控车床的刀架分为排式刀架和回转式刀架两大类。两坐标联动数控车床多采用回转式刀架。回转式刀架在机床上的布局有两种形式：一种是其回转轴线垂直于主轴；另一种是其回转轴线平行于主轴。

四坐标轴控制的数控车床，其床身上安装有两个独立的滑板和回转刀架，称为双刀架四坐标数控车床。其上每个刀架的切削进给量是分别控制的，因此，两刀架可以同时切削同一工件的不同部位，既扩大了加工范围，又提高了加工效率，适合于加工曲轴、飞机零件等形状复杂、批量较大的零件。

（4）数控车床的传动系统

1）主传动系统。数控车床主运动要求速度在一定范围内可调，有足够的驱动功率，主轴回转轴心线的位置准确稳定，并有足够的刚性与抗振性。

数控车床的主轴变速是按照加工程序指令自动进行的。为了确保机床主传动的精度，降低噪声，减小振动，主传动链要尽可能地缩短；为了保证满足不同的加工工艺要求并能获得最佳切削速度，主传动系统应能无级地大范围变速；为了保证端面加工的生产率和加工质量，主传动系统还应能实现恒切削速度控制。主轴应能配合其他构件实现工件自动装夹。

以TND360数控卧式车床的传动系统举例。主运动传动由主轴直流伺服电动机（27kW）驱动，经齿数为27/48的同步齿形带传动到主轴箱中的第一轴上。再经第一轴上双联滑移齿轮，经齿轮副84/60或29/86传递到主轴，使主轴获得高（800～3150r/min）、低（7～800r/min）两挡转速范围。在各转速范围内，由主轴伺服电动机驱动实现无级变速调速。主轴箱内部省去了大部分齿轮传动变速机构，因此减小了齿轮传动对主轴精度的影响，并且维修方便，振动小。同时，主轴的运动经过齿轮副60/60传递到第三轴上，由第三轴经联轴器驱动圆光栅。圆光栅将主轴的转速信号转变为电信号送回数控装置，由数控装置控制实现数控车床上的螺纹切削加工。这种实现螺纹切削加工的方式与普通机床上通过齿轮传动是不相同的。它可实现：主轴每转一圈，进给轴 Z 轴或 X 轴就可移动一个导程。

2）进给传动系统。数控车床进给传动系统由纵向进给传动装置（Z 向）和横向进给传动装置（X 向）两个部件组成。进给传动系统电动机要比主传动系统电动机的要求要高，这是因为工件最后的尺寸精度和轮廓精度都直接受进给运动的传动精度、灵敏度和稳定性的影响。因此，数控车床的进给传动系统应充分注意减小摩擦力，提高传动精度和刚度，消除传动间隙以及减少运动件的惯量等。

1）纵向进给传动系统。纵向进给传动系统主要由径向滑动轴承和纵向滚珠丝杠螺母副组成。其纵向滑板安装在床身的导轨上，它可以沿床身导轨作纵向移动。导轨的截面形状是三角形导轨和平面导轨的组合。在滑动导轨表面上涂有一层特殊的塑料层，动静摩擦因数相接近，摩擦因数小。为了防止由于切削力作用而使滑板颠覆，纵向滑板的前后装有压板，压板与床身接触部分的表面上也涂有塑料层。在滑板导轨部分的端面上装有橡胶挡板，它用钢板和螺钉固定。当纵向滑板运动时，将床身导轨表面上的切屑、灰尘物刮掉，不使杂物进入到导轨表面之间，以减少导轨的磨损。

2）横向进给传动系统。横向进给运动传动是由横向直流伺服电动机通过齿数均为 24 的同步齿形带轮，经安全联轴器驱动滚珠丝杠螺母副，使横向滑板实现横向进给运动的。横向滑板通过导轨安装在纵向滑板的上面，作横向进给运动。横向滑板的传动系统与纵向滑板传动系统相类似，但由于横向电动机的安装，所以在安全联轴器和直流伺服电动机之间增加了精密同步齿形带传动，使机床的横向尺寸减小。

第五节　数控加工刀具简介

一、数控刀具的主要种类及特点

数控加工刀具是指用于数控车床、数控铣床、加工中心等数控机床上加工的刀具，除数控磨床和数控电加工机床以外，其余数控机床都必须采用数控加工刀具。从现实情况看，对“数控机床加工刀具”应该从广义角度来理解。随着数控机床结构、功能的发展，现在数控机床所使用的刀具，不是普通机床所采用的“一机一刀”的模式，而是多种不同类型的刀具同时在数控机床上轮换使用，从而达到自动换刀的目的。因此，对“刀具”的含义应理解为“数控工具系统”。数控加工刀具发展到现在，品种较多并已形成系列，是影响数控机床发展的主要因素之一。

1. 数控加工常用刀具的种类及特点

数控加工刀具必须适应数控机床高速、高效和自动化程度高的特点，一般应包括通用刀具、通用连接刀柄及少量专用刀柄。刀柄要连接刀具并装在机床动力头上，因此已逐渐标准化和系列化。

2. 数控加工刀具的分类

数控加工刀具按不同的分类方法可分成以下几类。

（1）按刀具结构分类

1）整体式　由整块材料磨制而成。使用时根据不同用途将切削部分磨成所需形状。其优点是结构简单，使用方便、可靠，更换迅速（见图 1-21a）。

2）镶嵌式　分为焊接式和机夹式。机夹式又可根据刀体结构的不同，分为不转位刀具

图 1-21 按结构分类

a）整体式刀具 b）焊刃式钨钢铣刀 c）减振式刀具 d）机夹式刀具
e）内冷合金钻头 f）复合孔加工刀具 g）复合铰刀

和可转位刀具（见图 1-21b、d）。

3）减振式 当刀具的工作长度与直径比大于 4 时，为了减小刀具的振动，提高加工精度，应该采用特殊结构的刀具。这种刀具主要应用在镗孔加工上（见图 1-21c）。

4）内冷式 刀具的切削液通过机床主轴或刀盘流到刀体内部，并从喷孔喷射到刀具切削刃部位（见图 1-21e）。

5）特殊式 特殊型刀具有可逆攻螺纹刀具、复合刀具等（见图 1-21f、g）。

现代数控机床的刀具主要采用整体硬质合金或不重磨机夹可转位刀具。

（2）按制造材料分类

1）高速钢刀具 高速钢通常是型坯材料，韧性较硬质合金好，硬度、耐磨性和热硬性较硬质合金差，不适于切削硬度较高的材料，也不适于进行高速切削。高速钢刀具使用前需生产者自行刃磨，且刃磨方便，适于各种特殊需要的非标准刀具。

2）硬质合金刀具 硬质合金刀片切削性能优异，在数控车削中被广泛使用。硬质合金刀片有标准规格系列产品，具体技术参数和切削性能由刀具生产厂家提供。

硬质合金刀片按国际标准分为三大类：P 类，M 类，K 类。

P 类——适于加工钢、长屑可锻铸铁（相当于我国的 YT 类）。

M 类——适于加工奥氏体不锈钢、铸铁、高锰钢、合金铸铁等（相当于我国的 YW 类）。

M-S 类——适于加工耐热合金和钛合金。

K 类——适于加工铸铁、冷硬铸铁、短屑可锻铸铁、非钛合金（相当于我国的 YG 类）。

K-N 类——适于加工铝、非铁合金。

K-H 类——适于加工淬硬材料。

3）陶瓷刀具　具有氧化铝（Al_2O_3）基和氮化硅（Si_3N_4）基两大类（见图 1-22），具有工效高、使用寿命长和加工质量好等特点。随着现代陶瓷刀具材料性能的不断改进，今后它将与涂层硬质合金刀具、金刚石和 CBN 等超硬刀具一起成为高速加工用的三种主要刀具。

a)

b)

图 1-22　陶瓷刀具

a）陶瓷车刀　b）陶瓷面铣刀

4）立方氮化硼刀具　立方氮化硼和陶瓷材料一样属于非金属材料。聚晶立方氮化硼是由立方氮化硼单晶微粉加入一定的结合剂在高温高压下烧结而成，分复合片和整体片两种。复合片是以硬质合金为底衬，上面烧结一层聚晶氮化硼，此种刀片只适用于精加工；而整体刀片则是采用 CBN 微粉整体烧结而成的块状材料，经刃磨而形成刀片，它的主要用途在于粗加工，也可用于精加工。它广泛使用于切削淬火钢、工具钢、冷硬铸铁、高铬铸铁（Cr27）、硬镍铸铁、白口铁等高硬度难加工材料。

5）聚晶金刚石刀具　具有硬度高、抗压强度高、导热性及耐磨性好等特性，可在高速切削中获得很高的加工精度和加工效率。

（3）按切削工艺分类

1）车削刀具　有外圆车刀、端面车刀、内孔车刀和成形车刀等（见图 1-23）。

数控车床一般使用标准的机夹可转位刀具。机夹可转位刀具的刀片和刀体都有标准，刀片材料采用硬质合金、涂层硬质合金以及高速钢。

数控车床机夹可转位刀具类型有外圆刀具、外螺纹刀具、内圆刀具、内螺纹刀具、切断刀具、孔加工刀具（包括中心孔钻头、镗刀、丝锥等）。

机夹可转位刀具夹固不重磨刀片时通常采用螺钉、螺钉压板、杠销或楔块等结构。

常规车削刀具为长条形方刀体或圆柱刀杆。方形刀体一般用槽形刀架螺钉紧固方式固定。圆柱刀杆是用套筒螺钉紧固方式固定。它们与机床刀盘之间是通过槽形刀架和套筒接杆

图 1-23 车削刀具

a）外圆端面车刀 b）外螺纹车刀 c）中心钻 d）内螺纹车刀 e）外圆切槽切断车刀 f）成形车刀 g）镗刀 h）内圆车刀 i）内圆切槽车刀

来联接的。在模块化车削工具系统中，刀盘的联接以齿条式柄体联接为多，而刀头与刀体的联接是“插入快换式系统”。它既可以用于外圆车削又可用于内孔镗削，也适用于车削中心的自动换刀系统。

数控车床使用的刀具从切削方式上分为三类：圆表面切削刀具、端面切削刀具和中心孔类刀具。

2）孔加工刀具

① 钻削刀具 分为用于钻削小孔、短孔、深孔、攻螺纹、铰孔等刀具（见图 1-24）。

钻削刀具可用于数控车床、车削中心，又可用于数控镗铣床和加工中心。因此，它的结构和联接形式有多种。常用的有直柄、锥柄、套式等结构形式，联接方式有螺钉固定、螺纹联接、模块式联接（圆锥或圆柱联接）等。

② 镗削刀具 主要分粗镗、精镗，有单刃镗刀、多刃镗刀和多刃组合镗刀等（见图 1-25）。

图 1-24　钻削刀具
a) 丝锥　b) 深孔枪钻　c) 深孔钻头钻杆　d) 铰刀　e) 机夹可转位浅孔钻

镗刀从结构上可分为整体式镗刀柄、模块式镗刀柄和镗头类。从加工工艺要求上可分为粗镗刀和精镗刀。

3) 铣削刀具　有面铣刀、盘铣刀、立铣刀、球头铣刀和成形铣刀等。

① 面铣刀的圆周表面和端面上都有切削刃，端部切削刃为副切削刃。面铣刀多制成套式镶齿结构和刀片机夹可转位结构，刀齿材料为高速钢或硬质合金，刀体为 40Cr，广泛用于加工平面类零件。常用面铣刀如图 1-26 所示。

② 立铣刀是数控机床上用得最多的一种铣刀（见图 1-27）。立铣刀的圆柱表面和端面上都有切削刃，它们可同时进行切削，也可单独进行切削。结构有整体式和机夹式等，高速

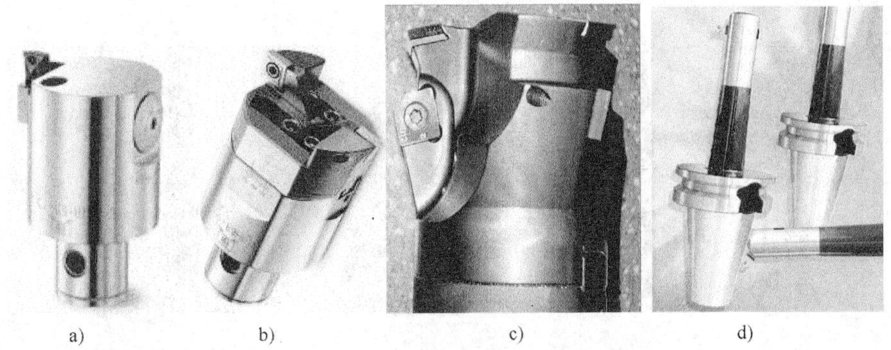

图 1-25　镗削刀具
a）单刃镗刀头　b）双刃镗刀头　c）三刃镗刀　d）整体式单刃镗刀

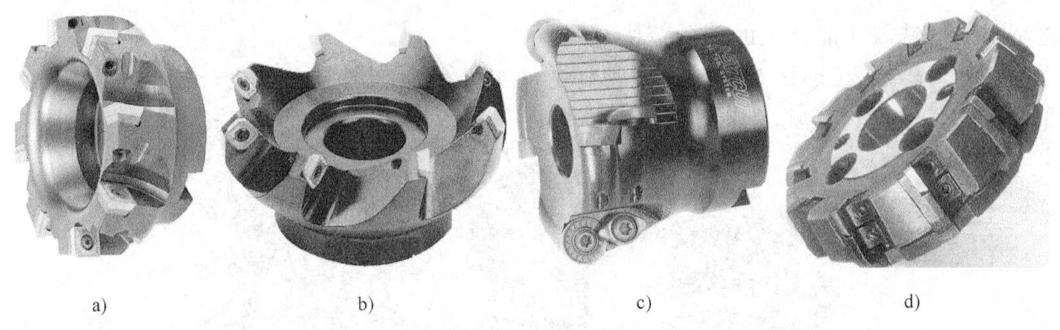

图 1-26　常用面铣刀
a）90°面铣刀　b）45°面铣刀　c）圆鼻面铣刀盘　d）可转位面铣刀

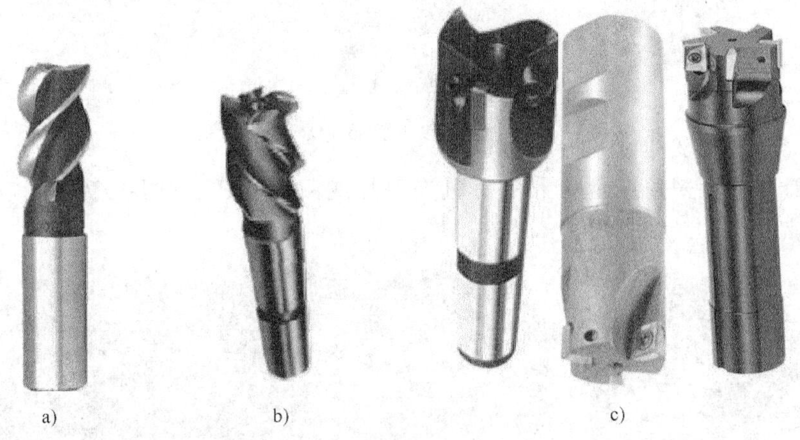

图 1-27　立铣刀
a）直柄式立铣刀　b）莫氏锥柄立铣刀　c）机夹立铣刀

钢和硬质合金是铣刀工作部分的常用材料。

③ 球头铣刀适用于加工空间曲面零件，有时也用于平面类零件较大的转接凹圆弧的补加工（见图 1-28）。

④ 鼓形铣刀　鼓形铣刀的切削刃分布在半径为 R 的圆弧面上，端面无切削刃。加工时控制刀具上下位置，相应该面切削刃的切削部位，可以在工件上切出从负到正的不同斜角。

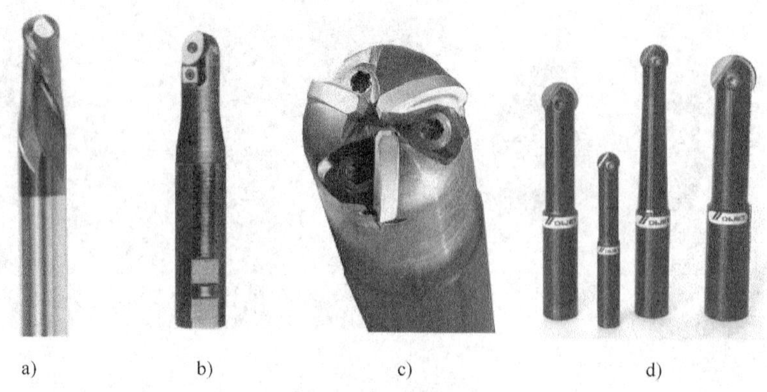

a) b) c) d)

图 1-28 球头铣刀

a）二刃球头立铣刀 b）可转位球头立铣刀 c）三齿机夹球头铣刀 d）镜面球头铣刀

R 越小，鼓形铣刀所能加工的斜角范围越广。

⑤ 成形铣刀 成形铣刀一般都是为特定的工件或加工内容专门设计制造的，适用于加工平面类零件的特定形状（如角度面、凹槽面等），也适用于铣削特形孔或台（见图 1-29）。

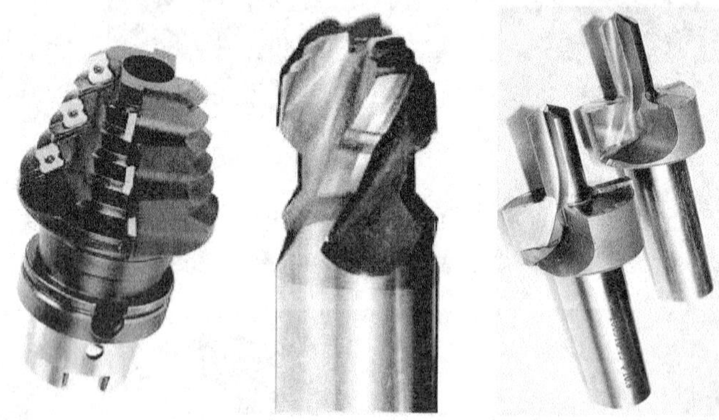

图 1-29 成形铣刀

⑥ 盘铣刀 一般采用在盘状刀体上机夹刀片或刀头组成，常用于铣削较大的平面，如图 1-30 所示。

图 1-30 盘铣刀

二、数控加工对刀具的要求

为适应数控机床加工精度高、加工效率高、加工工序集中以及零件装夹次数少的要求，数控机床对所用的刀具相对于普通金属切削刀具又有以下许多性能上的要求。

1）刀片及刀柄要通用化、规格化、系列化。

2）刀片或刀具寿命及经济寿命指标要合理。

3）刀具或刀片几何参数和切削参数要规范化、典型化。

4）刀片或刀具材料及切削参数与被加工材料之间要相匹配。

5）刀具应具有较高的精度，包括刀具的形状精度、刀片及刀柄对机床主轴的相对位置精度、刀片及刀柄的转位及拆装的重复精度。

6）刀柄的强度要高，刚性及耐磨性要好。

7）刀柄或工具系统的装机重量有限度。

8）刀片及刀柄切入的位置和方向有要求。

9）刀片、刀柄的定位基准及自动换刀系统要优化。

数控机床上用的刀具应满足安装调整方便、刚性好、精度高、寿命长等要求。

第六节　数控加工常用工具简介

一、数控加工常用工具

由于数控设备特别是加工中心加工内容的多样性，使其配备的刀具和装夹工具种类也很多，并且要求刀具更换迅速。因此，要把通用性较强的数控装夹工具标准化、系列化。数控加工常用工具具体包括钻夹头、刀柄、拉钉、对刀工具及卸刀座等。

1. 钻夹头

钻夹头是一种钻头夹持工具，可用来夹钻头钻孔、扩孔，夹铰刀铰孔、夹丝锥攻螺纹等，广泛应用于机械制造、建筑装修等领域。目前，常用的钻夹头主要有扳手式钻夹头（见图 1-31a）和自紧式钻夹头（见图 1-31b）两类。扳手式钻夹头的零部件多采用专用机床大批量生产，因此价格较低廉。但因自身结构的限制，扳手式钻夹头精度不高，主要用于台式钻床、小型摇臂钻床、电动工具等对夹持精度要求不高的场合。此外，钻头的装卸需用扳手松紧，操作较繁琐。在加工中心、高精度钻床等对钻孔精度要求较高的场合，一般需要采用自紧式钻夹头。

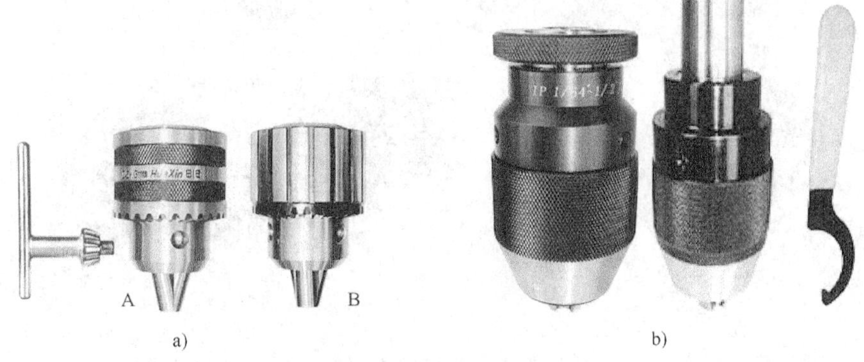

图 1-31　钻夹头

a）扳手钻夹头　b）自紧式钻夹头

2. 刀柄

刀柄是机床主轴和刀具之间的连接工具，是数控机床工具系统的重要组成部分之一，是加工中心必备的辅具。它除了能够准确地安装各种刀具外，还应满足在机床主轴上的自动松开和拉紧定位、刀库中的存储和识别以及机械手的夹持和搬运等需要。刀柄分为整体式（见图1-32）和模块式（见图1-33）两类。整体式刀柄针对不同的刀具配备，其品种、规格繁多，给生产、管理带来不便；模块式刀柄克服了上述缺点，但对连接精度、刚性、强度都有很高的要求。

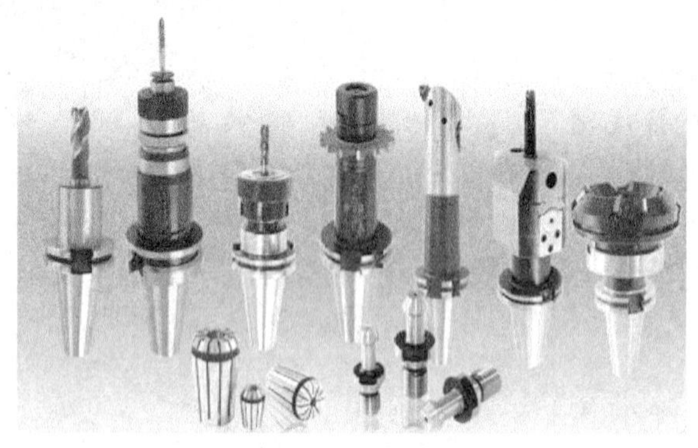

图1-32 整体式刀柄（镗孔类）

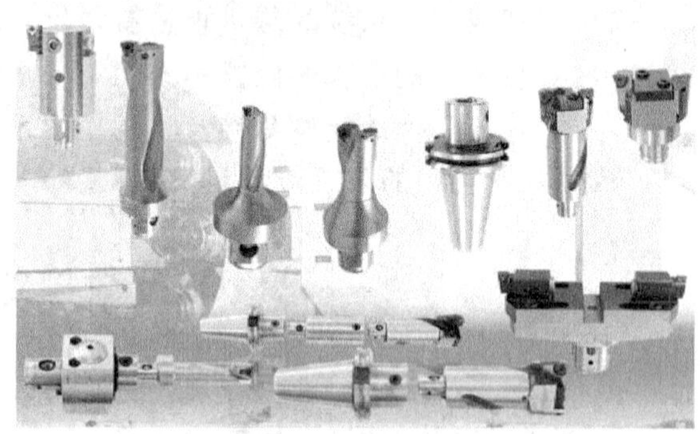

图1-33 模块式刀柄（镗孔类）

数控加工常用刀柄按加工形式主要分为钻孔刀具刀柄、镗孔刀具刀柄（见图1-32）、铣刀类刀柄（见图1-34）、螺纹刀具刀柄和直柄刀具类刀柄（立铣刀刀柄和弹簧夹头刀柄）及其他类型。

（1）铣刀刀柄　下面是一些常见的铣刀刀柄（图1-34）：

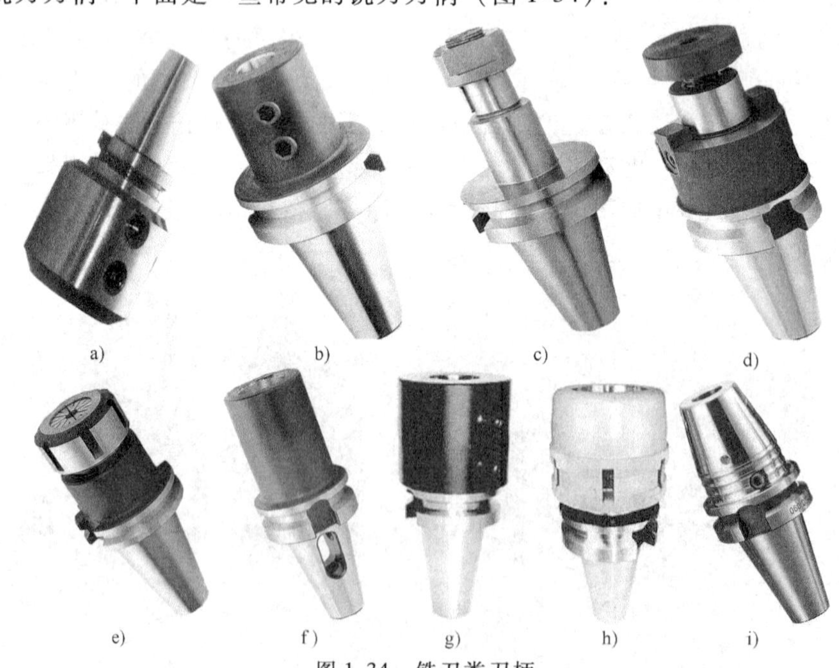

a)　b)　c)　d)　e)　f)　g)　h)　i)

图1-34 铣刀类刀柄

a）侧固式立铣刀刀柄　b）削平型直柄刀柄　c）三面刃面铣刀刀柄　d）端面铣刀刀柄　e）弹簧夹头刀柄　f）带扁尾莫氏圆锥刀柄　g）、h）接长杆刀柄　i）强力弹簧夹头刀柄

（2）孔加工刀柄　常用孔加工刀具和螺纹加工刀具刀柄如图 1-35 所示。

a)　b)　c)　d)

e)　f)　g)　h)　i)

图 1-35　孔加工刀柄与螺纹加工刀具刀柄

a）钻夹头刀柄　b）整体式钻夹头刀柄　c）直角型粗镗刀柄　d）倾斜型粗镗刀柄　e）双刃镗刀柄　f）可调镗刀柄　g）攻螺纹夹头刀柄　h）攻螺纹夹套　i）轴向伸缩攻螺纹器

（3）特殊功能刀柄

1）增速刀柄（增速头）　能实现自动换刀，如日本 NIKKEN 公司的 NXSE 增速刀柄，在机床主轴速度为4000r/min 时，刀具可在 0.8s 内转速达到 20000r/min，如图 1-36a 所示。

2）多刀刀柄　它能同时加工多个孔，相当于多轴加工头。多轴与增速刀柄组合使用可构成双功能的多轴增速刀柄，如图 1-36b 所示。

3）内冷却刀柄　该刀柄与心部开有切削液通道的麻花钻或深孔钻配合使用，利用特殊的供油系统，将高压切削液喷注到切削部位，实现良好的冷却与润滑，并排除切屑，如图 1-36c 所示。

4）转角刀柄　这种刀柄的头部可作 30°、45°、60°、90°等角度旋转，具有五面加工功能。安装在立式加工中心上，可使立式加工中心具有卧式加工中心的功能，可用于深型腔的底部清角作业，如图 1-36d 所示。

3. 拉钉

拉钉是指镗铣类数控机床主轴与刀柄之间的拉紧元件，用久会磨损和损坏。可是由于它很小，可更换，也较便宜，所以它在加工中的重要性不易引起人们的重视。拉钉是带螺纹的零件（见图 1-37），常固定在各种工具柄的尾端。机床主轴内的拉紧机构借助它把刀柄拉紧在主轴中。拉紧力的保持靠一组弹簧，拉紧后就足以防止20 ~ 50b（1b = 0.45359kg）重的

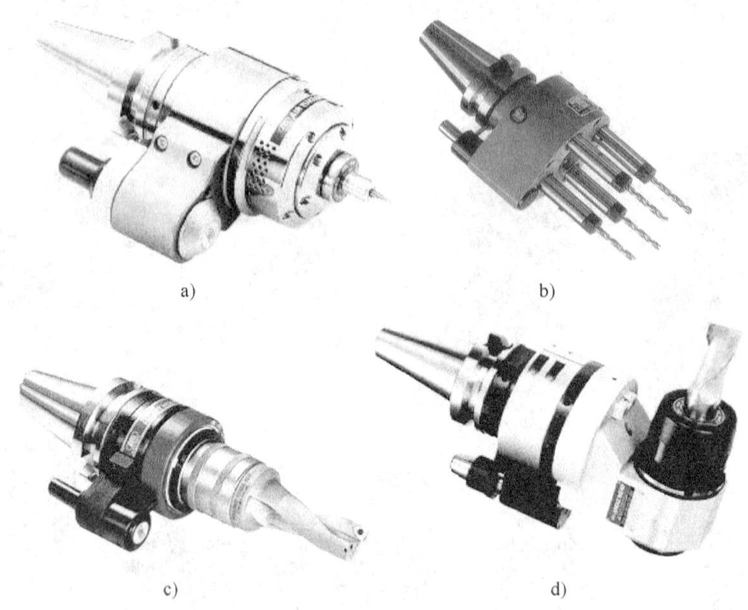

图 1-36 特殊功能刀柄

a）增速刀柄 b）多刀刀柄 c）外转内冷式刀柄 d）角度头

刀柄及刀具从主轴中滑出。

4. 弹簧夹头

弹簧夹头主要用于数控铣和加工中心，是刀具和刀柄之间的连接夹紧元件。常用的弹簧夹头及其与刀柄的连接关系如图 1-38 所示。

图 1-37 刀柄拉钉

5. 对刀工具

（1）寻边器 寻边器是在数控加工中为了精确确定被加工工件的中心位置的一种检测工具。在数控加工中常用的寻边器有对二维工件进行测量的光电式寻边器和偏置式寻边器及能够对三维工件进行测量的 3D 寻边器。

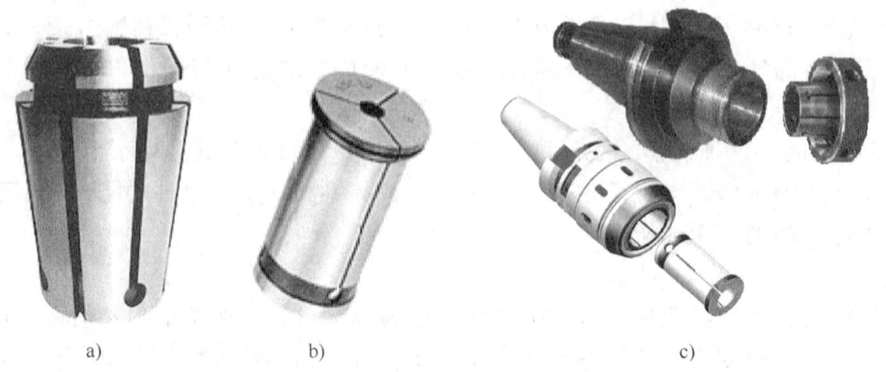

图 1-38 弹簧夹头

a）弹簧夹头 b）直筒式弹簧夹头 c）夹头拆分图

1）二维工件寻边器　光电式寻边器和偏置式寻边器只能测量 X 轴和 Y 轴的中心，其工作原理是首先在 X 轴上选定一边为零，再选另一边得出数值，取其一半为 X 轴中点，然后按同样方法找出 Y 轴原点，这样工件在 XY 平面的加工中心就得到了确定（见图 1-39）。

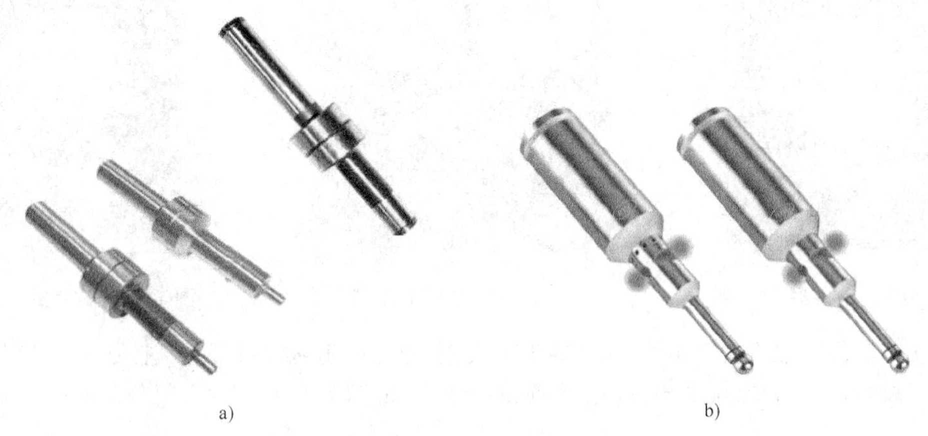

a)　　b)

图 1-39　二维工件寻边器

a）偏置式寻边器　b）光电式寻边器

2）三维工件寻边器（又称 3D 寻边器）（见图 1-40）　对于加工中心（包括铣床）和电加工机床而言，三维工件寻边器是一种高精度、多功能的测量仪器（对于电加工机床，其测尖为绝缘感应测尖）。将 3D 表固定在机床主轴或电极头上，主轴中心可以精确地定位在夹具或工件的各边上。因此工件零点及长度都可以快速测量及设置。

3D 寻边器的优势在于可以从任意方向（X 轴、Y 轴或 Z 轴）接近零件。在测量的过程中，指针始终向一个方向偏移，并始终显示机床主轴中心与工件边之间的距离。当指针指示为零时，表示机床主轴轴线与工件边重合。第一次使用也无需试验，无需计算，没有正、负号问题。这大大减少了额外的花销，提高了生产效率，并且减轻了工人的劳动强度。

3D 寻边器结构非常紧凑，操作极其方便。同机床刀具一样，3D 寻边器可以装夹于刀柄上，从而通过换刀或直接安装到机床主轴上。它的测尖无需任何工具就可直接更换。同时为了获得最大的检测精度，在装配过程中，所有的寻边器均经过严格检验及调整。为了提高安全性，在表的行程末端有红色安全标记。

3）精密对中仪（见图 1-41）　精密对中仪是用于内孔和外圆的精密对中设备，表盘固定不动。同机床刀具一样，对中仪可以装夹于刀柄上，从而通过换刀或直接安装到机床主轴上，可以方便精确地找出内孔或外圆的中心位置。将机床主轴定位在需要测量的点附近，并低速转动，对中仪的测头将沿着内孔或外圆直径表面圆周的轨迹滑动，只要机床主轴和直径中心不重合，测头的位置将发生偏移，并且偏差的数值将在百分表上显示出来。当指针不再摆动时，表示机床主轴中心线与圆心重合。在测量过程中，为了方便操作者观察，指示器（表盘）不随主轴旋转。主轴和工件表面的垂直度也可用同样的方法检测。主轴同心误差和夹紧的偏差可直接补偿，无需调整。较大的表盘可以方便快速和精确读数。为方便使用，测尖是可拆换的，并有多种不同测尖可供选择。

4）高精度数字式三维工件寻边器　数字式三维工件寻边器是更为先进高精度寻边器（见图 1-42）。它用于铣床和电加工机床中工件的找正及工件原点的设置，使得机床主轴或

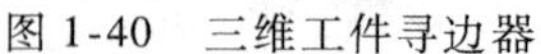

图 1-40　三维工件寻边器

图 1-41　精密对中仪

图 1-42　数字式寻边器

电极可快速定位于参考点。具体的数据将以数字的形式直接在显示器上显示。当显示数据为零时，表示机床主轴中心线与测量点重合，故此无需任何计算，机床坐标系就可直接设置。

数字式三维工件寻边器最小分辨率为 0.001mm。因其界面较大，故极大地方便了操作者由远处直接获得测量数据。数字式三维工件寻边器的防溅、防尘设计使其可以直接存放于刀库之中，而不必担心损坏。

（2）*Z* 轴定位器（见图 1-43）

图 1-43　*Z* 轴定位器

（3）数控机床对刀仪（见图 1-44）

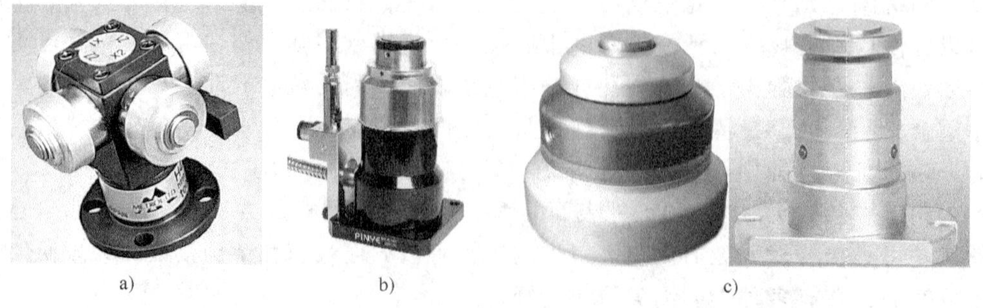

a)　　b)　　c)

图 1-44　数控机床对刀仪

a）数控车床对刀仪　b）加工中心自动对刀仪　c）光电式对刀仪

6. **卸刀座**（见图 1-45）

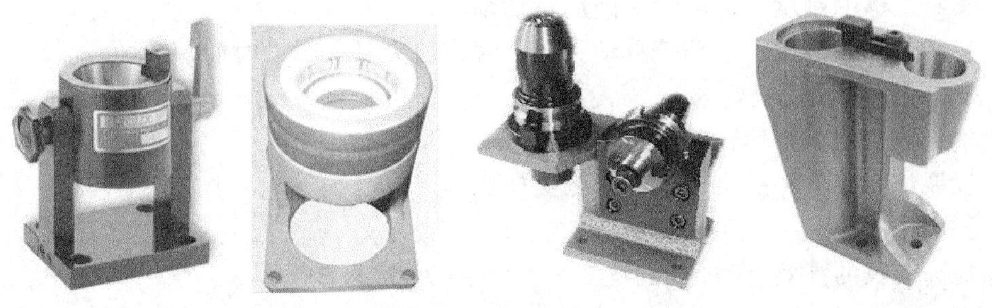

图 1-45 卸刀座

7. **其他工具**（见图 1-46）

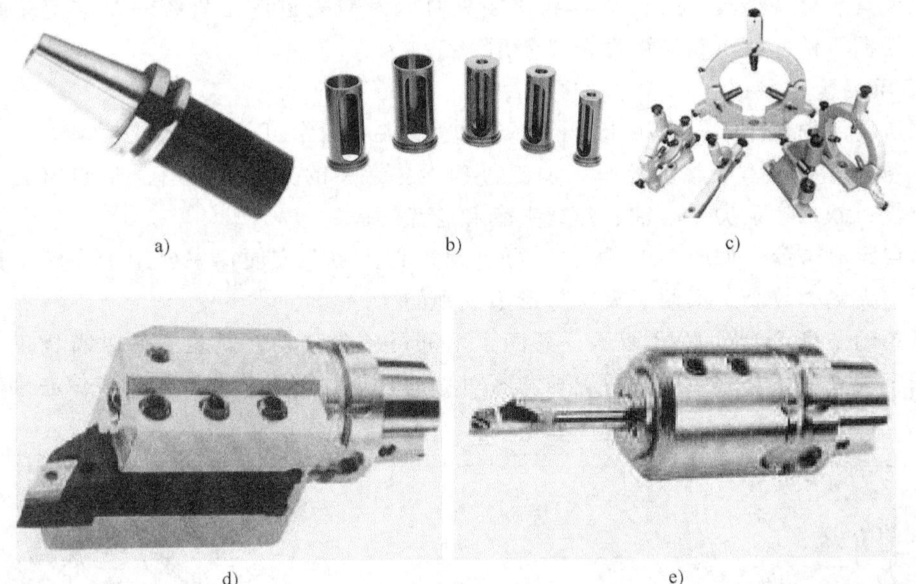

a) b) c)

d) e)

图 1-46 其他工具

a）数控变径套 b）数控车床刀套 c）数控车床跟刀架 d）数控车外径刀套 e）数控车内径刀套

第七节 数控加工常用夹具简介

一、数控机床夹具的特点及要求

1. 数控机床夹具的特点

现代自动化生产中，数控机床的应用已愈来愈广泛。作为数控机床夹具，除要满足机械加工时对工件的装夹要求，还要具有如下特点：

1）具有较高的精度。

2）数控机床夹具具有柔性，经适当调整即可夹持多种形状和尺寸的工件。

3）由于数控机床一般都配有刀具预调仪及对刀仪等设备，可以由机床解决对刀问题，因此，数控机床夹具一般不需要对刀功能，只需具有夹紧和定位功能，从而简化夹具结构。

4）具有足够的刚度，适应大切削用量切削。

5）使用气动、液压、电动等自动夹紧装置快速夹紧，辅助时间短。

2. 数控机床夹具的新要求

1）推行标准化、系列化和通用化。

2）发展组合夹具和拼装夹具，降低生产成本。

3）提高精度。

4）提高夹具的高效自动化水平。

二、数控加工常用夹具

在数控加工中，根据夹具不同生产类型中的通用特性，数控机床使用的夹具有通用夹具、专用夹具、可调夹具、组合夹具和拼装夹具以及较先进的工件统一基准定位装夹系统等，主要根据零件的特点和经济性选择使用。

1. 通用夹具

根据所使用的机床不同，用于数控机床的通用夹具通常可分为以下几种：

（1）数控车床夹具　在数控车床加工过程中，常用的夹具主要有三爪自定心卡盘、四爪单动卡盘、软爪、顶尖、心轴、弹簧夹套和花盘等。

三爪自定心卡盘　如图 1-47 所示，可自动定心，装夹方便，主要用于回转工件的自动装夹。但它夹紧力较小，不便于夹持外形不规则的工件。

四爪单动卡盘　如图 1-48 所示，其四个爪都可单独移动，安装工件时需找正，夹紧力大，适用于装夹毛坯及截面形状不规则和不对称的较重、较大、非回转体或偏心件等工件。

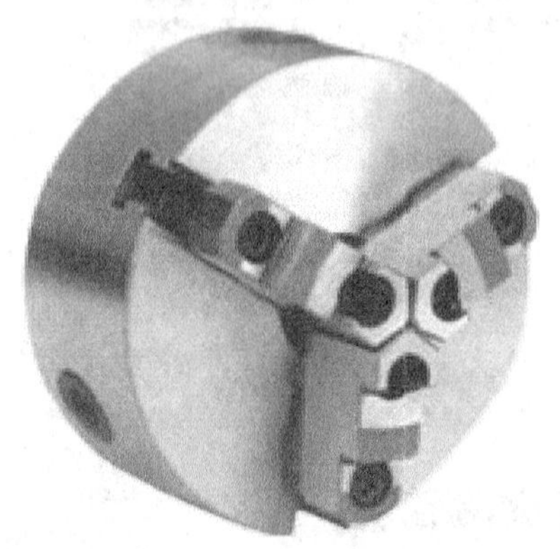

图 1-47　三爪自定心卡盘

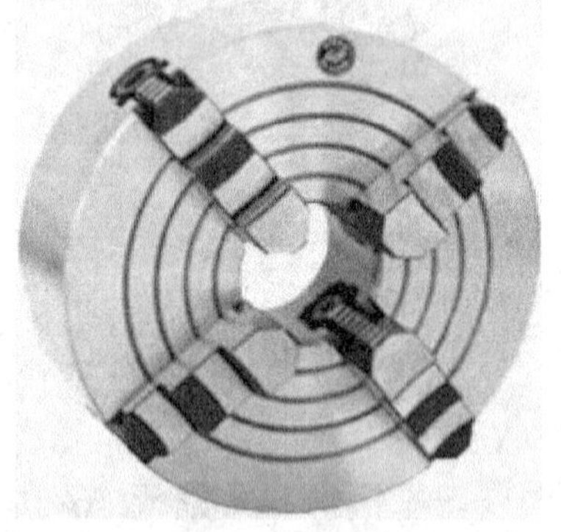

图 1-48　四爪单动卡盘

软爪　由于三爪自定心卡盘定心精度不高，当加工同轴度要求较高的工件，或者进行工件的二次装夹时，常使用软爪。通常三爪自定心卡盘的卡爪要进行热处理，硬度较高，很难用常用刀具切削。软爪是改变上述不足而设计制造的一种具有切削性能的夹爪。

顶尖　在车削质量较大的工件时，一般工件的一端用卡盘夹持，另一端用尾顶尖支撑。为了防止工件由于切削力的作用而产生轴向位移，必须在卡盘内装一限位支撑，或者利用工件的台阶面进行限位。此种装夹方法比较安全可靠，能够承受较大的轴向切削力，安装刚性好，轴向定位准确，所以在数控车削加工中应用较多（见图 1-49a）。

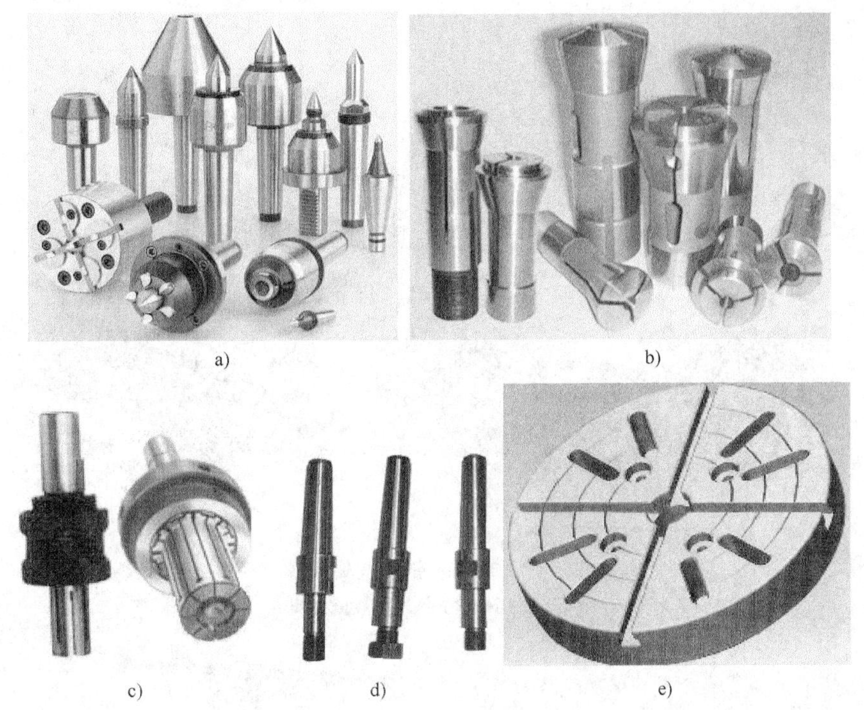

图 1-49 数控车床夹具

a）顶尖 b）弹簧夹套 c）膨胀心轴 d）锥度心轴 e）花盘

心轴 当工件用已加工过的孔作为定位基准时，可采用心轴装夹。这种装夹方法可以保证工件内外表面的同轴度，适用于批量生产。心轴的种类很多，常见的心轴有圆柱心轴、小锥度心轴（见图 1-49d）。这类心轴的定心精度不高。弹簧心轴（又称膨胀心轴），既能定心，又能夹紧，是一种定心夹紧装置（见图 1-49c）。

弹簧夹套 弹簧夹套定心精度高，装夹工件快捷方便，常用于精加工的外圆表面定位。它特别适用于尺寸精度较高、表面质量较好的冷拔圆棒料的夹持。它夹持工件的内孔是规定的标准系列，并非任意直径的工件都可以进行夹持（见图 1-49b）。

花盘 通常用花盘装夹不对称和形状复杂的工件，装夹工件时需反复校正和平衡，如图 1-49e 所示。

（2）数控铣床夹具 数控铣床常用夹具是机用平口钳（见图 1-50a）、液压虎钳（见图 1-50b）、卡盘（见图 1-51）等。机用平口虎钳可固定在工作台上，先找正钳口，再把工件装夹在机用平口虎钳上。这种方式装夹方便，应用广泛，适于装夹形状规则的小型工件。

（3）加工中心夹具 数控回转工作台是各类数控铣床和加工中心的理想配套附件，有立式工作台、卧式工作台和立卧两用回转工作台等不同类型产品（见图 1-52）。立卧回转工作台在使用过程中可分别以立式和水平两种方式安装于主机工作台上。工作台工作时，利用主机的控制系统或专门配套的控制系统，完成与主机相协调的各种必需的分度回转运动。

为了扩大加工范围，提高生产效率，加工中心除了沿 X、Y、Z 三个坐标轴的直线进给运动之外，往往还带有 A、B、C 三个回转坐标轴的圆周进给运动。数控回转工作台作为机床的一个旋转坐标轴由数控装置控制，并且可以与其他坐标联动，使主轴上的刀具能加工到

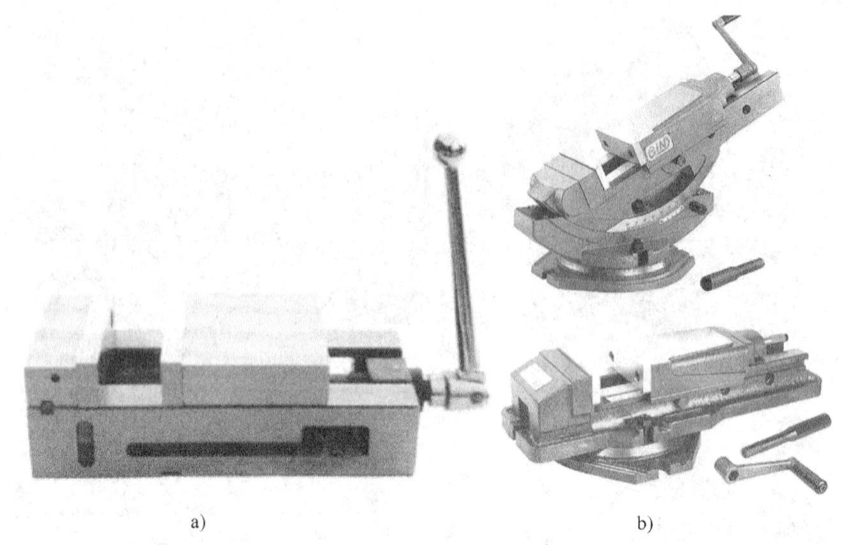

a)　　b)

图 1-50　铣床虎钳

a）机用平口钳　b）液压虎钳

a)　　b)

图 1-51　铣削用卡盘

a）铣削用三爪自定心卡盘　b）铣削用四爪单动卡盘

工件除安装面及顶面以外的周边。回转工作台除了用来进行各种圆弧加工或与直线坐标进给联动进行曲面加工以外，还可以实现精确的自动分度。因此，回转工作台已成为加工中心一个不可缺少的部件。

2. 专用夹具

专为某一工件的某道工序设计制造的夹具，称为专用夹具。在产品相对稳定、批量较大的生产中，采用各种专用夹具，可获得较高的生产效率和加工精度。专用夹具的设计周期较长、投资较大。

3. 可调夹具

某些元件可调整或更换，以适应多种工件加工的夹具，称为可调夹具。可调夹具是针对通用夹具和专用夹具的缺陷而发展起来的一类新型夹具。对不同类型和尺寸的工件，只需调整或更换原来夹具上的个别定位元件和夹紧元件便可使用。它一般又可分为通用可调夹具和成组夹具两种。前者的通用范围比通用夹具更广；后者则是一种专用可调夹具，它按成组原

a)　b)　c)　d)

图 1-52　数控回转工作台

a）可倾斜式回转工作台　b）立卧回转工作台　c）卧式回转工作台　d）立式等分回转工作台

理设计并能加工一族相似的工件，故在多品种中、小批量生产中使用有较好的经济效果。

4. 组合夹具（见图 1-53）

采用标准的组合元件、部件，专为某一工件的某道工序组装的夹具，称为组合夹具。组合夹具是一种模块化的夹具。标准的模块元件具有较高精度和耐磨性，可组装成各种夹具。夹具用毕可拆卸，清洗后可重新组装。由于使用组合夹具可缩短生产准备周期，元件能重复

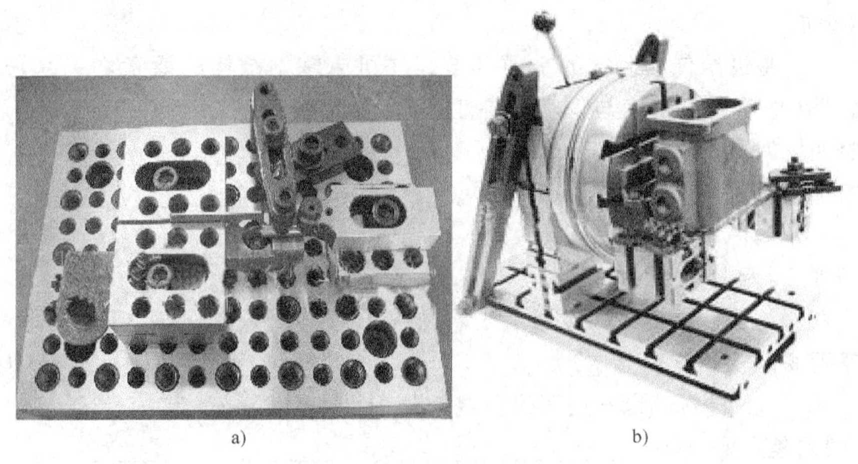

a)　b)

图 1-53　组合夹具

a）孔系组合夹具　b）槽系组合夹具

多次使用，并具有减少专用夹具数量等优点，因此组合夹具在中、小批量多品种生产和数控加工中是一种较经济的夹具。组合夹具主要分为槽系和孔系两大类。

5. 拼装夹具（见图1-54）

用专门的标准化、系列化的拼装零部件拼装而成的夹具，称为拼装夹具。它具有组合夹具的优点，但比组合夹具精度高，效能高，结构紧凑。它的基础板和夹紧部件中常带有小型液压缸。此类夹具更适合在数控机床上使用。

a)

b)

图1-54 拼装夹具

a）气动夹具 b）连杆大头孔液压夹具

习 题

一、填空题

1. ________年试制成功了世界上第一台数控铣床。

2. 数控铣床一般是由数控系统、主轴传动系统、________、________、机床机械部件几大部分组成。

3. 数控铣床按结构形式可以分为________、________两大类。

4. CNC系统由数控程序、________、输出装置、________、可编程序控制器（PLC）、________等组成。

5. ________是进给传动系统的重要环节，是机床基本结构的要素之一，它在很大程度上决定数控机床的刚度、精度与精度保持性。

6. 数控加工刀具按其结构分________，________，________，________，________。

7. 数控加工刀具按制造材料分________，________，________，________，________等几大类。

8. 数控加工刀具按切削工艺分为________，________，________，________，________。

9. 高速钢韧性较硬质合金________，________、________和热硬性较硬质合金差，不适于切削________的材料，也不适于进行高速切削。

10. 车削刀具主要包括：________，________，________，________。

11. 镗刀从结构上可分为________、________和________类。从加工工艺要求上可分为________和________。

12. 数控加工常用铣削刀具有：________、________、________、________和________等。

13. 常用的钻夹头主要有________和________两类。

14. 刀柄是________和________之间的连接工具。

15. 在数控加工中常用的寻边器有________、________、________等。

16. 数控机床使用的夹具有________、________、________、________和拼装夹具以及较先进的工件统一基准定位装夹系统等。

17. 在数控车床加工过程中，常用的夹具主要有________、________、________、________、________、________和________等。

18. 数控铣床常用夹具是________、________、________等。

二、问答题

1. 数控机床的发展趋势主要体现在哪几方面？
2. 数控机床是由哪几部分组成？
3. 数控机床加工的特点是什么？
4. CNC 系统的组成是什么？
5. 进给传动系统的作用是什么？
6. 与普通的铣床相比，数控铣床机械部件有什么特点？
7. 数控加工刀具的特点的什么？
8. 数控机床对刀具有什么样的要求？
9. 拉钉和弹簧夹头有什么作用？
10. 数控机床夹具的特点及要求是什么？

第二章 数控加工基础知识

第一节　数控编程概述

一、数控编程的作用与目的

普通机床上加工零件时，一般是由工艺人员按照设计图样事先制订好零件的加工工艺规程。在工艺规程中给出零件的加工路线、切削参数、机床的规格及刀具、卡具、量具等内容。操作人员按工艺规程的各个步骤手工操作机床，加工出图样给定的零件。也就是说零件的加工过程是由工人手工操作的。

数控机床却不一样，它是按照事先编制好的加工程序，自动地对毛坯进行加工。把零件的加工工艺路线、工艺参数、刀具的运动轨迹、位移量、切削参数（主轴转数、进给量、吃刀量等）以及辅助功能（换刀，主轴正转、反转，切削液开、关等），按照数控机床规定的指令代码及程序格式编写成加工程序单，再把这一程序单中的内容记录在控制介质上（如穿孔纸带、磁带、磁盘、磁泡存储器），然后输入到数控机床的数控装置中，从而指挥机床加工零件。这种从零件图的分析到制成控制介质的全部过程叫数控程序的编制。

从以上分析可以看出，数控机床与普通机床加工零件的区别在于数控机床是按照程序自动进行零件加工，而普通机床要由人来操作，只要改变控制机床动作的程序就可以达到加工不同零件的目的。因此，数控机床特别适用于加工小批量且形状复杂精度要求高的零件。

由于数控机床要按照预先编制好的程序自动加工零件，因此，程序编制的好坏直接影响数控机床的正确使用和数控加工特点的发挥，这就要求编程员具有比较高的素质。编程员应通晓机械加工工艺以及机床、刀夹具、数控系统的性能，熟悉工厂的生产特点和生产习惯。在工作中，编程员不但要责任心强、细心，而且还能和操作人员配合默契，不断吸取别人的编程经验、积累编程经验和编程技巧，并逐步实现编程自动化，以提高编程效率。

二、数控编程的内容和步骤

（一）数控编程的内容

数控编程的主要内容包括：分析零件图样，确定加工工艺过程；确定走刀轨迹，计算刀位数据；编写零件加工程序；制作控制介质；校对程序及首件试加工。

（二）数控编程的步骤

数控编程的步骤一般如图 2-1 所示。

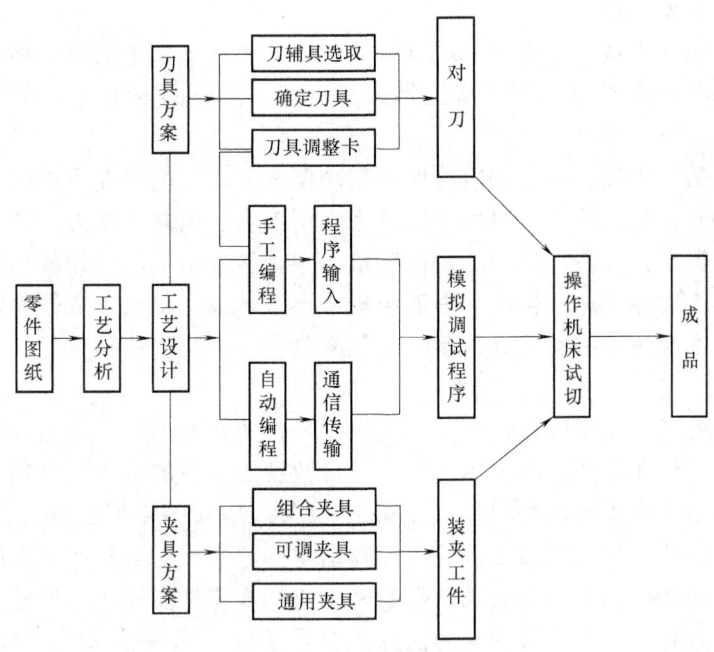

图 2-1　数控编程过程

1．分析零件图样和工艺处理

对零件图样进行分析以明确加工的内容及要求，选择加工方案，确定加工顺序、走刀路线，选择合适的数控机床、设计夹具、选择刀具，确定合理的切削用量。工艺处理涉及的问题很多，编程人员需要注意以下几点：

（1）工艺方案及工艺路线　应考虑数控机床使用的合理性及经济性，充分发挥数控机床的功能；尽量缩短加工路线，减少空行程时间和换刀次数，以提高生产率；尽量使数值计算方便，程序段少，以减少编程工作量；合理选取起刀点、切入点和切入方式，保证切入过程平稳，没有冲击；在连续铣削平面内外轮廓时，应安排好刀具的切入、切出路线。尽量沿轮廓曲线的延长线切入、切出，以免交接处出现刀痕，如图 2-2 所示。

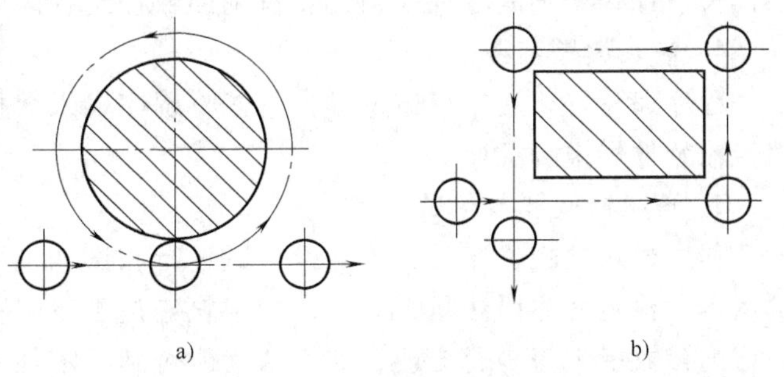

图 2-2　刀具的切入、切出路线

a）铣曲线轮廓板　b）铣直线轮廓

（2）零件安装与夹具选择　尽量选择通用、组合夹具，一次安装中把零件的所有加工面都加工出来，零件的定位基准与设计基准重合，以减少定位误差；应特别注意要迅速完成工件的定位和夹紧过程，以减少辅助时间，必要时可以考虑采用专用夹具。

（3）编程原点和编程坐标系　编程坐标系是指在数控编程时，在工件上确定的基准坐标系，其原点也是数控加工的对刀点。要求所选择的编程原点及编程坐标系应使程序编制简单；编程原点应尽量选择在零件的工艺基准或设计基准上，并在加工过程中便于检查的位置；引起的加工误差要小。

（4）刀具和切削用量　应根据工件材料的性能、机床的加工能力、加工工序的类型、切削用量以及其他与加工有关的因素来选择刀具。对刀具总的要求是：安装调整方便，刚性好，精度高，使用寿命长等。

切削用量包括：主轴转速、进给速度、切削深度等。切削深度由机床、刀具、工件的刚度确定，在刚度允许的条件下，粗加工取较大切削深度，以减少走刀次数，提高生产率；精加工取较小切削深度，以获得良好的表面质量。主轴转速由机床允许的切削速度及工件直径选取。进给速度则按零件加工精度、表面粗糙度要求选取，粗加工取较大值，精加工取较小值。最大进给速度受机床刚度及进给系统性能限制。

2. 数学处理

在完成工艺处理的工作以后，下一步需根据零件的几何形状、尺寸、走刀路线及设定的坐标系，计算粗、精加工各运动轨迹，得到刀位数据。一般的数控系统均具有直线插补与圆弧插补功能。对于点定位的数控机床（如数控冲床）一般不需要计算；对于加工由圆弧与直线组成的较简单的零件轮廓加工，需要计算出零件轮廓线上各几何元素的起点、终点、圆弧的圆心坐标、两几何元素的交点或切点的坐标值；当零件图样所标尺寸的坐标系与所编程序的坐标系不一致时，需要进行相应的换算；若数控机床无刀补功能，则应计算刀心轨迹；对于形状比较复杂的非圆曲线（如渐开线、双曲线等）的加工，需要用小直线段或圆弧段逼近，按精度要求计算出其节点坐标值；自由曲线、曲面及组合曲面的数学处理更为复杂，需利用计算机进行辅助设计。

3. 编写零件加工程序单

在加工顺序、工艺参数以及刀位数据确定后，就可按数控系统的指令代码和程序段格式，逐段编写零件加工程序单。编程人员应对数控机床的性能、指令功能、代码书写格式等非常熟悉，才能编写出正确的零件加工程序。对于形状复杂（如空间自由曲线、曲面）、工序很长、计算繁琐的零件采用计算机辅助数控编程。

4. 输入数控系统

程序编写好之后，可通过键盘直接将程序输入数控系统，或者通过数据线或者网线，利用传输软件传送到机床。

5. 程序检验和首件试加工

程序送入数控机床后，还需经过试运行和试加工两步检验后，才能进行正式加工。通过试运行，检验程序语法是否有错，加工轨迹是否正确；通过试加工可以检验其加工工艺及有关切削参数指定得是否合理，加工精度能否满足零件图样要求，加工工效如何，以便进一步改进。

试运行方法对带有刀具轨迹动态模拟显示功能的数控机床，可进行数控模拟加工，检查刀具轨迹是否正确，如果程序存在语法或计算错误，运行中会自动显示编程出错报警，根据报警号内容，编程员可对相应出错程序段进行检查、修改。对无此功能的数控机床可进行空运转检验。

试加工一般采用逐段运行加工的方法进行，即每按一次自动循环键，系统只执行一段程序，执行完一段停一下，通过一段一段的运行来检查机床的每次动作。不过，这里要提醒注意的是：当执行某些程序段，比如螺纹切削时，如果每一段螺纹切削程序中本身不带退刀功能时，螺纹刀尖在该段程序结束时会停在工件中，因此，应避免损坏刀具。对于较复杂的零件，也先可采用石蜡、塑料或铝等易切削材料进行试切。

三、数控编程的方法

数控加工程序的编制方法主要有两种：手工编程和计算机编程。

1. 手工编程

由分析零件图样、制订工艺规程、计算刀具运动轨迹、编写零件加工程序单、制作控制介质直到程序校核，整个过程主要由人来完成。这种人工制备零件加工程序的方法称为手工编程，在手工编程中，也可以利用计算机辅助计算得出坐标值，再由人工制备加工程序。

对于几何形状不太复杂的较简单的零件，计算较简单，加工程序不多，采用手工编程较容易实现，但是，对于形状复杂，具有非圆曲线、列表曲线、列表曲面、组合曲面的零件，计算相当繁琐，程序量非常大，易出错，难校对，手工编程难于胜任，甚至无法编出程序来，即使编出来，效率低，出错率高。据国外统计以及我国的生产实践说明，用手工编程时，一个零件的编程时间与机床上加工时间之比，平均约为 30∶1。这样数控机床的作用就远远没有发挥出来。为了缩短编程的时间，提高数控机床的利用率，必须采用计算机编程的方法。

数控机床程序编制又称数控编程，是指程序员或数控机床操作者根据零件图样和工艺文件的要求，编制出可在数控机床上运行以完成规定加工任务的一系列指令的过程。具体来说，数控编程是由分析零件图样和工艺要求开始到程序检验合格为止的全部过程。一般数控编程过程如图 2-3 所示。

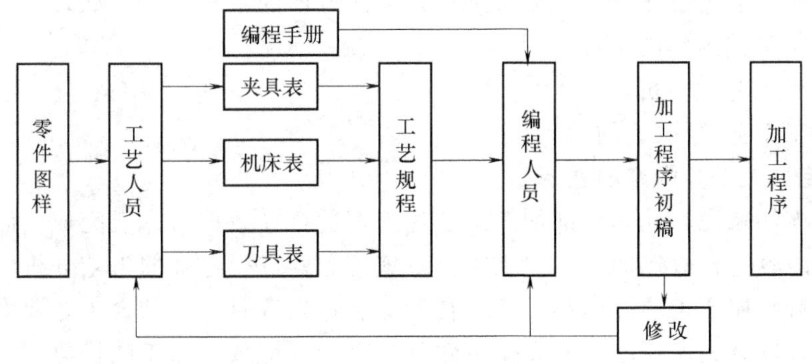

图 2-3 数控编程过程

2. 计算机编程

计算机编程是利用计算机专用软件编制数控加工程序的过程。它包括数控语言编程和图形交互式计算机编程。

数控语言编程，编程人员只需根据图样的要求，使用数控语言编写出零件加工源程序，送入计算机，由计算机自动地进行编译、数值计算、后置处理，编写出零件加工程序单，直至自动穿出数控加工纸带，或将加工程序通过直接通信的方式送入数控机床，指挥机床工作。

数控语言编程为解决多坐标数控机床加工曲面、曲线提供了有效方法。但这种编程方法直观性差，编程过程比较复杂不易掌握，并且不便于进行阶段性检查。随着计算机技术的发展，计算机图形处理功能已有了极大的增强，“图形交互式自动编程”也应运而生。

图形交互式自动编程是利用计算机辅助设计（CAD）软件的图形编程功能，将零件的几何图形绘制到计算机上，形成零件的图形文件，或者直接调用由 CAD 系统完成的产品设计文件中的零件图形文件，然后再直接调用计算机内相应的数控编程模块，进行刀具轨迹处理，由计算机自动对零件加工轨迹的每一个节点进行运算和数学处理，从而生成刀位文件。之后，再经相应的后置处理（Postprocessing），自动生成数控加工程序，并同时在计算机上动态地显示其刀具的加工轨迹图形。

图形交互式自动编程极大地提高了数控编程效率，它使从设计到编程的信息流成为连续，可实现 CAD/CAM 集成，为实现计算机辅助设计（CAD）和计算机辅助制造（CAM）一体化建立了必要的桥梁作用。因此，它也习惯地被称为 CAD/CAM 自动编程。

本书主要讲解手工编程。

第二节　数控加工工艺路线的拟定

数控机床的加工工艺与通用机床的加工工艺有许多相同之处，但在数控机床上加工零件比通用机床加工零件的工艺规程要复杂得多。在数控加工前，要将机床的运动过程、零件的工艺过程、刀具的形状、切削用量和走刀路线等都编入程序，这就要求程序设计人员具有多方面的知识基础。合格的程序员首先是一个合格的工艺人员，否则就无法做到全面周到地考虑零件加工的全过程，以及正确、合理地编制零件的加工程序。

一、数控加工工艺设计主要内容

进行数控加工工艺设计时，一般应进行以下几方面的工作：

- 数控加工工艺内容的选择。
- 数控加工工艺性分析。
- 数控加工工艺路线的设计。

（一）数控加工工艺内容的选择

对于一个零件来说，并非全部加工工艺过程都适合在数控机床上完成，而往往只是其中的一部分工艺内容适合数控加工。这就需要对零件图样进行仔细的工艺分析，选择那些最适合、最需要进行数控加工的内容和工序。在考虑选择内容时，应结合本企业设备的实际，立足于解决难题、攻克关键问题和提高生产效率，充分发挥数控加工的优势。

1. 适于数控加工的内容

在选择时，一般可按下列顺序考虑：

1）通用机床无法加工的内容应作为优先选择内容。

2）通用机床难加工、质量也难以保证的内容应作为重点选择内容。

3）通用机床加工效率低、工人手工操作劳动强度大的内容，可在数控机床尚存在富余加工能力时选择。

2. 不适于数控加工的内容

一般来说，上述这些加工内容采用数控加工后，在产品质量、生产效率与综合效益等方面都会得到明显提高。相比之下，下列一些内容不宜选择采用数控加工：

1）占机调整时间长。如以毛坯的粗基准定位加工第一个精基准，需用专用工装协调的内容。

2）加工部位分散，需要多次安装、设置原点。这时，采用数控加工很麻烦，效果不明显，可安排通用机床补加工。

3）按某些特定的制造依据（如样板等）加工的型面轮廓。主要原因是获取数据困难，易于与检验依据发生矛盾，增加了程序编制的难度。

此外，在选择和决定加工内容时，也要考虑生产批量、生产周期、工序间周转情况，等等。总之，要尽量做到合理，达到多、快、好、省的目的。要防止把数控机床降格为通用机床使用。

（二）数控加工工艺性分析

对数控加工零件的工艺性分析，主要包括产品的零件图样分析和结构工艺性分析两部分。

1. 零件图样分析

1）零件图上尺寸标注方法应适应数控加工的特点，在数控编程中，所有点、线、面的尺寸和位置都是以编程原点为基准的。如图 2-4a 所示，在数控加工零件图上，应以同一基准标注尺寸或直接给出坐标尺寸。这种标注方法既便于编程，也便于尺寸之间的相互协调，又有利于设计基准、工艺基准、测量基准和编程原点的统一。零件设计人员在尺寸标注时，一般总是较多地考虑装配等使用特性，因而常采用如图 2-4b 所示的局部分散的标注方法，这样就给工序安排和数控加工带来诸多不便。由于数控加工精度和重复定位精度都很高，不会因产生较大的累积误差而破坏零件的使用特性，因此，可将局部的分散标注法改为同一基准标注或直接标注坐标尺寸。

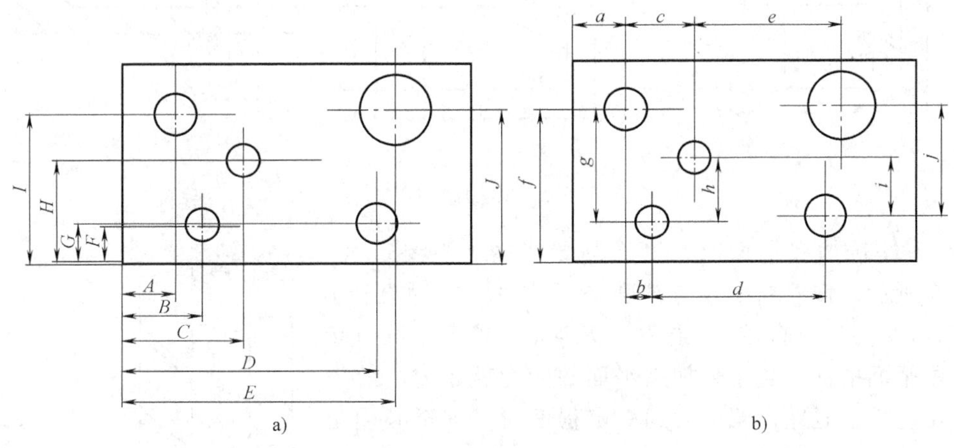

图 2-4　零件尺寸标注分析

a）同基准标注　b）分散标注

2）分析被加工零件的设计图样，根据标注的尺寸公差和形位公差等相关信息，将加工表面区分为重要表面和次要表面，并找出其设计基准，进而遵循基准选择的原则，确定加工零件的定位基准，分析零件的毛坯是否便于定位和装夹、夹紧方式和夹紧点的选取是否会有碍刀具的运动、夹紧变形是否对加工质量有影响等，为工件定位、安装和夹具设计提供依据。

3）构成零件轮廓的几何元素（点、线、面）的条件（如相切、相交、垂直和平行等）是数控编程的重要依据。手工编程时，要依据这些条件计算每一个节点的坐标；计算机编程时，则要根据这些条件对构成零件的所有几何元素进行定义，无论哪一个条件不明确，都会导致编程无法进行。因此，在分析零件图样时，务必要分析几何元素的给定条件是否充分，发现问题及时与设计人员协商解决。

2. 零件的结构工艺性分析

1）零件的内腔与外形应尽量采用统一的几何类型和尺寸，这样可以减少刀具规格和换刀次数，方便编程，提高生产效益。

2）内槽圆角的大小决定着刀具直径的大小，所以内槽圆角半径不应太小。对于图 2-5 所示零件，其结构工艺性的好坏与被加工轮廓的高低、转角圆弧半径的大小等因素有关。图 2-5b 与图 2-5a 相比，转角圆弧半径 R 大，可以采用直径较大的立铣刀来加工；加工平面时，进给次数也相应减少，表面加工质量也会好一些，因而工艺性较好。反之，工艺性较差。通常 $R<0.2H$（H 为被加工工件轮廓面的最大高度）时，可以判定零件该部位的工艺性不好。

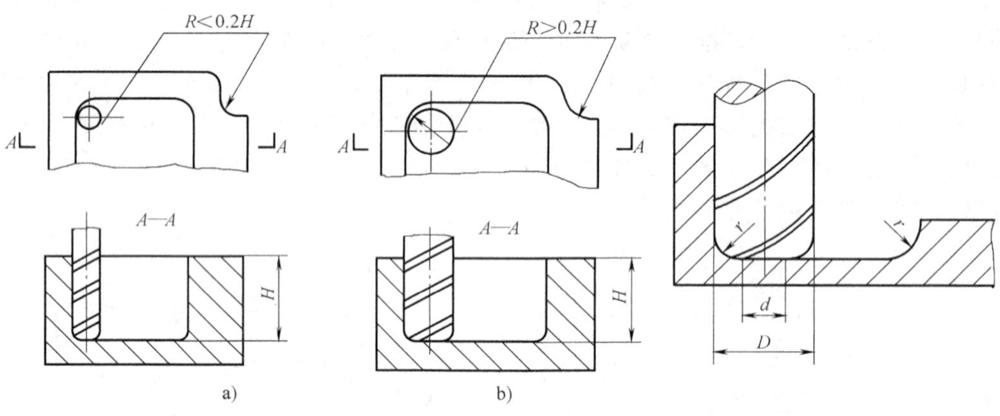

图 2-5　内槽结构工艺性

3）零件铣槽底平面时，槽底圆角半径 r 不要过大。如图 2-6 所示，铣刀端面刃与铣削平面的最大接触直径 $d=D-2r$（D 为铣刀直径），当 D 一定时，r 越大，铣刀端面刃铣削平面的面积越小，加工平面的能力就越差，效率越低，工艺性也越差。当 r 大到一定程度时，甚至必须用球头铣刀加工，这是应该尽量避免的。

4）应尽可能在一次装夹中完成所有能加工表面的加工，为此要选择便于各个表面都能加工的定位方式；若需要二次装夹，应采用统一的基准定位。在数控加工中若没有统一的定位基准，会因工件重新安装产生定位误差，从而使加工后的两个面上的轮廓位置及尺寸不协调。因此，

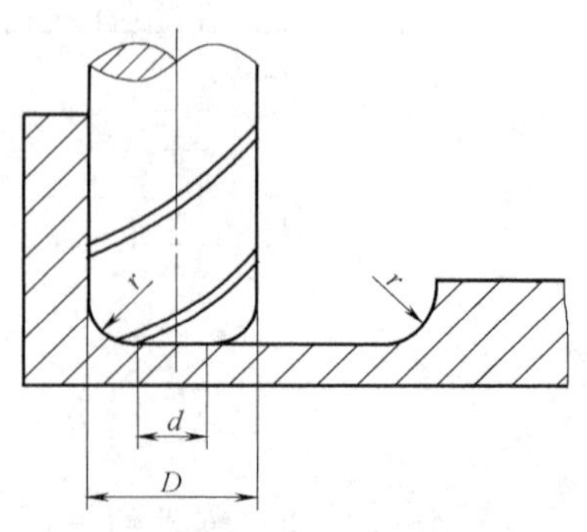

图 2-6　零件底面圆弧半径对工艺性的影响

为保证二次装夹加工后其相对位置的准确性，应采用统一的定位基准。

3. 定位基准要可靠

在数控加工中，加工工序往往较集中，以同一基准定位十分重要。因此，往往需要设置一些辅助基准，或在毛坯上增加一些工艺凸台。如图 2-7a 所示的零件，为增加定位的稳定性，可在底面增加一工艺凸台，如图 2-7b 所示。在完成定位加工后再除去。

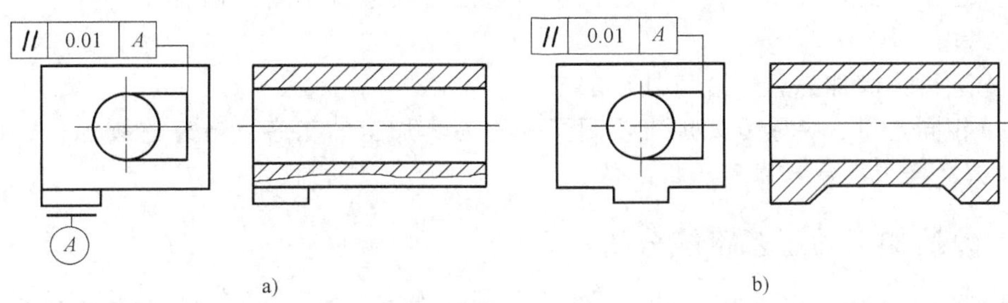

图 2-7　工艺凸台的应用

a）改进前的结构　b）改进后的结构

4. 统一几何类型及尺寸

零件的外形、内腔最好采用统一的几何类型及尺寸，这样可以减少换刀次数，还可能应用控制程序或专用程序以缩短程序长度。零件的形状尽可能对称，便于利用数控机床的镜向加工功能来编程，以节省编程时间。

（三）数控加工工艺路线的设计

数控加工工艺路线设计与通用机床加工工艺路线设计的主要区别在于它往往不是指从毛坯到成品的整个工艺过程，而仅是几道数控加工工序工艺过程的具体描述。因此，在工艺路线设计中一定要注意到，由于数控加工工序一般都穿插于零件加工的整个工艺过程中，因而要与其他加工工艺衔接好。常见工艺流程如图2-8所示。

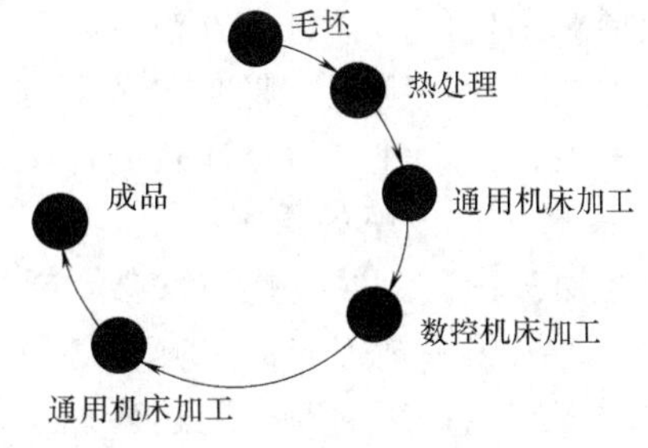

图 2-8　工艺流程

数控加工工艺路线设计中应注意以下几个问题：

1. 工序的划分

根据数控加工的特点，数控加工工序的划分一般可按下列方法进行：

1）以一次安装、加工作为一道工序。这种方法适合于加工内容较少的零件，加工完后就能达到待检状态。

2）以同一把刀具加工的内容划分工序。有些零件虽然能在一次安装中加工出很多待加工表面，但考虑到程序太长，会受到某些限制，如控制系统的限制（主要是内存容量）、机床连续工作时间的限制（如一道工序在一个工作班内不能结束）等。此外，程序太长会增加出错与检索的困难。因此，程序不能太长，一道工序的内容不能太多。

3）以加工部位划分工序。对于加工内容很多的工件，可按其结构特点将加工部位分成几个部分，如内腔、外形、曲面或平面，并将每一部分的加工作为一道工序。

4）以粗、精加工划分工序。对于经加工后易发生变形的工件，由于对粗加工后可能发生的变形需要进行校验。故一般来说，凡要进行粗、精加工的过程，都要将工序分开。

2. 顺序的安排

顺序的安排应根据零件的结构和毛坯状况，以及定位、安装与夹紧的需要来考虑。顺序安排一般应按以下原则进行：

1）上道工序的加工不能影响下道工序的定位与夹紧，中间穿插有通用机床加工工序的也应综合考虑。

2）先进行内腔加工，后进行外形加工。

3）以相同定位、夹紧方式加工或用同一把刀具加工的工序，最好连续加工，以减少重复定位次数、换刀次数与挪动压板次数。

二、数控加工的工艺路线分析

理想的加工程序不仅应保证加工出符合图样的合格工件，同时应能使数控机床的功能得到合理的应用和充分的发挥。数控机床是一种高效率的自动化设备，它的效率高于普通机床的2~3倍，所以，要充分发挥数控机床的这一特点，必须熟练掌握其性能、特点、使用操作方法，同时还必须在编程之前正确地确定加工方案。

由于生产规模的差异，对于同一零件的加工方案是有所不同的，应根据具体条件，选择经济、合理的工艺方案。

（一）加工工序划分

在数控机床上加工零件，工序可以比较集中，一次装夹应尽可能完成全部工序。与普通机床加工相比，加工工序划分有其自己的特点，常用的工序划分原则有以下两种。

1. 保证精度的原则

数控加工要求工序尽可能集中，常常粗、精加工在一次装夹下完成，为减少热变形和切削力变形对工件的形状、位置精度、尺寸精度和表面粗糙度的影响，应将粗、精加工分开进行。对轴类或盘类零件，将各处先粗加工，留少量余量精加工，来保证表面质量要求。同时，对一些箱体工件，为保证孔的加工精度，应先加工表面而后加工孔。

2. 提高生产效率的原则

数控加工中，为减少换刀次数，节省换刀时间，应将需用同一把刀加工的加工部位全部完成后，再换另一把刀来加工其他部位。同时应尽量减少空行程，用同一把刀加工工件的多个部位时，应以最短的路线到达各加工部位。

实际中，数控加工工序要根据具体零件的结构特点、技术要求等情况综合考虑。

（二）加工路线的确定

在数控加工中，刀具（严格说是刀位点）相对于工件的运动轨迹和方向称为加工路线，即刀具从对刀点开始运动起，直至结束加工程序所经过的路径，包括切削加工的路径及刀具引入、返回等非切削空行程。加工路线的确定首先必须保证被加工零件的尺寸精度和表面质量，其次考虑数值计算简单、走刀路线尽量短、效率较高等。

下面举例分析数控机床加工零件时常用的加工路线。

1. 车圆锥的加工路线分析

数控车床上车外圆锥，假设圆锥大径为 D，小径为 d，锥长为 L，车圆锥的加工路线如图2-9所示。

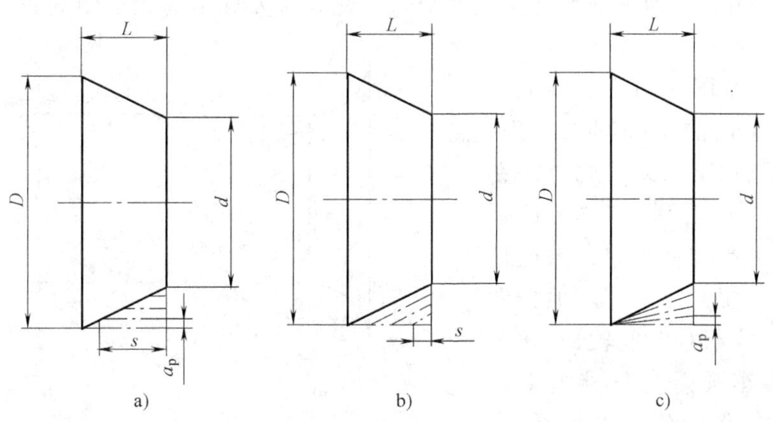

图 2-9　车圆锥的加工路线

按图 2-9a 的阶梯切削路线，二刀粗车，最后一刀精车；二刀粗车的终刀距 s 要作精确的计算，可有相似三角形得

$$\frac{\frac{D-d}{2}}{L}=\frac{\left(\frac{D-d}{2}\right)-a_p}{s}$$

$$s=\frac{L\left(\frac{D-d}{2}-a_p\right)}{\frac{D-d}{2}}$$

此种加工路线，粗车时，刀具背吃刀量相同，但精车时，背吃刀量不同；同时刀具切削运动的路线最短。

按图 2-9b 的相似斜线切削路线，也需计算粗车时终刀距 s，同样由相似三角形可计算得

$$\frac{\frac{D-d}{2}}{L}=\frac{a_p}{s}$$

$$s=\frac{L\times a_p}{\frac{D-d}{2}}$$

按此种加工路线，刀具切削运动的距离较短。

按图 2-9c 的斜线加工路线，只需确定了每次背吃刀量 a_p，而不需计算最终刀距，编程方便。但在每次切削中背吃刀量是变化的，且刀具切削运动的路线较长。

2. 车圆弧的加工路线分析

应用 G02（或 G03）指令车圆弧，若用一刀就把圆弧加工出来，这样背吃刀量太大，容易打刀。所以，实际车圆弧时，需要多刀加工，先将大多余量切除，最后才车得所需圆弧。

下面介绍车圆弧常用加工路线。

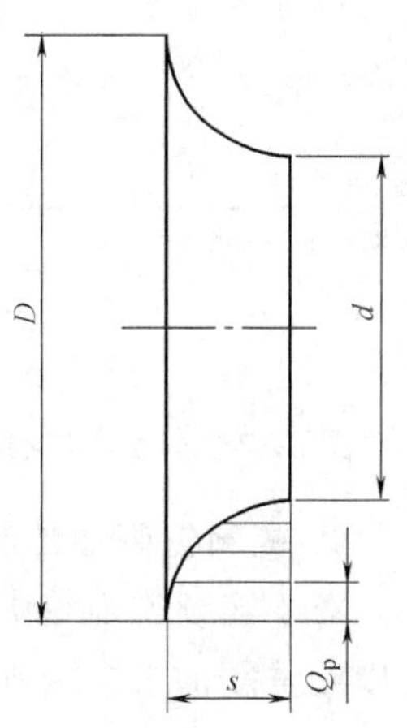

图 2-10　阶梯切削路线车圆弧

图 2-10 为车圆弧的阶梯切削路线，即先粗车成阶梯，最后一刀精车出圆弧。此方法在确定了每刀吃刀量 a_p 后，须精确计

算出粗车的终刀距 S，即求圆弧与直线的交点。此方法刀具切削运动距离较短，但数值计算较繁琐。

图 2-11a 为车圆弧的同心圆弧切削路线，即用不同的半径圆来车削，最后将所需圆弧加工出来。此方法在确定了每次吃刀量 a_p 后，对 90°圆弧的起点、终点坐标较易确定，数值计算简单，编程方便，常采用。但按图 2-11b 加工时，空行程时间较长。

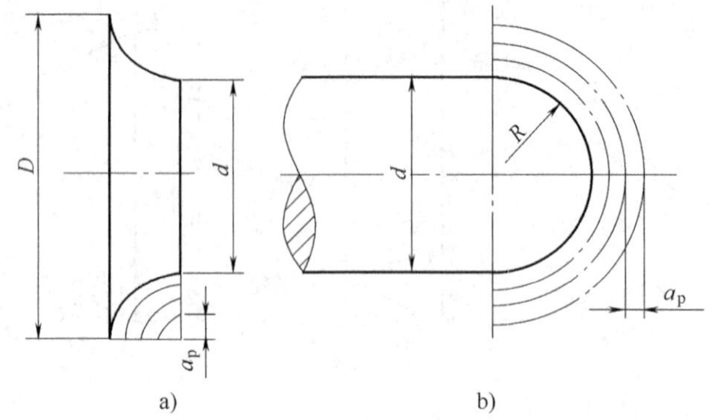

图 2-11　同心圆弧切削路线车圆弧

图 2-12 为车圆弧的车锥法切削路线，即先车一个圆锥，再车圆弧。但要注意，车锥时的起点和终点的确定，若确定不好，则可能损坏圆锥表面，也可能将余量留得过大。确定方法如图 2-12 所示，连接 OC 交圆弧于 D，过 D 点作圆弧的切线 AB。

由几何关系 $CD = OC - OD = \sqrt{2}R - R = 0.414R$，此为车锥时的最大切削余量，即车锥时，加工路线不能超过 AB 线。由图示关系，可得 $AC = BC = 0.586R$，这样可确定出车锥时的起点和终点。当 R 不太大时，可取 $AC = BC = 0.5R$。此方法数值计算较繁，刀具切削路线短。

3. 车螺纹时轴向进给距离的分析

车螺纹时，刀具沿螺纹方向的进给应与工件主轴旋转保持严格的速比关系。考虑到刀具从停止状态到达指定的进给速度或从指定的进给速度降至零，驱动系统必有一个过渡过程，沿轴向进给的加工路线长度，除保证加工螺纹长度外，还应增加 δ_1（2～5mm）的刀具引入距离和 δ_2（1～2mm）的刀具切出距离，如图 2-13 所示。这样来保证切削螺纹时，在升速完成后使刀具接触工件，刀具离开工件后再降速。

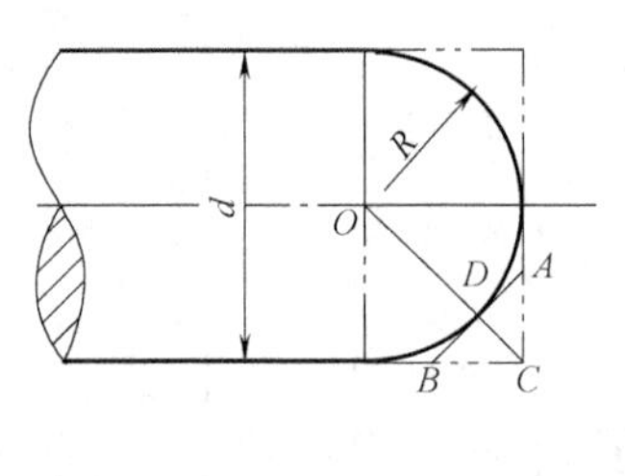

图 2-12　车锥法切削路线车圆弧

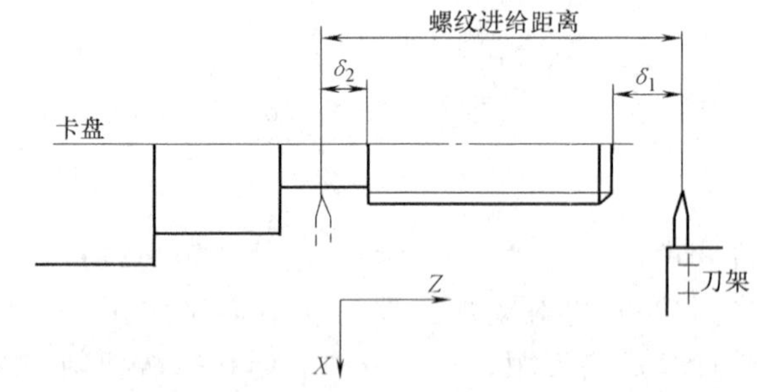

图 2-13　切削螺纹时引入、引出距离

4. 轮廓铣削加工路线的分析

对于连续铣削轮廓，特别是加工圆弧时，要注意安排好刀具的切入、切出，要尽量避免交接处重复加工，否则会出现明显的界限痕迹。如图 2-14 所示，用圆弧插补方式铣削外整圆时，要安排刀具从切向进入圆周铣削加工。当整圆加工完毕后，不要在切点处直接退刀，而让刀具多运动一段距离，最好沿切线方向，以免取消刀具补偿时，刀具与工件表面相碰撞，造成工件报废。铣削内圆弧时，也要遵守从切向、切入的原则，安排切入、切出过渡圆弧。如图 2-15 所示，若刀具从工件坐标原点出发，其加工路线为 1→2→3→4→5，这样可以提高内孔表面的加工精度和质量。

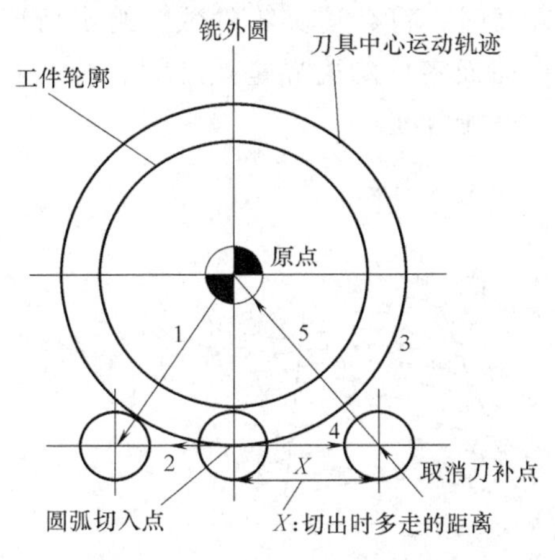

图 2-14 铣削外圆加工路线

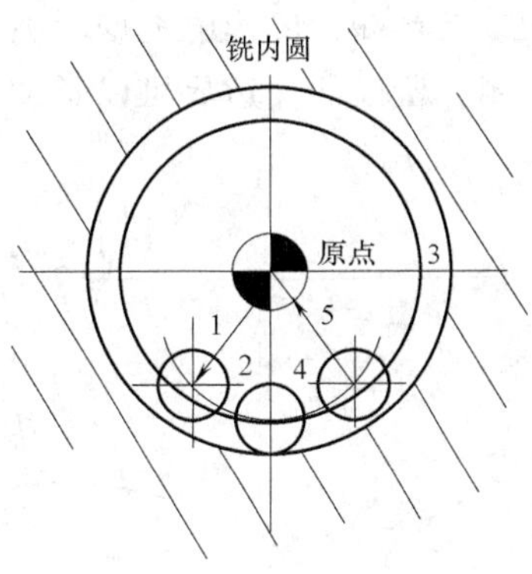

图 2-15 铣削内孔加工路线

5. 位置精度要求高的孔加工路线的分析

对于位置精度要求精度较高的孔系加工，特别要注意孔的加工顺序的安排，安排不当时，就有可能将沿坐标轴的反向间隙带入，直接影响位置精度。如图 2-16 所示，图 2-16a 为零件图，在该零件上加工的六个尺寸相同的孔，有两种加工路线。当按图 2-16b 所示路线加工时，由于 5、6 孔与 1、2、3、4 孔定位方向相反，在 Y 方向反向间隙会使定位误差增加，而影响 5、6 孔与其他孔的位置精度。按图 2-16c 所示路线，加工完 4 孔后，往上移动一段距离到 P 点，然后再折回来加工 5、6 孔，这样方向一致，可避免反向间隙的引入，提高 5、6 孔与其他孔的位置精度。

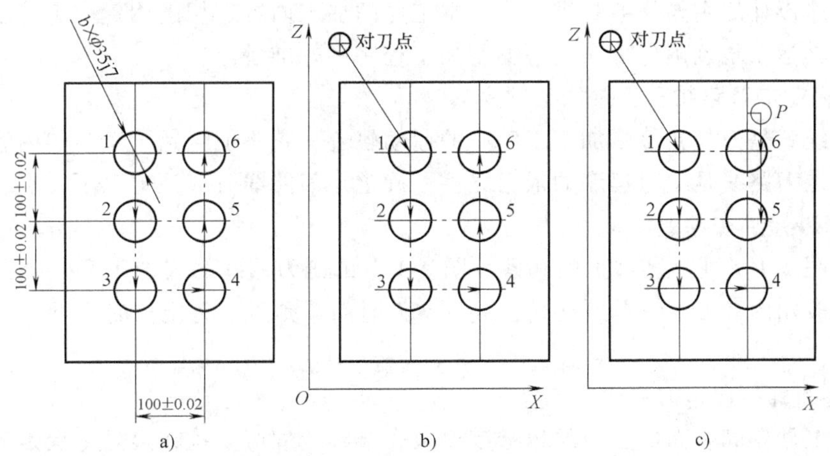

图 2-16 孔加工路线示意图

a）零件图 b）差 c）好

6. 铣削曲面的加工路线的分析

铣削曲面时，常用球头刀采用“行切法”进行加工。所谓行切法是指刀具与零件轮廓的切点轨迹是一行一行的，而行间的距离是按零件加工精度的要求确定。对于边界敞开的曲面加工，可采用两种加工路线。如图 2-17 所示，对于发动机大叶片，当采用图 2-17a 的加工方案时，每次沿直线加工，刀位点计算简单，程序少，加工过程符合叶形曲面的形成，可以准确保证母线的直线度。当采用图 2-17b 的加工方案时，符合这类零件数据给出情况，便于加工后检验，叶形的准确度高，但程序较多。由于曲面零件的边界是敞开的，没有其他表面限制，所以曲面边界可以延伸，球头刀应由边界外开始加工。

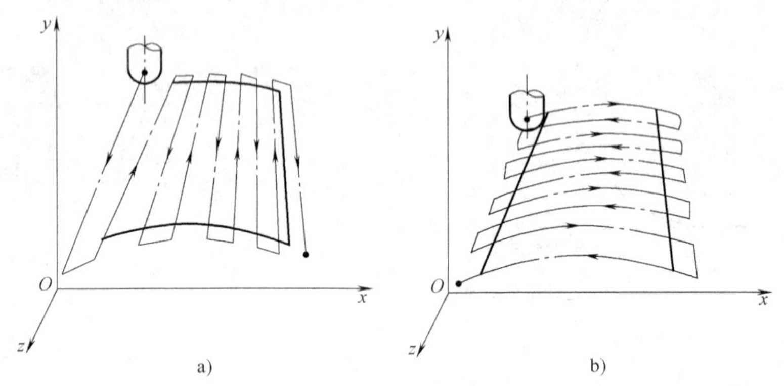

图 2-17　曲面加工的加工路线

以上通过几个范例分析了数控加工中常用的加工路线，实际生产中，加工路线的确定要根据零件的具体结构特点，综合考虑，灵活运用。而确定加工路线的总原则是：在保证零件加工精度和表面质量的条件下，尽量缩短加工路线，以提高生产率。

三、数控加工工序的设计

在选择了数控加工工艺内容和确定了零件加工路线后，即可进行数控加工工序的设计。数控加工工序设计的主要任务是进一步把本工序的加工内容、切削用量、工艺装备、定位夹紧方式及刀具运动轨迹确定下来，为编制加工程序做好准备。

（一）确定走刀路线和安排加工顺序

走刀路线就是刀具在整个加工工序中的运动轨迹，它不但包括了工步的内容，也反映出工步顺序。走刀路线是编写程序的依据之一。确定走刀路线时应注意以下几点：

1. 寻求最短加工路线

如加工图 2-18a 所示零件上的孔系。图 2-18b 的走刀路线为先加工完外圈孔后，再加工内圈孔。若改用图 2-18c 的走刀路线，减少空刀时间，则可节省定位时间近一倍，提高了加工效率。

2. 最终轮廓一次走刀完成

为保证工件轮廓表面加工后的粗糙度要求，最终轮廓应安排在最后一次走刀中连续加工出来。

图 2-19a 为用行切方式加工内腔的走刀路线，这种走刀能切除内腔中的全部余量，不留死角，不伤轮廓。但行切法将在两次走刀的起点和终点间留下残留高度，而达不到要求的表面粗糙度。所以，如采用图 2-19b 的走刀路线，先用行切法，最后沿周向环切一刀，光整轮廓表面，能获得较好的效果。图 2-19c 也是一种较好的走刀路线方式。

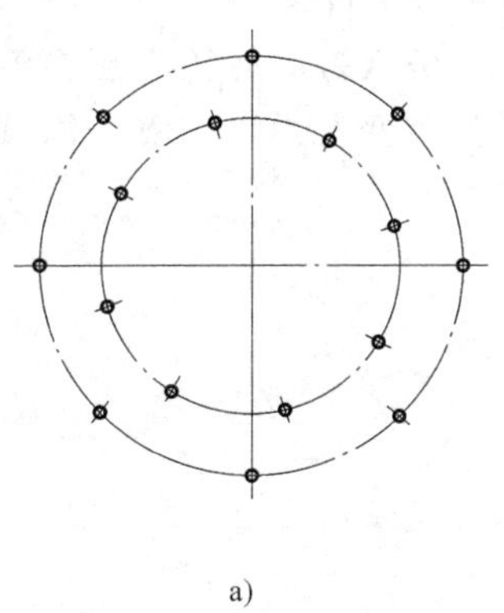
a)

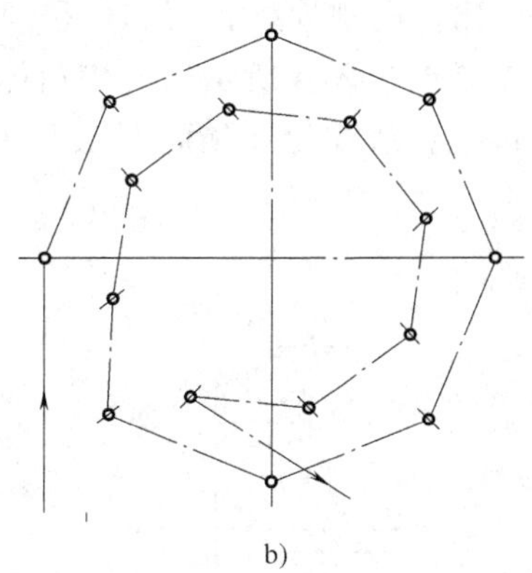
b)

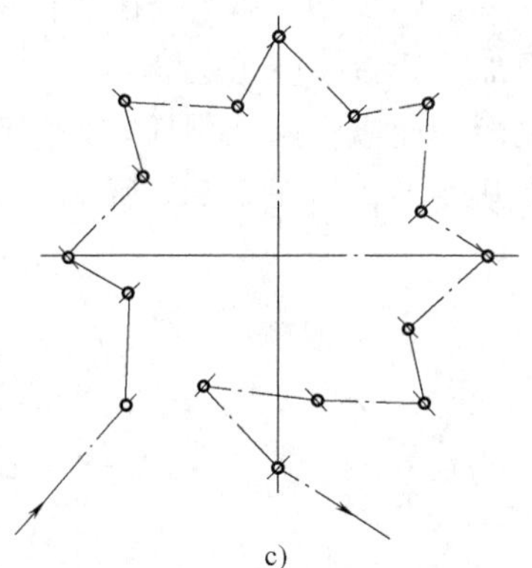
c)

图 2-18　最短走刀路线的设计
a）零件图样　b）路线 1　c）路线 2

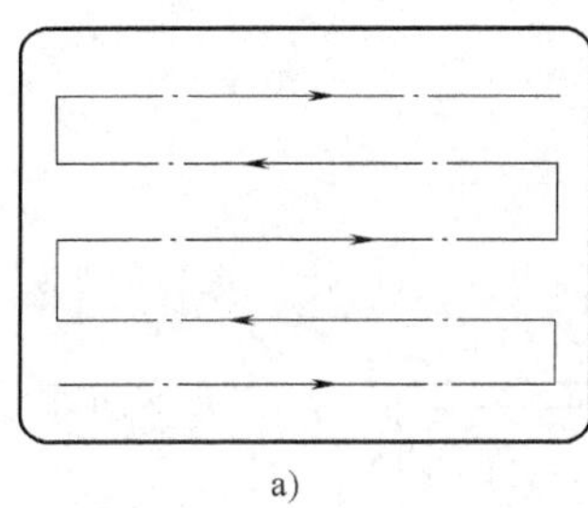
a)

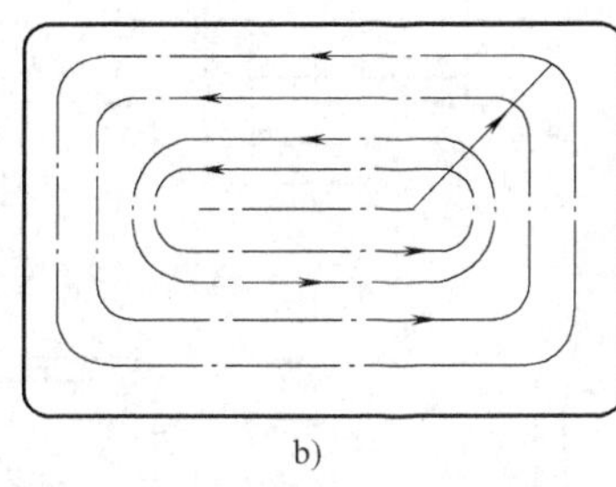
b)

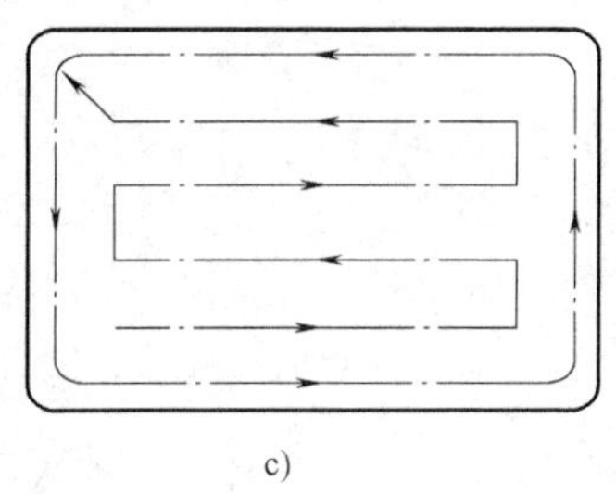
c)

图 2-19　铣削内腔的三种走刀路线
a）路线 1　b）路线 2　c）路线 3

3. 选择切入切出方向

考虑刀具的进、退刀（切入、切出）路线时，刀具的切出或切入点应在沿零件轮廓的切线上，以保证工件轮廓光滑；应避免在工件轮廓面上垂直上、下刀而划伤工件表面；尽量减少在轮廓加工切削过程中的暂停（切削力突然变化造成弹性变形），以免留下刀痕，如图 2-20 所示。

4. 选择使工件在加工后变形小的路线

对横截面积小的细长零件或薄板零件应采用分几次走刀加工到最后尺寸或对称去除余量法安排走刀路线。安排工步时，应先安排对工件刚性破坏较小的工步。

（二）确定定位和夹紧方案

在确定定位和夹紧方案时应注意以下几个问题：

1）尽可能做到设计基准、工艺基准与编程计算基准的统一。

2）尽量将工序集中，减少装夹次数，尽可能在一次装夹后能加工出全部待加工表面。

3）避免采用占机人工调整时间长的装夹方案。

4）夹紧力的作用点应落在工件刚性较好的部位。

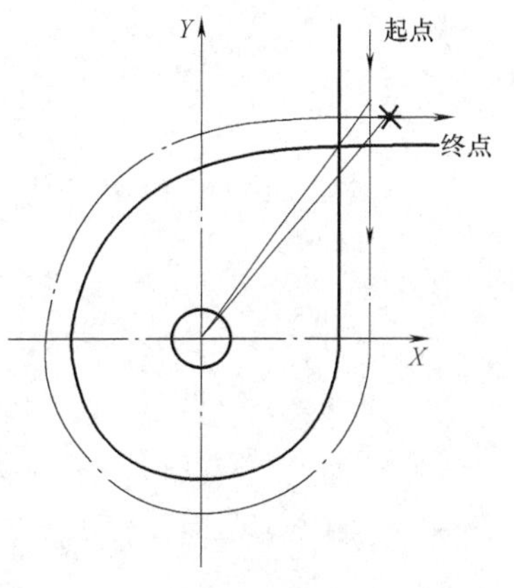

图 2-20　刀具切入和切出时的外延

如图 2-21a 薄壁套的轴向刚性比径向刚性好，用卡爪径向夹紧时工件变形大，若沿轴向施加夹紧力，变形会小得多。在夹紧图 2-21b 所示的薄壁箱体时，夹紧力不应作用在箱体的顶面，而应作用在刚性较好的凸边上，或改为在顶面上三点夹紧，改变着力点位置，以减小夹紧变形，如图 2-21c 所示。

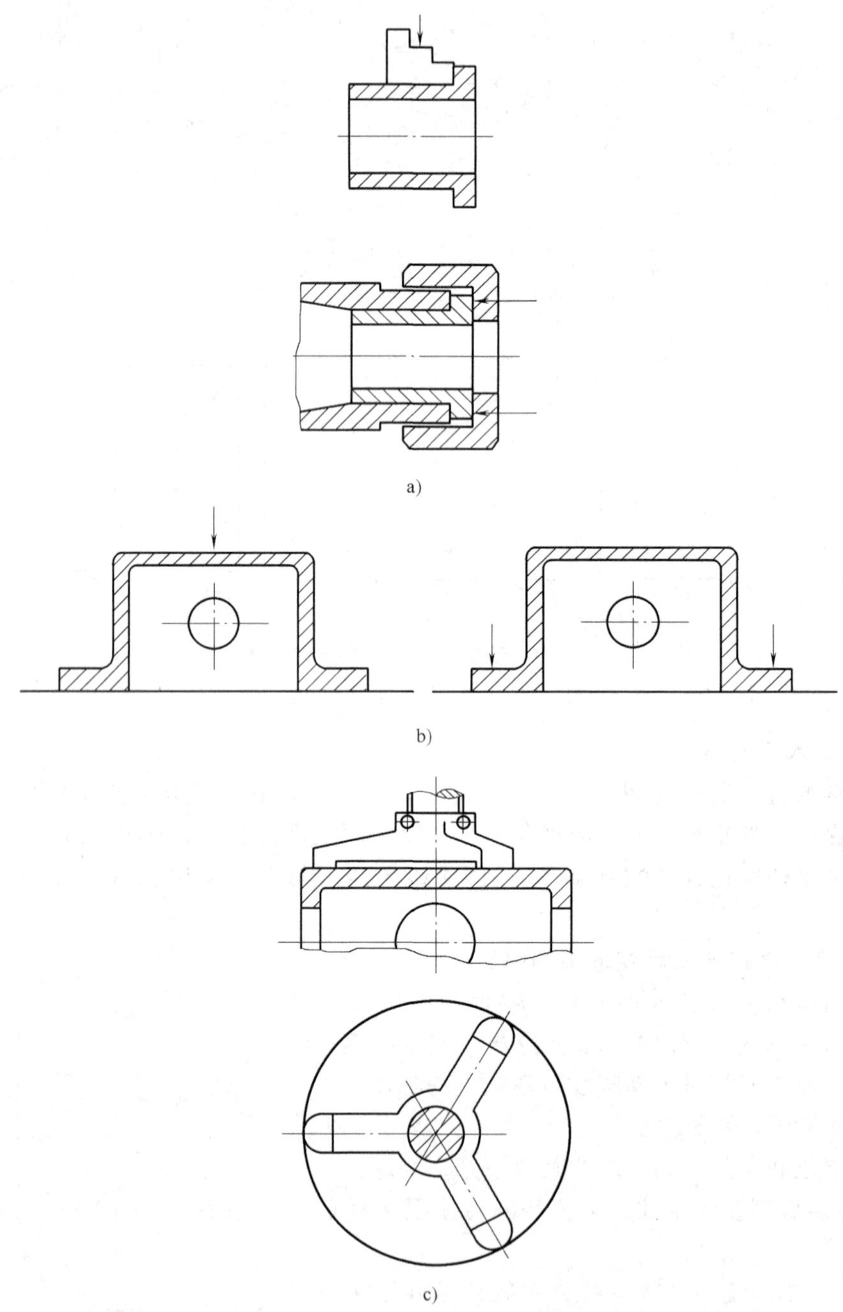

图 2-21　夹紧力作用点与夹紧变形的关系

a）薄壁套　b）改进方法 1　c）改进方法 2

（三）确定刀具与工件的相对位置

对于数控机床来说，在加工开始时，确定刀具与工件的相对位置是很重要的，这一相对位置是通过确认对刀点来实现的。对刀点是指通过对刀确定刀具与工件相对位置的基准点。对刀点可以设置在被加工零件上，也可以设置在夹具上与零件定位基准有一定尺寸联系的某一位置，对刀点往往就选择在零件的加工原点。

对刀点的选择原则如下：

1）所选的对刀点应使程序编制简单。

2）对刀点应选择在容易找正、便于确定零件加工原点的位置。

3）对刀点应选在加工时检验方便、可靠的位置。

4）对刀点的选择应有利于提高加工精度。

例如，加工图 2-22 所示零件时，当按照图示路线来编制数控加工程序时，选择夹具定位元件圆柱销的中心线与定位平面 A 的交点作为加工的对刀点。显然，这里的对刀点也恰好是加工原点。

在使用对刀点确定加工原点时，就需要进行“对刀”。所谓对刀是指使“刀位点”与“对刀点”重合的操作。每把刀具的半径与长度尺寸都是不同的，刀具装在机床上后，应在控制系统中设置刀具的基本位置。“刀位点”是指刀具的定位基准点。如图 2-23 所示，圆柱铣刀的刀位点是刀具中心线与刀具底面的交点；球头铣刀的刀位点是球头的球心点或球头顶点；车刀的刀位点是刀尖或刀尖圆弧中心；钻头的刀位点是钻头顶点。各类数控机床的对刀方法是不完全一样的，这一内容将结合各类机床分别讨论。

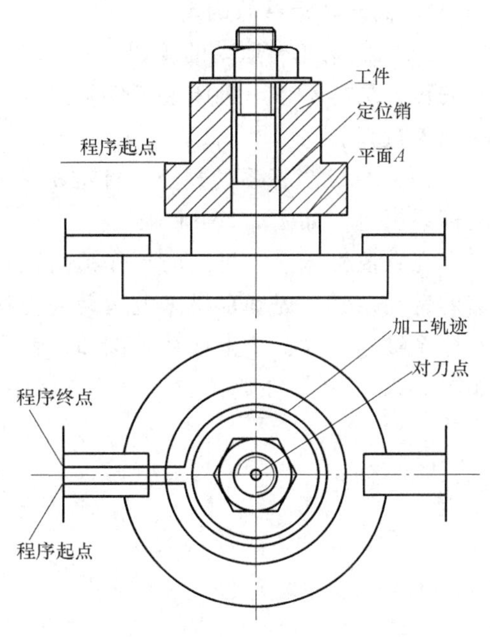

图 2-22　对刀点

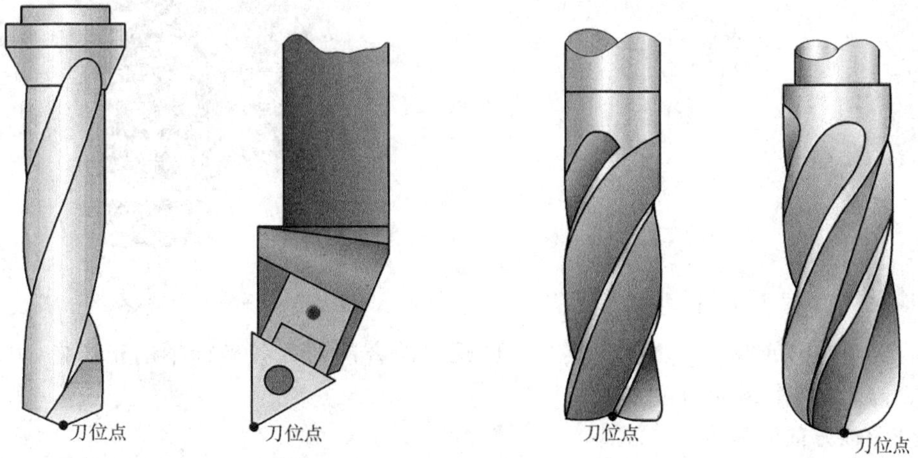

a)　b)　c)　d)

图 2-23　刀位点

a）钻头的刀位点　b）车刀的刀位点　c）圆柱铣刀的刀位点　d）球头铣刀的刀位点

换刀点是为加工中心、数控车床等采用多刀进行加工的机床而设置的，因为这些机床在加工过程中要自动换刀。对于手动换刀的数控铣床，也应确定相应的换刀位置。为防止换刀时碰伤零件、刀具或夹具，换刀点常常设置在被加工零件的轮廓之外，并留有一定的安全量。

第三节　数控机床坐标系

一、机床坐标系

1. 机床坐标系的确定

（1）机床相对运动的规定　在机床上，我们始终认为工件静止，而刀具是运动的。这样编程人员在不考虑机床上工件与刀具具体运动的情况下，就可以依据零件图样，确定机床的加工过程。

（2）机床坐标系的规定　标准机床坐标系中 X、Y、Z 坐标轴的相互关系用右手笛卡儿坐标系决定，如图 2-24 所示。

在数控机床上，机床的动作是由数控装置来控制的，为了确定数控机床上的成形运动和辅助运动，必须先确定机床上运动的位移和运动的方向，这就需要通过坐标系来实现。这个坐标系被称之为机床坐标系。例如，铣床上，有机床的纵向运动、横向运动以及垂向运动，如图 2-25 所示。在数控加工中就应该用机床坐标系来描述。

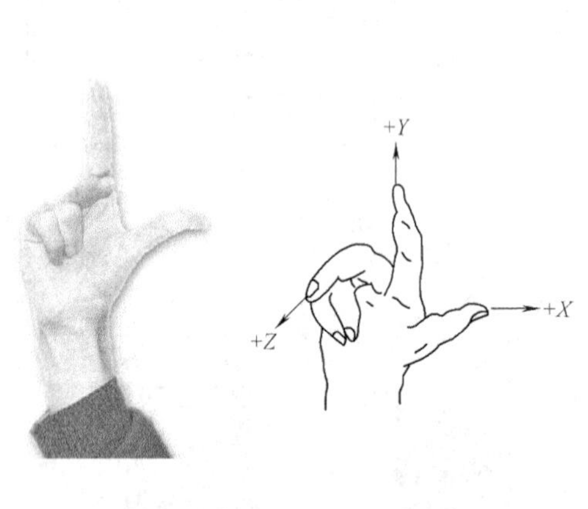

图 2-24　右手笛卡儿直角坐标系

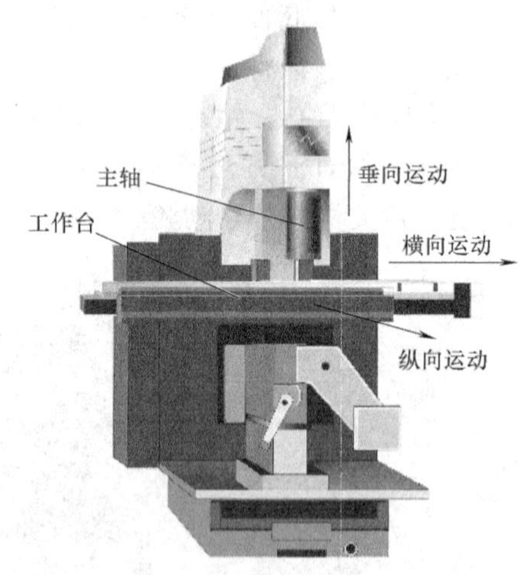

图 2-25　立式数控铣床

（3）运动方向的规定　增大刀具与工件距离的方向即为各坐标轴的正方向。图 2-26 所示为数控车床上两个运动的正方向。

2. 坐标轴方向的确定

（1）Z 坐标　Z 坐标的运动方向是由传递切削动力的主轴所决定的，即平行于主轴轴线的坐标轴即为 Z 坐标，Z 坐标的正向为刀具离开工件的方向。

如果机床上有几个主轴，则选一个垂直于工件装夹平面的主轴方向为 Z 坐标方向；如果主轴能够摆动，则选垂直于工件装夹平面的方向为 Z 坐标方向；如果机床无主轴，则选垂直于工件装夹平面的方向为 Z 坐标方向。图 2-26 所示为数控车床的 Z 坐标。

（2）X 坐标　X 坐标平行于工件的装夹平面，一般在水平面内。确定 X 轴的方向时，要考虑两种情况：

1）如果工件做旋转运动，则刀具离开工件的方向为 X 坐标的正方向。

2）如果刀具做旋转运动，则分为两种情况：Z 坐标水平时，观察者沿刀具主轴向工件看时，$+X$ 运动方向指向右方；Z 坐标垂直时，观察者面对刀具主轴向立柱看时，$+X$ 运动方向指向右方。图 2-26 所示为数控车床的 X 坐标。

（3）Y 坐标　在确定 X、Z 坐标的正方向后，可以用根据 X 和 Z 坐标的方向，按照右手笛卡儿坐标系来确定 Y 坐标的方向。图 2-27 所示为数控铣床的 Y 坐标。

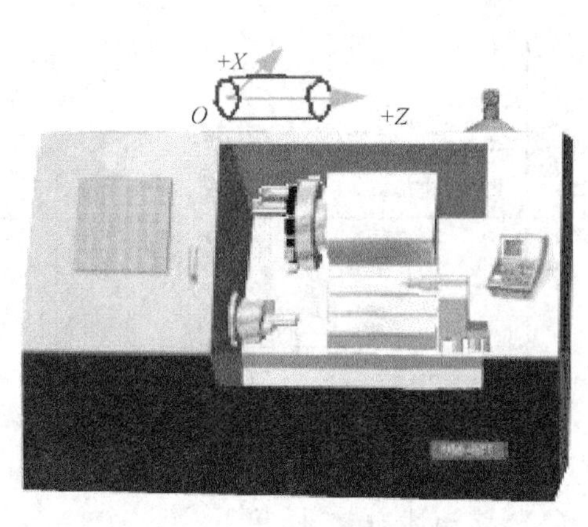

图 2-26　机床运动的方向

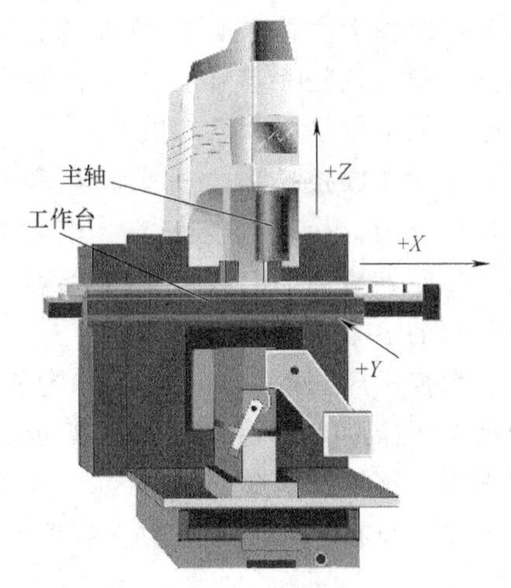

图 2-27　数控立式铣床的坐标系

例：根据图 2-27 所示的数控立式铣床结构图，试确定 X、Y、Z 直线坐标。

1）Z 坐标：平行于主轴，刀具离开工件的方向为正。

2）X 坐标：Z 坐标垂直，且刀具旋转，所以面对刀具主轴向立柱方向看，向右为正。

3）Y 坐标：在 Z、X 坐标确定后，用右手笛卡儿坐标系来确定。

3. 机床原点的设置

机床原点是指在机床上设置的一个固定点，即机床坐标系的原点。它在机床装配、调试时就已确定下来，是数控机床进行加工运动的基准参考点。

（1）数控车床的原点　在数控车床上，机床原点一般取在卡盘端面与主轴中心线的交点处，如图 2-28 所示。同时，通过设置参数的方法，也可将机床原点设定在 X、Z 坐标的正方向极限位置上。

（2）数控铣床的原点　在数控铣床上，机床原点一般取在 X、Y、Z 坐标的正方向极限位置上，如图 2-29 所示。

4. 机床参考点

机床参考点是用于对机床运动进行检测和控制的固定位置点。

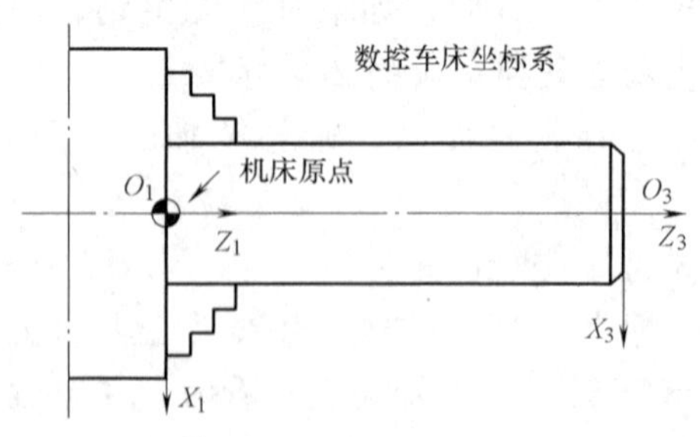

图 2-28 车床的机床原点

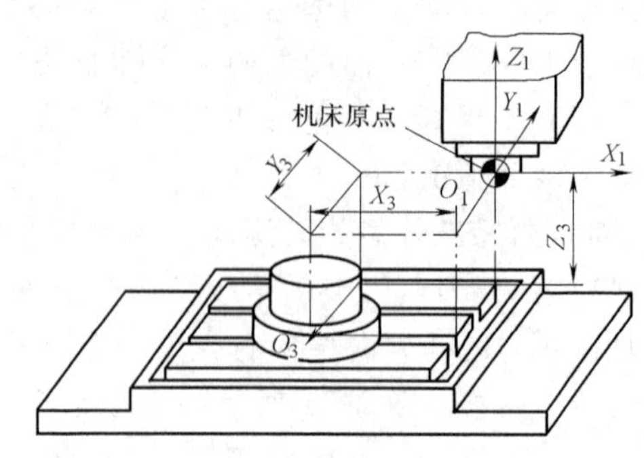

图 2-29 铣床的机床原点

机床参考点的位置是由机床制造厂家在每个进给轴上用限位开关精确调整好的，坐标值已输入数控系统中。因此，参考点对机床原点的坐标是一个已知数。

通常在数控铣床上机床原点和机床参考点是重合的；而在数控车床上机床参考点是离机床原点最远的极限点。图 2-30 所示为数控车床的参考点与机床原点。

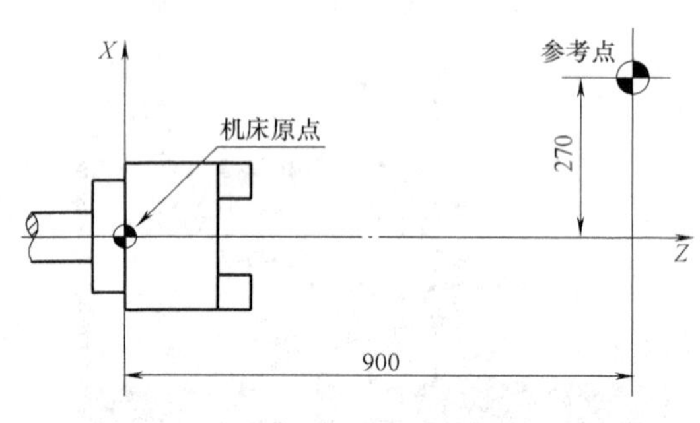

图 2-30 数控车床的参考点

数控机床开机时，必须先确定机床原点，而确定机床原点的运动就是刀架返回参考点的操作，这样通过确认参考点，就确定了机床原点。只有机床参考点被确认后，刀具（或工作台）移动才有基准。

二、编程坐标系

编程坐标系是编程人员根据零件图样及加工工艺等建立的坐标系。

编程坐标系一般供编程使用，确定编程坐标系时不必考虑工件毛坯在机床上的实际装夹位置。如图 2-31 所示，其中 O_2 为编程坐标系原点。

编程原点是根据加工零件图样及加工工艺要求选定的编程坐标系的原点。

编程原点应尽量选择在零件的设计基准或工艺基准上，编程坐标系中各轴的方向应该与所使用的数控机床相应的坐标轴方向一致。图 2-32 所示为车削零件的编程原点。

三、加工坐标系

1. 加工坐标系的确定

加工坐标系是指以确定的加工原点为基准所建立的坐标系。

加工原点也称为程序原点，是指零件被装夹好后，相应的编程原点在机床坐标系中的位置。

在加工过程中，数控机床是按照工件装夹好后所确定的加工原点位置和程序要求进行加工的。编程人员在编制程序时，只要根据零件图样就可以选定编程原点、建立编程坐标系、

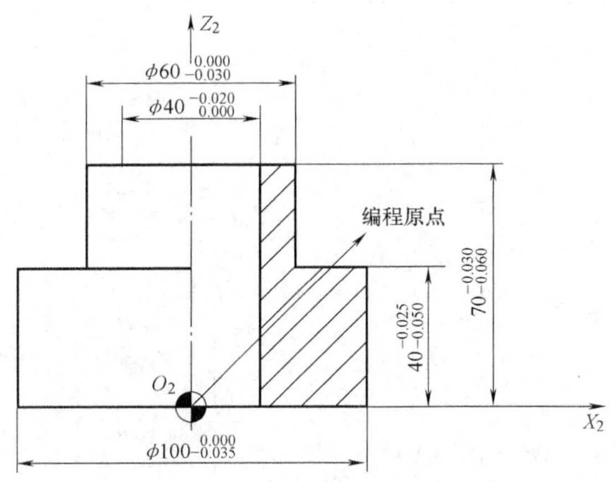

图 2-31　编程坐标系

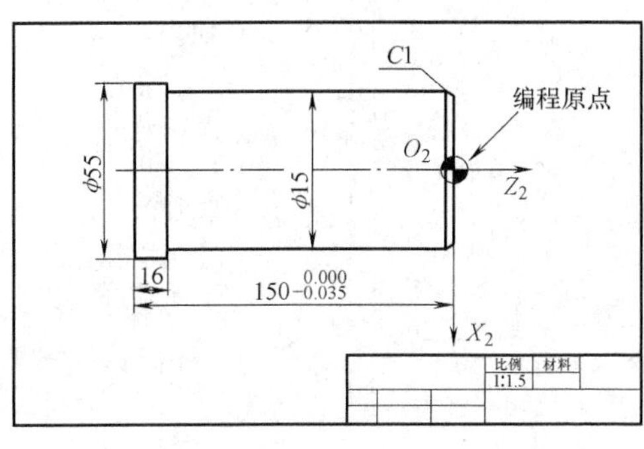

图 2-32　确定编程原点

计算坐标数值，而不必考虑工件毛坯装夹的实际位置。对于加工人员来说，则应在装夹工件、调试程序时，将编程原点转换为加工原点，并确定加工原点的位置，在数控系统中给予设定（即给出原点设定值），设定加工坐标系后就可根据刀具当前位置，确定刀具起始点的坐标值。在加工时，工件各尺寸的坐标值都是相对于加工原点而言的，这样数控机床才能按照准确的加工坐标系位置开始加工。图 2-28 中 O_3 为加工原点。

2. 加工坐标系的设定

方法一：在机床坐标系中直接设定加工原点。

例：以图 2-28 为例，在配置 FANUC 0M 系统的立式数控铣床上设置加工原点 O_3。

（1）加工坐标系的选择　编程原点设置在工件轴心线与工件底端面的交点上。设工作台工作面尺寸为 800mm × 320mm，若工件装夹在接近工作台中间处，则确定了加工坐标系的位置，其加工原点 O_3 就在距机床原点 O_1 为 X_3、Y_3、Z_3 处，并且 $X_3 = -345.700$mm，$Y_3 = -196.220$mm，$Z_3 = -53.165$mm。

（2）设定加工坐标系指令

1）G54 ~ G59 为设定加工坐标系指令。G54 对应一号工件坐标系，其余以此类推。可在 MDI 方式的参数设置页面中，设定加工坐标系。如对已选定的加工原点 O_3，将其坐标值

$X3 = -345.700$mm、$Y3 = -196.220$mm、$Z3 = -53.165$mm 设在 G54 中，则表明在数控系统中设定了 1 号工件加工坐标。设置页面如图 2-33 所示。

2）G54 ~ G59 在加工程序中出现时，即选择了相应的加工坐标系。

方法二：通过刀具起始点来设定加工坐标系。

（1）加工坐标系的选择　加工坐标系的原点可设定在相对于刀具起始点的某一符合加工要求的空间点上。应注意的是，当机床开机回参考点之后，无论刀具运动到哪一点，数控系统对其位置都是已知的。也就是说，刀具起始点是一个已知点。

（2）设定加工坐标系指令　G92 为设定加工坐标系指令。在程序中出现 G92 程序段时，即通过刀具当前所在位置即刀具起始点来设定加工坐标系。

```
WORK  COORO INATES                    0023   NO010

NO.      (SHFLT)                 NO.        (G55)
00                               02
         X       0.000           X        -342.892
         Y       0.000           Y        -195.670
         Z       0.000           Z        -68.350

NO.      (G54)                   NO.  (G56)
01                               03
         X     -346.700          X        0.000
         Y     -196.220          Y        0.000
         Z     -53.165           Z        0.000

ADRS
 08:58:48
                                HNDL
[WEAR]    [MACRO]     [MENU]     [WORK]     [TOOL  LF]
```

图 2-33　加工坐标系设置

G92 指令的编程格式：G92　X a　Y b　Z c

该程序段运行后，就根据刀具起始点设定了加工原点，如图 2-34 所示。从图 2-34 中可看出，用 G92 设置加工坐标系，也可看作是：在加工坐标系中，确定刀具起始点的坐标值，并将该坐标值写入 G92 编程格式中。

例题：在图 2-35 中，当 $a=50$mm、$b=50$mm、$c=10$mm 时，试用 G92 指令设定加工坐标系。

设定程序为：G92　X50　Y50　Z10

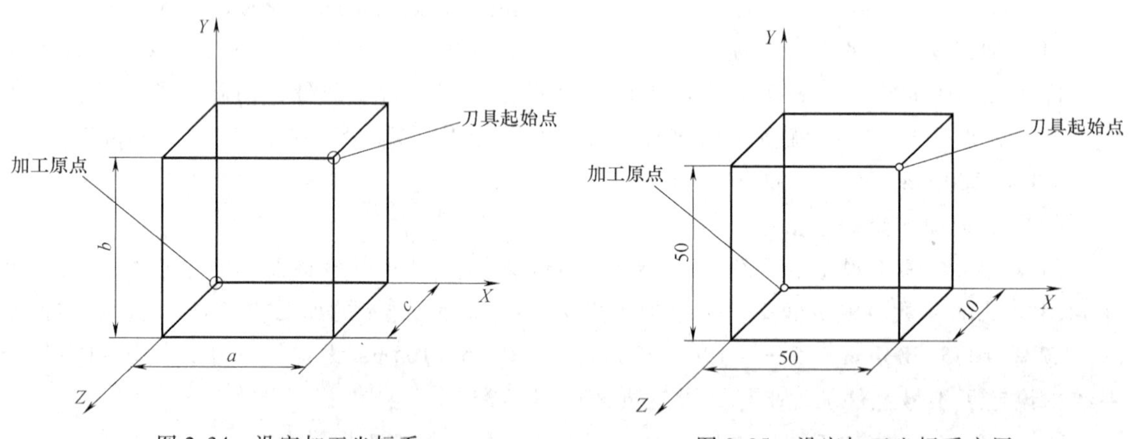

图 2-34　设定加工坐标系　　　图 2-35　设定加工坐标系应用

3. 机床加工坐标系设定的实例

下面以数控铣床（FANUC 0M）加工坐标系的设定为例，说明工作步骤。

在选择了图 2-36 所示的被加工零件图样，并确定了编程原点位置后，可按以下方法进行加工坐标系设定。

（1）准备工作　机床回参考点，确认机床坐标系。

（2）装夹工件毛坯　通过夹具使零件定位，并使工件定位基准面与机床运动方向一致。

（3）对刀测量 用简易对刀法测量，方法如下：

用直径为 ϕ10mm 的标准测量棒、塞尺对刀，得到测量值为 $X=-437.726$、$Y=-298.160$，如图 2-37 所示。$Z=-31.833$，如图 2-38 所示。

（4）计算设定值 按图 2-37 所示，将前面已测得的各项数据，按设定要求运算。

X 坐标设定值：$X=-437.726\text{mm}+5\text{mm}+0.1\text{mm}+40\text{mm}=-392.626\text{mm}$

这里：-437.726mm 为 X 坐标显示值；$+5$mm 为测量棒半径值；$+0.1$mm为塞尺厚度；$+40.0$ 为编程原点到工件定位基准面在 X 坐标方向的距离。

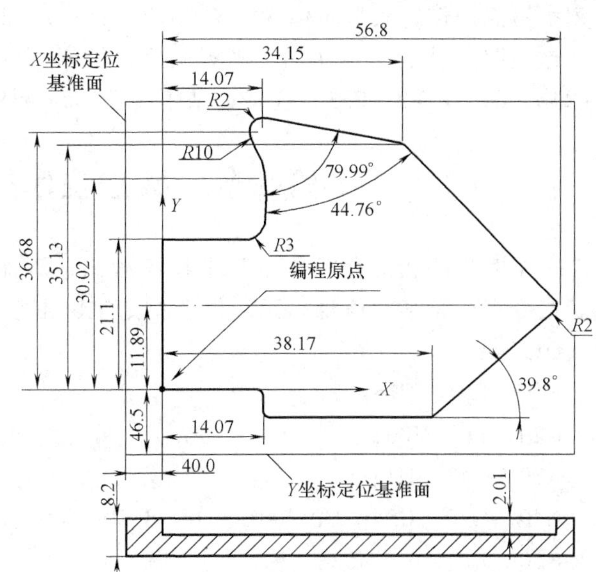

图 2-36 零件图样

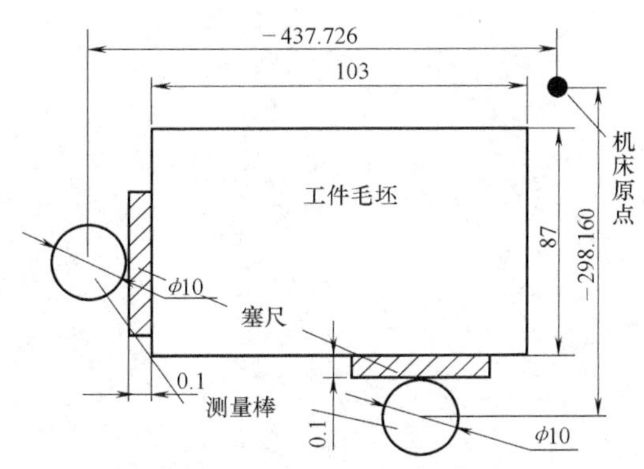

图 2-37 X、Y 向对刀方法

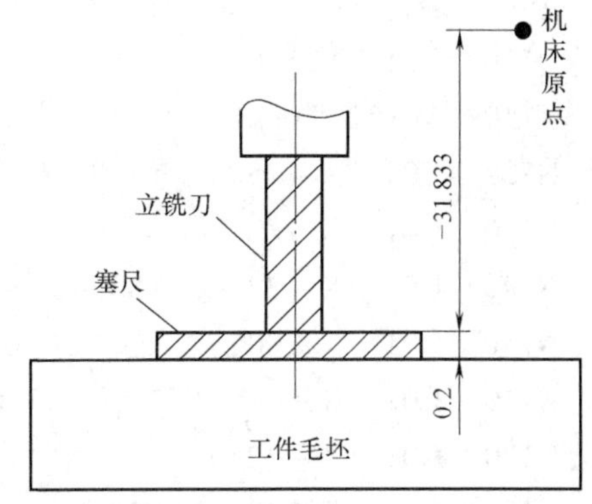

图 2-38 Z 向对刀方法

Y 坐标设定值：$Y=-298.160\text{mm}+5\text{mm}+0.1\text{mm}+46.5\text{mm}=-246.56\text{mm}$

这里：如图 2-37 所示，-298.160mm 为坐标显示值；$+5$mm 为测量棒半径值；$+0.1$mm为塞尺厚度；$+46.5$mm 为编程原点到工件定位基准面在 Y 坐标方向的距离。

Z 坐标设定值：$Z=-31.833-0.2=-32.033\text{mm}$。

这里：-31.833 为坐标显示值；-0.2 为塞尺厚度，如图 2-38 所示。

通过计算结果为：$X-392.626$；$Y-246.560$；$Z-32.033$。

（5）设定加工坐标系 将开关放在 MDI 方式下，进入加工坐标系设定页面。输入数据为：$X=-392.626$、$Y=-246.560$、$Z=-32.033$。表示加工原点设置在机床坐标系的 $X=-392.626$；$Y=-246.560$；$Z=-32.033$ 的位置上。

（6）校对设定值 对于初学者，在进行了加工原点的设定后，应进一步校对设定值，以保证参数的正确性。校对工作的具体过程如下：在设定了 G54 加工坐标系后，再进行回机床参考点操作，其显示值为：$X+392.626$，$Y+246.560$，$Z+32.033$。

这说明在设定了G54加工坐标系后，机床原点在加工坐标系中的位置为：$X+392.626$，$Y+246.560$，$Z+32.033$。这反过来也说明G54的设定值是正确的。

第四节　数控程序的格式与组成

一个完整的加工程序是由若干程序段组成，而每个程序段是由一个或若干个指令字组成。指令字代表某一信息单元，每个指令字又由字母、数字、符号组成。如：

```
O1234;
N10  G91  G28  Z0;
N20  T1  M06;
N30  G43  H1;
N40  G90  G54  G0  X0  Y0  S500  M03;
N50  Z100.0  M08;
N60  X0  Y-65.0;
N70  Z2.0;
N80  G01  Z-15.0  F50;
N90  G01  G41  X65.0;
N100  G01  X65.0  Y-35.0;
N110  X-32.0;
N120  G02  X-35.0  Y-32.0  R3.0;
N130  G01  Y32.0;
N140  G02  X-32.0  Y35.0  R3.0;
N150  G01  X32.0;
N160  G02  X35.0  Y32.0  R3.0;
N170  G01  Y-32.0;
N180  G02  X32.0  Y-35.0  R3.0;
N190  G01  X0;
N200  G01  G40  X0  Y-65.0;
N210  G0  Z100.0;
N220  M05;
N230  M30;
```

程序说明：

一、程序名

结构：英文字母“O”加四位任意数字。

注意事项：

1）4位数字：即“0001”~“9999”，但“8000”~“9999”已被生产厂家使用，不能作为编程号使用，故编程号为“0001”~“7999”。

2）不能重名。

3）“O”为英文字母，往往会误会成数字零。

4）程序名要容易记忆，如：O1234、O1111、O1112、O1122 等。

二、程序行号

结构：英文字母“N”加数字，例如：

第一种：N1　N2　N3　N4……；

第二种：N10　N20　N30　N40……；

第三种：N0010　N0020　N0030……。

一般情况下会选择第二种和第三种，因为当编程时候发现少了一行的时候可以插入，如在 N210 和 N220 之间就少掉一个切削液关闭指令，就可以插入：“N211　M09;”。由此可见，在第二种和第三种的行号可以插入 9 行，如 N10 和 N20 之间就可以插入 N11　N12　N13……N19，而第一种在 N1 和 N2 之间如果在插入一行，数字就成了小数，是不允许的。

注意事项：

1）数字不能为小数且不能重复使用。

2）行号要按数字递增顺序排列，不可以颠倒无序。

三、S、F、M、D、H 辅助功能

1. S、M 功能

N40 行中的 S500　M03 是指定数控机床主轴按顺时针旋转，转速为 500r/min。符号“S”代表主轴转速，单位为 r/min，在刀具切削工件之间必须使机床主轴转动；符号“M”规定为辅助功能代码（简称 M 代码），通常起辅助作用的指令，如 M03（主轴顺时针旋转）、M04（主轴逆时针旋转）、M05（主轴停转）等。

2. F 功能

N80 行的 F50 表示刀具的进给速度，例如：

第一种：分进给，例如 F50 代表刀具的进给速度为 50mm/min;

第二种：转进给，例如 F0.1 代表刀具的进给速度为 0.1mm/r。

第一次使用某机床，如果不知道该机床默认的是分进给还是转进给，建议用转进给去试运行。如果使用分进给，容易因进给速度快而发生碰撞。

3. 刀补 D、H 功能

符号“D”为刀具半径偏置寄存器，数字表示表示刀具半径补偿号，在执行程序之前，需提前在相应刀具半径偏置寄存器中输入刀具半径补偿值。

符号“H”为刀具长度补偿寄存器，数字表示表示刀具长度补偿号，在执行程序之前，需提前在相应刀具长度补偿寄存器中输入刀具长度补偿值。

四、准备功能（G 代码）

指令也称“G”指令。它由字母“G”和后面的两位数字组成，从 G00 ~ G99 共有 100 种。G 代码可分为模态代码（又称续效代码）和非模态代码：

1）模态代码：表示该代码从本行开始向下一直保持有效，直到程序段中出现同组的另一代码时才失效。

大多 G 代码，X、Y、Z 坐标，F、S、M 都属于模态代码，模态代码后面相同的代码可以省略。例如，上面程序中 N110 行中只有“N110　X－32.0;”没有 G 代码，没有 Y 坐标，但由此向上一行看“N100　G01　X65.0　Y－35.0;”，便知道，该行是执行的 N110　G01　X65.0　Y－35.0；省略了 G01 代码和 Y 轴坐标。

2）非模态代码：表示该代码仅仅本行有效。

如：G04　P1000 表示该行暂停 1s（秒）。

不同组的 G 代码，在同一程序段中可以指定多个，如在同一程序段中指定了两个或两个以上的同一组 G 代码，则后指定的有效。

第五节　数控加工工艺文件的编制

数控加工工艺文件的编制是数控加工工艺设计的内容之一。这些技术文件既是数控加工的依据、产品验收的依据，也是操作者遵守、执行的规程。技术文件是对数控加工的具体说明，目的是让操作者更明确加工程序的内容、装夹方式、各个加工部位所选用的刀具及其他技术问题。数控加工技术文件主要有：数控编程任务书、工件安装和原点设定卡片、数控加工工序卡片、数控加工走刀路线图、数控刀具卡片等。以下提供了常用文件格式，文件格式可根据企业实际情况自行设计。

一、数控编程任务书

它阐明了工艺人员对数控加工工序的技术要求和工序说明，以及数控加工前应保证的加工余量。它是编程人员和工艺人员协调工作和编制数控程序的重要依据之一，详见表 2-1。

表 2-1　数控编程任务书

工艺处	数控编程任务书	产品零件图号		任务书编号
		零件名称		
		使用数控设备		共　页第　页

主要工序说明及技术要求：

						编程收到日期		月 日	经手人	
编制		审核		编程		审核		批准		

二、数控加工工件安装和原点设定卡片（简称装夹图和零件设定卡）

它应表示出数控加工原点定位方法和夹紧方法，并应注明加工原点设置位置和坐标方向，使用的夹具名称和编号等，详见表2-2。

表2-2 工件安装和原点设定卡片

零件图号	J30102-4	数控加工工件安装和原点设定卡片	工序号	
零件名称	槽		装夹次数	

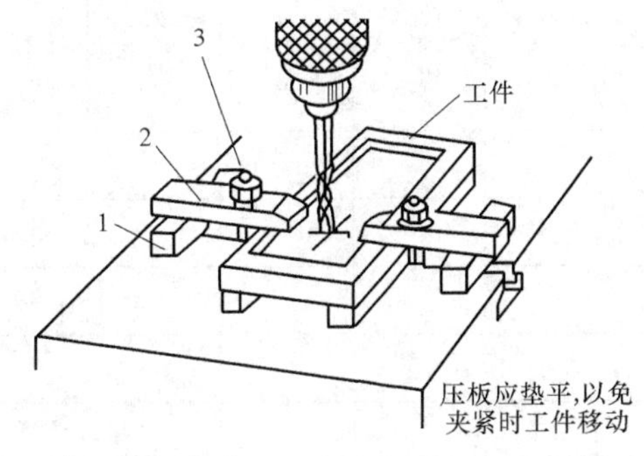

压板夹紧

				3	梯形槽螺栓	
				2	压板	
				1	垫铁	
编制(日期) 审核(日期)		批准(日期)	第 页			
			共 页	序号	夹具名称	夹具图号

三、数控加工工序卡片

数控加工工序卡与普通加工工序卡有许多相似之处，所不同的是：工序简图中应注明编程原点与对刀点，要进行简要编程说明（如：所用机床型号、程序编号、刀具半径补偿、镜向对称加工方式等）及切削参数（即程序编入的主轴转速、进给速度、最大背吃刀量或宽度等）的选择，详见表2-3。

四、数控加工走刀路线图

在数控加工中，常常要注意并防止刀具在运动过程中与夹具或工件发生意外碰撞，为此必须设法告诉操作者关于编程中的刀具运动路线（如：从哪里下刀、在哪里抬刀、哪里是斜下刀等）。为简化走刀路线图，一般可采用统一约定的符号来表示。不同的机床可以采用不同的图例与格式。表2-4为一种常用格式。

表 2-3　数控加工工序卡片

单位	数控加工工序卡片		产品名称或代号			零件名称		零件图号
工序简图			车　间			使用设备		
			工艺序号			程序编号		
			夹具名称			夹具编号		
工步号	工步作业内容	加工面	刀具号	刀补量	主轴转速	进给速度	背吃刀量	备注
编制		审核		批准		年月日	共　页	第　页

表 2-4　数控加工走刀路线图

数控加工走刀路线图		零件图号	NC01	工序号		工步号		程序号	O100
机床型号	XK5032	程序段号	N10～N170	加工内容	铣轮廓周边			共 1 页	第　页

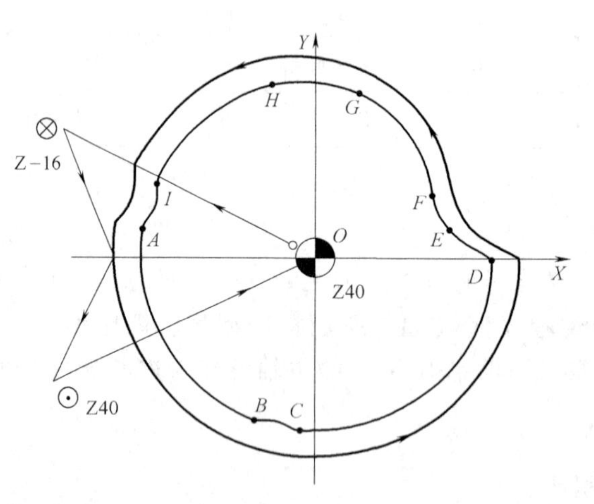

编程	
校对	
审批	

符号									
含义	抬刀	下刀	编程原点	起刀点	走刀方向	走刀线相交	爬斜坡	铰孔	行切

五、数控刀具卡片

数控加工时，对刀具的要求十分严格，一般要在机外对刀仪上预先调整刀具直径和长度。刀具卡反映刀具编号、刀具结构、尾柄规格、组合件名称代号、刀片型号和材料等。它是组装刀具和调整刀具的依据，详见表2-5。

表 2-5　数控刀具卡片

<table>
<tr><td colspan="2">零件图号</td><td>J30102-4</td><td colspan="4" rowspan="2">数　控　刀　具　卡　片</td><td>使用设备</td></tr>
<tr><td colspan="2">刀具名称</td><td>镗刀</td><td>TC-30</td></tr>
<tr><td colspan="2">刀具编号</td><td>T13006</td><td>换刀方式</td><td>自动</td><td>程序编号</td><td></td><td></td></tr>
<tr><td rowspan="7">刀具组成</td><td>序号</td><td colspan="2">编号</td><td>刀具名称</td><td>规格</td><td>数量</td><td>备注</td></tr>
<tr><td>1</td><td colspan="2">T013960</td><td>拉钉</td><td></td><td>1</td><td></td></tr>
<tr><td>2</td><td colspan="2">390、140-50 50 027</td><td>刀柄</td><td></td><td>1</td><td></td></tr>
<tr><td>3</td><td colspan="2">391、01-50 50 100</td><td>接杆</td><td>ϕ50mm×100mm</td><td>1</td><td></td></tr>
<tr><td>4</td><td colspan="2">391、68-03650 085</td><td>镗刀杆</td><td></td><td>1</td><td></td></tr>
<tr><td>5</td><td colspan="2">R416. 3-122053 25</td><td>镗刀组件</td><td>ϕ41mm ~ ϕ53mm</td><td>1</td><td></td></tr>
<tr><td>6</td><td colspan="2">TCMM110208-52</td><td>刀片</td><td></td><td>2</td><td>GC435</td></tr>
</table>

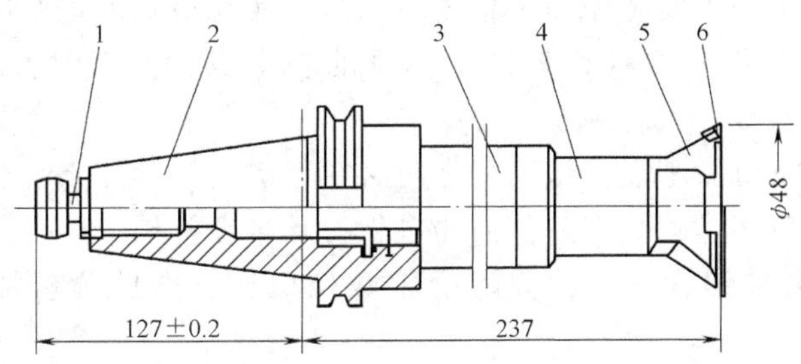

<table>
<tr><td>备注</td><td colspan="7"></td></tr>
<tr><td>编制</td><td></td><td>审校</td><td></td><td>批准</td><td></td><td>共　页</td><td>第　页</td></tr>
</table>

不同的机床或不同的加工目的可能会需要不同形式的数控加工专用技术文件。在工作中，可根据具体情况设计文件格式。

习　　题

一、填空题

1. 从零件图开始，到获得数控机床所需控制（　　）的全过程称为程序编制，程序编制的方法有（　　　）和（　　）。

2. 在数控加工中，刀具刀位点相对于工件运动的轨迹称为（　　）路线。

3. 在轮廓控制中，为了保证一定的精度和编程方便，通常需要有刀具（　　）和（　　）补偿功能。

4. 数控机床坐标系三坐标轴 X、Y、Z 及其正方向用（　　）判定。

5. 与机床主轴重合或平行的刀具运动坐标轴为（　　）轴，远离工件的刀具运动方向为（　　）。

6. 走刀路线是指加工过程中，（　　）相对于工件的运动轨迹和方向。

7. 粗加工时，应选择（　　）的背吃刀量、进给量，（　　）的切削速度。

8. 精加工时，应选择较（　　）背吃刀量、进给量，较（　　）的切削速度。

9. 机床参考点通常设置在（　　）。

10. 在指定固定循环之前，必须用辅助功能（　　）使主轴（　　）。

二、判断题

1. 当数控加工程序编制完成后即可进行正式加工。(　　)

2. 数控机床编程有绝对值和增量值编程，使用时不能将它们放在同一程序段中。(　　)

3. 不同结构布局的数控机床有不同的运动方式，但无论何种形式，编程时都认为工件相对于刀具运动。(　　)

4. 绝对编程和增量编程不能在同一程序中混合使用。(　　)

5. 只需根据零件图样进行编程，而不必考虑是刀具运动还是工件运动。(　　)

6. 进给路线的确定一是要考虑加工精度，二是要实现最短的进给路线。(　　)

7. 刀位点是刀具上代表刀具在工件坐标系的一个点，对刀时，应使刀位点与对刀点重合。(　　)

8. 机床的原点就是机械零点，编制程序时必须考虑机床的原点。(　　)

9. 无论是尖头车刀还是圆弧车刀都需要进行刀具半径补偿。(　　)

10. 加工零件在数控编程时，首先应确定数控机床，然后分析加工零件的工艺特性。(　　)

11. 数控机床上的 F、S、T 就是切削三要素。(　　)

12. 在机床接通电源后，通常都要做回零操作，使刀具或工作台退离到机床参考点。(　　)

三、选择题

1. 回零操作就是使运动部件回到________。

A. 机床坐标系原点　B. 机床的机械零点　C. 工件坐标的原点

2. 铣刀直径为 50mm，铣削铸铁时其切削速度为 20m/min，则其主轴转速为每分钟________。

A. 60 转　　B. 120 转　　C. 240 转　　D. 480 转

3. 数控车床与普通卧式车床相比在结构上差别最大的部件是________。

A. 主轴箱　　B. 床身　　C. 进给传动　　D. 刀架

4. 数控机床上有一个机械原点，该点到机床坐标零点在进给坐标轴方向上的距离可以在机床出厂时设定。该点称________。

A. 工件零点　　B. 机床零点　　C. 机床参考点

5. 进行轮廓铣削时，应避免________和________工件轮廓。

A. 切向切入　　B. 法向切入　　C. 法向退出　　D. 切向退出

四、问答题

1. 数控加工编程的主要内容有哪些？
2. 数控加工工艺分析的目的是什么？包括哪些内容？
3. 何谓对刀点？对刀点的选取对编程有何影响？
4. 何谓机床坐标系和工件坐标系？其主要区别是什么？
5. 简述刀位点、换刀点和工件坐标原点。
6. 数控铣床的坐标系与数控车床的坐标系有何不同？
7. 制订数控车削加工工艺方案时应遵循哪些基本原则？
8. 确定铣刀进给路线时，应考虑哪些问题？
9. 制订数控铣削加工工艺方案时应遵循哪些基本原则？
10. 试指出图 2-39 中各图在结构工艺性方面存在的问题，并提出改进意见。

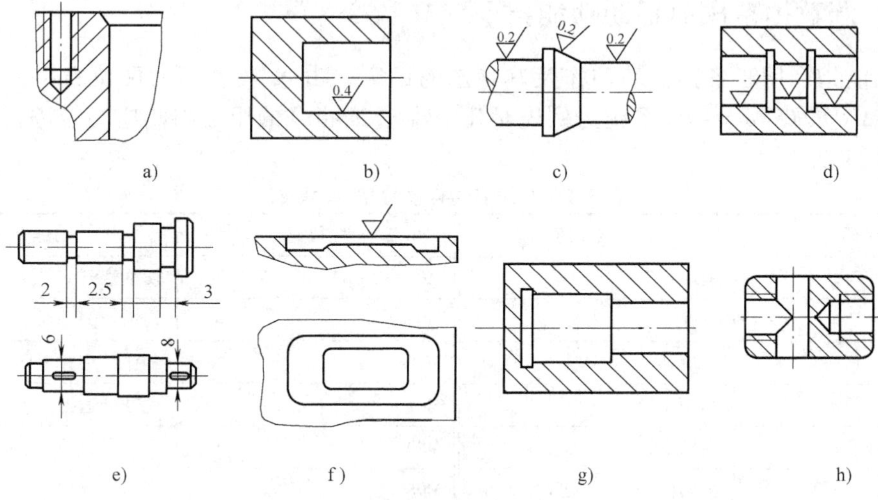

图　2-39

第三章

数控车床的编程与操作

第一节　控制数控车床的指令

一、控制数控车床的辅助功能指令（M 指令）

辅助功能指令用于各种辅助动作及其状态的设定，由 M 及后面的两位数字组成，在这里我们以 FANUC 0i Mate-TC 系统为例先对几个特殊 M 指令的用法与相应功能进行介绍。常用 M 指令见表 3-1。

表 3-1　FANUC 系统常用 M 指令

M 代码	功能介绍	M 代码	功能介绍
M00	程序暂停	M08	切削液开
M01	条件停	M09	切削液关
M02	程序结束并停机	M30	程序结束并返回
M03	主轴正转	M41	主轴低速挡
M04	主轴反转	M42	主轴高速挡
M05	主轴停	M98	子程序调用
M06	换刀	M99	子程序调用返回

1. 程序暂停功能指令（M00）

数控车床在执行完编有 M00 指令的程序段后，主轴停转，进给停止，切削液关，程序停止。在实际加工过程中需要停机检查、测量工件、排除切屑、手工换刀等操作时，可以使用 M00 程序暂停功能指令。如果想继续执行下一个程序段，可以重新按下控制面板上的“循环启动”按钮。

2. 计划（选择）停止功能指令（M01）

M01 指令与 M00 指令的功能相似，但需要注意的是，只有在预先按下数控车床上的“任选停止”按钮，并当程序执行到 M01 指令段时才有暂停效果，否则将不执行 M01 指令功能，程序继续执行。在对工件的关键尺寸进行检查时常用该指令，检查完毕后按下“启动”按钮可以继续执行接下来的程序。

3. 程序结束功能指令（M02）

常用在程序的最后一个程序段中，表示程序全部完成，主轴停止转动，进给、切削液停止，数控车床复位。需要注意的是：程序结束后光标并不返回程序的起始位置。

4. 程序结束并返回功能指令（M30）

M30 指令除了具有 M02 的指令功能外，区别在于在使用 M30 指令编程时，当全部程序执行完毕后光标会制动返回到程序的起始位置，如果需要再次执行该程序，只需按下“循环启动”按钮即可。

5. 主轴控制功能指令（M03、M04、M05）

M03：主轴顺时针方向旋转（主轴正转）。

M04：主轴逆时针方向旋转（主轴反转）。

M05：主轴停止。

主轴的旋转方向如何判断？从数控车床的尾座向主轴的方向观察，顺时针旋转时为主轴的顺时针旋转，反之为逆时针旋转，需要注意的是：当改变主轴的旋转方向时，需先用 M05 停止主轴的旋转。

6. 子程序调用功能指令 M98 与子程序调用返回功能指令 M99

在编制加工程序时，有时会出现在一个加工程序中重复使用某一组加工程序的情况，如在工件上出现连续的相同的槽；有的时候是几个加工程序都需要用到某一组程序，如端面车削。为了方便使用和简化程序编制，我们可以将该组程序按照一定的格式另外编写并单独储存，以供其他程序（主程序）调用，这组程序就是子程序。

二、F、S、T 功能

1. F 功能（进给功能）

F 功能表示进给速度，在程序中进给速度由地址符 F 后面加数字来表示，如：F500。其属于模态指令，数控车床工作时 F 一直有效，直到被新的指令所代替。在执行 G00 快速定位时，速度与 F 无关。目前数控车床中的进给速度有两种：

（1）每分钟进给　数控车系统在执行了 G98 指令后，遇到带有 F 的程序段时，数控系统就将进给速度的单位为 mm/min。

（2）每转进给　当数控车系统执行了 G99 指令后，处于 G99 状态，此时 F 所表示的进给速度单位为 mm/r。

需要注意的是：一旦数控车床执行了 G98 或 G99 两个指令中的任何一个，其数控系统就会保持相应的状态，甚至断电都不会改变，即当执行了 G98 指令后只有通过执行 G99 指令，数控车床的进给速度单位状态才会改变，由每分进给变为每转进给，反之同理。

2. S 功能（主轴功能）

S 功能表示主轴的转速或线速度，由地址符 S 和后面的数字组成，例如：S500 表示设置的主轴转速为 500r/min。那么在什么情况下主轴的转速为线速度？其特点又是怎样的？

（1）恒线速度控制指令 G96　G96 为激活恒线速度控制的指令。系统在执行 G96 之后，便认定 S 所指定的数值为切削速度（线速度），例如：“G96　S100”表示当前的切削速度是 100m/min。在恒线速度控制时，数控车系统是根据刀尖所处的 *X* 坐标值来计算主轴转速；当使用 G96 指令时，务必要正确地设定工件坐标系。

特别需要注意的是：用恒线速度控制车削加工端面、锥体、圆弧时，由于 *X* 坐标不断变化，故当刀具逐渐接近旋转中心时，主轴转速会越来越高。为了防止出现安全事故，必须限定主轴的最高转速。

（2）恒线速度控制取消指令 G97　G97 是取消恒线速度控制的指令。系统在执行 G97 后，S 后面的数字重新变为主轴转速，单位为 r/min。例如：“G97　S500”表示取消恒线速度控制，主轴转速为 500r/min。一般情况下，系统默认的为 G97 状态。

3. T 功能（刀具功能）

刀具功能地址符 T，又叫 T 指令，指定加工时所用刀具的标号，在数控车床上具有换刀功能。T 功能由地址符和其后四位数字组成，前两位数字为刀具号（0～99），后两位数字为刀具补偿号，后两位数字为“00”时，表示取消刀具补偿。例如：

T0101　前两位数字“01”表示所选刀具为 1 号刀，后两位数字“01”指定了 1 号刀具的刀具补偿。

T0100　表示取消一号刀具的刀具补偿，此时也可以理解为 1 号刀具刀补为 0。

注意：当一个程序段同时包含 T 代码和刀具移动指令时，系统先执行刀具功能（T 代码），再执行刀具移动指令。一般情况下我们编程时把刀具功能指令（换刀）编写在一个单独的程序段。

三、准备功能指令

准备功能指令 G，用于规定刀具和工件的相对运动轨迹、等加工操作，建立某种加工操作，它由 G 和其后的一位或两位数字组成，两位数字中前面的 0 可以省略，如 G00 可以简写为 G0。

G 指令有模态和非模态两种。模态指令在程序中一旦被应用就一直有效，直到同一组的 G 指令的出现才会失效（被代替）。如 G01 与 G00，特别要强调的是在编程中要注意 G01 与 G00 的程序段的替换，避免在执行线性加工时漏编 G01 而导致用 G00 的速度进行车削加工，从而引起撞刀事故。常用的 G 指令见表 3-2。

表 3-2　FANUC 0i Mate—TC 系统数控车床常用准备功能指令

指令	代码	功能介绍
G00	01	定位（快速）
G01		直线插补（切削进给）
G02		顺时针圆弧插补
G03		逆时针圆弧插补
G04	00	暂停
G10		可编程数据输入
G11		可编程数据输入方式取消
G18	16	*ZX* 平面选择
G20	06	英寸输入
G21		毫米输入
G22	09	存储行程检查接通
G23		存储行程检查断开

（续）

指令	代码	功能介绍
G27	00	返回参考点检查
G28		返回参考位置
G30		返回第 2、第 3 和第 4 参考点
G31		跳转功能
G32	01	螺纹切削
G34		变螺距螺纹切削
G40	07	刀尖半径补偿取消
G41		刀尖半径左补偿
G42		刀尖半径右补偿
G50	00	坐标系设定或最大主轴速度设定
G52	00	局部坐标系设定
G53		机床坐标系设定
G54	14	选择工件坐标系 1
G55		选择工件坐标系 2
G56		选择工件坐标系 3
G57		选择工件坐标系 4
G58		选择工件坐标系 5
G59		选择工件坐标系 6
G65	00	宏程序调用
G66	12	宏程序模态调用
G67		宏程序模态调用取消
G70	00	精加工循环
G71		粗车外圆
G72		粗车端面
G73		多重车削循环
G74		排屑钻端面孔
G75		外径/内径钻孔
G76		多头螺纹循环
G90	01	外径/内径车削循环
G92		螺纹切削循环
G94		端面车削循环
G96	02	恒表面切削速度控制
G97		恒表面切削速度控制取消
G98	05	每分进给
G99		每转进给

注意：1. 当机床电源开启或者按复位键时，机床默认状态为 G00 、G18 、G22、G40、G54、G67、G97、G99。
2. 可以在同一个程序段中指令多个不同组的 G 代码。如果是在统一程序段中指令了两个或者两个以上同组的 G 代码，系统仅执行最后一个 G 指令代码。
3. G 代码按组号显示。
4. 由于电源打开或者复位，使系统被初始化时，已指定的 G20 或 G21 代码保持有效。
5. 00 组的 G 代码为非模态 G 代码（除了 G10 和 G11 外）。
6. 当指定了没有列在 G 代码表中的 G 代码时，系统显示 P/S 报警（010 号）。
7. 如果是在固定循环中指定了 01 组的 G 代码，就像指定了 G80 指令一样取消固定循环。指令固定循环的 G 代码不影响 01 组的 G 代码。

1. 工件坐标系设定指令 G50

格式：G50　X__　Z__

功能：建立一个以工件原点为坐标原点的工件坐标系。

说明：该指令是规定刀具起点（或换刀点）到工件原点的距离，X、Z 为刀尖起刀点在工件坐标系中的坐标。如图 3-1 所示，假定刀尖起始点距工件坐标系的坐标值为（D，L），则执行程序段 G50　XD　ZL 后，系统内部对（D，L）进行记忆，并建立了工件坐标系 X_p O_p Z_p。

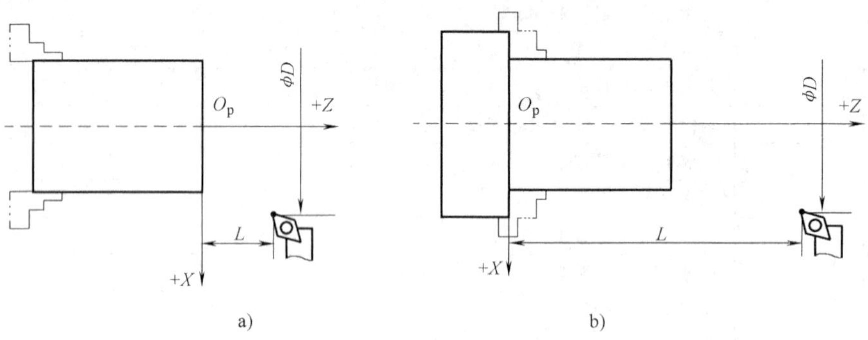

图 3-1　设定工件坐标系

例 3-1　如图 3-2 所示，在配有 FANUC 0i 数控系统的数控车床上，分别设 O_1、O_2、O_3 为工件零点时，建立工件坐标系。

解：

设 O_1 为坐标原点时：G50　X70　Z70；

设 O_2 为坐标原点时：G50　X70　Z60；

设 O_3 为坐标原点时：G50　X70　Z20；

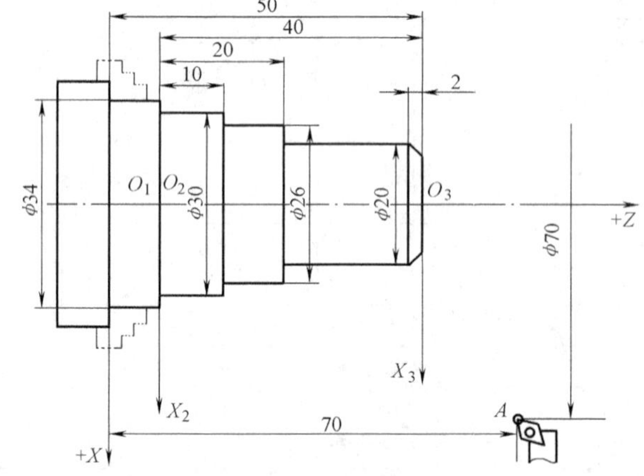

图 3-2　工件零点设定示例

2. 绝对值编程与增量编程

1）在编程时一般采用的是绝对值编程。但在实际的加工中，我们可以根据工件图样上的尺寸选择绝对编程（绝对坐标值）和增量编程（相对坐标值），也可混合使用。例如：

① 采用绝对编程时用（X，Z）设定绝对坐标值。

② 采用增量编程时用（U，W）设定相对坐标值。

③ 混合编程时为（X，W）或（U，Z）。

2）绝对尺寸由绝对坐标产生，相对尺寸由相对坐标系产生。

所有坐标点的坐标值均从某一个固定坐标原点（一般为工件原点）计量的坐标系，称为绝对坐标系。如图 3-3 所示，点 A、B 都是以工件原点 O 为参考点，点 A 的绝对坐标值为（35，0），点 B 的绝对坐标值为（35，－100）。

增量方式的描述方法是刀具（或车床）运动轨迹的终点坐标是以起点坐标开始计算的，这样的坐标系称为增量（相对）坐标系。在图 3-3 中，点 *B* 以点 *A* 为起始点，即点 *B* 相对点 *A* 的增量（相对）坐标值为（0，－100）。

例 3-2　如图 3-4 所示，试用绝对、相对、混用的编程方法写出直线 *AB* 的程序

解：

绝对：G01　X100.0　Z50.0；

相对：G01　U60.0　W－100.0；

混用：G01　X100.0　W－100.0；

　　　或　G01　U60.0　Z50.0；

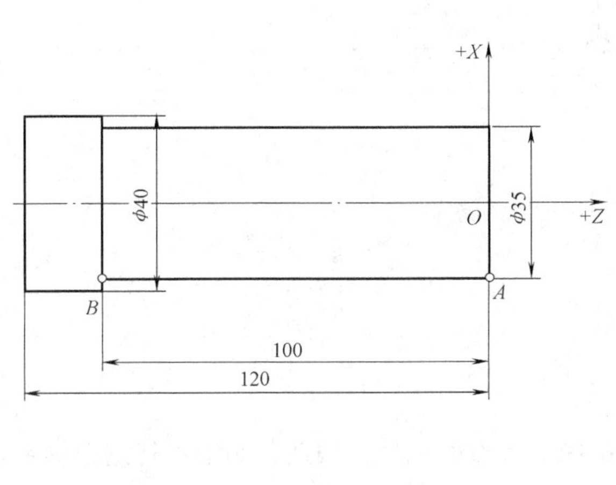

图 3-3　车削加工时 *A*、*B* 的坐标值

图 3-4　编程方式示例

3. 直径编程与半径编程

在数控车床上进行加工的工件多为回转体，其 *X* 轴向尺寸可以用两种方式加以指定，一种是直径编程，一种是半径编程，一般机床在出厂时默认的是直径编程模式。

在 FANUC　0i　Mate—TC 系统中不用 G 指令指定半径或直径编程模式，其直径或半径编程由 1006 号参数的第三位（DIA）指定，在使用直径编程时需注意的事项如表 3-3 所示。

表 3-3　直径编程时的注意事项（FANUC 0i Mate—TC 系统）

项　　目	注　　释
X 轴指令	用直径指定
增量指令	用直径指定
坐标系设定(G50)	用直径指定坐标值
固定循环中的参数，如沿 *X* 轴切深 Δd	指定半径值
圆弧插补中的半径(R，I，K 等)	指定半径值
X 轴位置的显示	按直径值显示

4. 返回参考点指令与由参考点返回指令

手动返回参考点操作：数控装置在通电时并未设定机床零点位置。为了机床工作时能正确地建立机床坐标，在机床起动时要进行返回参考点操作（手动返回）。参考点是机床上的一个固定点，其作用是用于对机床运动进行检测和控制，给机床本身一个定位。

机床参考点由机床制造厂家在每个进给轴上用限位开关设定后，坐标值输入到数控系统中，用户不得随意改动，否则将影响机床的精度。通常在数控车床上，参考点是离机床零点最远的正向极限点。图 3-5 所示为数控车床的坐标系统。

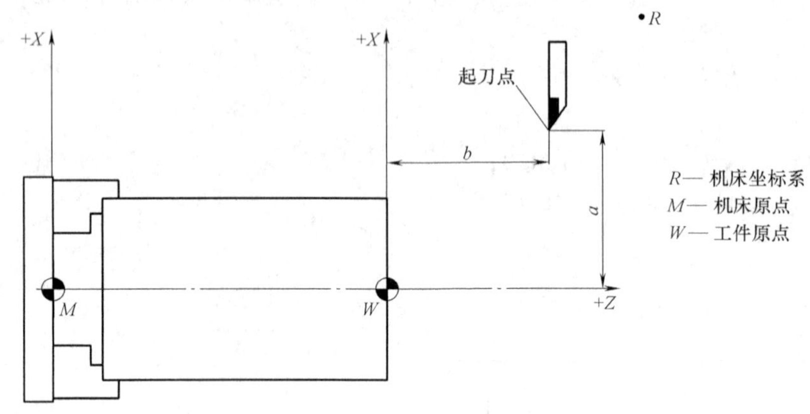

图 3-5　数控车床的坐标系统

机床参考点在以下三种情况下必须设定：

1）机床关机后重新接通电源开关。

2）机床解除急停状态后。

3）机床超程报警信号解除后。

在上述三种情况下，数控系统失去了对机床参考点的记忆，因此，必须进行返回参考点的操作。

自动返回参考点：均为非模态指令，该功能是用于接通电源已经进行手动参考点返回后，在程序中需要返回参考点进行换刀时使用的自动参考点返回功能。

（1）自动返回参考点指令 G28

格式：G28　X(U)__　Z(W)__;

说明：X(U)、Z(W) 为返回时的中间点，X、Z 为绝对坐标，U、W 为相对坐标。刀具返回路径是先由当前点，经中间点后返回参考点。在执行 G28 前为了安全起见，先消除刀具半径补偿和刀具偏置。

（2）由参考点返回切削点指令 G29

格式：G29　X(U)__　Z(W)__;

说明：X(U)、Z(W) 为切削点的坐标，X、Z 为绝对坐标，U、W 为相对坐标。一般 G29 指令是在执行过 G28 指令后使用，其刀具路径是先从参考点运动到先前 G28 指定的中间点，再从中间点运动到 G29 指定的切削点。

注意：为什么要设置中间点？如果不设置中间点而直接返回参考点，如图 3-6 中所示的 *A* 移动到 *B*，则刀具容易与工件发生碰撞，引起事故。其实际路径应该是 *A*→*C*→*B*，指令如下：

绝对值编程：

G28　X54.0　Z-17.0;

增量值编程：

G28　U24.0　W9.0;

由参考点到新指定切削点的路径为B→C→D，其指令如下：

绝对值编程：

G29　X30.0　Z-36.0;

增量值编程：

G29　U-24.0　W-19.0;

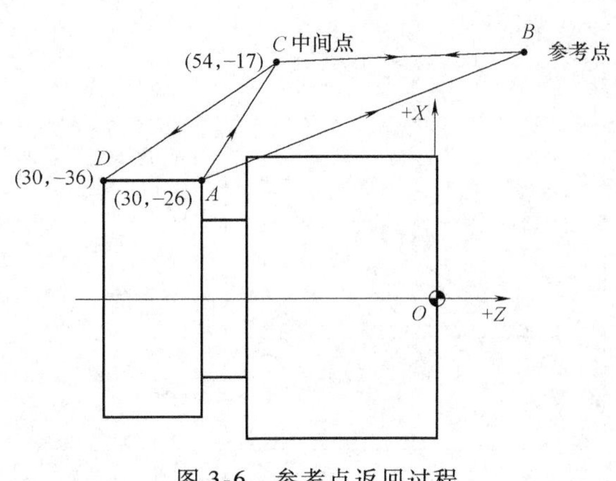

图 3-6　参考点返回过程

5. 快速定位指令 G00

快速定位指令 G00 是模态指令。使刀具以点位控制方式，以数控系统预先设定的最大进给速度，从刀具当前所在点快速移动到目标点。

格式：G00　X(U)__　Z(W)__

说明：

1）指令后的参数 X(U)、Z(W) 是目标点的坐标。

2）X、Z 采用绝对值编程时，终点的坐标值。

3）U、W 采用增量值编程时，刀具的终点相对起点的移动距离。

注意：

① 在使用 G00 快速定位指令时，其实际的运动路径并不是一条直线，而是一条折线（见图 3-7），特别要注意是否与工件或者夹具发生干涉，以免发生撞刀事故。

② 使用快速定位指令 G00 时，进给量对它没有影响，其速度不能由地址 F 中规定，是数控系统预先设定的，但可通过倍率来调整。使用该指令时只能用于空行程走刀，不能进行数控切削加工，以免造成安全事故。

在图 3-7 中刀具从 A 到 B 的 G00 编程如下：

绝对值编程：G00　Xxb　Zzb;

增量值编程：G00　U(xb-xa)　W(zb-za);

例 3-3　如图 3-8 所示，车外圆前，用 G00 将刀具由起点 A 快速定位到终点 B。试用以上所讲公式。

解： 点 A 坐标（80，20）、点 B 坐标（32，2）

绝对值编程：G00　X32.0　Z2.0;

增量值编程：G00　U-48.0　W-18.0;

6. 直线插补指令 G01

该指令为模态指令，使刀具以指令中 F 指定的进给速度沿直线移动到指定的位置（见图 3-7），F 所指定的速度一直都有效，直到被新的指定值代替，在编程时如果是同一进给速度不需要每个程序段都指定 F 值。

格式：G01　X(U)__　Z(W)__　F__

说明：

1）X、Z 采用绝对值编程时，终点的坐标值。

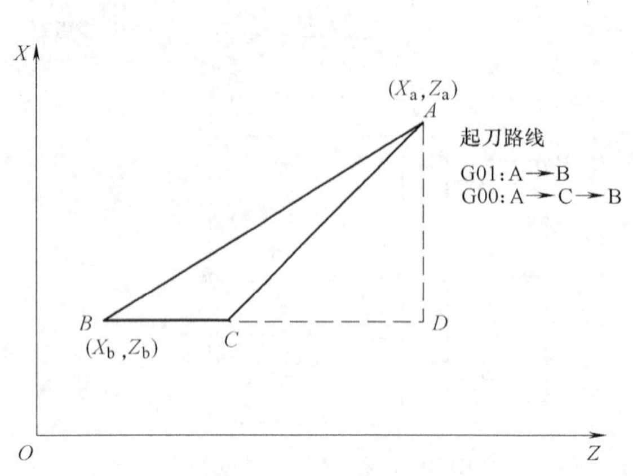

图 3-7 点、线控制图例

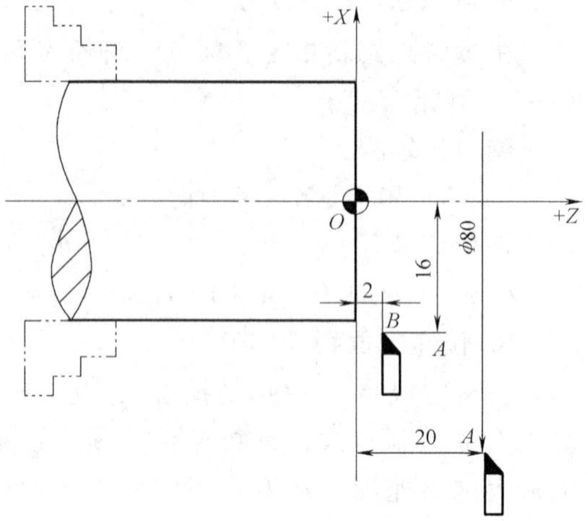

图 3-8 快速定位指令

2）U、W 采用增量值编程时，刀具的终点相对起点的移动距离。

3）F 是进给速度。有两种表示方法：①每分钟进给量（mm/min）；②每转进给量（mm/r）；通过 G98 指令选择每分钟进给，G99 选择每转进给量，系统默认为每转进给。

注意：F 指令也是模态指令，可以用 G00 指令取消。如在 G01 程序段前或 G01 程序中都没有指定 F 值，则进给速度为 0，机床不做运动，并且数控系统会显示报警。

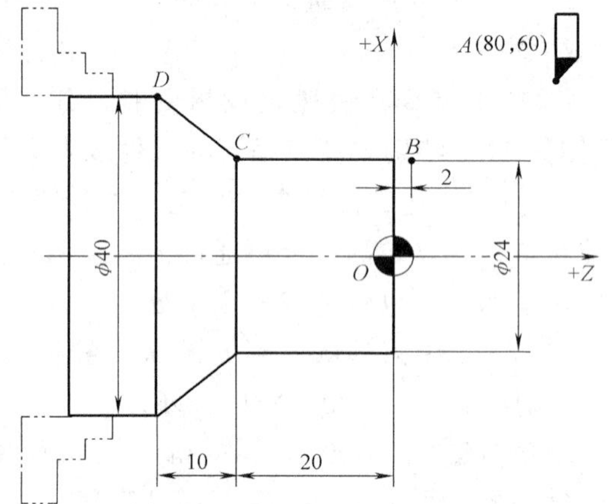

图 3-9 G01 指令加工示例

例 3-4 如图 3-9 所示的工件已经进行了粗加工，试用 G01 指令对其轮廓进行精加工。

解：

1）工件零点为右端面中心，换刀点 *A*（80，60），如图 3-9 所示。

2）确定刀具工艺路线。刀具从起点 *A*（换刀点）出发，加工结束后再回到 *A* 点，走刀路线为：*A*→*B*→*C*→*D*→*A*

3）计算刀尖运动轨迹坐标值。各结点绝对坐标值为：*A*(80，60)、*B*(24，2)、*C*(24，－20)、*D*(40，－30)。

4）编程。精加工程序见表 3-4。

表 3-4 G01 车削轮廓程序

绝对值编程	解　　释	增量值编程
O3010	程序号	O3010
N10　G98;	设定为每分钟进给	N10　G98
N20　G00　X80.0　Z60.0　M08;	快速定位到起刀点 A,切削液开	N20　G00　X80.0　Z60.0　M08;
N30　M03　S1200;	主轴正转,转速 1200r/min	N30　M03　S1200;

（续）

绝对值编程	解　　释	增量值编程
N40　T0101；	换1号外圆车刀，导入刀补	N40　T0101；
N50　X24.0　Z2.0；	快速到达 *B* 点	N50　U-56.0　W-58.0；
N60　G01　Z-20.0　F80；	从 *B* 点以 80mm/min 直线插补到 *C* 点	N60　G01　W-22.0　F80.0；
N70　X40.0　Z-30.0；	从 *C* 点以 80mm/min 直线插补到 *D* 点	N70　U16.0　W-10.0；
N80　G00　X80.0　Z60.0；	快速定位回 *A* 点	N80　U40.0　W90.0；
N90　M30；	程序结束	N90　M30；

7. 圆弧插补指令 G02、G03

格式：$\begin{Bmatrix} \text{G02} \\ \text{X(U)\_\_} \\ \text{G03} \end{Bmatrix}$ __Z(W)__ $\begin{Bmatrix} \text{I\_\_ K\_\_} \\ \\ \text{R\_\_} \end{Bmatrix}$ F__

说明：

1）X、Z 采用绝对值编程时，终点的坐标值。

2）U、W 采用增量值编程时，刀具的终点相对起点的移动距离。

3）I 为圆弧起点到圆心的 *X* 轴的距离，带正负号，其值为零时可以省略。

4）K 为圆弧起点到圆心的 *Z* 轴的距离，带正负号，其值为零时可以省略。

5）R 为圆弧半径，圆心角小于等于 180°时 R 为正，大于 180°时为负，描述整圆时不能用 R，只能用 I 和 K 指定。当用 R 指定中心角接近 180°的圆弧时，中心坐标的计算会产生误差，这时候可以用 I 和 K 指定圆弧中心。

6）F 为圆弧插补中的进给速度，圆弧的切线进给速度被控制为指定的进给速度。

7）G02 为顺时针方向圆弧插补。

G03 为逆时针方向圆弧插补。

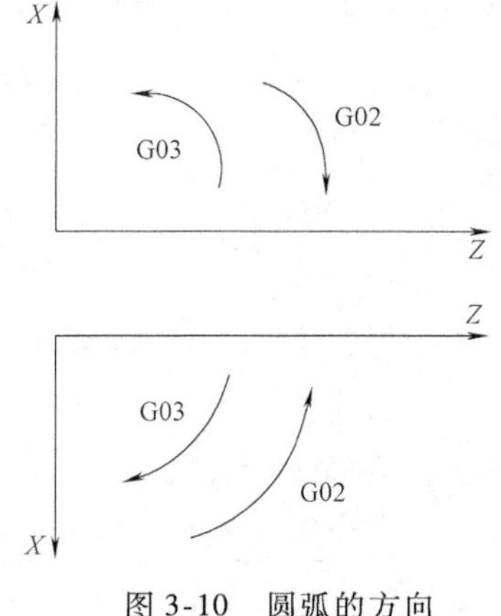

图 3-10　圆弧的方向

根据不同的刀架位置，G02、G03 的圆弧方向有所改变（见图 3-10），在实际加工中，我们一般都是用前置刀架加工，那么如何选用 G02、G03 进行加工我们所需要的圆弧呢（见表 3-5）？

表 3-5　圆弧方向根据坐标系不同而改变

前置刀架	后置刀架
顺圆 G03（CW）	顺圆 G02（CW）
逆圆 G02（CCW）	逆圆 G03（CCW）

例 3-5　试编写图 3-11 所示圆弧 *AB*、*BC* 的程序。

解：

设已给定 F 值为 f

圆弧 *AB* 的编程计算方法如下：

绝对：G90　G02　X xb　Z zb　R r1　Ff；(R 编程)

　或　G90　G02　X xb　Z zb　I(x1 - xa)/2　K(z1 - za)　Ff;

增量：G91　G02　X(xb - xa)　Z(zb - za)　R　r1　Ff ;

　或　G91　G02　X(xb - xa)　Z(zb - za)I(x1 - xa)/2　K(z1 - za)　Ff;

圆弧 *BC* 的编程计算方法如下：

绝对：G90　G03　Xxc　Zzc　Rr2　Ff；(R 编程)

　或　G90　G03　Xxc　Zzc　I(x2 - xb)/2　K(z2 - zb)　Ff;

增量：G91　G03　X(xc - xb)　Z(zc - zb)　R　r2　Ff ;

　或　G91　G03　X(xc - xb)　Z(zc - zb)　I(x2 - xb)/2　K(z2 - zb)　Ff ;

如图 3-12 所示，其圆弧段程序为：

绝对值编程：

G02　X100　Z - 40　I40　K0　F0.2；

或

G02　X100　Z - 40　R50　F0.2；

增量值编程：

G02　W80　U - 40　I40　K0　F0.2；

或

G02　W80　U - 40　R50　F0.2；

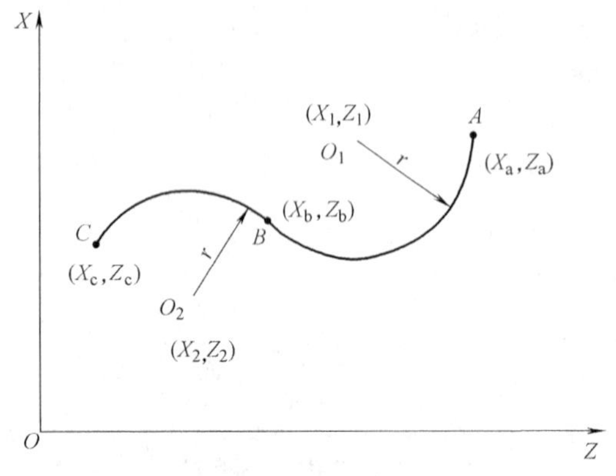

图 3-11　圆弧的控制

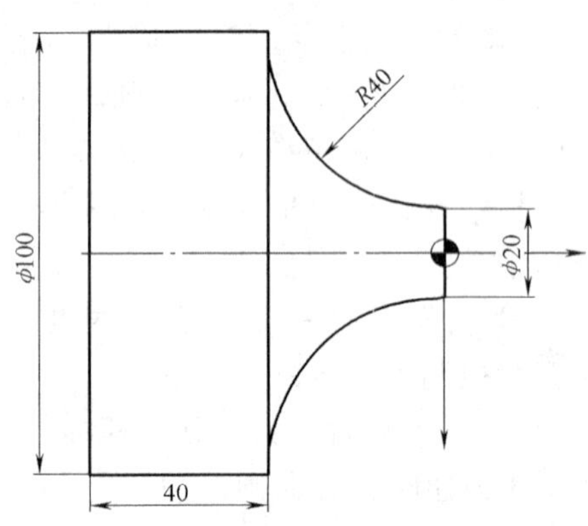

图 3-12　圆弧加工示例

8. 单段螺纹加工指令 G32

格式：G32　X(U)__　Z(W)__　F(E)__

说明：

1）F 为米制螺纹导程。

2）E 为英制螺纹导程。

3）X(U)、Z(W) 为螺纹切削的终点坐标值。

4）起点和终点的 X 坐标值相同时为直螺纹车削。

5）X 省略时为圆柱螺纹车削，Z 省略时为端面螺纹车削，X、Z 均不省略时为锥螺纹车削。

6）从粗车到精车用同一轨迹进行螺纹的车削，此时主轴转速要保持一致，避免因主轴转速改变带来的螺纹导程上的误差。在螺纹车削方式下，移动速率控制和主轴速率控制功能将被忽略。

加工螺纹时需注意：

1）主轴转速不应过高，尤其是大导程螺纹，一般推荐的最高转速为：主轴转速（转/分）≤1200/导程 80。

2）保证在 Z 轴方向有足够的空切削量，一般情况下：切入空刀量≥2 倍导程，切出空刀量≥0.5 倍导程。

3）螺纹切削应注意在两端设置足够的升速进刀段 δ_1 和降速退刀段 δ_2。

4）当螺纹背吃刀量较大时，可以采用多次分层切削（参见表 3-10）。

例 3-6　用 G32 指令编写如图 3-13 所示螺纹部分的加工程序。

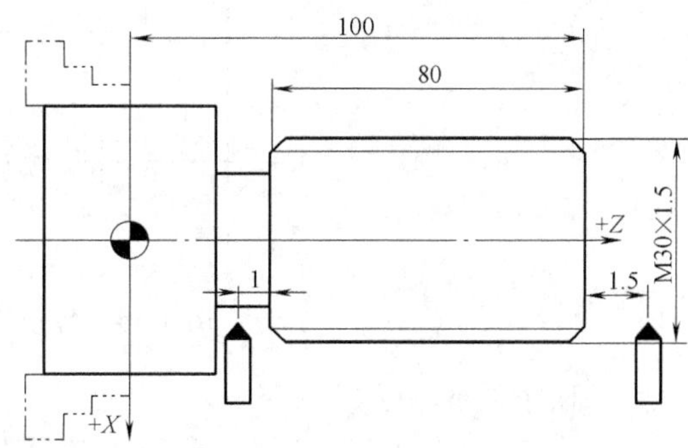

图 3-13　等距圆柱螺纹加工示例

解：

图中螺纹导程为 1.5mm，δ_1 = 1.5mm，δ_2 = 1mm，每次吃刀量（直径值）分别为：0.8mm、0.6mm 、0.4mm、0.16mm。

程序见表 3-6。

表 3-6　等距圆柱螺纹加工程序

程　　序	解　　释
O3020	程序名
N10　G40　G97　G99;	设立坐标系,定义对刀点的位置
N20　M03　S300;	主轴以 300r/min 旋转
N30　G00　X29.2　Z101.5;	到螺纹起点,升速段为 1.5mm,吃刀深度为 0.8mm
N40　G32　Z19.0　F1.5;	切削螺纹到螺纹切削终点,降速段为 1mm
N50　G00　X40.0;	X 轴方向快退
N60　Z101.5;	Z 轴方向快退到螺纹起点处
N70　X28.6;	X 轴方向快进到螺纹起点处,吃刀深度为 0.6mm
N80　G32　Z19.0　F1.5;	切削螺纹到螺纹切削终点
N90　G00　X40.0;	X 轴方向快退
N100　Z101.5;	Z 轴方向快退到螺纹起点处
N110　X28.2;	X 轴方向快进到螺纹起点处,吃刀深度为 0.4mm
N120　G32　Z19.0　F1.5;	切削螺纹到螺纹切削终点
N130　G00　X40.0;	X 轴方向快退
N140　Z101.5;	Z 轴方向快退到螺纹起点处
N150　U－11.96;	X 轴方向快进到螺纹起点处,吃刀深度为 0.16mm
N160　G32　W－82.5　F1.5;	切削螺纹到螺纹切削终点
N170　G00　X40.0;	X 轴方向快退
N180　X50.0　Z120.0;	回对刀点
N190　M05;	主轴停
N200　M30;	主程序结束并复位

例 3-7 如图 3-14 所示等距圆锥螺纹，螺纹导程为 3.5mm，δ_1 = 2mm，δ_2 =1mm，每次吃刀量为 1 mm，写出其加工程序。

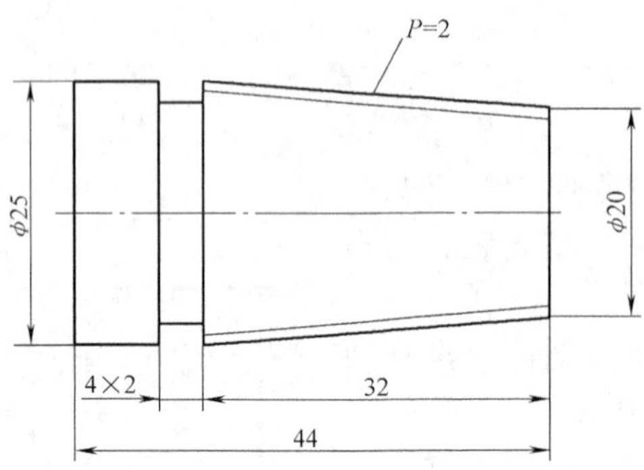

图 3-14　等距圆锥螺纹加工示例

解：程序见表 3-7。

表 3-7　等距圆锥螺纹加工程序

程　　序	解　　释
O3030	程序名
N10　G40　G97　G99　S400　M03;	主轴正转,转速为 400r/min
N20　T0404;	螺纹刀 T04
N30　M08;	切削液开
N40　G00　X27.0　Z3.0;	螺纹加工的起点
N50　X18.6;	进第一刀,切削深度为 0.9mm
N60　G32　X24.4　Z-34.0　F2;	螺纹车削第一刀,螺距为 2mm
N70　G00　X27.0;	X 向退刀
N80　Z3.0;	Z 向退刀
N90　X18.0;	进第二刀,切削深度为 0.6mm
N100　G32　X23.8　Z-34.0　F2;	螺纹车削第一刀,螺距为 2mm
N110　G00　X27.0;	X 向退刀
N120　Z3.0;	Z 向退刀
N130　X17.4;	进第三刀,切削深度为 0.6mm
N140　G32　X23.2　Z-34.0　F2;	螺纹车削第一刀,螺距为 2mm
N150　G00　X27.0;	X 向退刀
N160　Z3.0;	Z 向退刀
N170　X17.0;	进第四刀,切削深度为 0.4mm
N180　G32　X22.8　Z-34.0　F2;	螺纹车削第一刀,螺距为 2mm
N190　G00　X27.0;	X 向退刀
N200　Z3.0;	Z 向退刀
N210　X16.9;	进第五刀,切削深度为 0.1mm
N220　G32　X22.7　Z-34.0　F2;	螺纹车削第一刀,螺距为 2mm
N230　G00　X27.0;	X 向退刀
N240　Z3.0;	Z 向退刀
N250　X16.9;	光刀,切削深度为 0mm
N260　G32　X22.7　Z-34.0　F2;	光刀,螺距为 2mm
N270　G00　X200.0;	X 向退刀
N280　Z100.0;	Z 向退刀,回换刀点
N285　M5;	主轴停
N290　M30;	程序结束

9. 螺纹切削单一固定循环 G92

螺纹循环指令把切削螺纹的“快速进刀→螺纹车削→快速退刀→返回起点”四步动作为一个循环，能在螺纹切削结束时进行螺纹退尾倒角，可在没有退刀槽的情况下进行螺纹的切削。

（1）直螺纹切削循环

格式：G92　X(U)__　Z(W)__　F__

说明：

1）X、Z 表示螺纹的终点坐标，U、W 表示螺纹终点相对于循环起点的移动量。

2）F 表示螺纹导程。

3）如图 3-15 所示，指令执行时，刀具路径为 1→2→3→4，其中 1、3、4（R）快速移动，2（螺纹切削段）为按指定的指令速度移动；

4）在使用 G92 前，只将刀具放置在一个合理的起点位置，此时刀具的 X 轴向处于退刀位置，指令执行时，系统会自动将刀具定位到指定的切削深度位置。

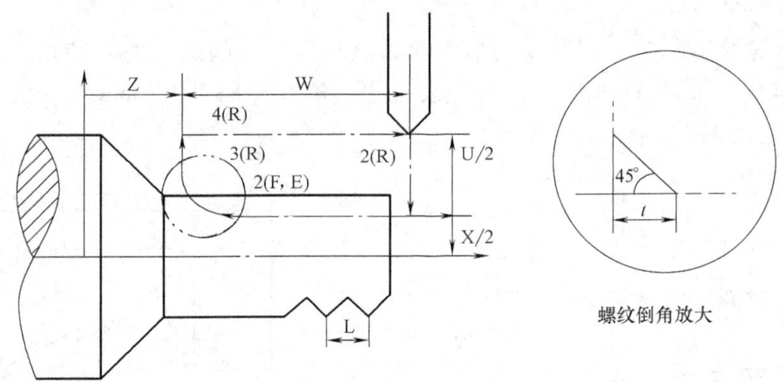

图 3-15　螺纹切削循环示例

例 3-8　试用 G92 指令编写如图 3-16 所示圆柱螺纹的加工程序。

解：如图所示，螺纹导程 $Ph = 1.5$mm，起点坐标为（35，104）。其螺纹切削段程序见表 3-8。

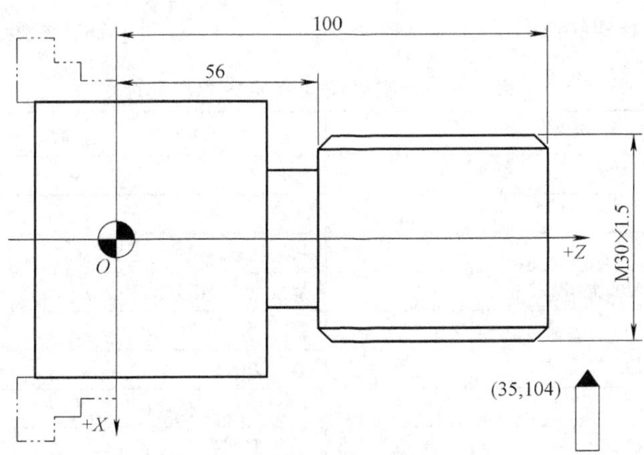

图 3-16　螺纹切削循环示例

表 3-8 用螺纹切削循环编程程序

程　　序	解　　释
O3040	程序名
……	
G00　X35.0　Z104.0;	快速到达起刀点
G92　X29.2　Z53.0　F1.5;	建立螺纹切削循环(第一刀)
X28.6;	第二刀
X28.2;	第三刀
X28.04;	切削到尺寸要求(第四刀)
G00　X200.0　Z200.0;	快速返回换刀点
……	

(2) 锥螺纹切削循环

格式：G92　X(U)__　Z(W)__　R__　F__；

说明：如图 3-17 所示。

1) X、Z 表示螺纹的终点坐标，U、W 表示螺纹终点相对于循环起点的移动量。

2) F 表示螺纹导程。

3) R 表示螺纹半径差，即螺纹的切削起始点与螺纹切削终点的半径差。

例 3-9　试编写如图 3-18 所示的锥螺纹程序，螺纹导程为 1.5mm。

解：程序见表 3-9。

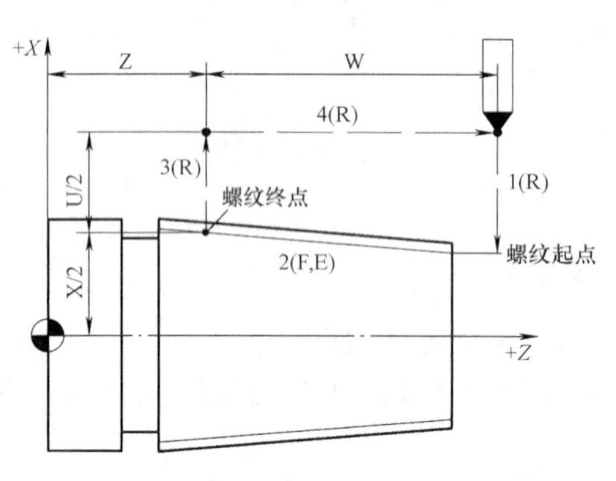

图 3-17　锥螺纹切削循环

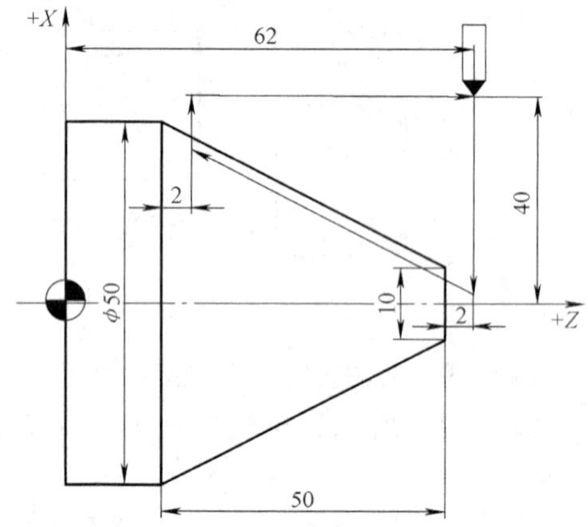

图 3-18　锥螺纹切削循环示例

表 3-9 用锥螺纹切削循环编程程序

程　　序	解　　释
O3050	程序名
……	
G00　X80.0　Z62.0;	快速定位到循环起点
G92　X49.2　Z12.0　R-20.0　F1.5;	螺纹切削循环(第一刀)
X48.6;	第二刀
X48.2;	第三刀
X47.04;	切削到尺寸要求(第三刀)
G00　X200.0　Z200.0;	快速返回换刀位置
……	

10. 螺纹切削复合循环指令 G76

格式：

G00　X(α)　Z(β)

G76　P(m)　(r)(a)　Q(Δd_{min})　R(d)

G76　X(u)　Z(w)　R(i)　P(k)　Q(Δd)　F(L)

螺纹切削固定循环指令 G76 执行如图 3-19 所示的加工轨迹。其螺纹切削时的背吃刀量如图 3-20 所示。

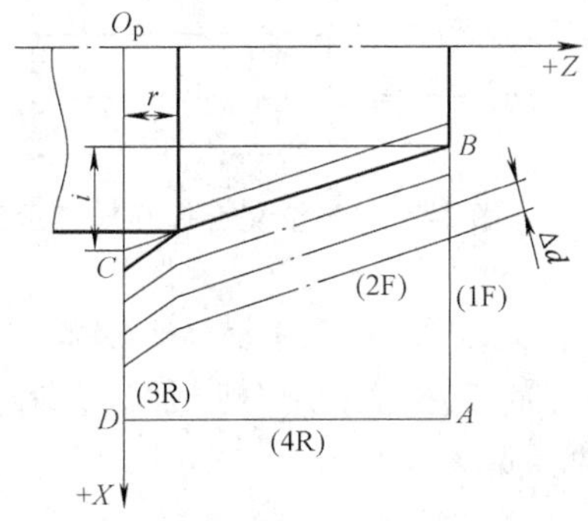

图 3-19　螺纹切削循环轨迹

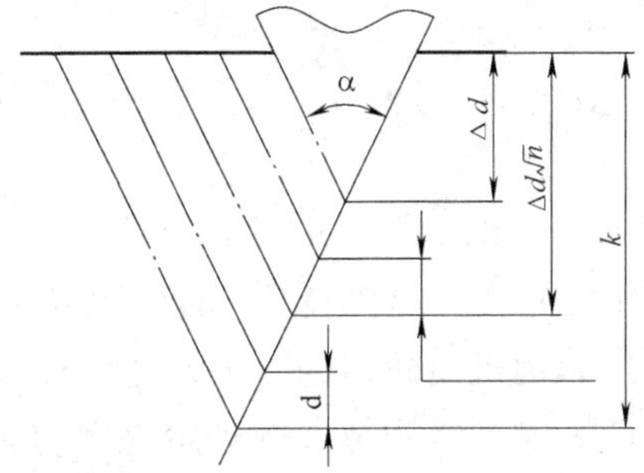

图 3-20　螺纹切削时的背吃刀量

说明：

1）α、β：螺纹切削循环起始点坐标。X 向，在切削外螺纹时，应比螺纹大径稍大 1～2mm；在切削内螺纹时，应比螺纹小径稍小 1～2mm。在 Z 向必须考虑空刀导入量。

2）m：精加工重复次数（1～99）。本指定是状态指定，在另一个值指定前不会改变。FANUC 系统参数（No.5142）指定。

3）r：倒角量，螺纹收尾长度，其值为螺纹导程 L 的倍数（在 0～99 中选值，取 01 则退 0.11×导程）；本指定是状态指定，在另一个值指定前不会改变。FANUC 系统参数（No.5130）指定。

4）a：刀尖角度（螺纹牙型角）：可选择 80°、60°、55°、30°、29°、0°，用 2 位数指定。本指定是状态指定，在另一个值指定前不会改变。FANUC 系统参数（No.5143）指定。如：P（02/m、12/r、60/a）。

5）Δd_{min}：最小切削深度，半径值，单位 μm。本指定是状态指定，在另一个值指定前不会改变。FANUC 系统参数（No.5140）指定。

6）d：精加工余量，半径值，单位 μm。在另一个值指定前不会改变，由参数（No.5141）指定。

7）u：螺纹底径值（外螺纹为小径值，内螺纹为大径值），直径值，单位 mm。

8）w：螺纹的 Z 向终点位置坐标，必须考虑空刀导出量。

9）i：螺纹部分的半径差。含义与 G92 的 R 相同，如果 i＝0，可作一般直线螺纹切削。

10）k：螺纹高度。可按 $h=649.5Ph$ 进行计算，半径值，单位为 μm。

11）Δd：第一次的切削深度，半径值，单位为 μm。

12）L：螺纹导程，单位为 mm。

注意：

拥有 X(u)、Z(w) 的 G76 指令段才能实现循环加工。该循环下，可进行单边切削，减少刀尖受力。第一次切削深度为 Δd，第 n 次切削深度为 $\Delta d\sqrt{n}$，使每次切削循环的切削量保持恒定。

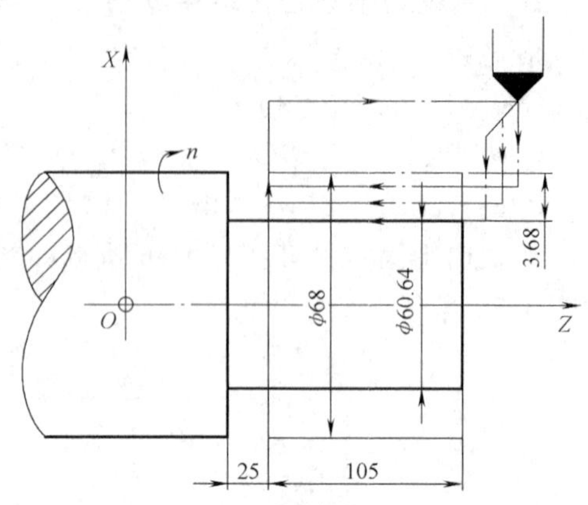

图 3-21　螺纹复合循环加工示例

例 3-10　试编写图 3-21 所示圆柱螺纹的加工程序，导程为 6mm。

解：程序如下：

G76　P 010060　Q200　R0.1；

G76　X60.64　Z23.0　R0　P3680　Q1800 F6.0；

比较 G32、G92、G76 三个螺纹加工指令，G32 编程比较复杂程序段较长，G76 虽然程序简单，但是需要设定的参数比较多。一般我们在加工螺纹时用得比较多的是 G92 指令，在螺纹加工时要注意采用分层加工，避免吃刀量过大带来的影响。常用螺纹的进给次数与背吃刀量选择见表 3-10：

表 3-10　常用螺纹的进给次数与背吃刀量（直径值）

米制螺纹								
螺距/mm		1	1.5	2	2.5	3	3.5	4
牙深(半径值)		0.649	0.974	1.299	1.624	1.949	2.273	2.598
切削次数及吃刀量(直径值)/mm	第一刀	0.7	0.8	0.9	1.0	1.2	1.5	1.5
	第二刀	0.4	0.6	0.6	0.7	0.7	0.7	0.8
	第三刀	0.2	0.4	0.6	0.6	0.6	0.6	0.6
	第四刀		0.16	0.4	0.4	0.4	0.6	0.6
	第五刀			0.1	0.4	0.4	0.4	0.4
	第六刀				0.15	0.4	0.4	0.4
	第七刀					0.2	0.2	0.4
	第八刀						0.15	0.3
	第九刀							0.2
英制螺纹								
牙/in		24	18	16	14	12	10	8
牙深(半径值)		0.678	0.904	1.016	1.162	1.355	1.626	2.033
切削次数及吃刀量(直径值)/mm	第一刀	0.8	0.58	0.8	0.8	0.9	1.0	1.2
	第二刀	0.4	0.6	0.6	0.6	0.6	0.7	0.7
	第三刀	0.16	0.3	0.5	0.5	0.6	0.6	0.6
	第四刀		0.11	0.14	0.3	0.4	0.4	0.5
	第五刀				0.13	0.21	0.4	0.5
	第六刀						0.16	0.4
	第七刀							0.17

11. 内（外）径切削循环指令 G90

（1）圆柱面内（外）径切削循环

格式：G90 X(U)__ Z(W)__ F__

说明：1）如图 3-22 所示，执行该指令刀具刀尖从循环起点开始，经 1→2→3→4 四段轨迹，其中 1、4 段按快速 R 移动；2、3 段按指令速度 F 移动。

2）X、Z 值在绝对指令时为切削终点的坐标值，在增量指令时，U、W 为切削终点相对循环起点的移动距离。

3）F 为进给速度。

例 3-11 应用圆柱面内（外）径循环切削指令加工如图 3-23 所示工件。

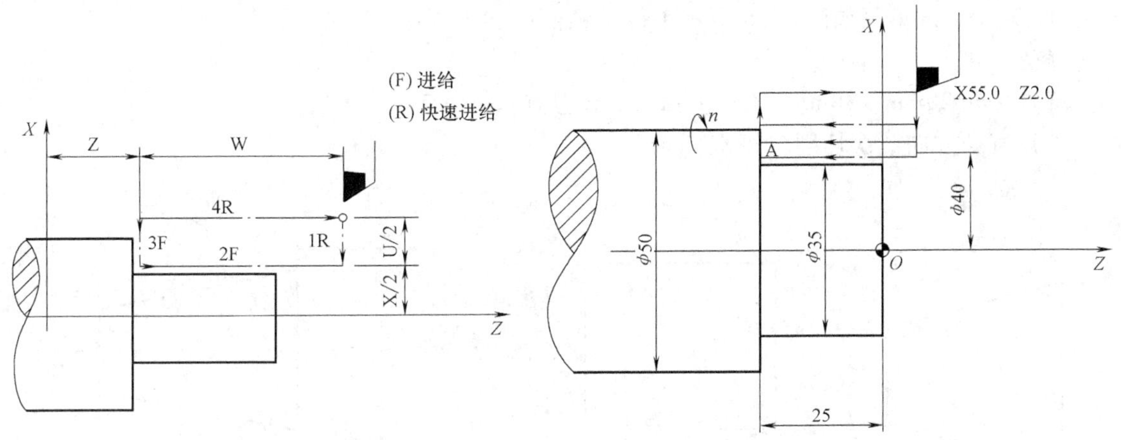

图 3-22 直线切削循环　　图 3-23 圆柱内（外）径切削循环示例

解：程序见表 3-11。

表 3-11 圆柱内（外）径切削循环程序

绝对值编程	解　　释	增量值编程
O3050	程序名	O3050
N10 T0101;	换一号刀	N10 T0101;
N20 M03 S1000;	主轴正转，转速 1000r/min	N20 M03 S1000;
N30 G00 X55.0 Z2.0;	快速定位到循环起点	N30 G00 X55.0 Z2.0;
N40 G90 X45.0 Z-25.0 F0.2;	切削循环（第一刀）	N40 G90 U-10.0 W-27.0 F0.2;
N50 X40.0;	第二刀	N50 U-5.0;
N60 X35.0;	切削到尺寸要求	N60 U-5.0;
N70 G00 X200.0 Z100.0;	快速返回换刀位置	N70 G00 X200.0 Z100.0;
N80 M05;	主轴停转	N80 M05;
N90 M30;	程序结束	N90 M30;

（2）带锥度的内外径切削循环

格式：G90 X__ Z__ R__ F__

说明：

1）如图 3-24 所示，刀具刀尖从循环起点开始，经 1→2→3→4 四段轨迹。

2）X、Z 值在绝对指令时为切削终点的坐标值；在增量指令时，U、W 为切削终点相对循环起点的移动距离。

3）R 值为切削始点与切削终点的半径差，即 R 始，－R 终。当算术值为正时，R 取正值；为负时，R 取负值，即 $R=(D_1-D_2)/2$，当 $D_1<D_2$ 时（正锥），R 为负值；当 $D_1>D_2$ 时（反锥），R 为正值（R 的正负判断见图 3-25）。

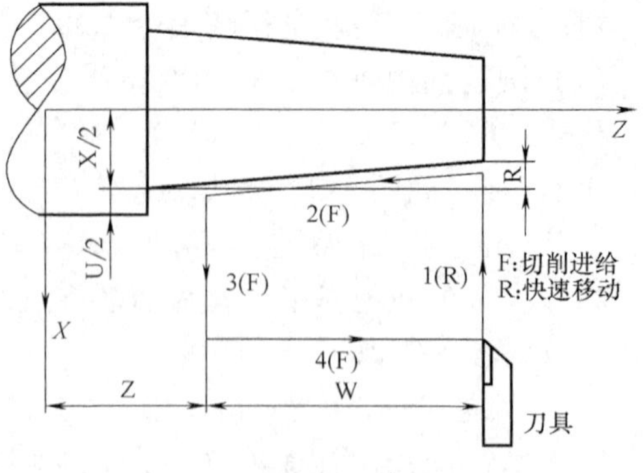

图 3-24 带锥度内外径切削循环

4）F 为进给速度。

例 3-12 试编写如图 3-26 所示工件外锥面的加工程序。

解：

1）R =（20mm－30mm）/2 =－5mm，起刀点（40，2）。

2）直径方向 3 次切削，每次 2mm。

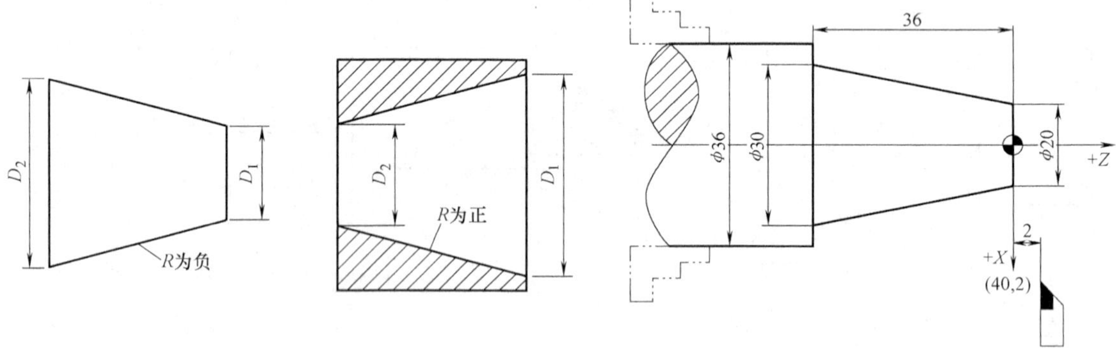

图 3-25 R 值的正负判断　　图 3-26 锥度内外径切削循环示例

3）程序见表 3-12。

表 3-12 锥度内外径切削循环程序

绝对值编程	解释	增量值编程
O3060	程序名	O3060
……		……
G00 X40.0 Z2.0；	快速定位到起刀点	G00 X40.0 Z2.0；
G90 X34.0 Z－36.0 R－5 F0.3；	切削循环（第一刀）	G90 U－6.0 W－38.0 R－5 F0.3；
X32.0；	第二刀	U－8.0；
X30.0；	第三刀	U－10.0；
G00 X100.0 Z100.0；	快速返回换刀位置	G00 X100.0 Z100.0；
……		……

12. 端面切削循环指令 G94

（1）平台阶切削循环（端面切削）

格式：G94 X(U)__ Z(W)__ F__

说明：

1）如图 3-27 所示，执行该命令时，刀具刀尖从循环始点开始，经 1→2→3→4 四段轨迹，其中 1、4 段按快速 R 移动，2、3 段按指令速度 F 移动。

2）X、Z 值在绝对指令时为切削终点的坐标值，在增量指令时为切削终点相对于环起点的移动距离。

3）F 为进给速度。

例 3-13　试用端面循环指令编写图 3-28 所示工件的加工程序。

解：

1）起刀点（循环起点）的坐标为（35，2）。

2）分三次切削每次 Z 轴向进给 2mm。

3）程序见表 3-13。

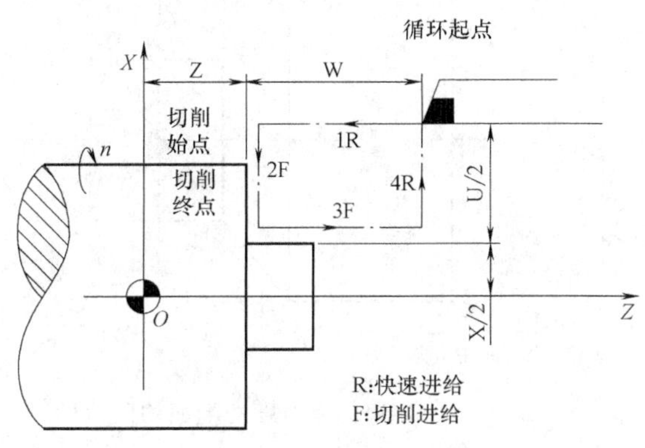

图 3-27　端面切削循环

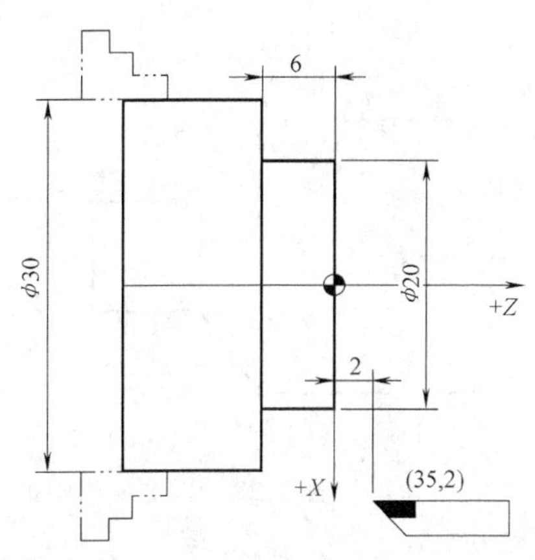

图 3-28　端面切削循环示例

表 3-13　端面切削循环程序

绝对值编程	解释	增量值编程
O3070	程序名	O3070
……		……
G00　X35.0　Z2.0；	快速到达起刀点	G00　X35.0　Z2.0；
G94　X20.0　Z－2.0　F0.2；	端面循环切削(第一刀)	G94　U－15.0　W－4.0　F0.2；
Z－4.0；	第二刀	Z－6.0；
Z－6.0；	第三刀	Z－8.0；
G00　X100.0　Z100.0；	快速返回换刀位置	G00　X100.0　Z100.0；
……		……

（2）锥台阶切削循环（带锥度的端面切削）

指令格式：G94　X__　Z__　R__　F__

说明：

1）如图 3-29 所示，执行该命令时，刀具刀尖从循环始点开始，经 1→2→3→4 四段轨迹，其中 1、4 段按快速 R 移动，2、3 段按指令速度 F 移动。

2）X、Z 值在绝对指令时为切削终点的坐标值，在增量指令时为切削终点相对于循环起点的移动距离。

3）R 值为切削始点相对于切削终点在 Z 轴向的移动距离。当起始点 Z 轴向坐标小于终点 Z 轴向坐标时，R 为负值，反之为正值。

4）F 为进给速度。

例 3-14 试编写如图 3-30 所示工件的锥度端面循环加工程序。

解：

1）循环起点（45，2）。

2）分四次切削，每次 Z 轴向进给 2mm。

3）程序见表 3-14。

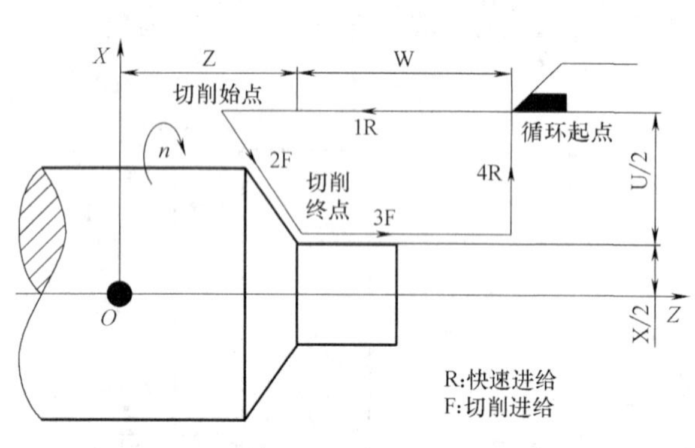

图 3-29　带锥度的端面切削

图 3-30　带锥度的端面切削示例

表 3-14　带锥度的端面切削程序

绝对值编程	解释	增量值编程
O3080	程序名	O3080
……		……
G00　X45.0　Z2.0；	快速定位到循环起点	G00　X45.0　Z2.0；
G94　X20.0　Z－2.0　R8　F0.3；	切削循环（第一刀）	G94　U－25.0　W－4.0　R8　F0.3；
Z－4.0；	第二刀	W－6.0；
Z－6.0；	第三刀	W－8.0；
Z－8.0；	切削到尺寸要求（第四刀）	W－10.0；
G00　X100.0　Z100.0；	快速返回换刀位置	G00　X100.0　Z100.0；
……		……

13. 精加工指令 G70

用于 G71、G72、G73 粗车削加工后的精加工。

格式：G70　P(ns)　Q(nf)

说明：1）ns 为精加工轮廓程序段中第一段程序段号。

2）nf 为精加工轮廓程序段中最后一段程序段号。

14. 外径/内径粗车复合循环指令 G71

用于多次 Z 轴向走刀进行圆钢坯料的粗加工，如图 3-31 所示，为精加工做好准备。

格式：G00　X(α)　Z(β)

G71　U(Δd)　R(e)

G71　P(ns)　Q(nf)　U(Δu)　W(Δw)　F(f)　S(s)　T(t)

N(ns)……

……沿 *AA′B* 的程序段号

N(nf)……

说明：

1）α、β：粗车循环起刀点位置坐标。α 值确定切削的起始直径。α 值在圆柱毛坯料粗车外径时，应比毛坯直径稍大 1～2mm，β 值应离毛坯右端面 2～3mm。在圆筒毛坯粗镗内孔时，α 值应比内孔径稍小 1～2mm，β 值应离毛坯右端面 2～3mm。

2）Δd：循环切削过程中径向的背吃刀量，半径值，无符号，其方向由 *AA′*决定，模态指令，单位为 mm。

3）e：循环切削过程中径向的退刀量，半径值，模态指令，单位为 mm。

4）ns：精加工轮廓程序段中第一个程序段的段号。

5）nf：精加工轮廓程序段中最后一个程序段的段号。

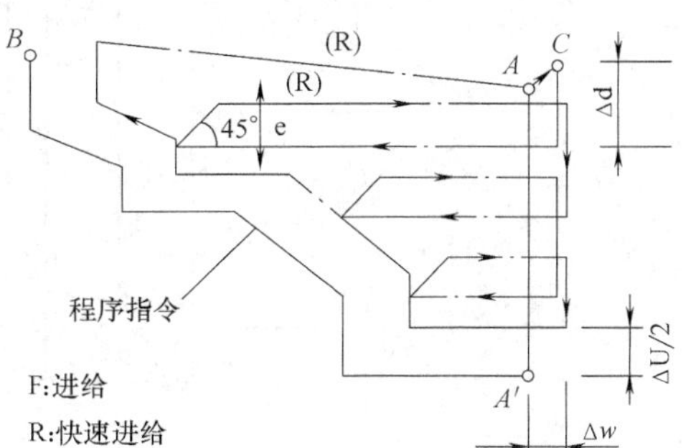

图 3-31　外径/内径粗车复合循环

6）Δu：*X* 轴向的精加工余量，直径值（半径值），有正负之分（表示方向），单位 mm。在圆筒毛坯料粗镗内径时，应指定为负值。

7）Δw：*Z* 轴向的精加工余量，有正负之分（表示方向），单位为 mm。

8）f、s、t：F、S、T 代码。

注意：

1）Δu、Δw 精加工余量的正负判断（见图 3-32）。

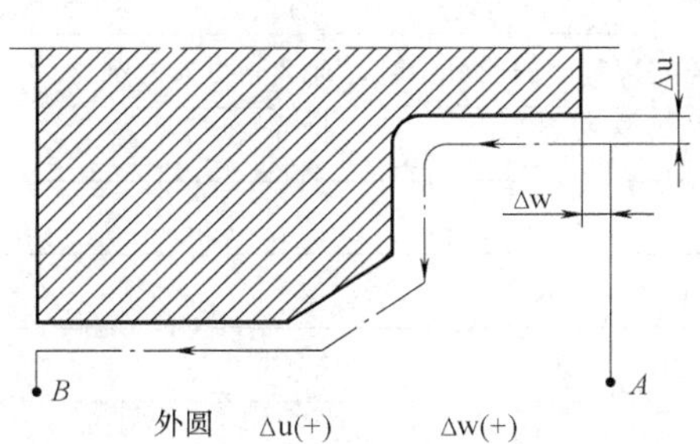

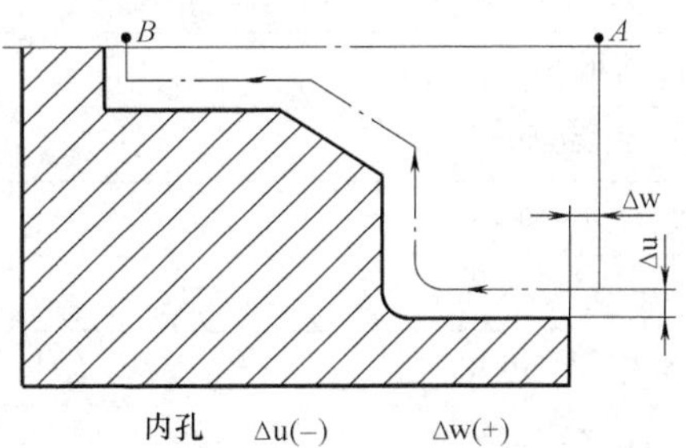

图 3-32　Δu、Δw 精加工余量的正负判断

2）在 ns→nf 程序段中的 F、S、T 功能无效，当执行 G70 精加工指令时有效；恒线速无效；无法进行子程序调用。

3）零件轮廓 *AB* 必须符合 *X* 轴、*Z* 轴方向，同时单调增大或单调减少。

4）ns 段程序可以含有 G00、G01 指令，但不可含有 Z 轴方向运动指令。

5）起刀点 A 与退刀点 B 必须平行。

例 3-15 编写图 3-33 所示工件的粗切循环加工程序。

解：

1）设循环起点坐标（121，10）。

2）程序见表 3-15。

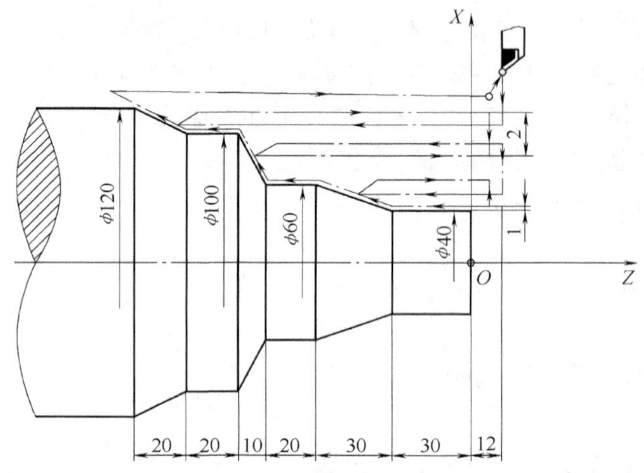

图 3-33 外径/内径粗车复合循环指令示例

表 3-15 外径/内径粗车复合循环程序

程　　序	解　　释
O3090	程序名
N10 T0101 M03 S450；	换 1 号刀，主轴正转，转速 450r/min
N20 G42 G00 X121.0 Z10.0 M08；	刀尖左补偿，快速定位到循环起点，切削液开
N30 G71 U2.0 R0.5；	外圆粗车复合循环
N40 G71 P50 Q110 U2.0 W2.0 F0.2；	
N50 G00 X40.0；	ns 第一段程序的段号不允许有 Z 轴方向的定位
N60 G01 Z－30.0；	
N70 X60.0 Z－60.0；	
N80 Z－80.0；	
N90 X100.0 Z－90.0；	
N100 Z－110.0；	
N110 X120.0 Z－130.0；	nf 最后一段程序的段号
N120 G00 G40 X200.0 Z140.0 M09；	快速返回换刀位置，刀尖补偿取消，切削液关
N130 M05；	主轴停转
N140 M30；	程序结束

15. 端面粗车复合循环指令 G72

格式：G00　X(α)　Z(β)

G72　U(Δd)　R(e)

G72　P(ns)　Q(nf)　U(Δu)　W(Δw)　F(f)　S(s)　T(t)

N(ns)……

……沿 *AA′B* 的程序段号

N(nf)……

说明：

1）α、β：粗车循环起刀点位置坐标。α 值确定切削的起始直径。α 值在圆柱毛坯料粗车外径时，应比毛坯直径稍大 1～2mm；β 值应离毛坯右端面 2～3mm。在圆筒毛坯粗镗内孔时，α 值应比内孔径稍小 1～2mm，β 值应离毛坯右端面 2～3mm。

2）Δd：循环切削过程中径向的背吃刀量，半径值，无符号，其方向由 *AA′*决定，模态指令，单位为 mm。

3）e：循环切削过程中径向的退刀量，半径值，模态指令，单位为 mm。图 3-31 为外径/内径粗车复合循环。

4）ns：精加工轮廓程序段中第一个程序段的段号；nf：精加工轮廓程序段中最后一个程序段的段号。

5）Δu：*X* 轴向的精加工余量，直径值（半径值），有正负之分（表示方向），单位 mm。在圆筒毛坯料粗镗内径时，应指定为负值。

6）Δw：*Z* 轴向的精加工余量，有正负之分（表示方向），单位为 mm。

7）f、s、t：F、S、T 代码。

注意：G72 除了刀路是平行于 *X* 轴向多次走刀外，其他的基本与 G71 一样，在 ns 段程序可以含有 G00、G01 指令，但不可含有 *X* 轴方向运动指令（端面粗车复合循环刀具路径见图 3-34）。

例 3-16　试用端面粗车复合循环指令对如图 3-35 所示工件进行粗加工。

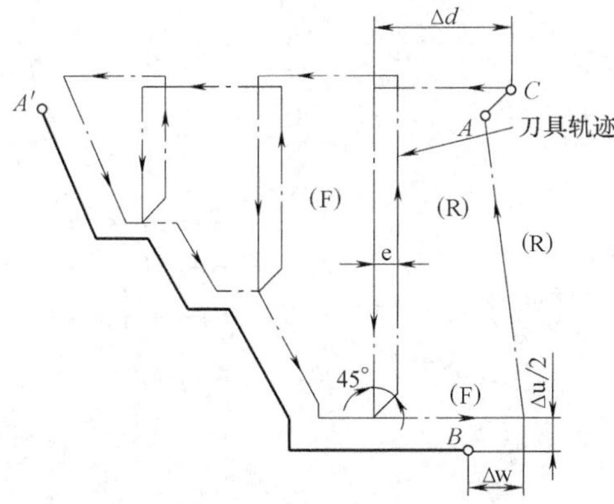

图 3-34　端面粗车复合循环

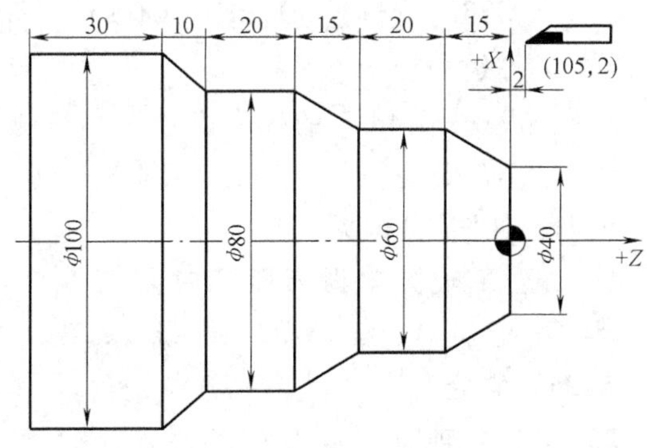

图 3-35　端面粗车循环示例

解：

1）如图 3-35 所示，循环起点坐标为（105，2）。

2）采用端面粗车循环加工程序见表 3-16。

表 3-16　端面循环粗车指令程序

程　　序	解　　释
O3100	程序名
N10　T0101；	换 1 号刀
N20　M03　S600；	主轴正转，转速 600r/min
N30　G00　G41　X105.0　Z2.0　M08；	快速定位到循环起点，刀尖右补偿，切削液开
N40　G72　W3.0　R1.0；	端面粗车循环
N50　G72　P60　Q130　U1.0　W1.0　F0.2；	ns 第一段的段号不允许有 *X* 轴向定位
N60　G00　Z－110.0；	
N70　G01　X100.0　F0.15；	
N80　Z－80.0；	
N90　X80.0　Z－70.0；	
N100　Z－50.0；	
N110　X60.0　Z－35.0；	
N120　Z－15；	
N130　X40.0　Z0；	nf 为最后一段的段号
N140　G00　G40　X200.0　Z200.0　M09；	快速返回换刀位置，刀尖补偿取消，切削液关
N150　M05；	主轴停转
N160　M30；	程序结束

16. 成形加工复式循环指令 G73

该功能在切削工件时刀具轨迹为一闭合回路，刀具逐渐进给，使封闭的切削回路逐渐向零件最终形状靠近，完成工件的加工。此指令能有效地对已进行粗加工铸造、锻造初步成形的工件，进行切削。

格式：G73　U(Δi)　W(Δk)　R(d)

G73　P(ns)　Q(nf)　U(Δu)　W(Δw)　F(f)　S(s)　T(t)

N(ns)……

……沿 *AA′B* 的程序段号

N(nf)……

说明：如图 3-36 所示

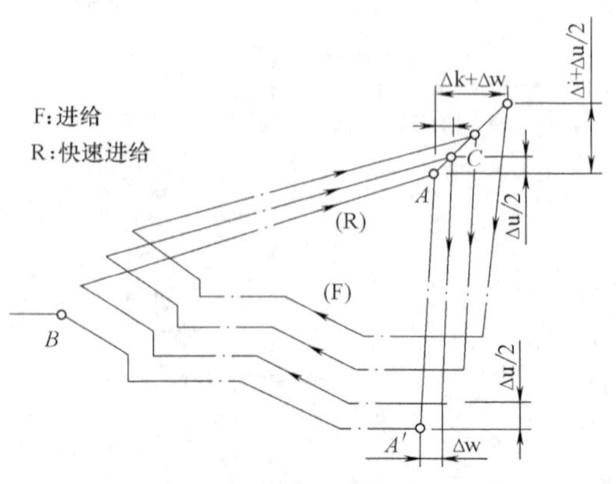

图 3-36　成型加工复式循环

1）Δi：*X* 轴方向退刀距离（加工余量，半径指定），FANUC 系统参数（No.5135）指定。

2）Δk：*Z* 轴方向退刀距离（加工余量，半径指定），FANUC 系统参数（No.5136）指定。

3）d：分割次数，这个值与粗加工重复次数相同，FANUC 系统参数（No.5137）

指定。

4）ns：精加工形状程序的第一个段号。

5）nf：精加工形状程序的最后一个段号。

6）Δu：X 方向精加工预留量的距离及方向（直径/半径）。

7）Δw：Z 方向精加工预留量的距离及方向。

注意：

1）加工余量的计算：（毛坯 ϕ − 工件最小 ϕ）/2 − 1，减一是为了减少一刀空刀。

2）在 ns ~ nf 程序段中，F、S、T 功能无效，但在 G70 精加工，程序段中 F、S、T 功能有效。

例 3-17　用成形加工复式循环指令编写图 3-37 所示工件的加工程序。

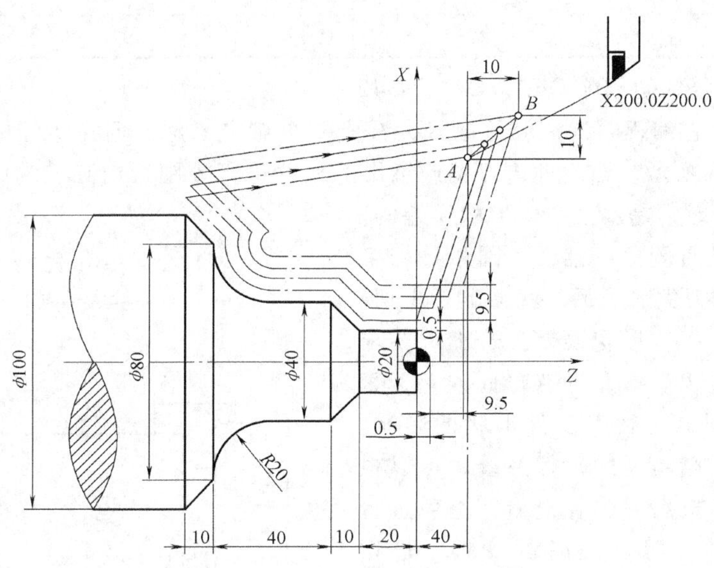

图 3-37　成形加工复式循环示例

解：

1）设循环起点坐标为（140，5）。

2）精加工外形的第一段程序号为 N70，精加工最后一段程序号为 N130。

3）加工程序见表 3-17。

表 3-17　成形加工复式循环程序

程　序	解　释
O3110	程序名
N10　T0101；	换 1 号刀
N20　M03　S800；	主轴正转，转速 800r/min
N30　G00　G42　X140.0　Z5.0　M08；	快速定位到循环起点，刀尖左补偿，切削液开
N40　G73　U9.5　W9.5　R3；	复合循环，X/Z 轴向退刀量为 9.5mm，循环三次
N50　G73　P70　Q130　U1.0　W0.5　F0.3；	精加工余量 X 轴向 1mm，Z 轴向 0.5mm

（续）

程　　序	解　　释
N60　G00　X20.0　Z0；	ns 为第一段程序号
N70　G01　Z-20.0　F0.15；	
N80　X40.0　Z-30.0；	
N90　Z-50.0；	
N100　G02　X80.0　Z-70.0　R20.0；	
N110　G01　X100.0　Z-80.0；	nf 为最后一段程序号
N120　X105.0；	
N130　G00　G40　X200.0　Z200.0　M09；	快速返回换刀位置，刀尖补偿取消，切削液关
N140　M05；	主轴停转
N150　M30；	程序结束

17. 刀尖半径补偿功能 G40、G41、G42

（1）刀补　在编程时，一般是把刀尖看成一个点来考虑，但在实际中刀尖位置是有圆弧的，如图 3-38 所示。当用理论刀尖点编出的程序进行外圆、内圆、端面等与轴线平行或垂直的表面切削时，是不会产生形状误差的。可是当我们在进行倒角、锥度、圆弧等加工时，如果不考虑刀尖的圆弧，就会出现少切、过切现象，工件产生形状误差。若工件要求不高或留有精加工余量，可忽略此误差，否则应考虑刀尖圆弧半径对工件形状的影响。具有刀尖半径补偿功能的数控系统，可以根据刀尖半径计算机出刀尖补偿量，避免进行倒角、锥度、圆弧等加工时的少切、过切现象。

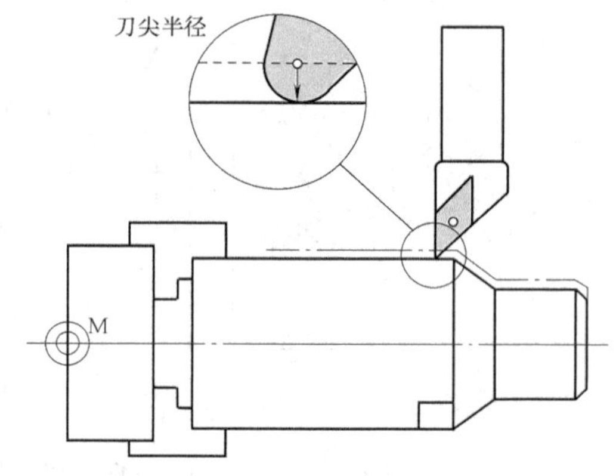

图 3-38　实际刀尖半径

（2）补偿方向　对于前置刀架，顺着刀具沿工件表面运动的方向看，工件在刀具的右边，称右刀补；顺着刀具沿工件表面运动的运动方向看，工件在刀具的左边，称左刀补。

工件是在刀尖的左边还是右边，根据前、后刀架的不同是变化的，当车削方向都是从轴向正向由负向运动时，如图 3-39、表 3-18 所示：

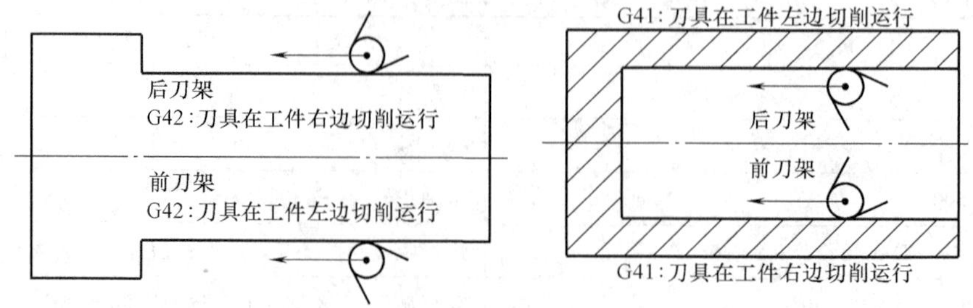

图 3-39　前、后刀架工件与刀尖的位置

表 3-18　前、后刀架时的刀尖补偿方向

指令	前刀架	后刀架
G40	取消补偿	取消补偿
G41	右补偿（内圆）	左补偿（内圆）
G42	左补偿（外圆）	右补偿（外圆）

（3）刀尖补偿的设置　补偿的原则是取决于刀尖中心的运动方向，补偿的基准点是刀尖中心点。把这个原则运用到刀具补偿中，应该与 *X*、*Z* 的基准点来测量刀具长度刀尖半径值 *R*，以及用于假想刀尖半径补偿所需的刀尖形式号 0～8（见图 3-40）。

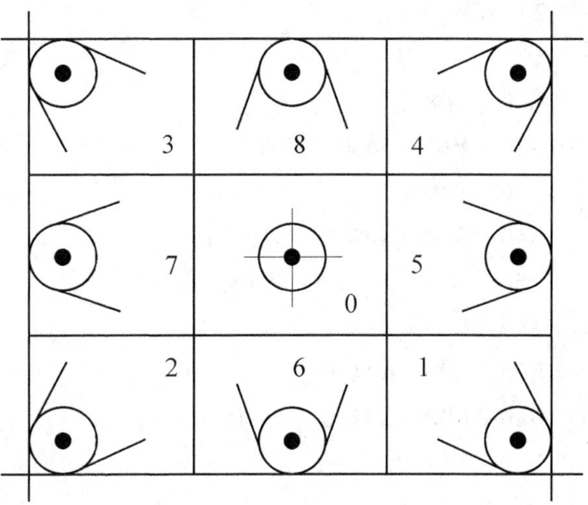

图 3-40　刀尖方向代码

这些内容应该在加工前输入到刀具偏置表中，进入刀具偏置页面，将刀尖半径值输入到 R 地址中，将刀尖方向代码输入到 T 地址中。

特别要注意的是：G40、G41、G42 只能与 G00、G01 结合使用，不能和 G01、G02 等其他指令结合编程，在使用 G40、G41、G42 的 G00、G01 前后的程序段中 X、Z 至少有一值变化；在启用新的刀具时，要用 G40 取消刀尖补偿，在取消刀尖补偿时，刀尖必须已经离开工件加工表面。

第二节　典型零件数控车床编程与加工实例

例 3-18　如图 3-41 所示阶梯轴工件，毛坯直径为 40mm，材料为 45 钢。

1. 确定刀具

1 号刀为 90°粗车刀；3 号刀为 90°精车刀。

2. 装夹方式

用三爪自定心卡盘装夹 ϕ40mm 毛坯外圆，使工件伸出卡盘 60mm。

3. 设置工件零点

以毛坯右端面中心为工件坐标系零点建立工件坐标系。

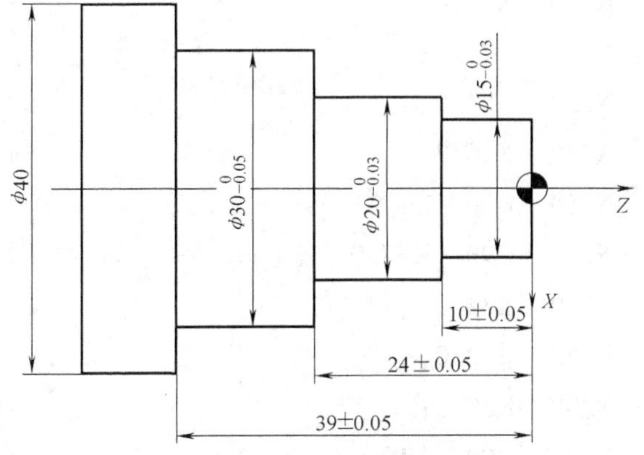

图 3-41　阶梯轴零件图

4. 根据图样确定加工路线

1）取 1 号刀车端面，粗车外圆，留 0.2mm 精车余量。

2）精车外圆到尺寸。

5. 编制程序

1）尺寸计算。认真计算刀具运动的起点和终点坐标（说明：长度公差一般取一半；外圆公差取中差偏下；孔取中差偏上）。

2）程序如下：

O3120	（程序名）
N10 G98；	（进给速度单位为 mm/min）
N20 M03 S600 M08；	（主轴正转，速度 600r/min，切削液开）
N30 T0101；	（取 1 号刀，粗车刀）
N40 G00 X42.0 Z0；	（快速点定位，准备车端面）
N50 G01 X-1.0 F50；	（以 50mm/min 的速度车端面）
N60 G00 Z1.0；	（退刀）
N70 G00 X41.0；	（退刀并定位到 X41 处准备粗车外圆）
N80 G90 X37.0 Z-10.0 F80；	（粗车外圆到 ϕ37mm）
N90 X34.0；	（粗车外圆到 ϕ34mm）
N100 X31.0；	（粗车外圆到 ϕ31mm）
N110 X28.0；	（粗车外圆到 ϕ28mm）
N120 X25.0；	（粗车外圆到 ϕ25mm）
N130 X22.0；	（粗车外圆到 ϕ22mm）
N140 X19.0；	（粗车外圆到 ϕ19mm）
N150 X16.0；	（粗车外圆到 ϕ16mm）
N160 X15.2；	（粗车外圆到 ϕ15.2mm，留 0.2mm 精车）
N170 G00 Z-9.0；	（*Z* 方向重定位）
N180 G90 X37.0 Z-24.0；	（粗车外圆到 ϕ37mm）
N190 X34.0；	（粗车外圆到 ϕ34mm）
N200 X31.0；	（粗车外圆到 ϕ31mm）
N210 X29.0；	（粗车外圆到 ϕ29mm）
N220 X26.0；	（粗车外圆到 ϕ26mm）
N230 X23.0；	（粗车外圆到 ϕ23mm）
N240 X20.2；	（粗车外圆到 ϕ20.2mm，留 0.2mm 精车）
N250 G00 Z-23.0；	（*Z* 向重定位）
N260 G90 X37.0 Z-39.0；	（粗车外圆到 ϕ37mm）
N270 X34.0；	（粗车外圆到 ϕ34mm）
N280 X32.0；	（粗车外圆到 ϕ32mm）
N290 X30.2；	（粗车外圆到 ϕ30.2mm，留 0.2mm 精车）
N300 G00 X100.0 Z100.0；	（退刀）
N310 T0303；	（换精车刀）
N320 G00 X14.98 Z1.0 S800；	（定位到 X14.98 Z1，变转速 800r/min，准备精车）
N330 G01 Z-10.0 F50；	（精车 ϕ15mm 外圆）
N340 G01 X19.98；	（精车台阶）

```
N350  G01  Z-24.0;                      (精车φ20mm外圆)
N360  G01  X29.98;                      (精车台阶)
N370  G01  Z-39.0;                      (精车φ30mm外圆)
N380  G01  X40.0;                       (抬刀)
N390  G00  X100.0  Z100.0  M09;         (快速返回换刀位置,切削液关)
N400  M05;                              (主轴停)
N410  M02;                              (程序结束)
```

6. 加工操作

1）装夹刀具，并建立刀具补偿，设定好工件坐标原点。

2）输入程序检查并模拟加工。

3）单步加工，试切削，测量并修改有关数据。

4）自动运行加工。

5）检验。

例 3-19 如图 3-42 所示工件，毛坯直径为 51mm，右端带三角形螺纹 M24，螺纹退倒槽宽 3mm，深 2mm，其中 ϕ40mm 不要求车削。

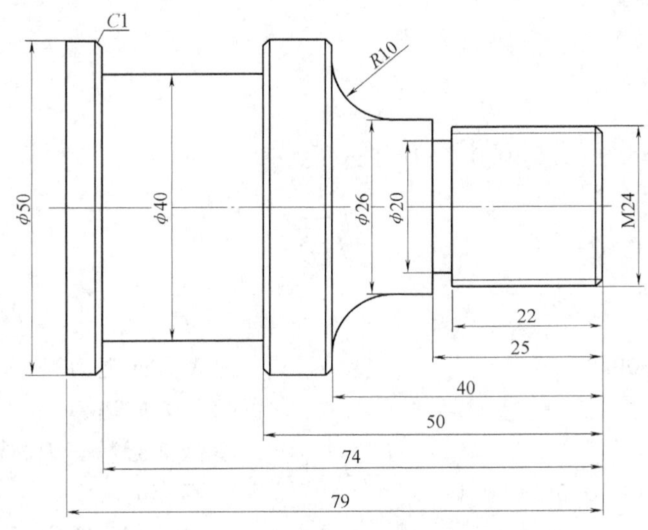

图 3-42 零件图

1. 确定刀具

1 号刀为 90°粗车刀；2 号刀为 90°精车刀，3 号刀为切槽刀（刀宽 3mm），4 号刀为 60°螺纹车刀。

2. 装夹方式

用三爪自定心卡盘装夹 ϕ51mm 毛坯外圆，使工件伸出卡盘 85mm。

3. 设置工件零点

以毛坯右端面中心为工件坐标系零点建立工件坐标系。

4. 根据图样确定加工路线

1）取 1 号刀粗车外圆。

2）2 号刀精车外圆到尺寸。

3）3 号刀切槽。

4）4 号刀车削螺纹。

5. 编制程序

（1）尺寸计算　认真计算刀具运动的起点和终点坐标。螺纹车削前的外圆直径为 $D-0.13P=23.6$mm。

（2）程序

```
O3130
N10  G54  G97  G99  G21;                    (建立工件坐标系)
N20  M03  T0101  M08;                       (主轴正转,换1号刀,切削液开)
N30  G00  X56.0  Z2.0;                      (快速定位到起刀点)
N40  G71  U3.0  R1.0;                       (切削循环)
N50  G71  P60  Q160  U0.5  W0.1  F0.2;
N60  G00  X21.6;                            (ns)
N70  G01  Z0  F0.04;
N80  X23.6  Z-1.0;
N90  Z-25.0;
N100  X26.0;
N110  Z-30.0;
N120  G02  X46.0  Z-40.0  R10.0;
N130  G01  X48.0;
N140  X50.0  Z-41.0;
N150  Z-79.0;
N160  X56.0;                                (nf)
N170  G00  X100.0;                          (X方向退刀)
N180  Z100.0;                               (Z方向退刀)
N190  T0202;                                (换2号精车刀,准备精加工)
N200  G70  P60  Q160  F0.1;                 (精车)
N210  T0303;                                (换3号切槽刀,刀宽为3mm)
N220  G00  X25.0;
N230  Z-25.0;
N240  G01  X20.0  F0.1;
N250  G00  X100.0;
N260  Z100.0;
N270  T0404;                                (安全位置换刀,4号螺纹车刀)
N280  G00  X24.0  Z2.0;
N290  G92  X23.0  Z-23.5  F3;               (螺纹车削循环)
N300  X22.5;
N310  X21.7;
```

N320　X20.9；

N330　X20.8；

N340　X20.7；

N350　X20.6；

N360　G00　X100.0；

N370　Z100.0；

N380　M30；

%

6. 加工操作

1）装夹刀具，并建立刀具补偿，设定好工件坐标原点。

2）输入程序检查并模拟加工。

3）单步加工，试切削，测量并修改有关数据。

4）自动运行加工。

5）检验。

例 3-20　如图 3-43 所示工件，毛坯直径为 ϕ30mm，试用调用子程序的方法进行挖槽加工。

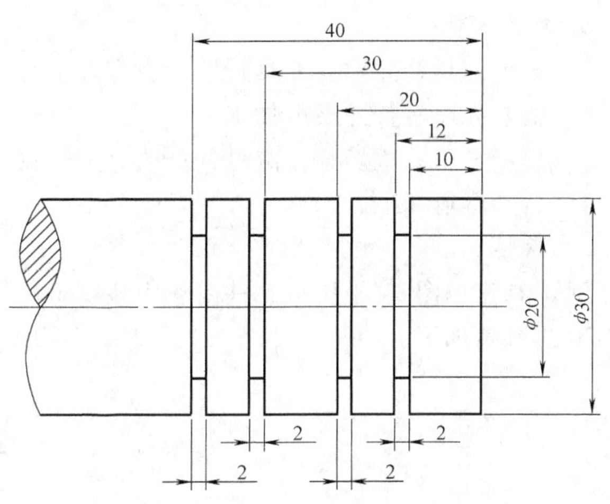

图 3-43　零件图

1. 确定刀具

1 号刀为切断刀（刀宽 2mm，刀具补偿设置在左刀尖处）。

2. 装夹方式

用三爪自定心卡盘装夹 ϕ30mm 毛坯外圆，使工件伸出卡盘 60mm。

3. 设置工件零点

以毛坯右端面中心为工件坐标系零点建立工件坐标系。

4. 根据图样确定加工路线

取 1 号刀切槽

5. 编制程序

(1) 尺寸计算　认真计算刀具运动的起点、终点坐标。

(2) 程序：

O3140；　（程序名）

N10　G50　X100.0　Z100.0；　（建立工件坐标系）

N20　T0101　M03　M08　S300　F0.2；　（1 号刀是切槽刀，刀宽 2mm）

N30　G00　X32.0　Z－12.0；

N40　M98　P11059；　（调用子程序进行第一次切槽）

N50　G00　X32.0　Z－20.0；

N60　M98　P11059；　（调用子程序进行第二次切槽）

N70　G00X32.0　Z－32.0；

```
N80   M98   P11059;                    (调用子程序进行第三次切槽)
N90   G00   X32.0   Z-40.0;
N100  M98   P11059;                    (调用子程序进行第四次切槽)
N110  M05   M09;                       (主轴停转,切削液关)
N120  M02;                             (程序结束)
O1059;                                 (子程序名)
N10   G01   U-12.0   F0.05;
N20   G04   X1.0;                      (暂停1s)
N30   G00   U12.0;
N40   M99;                             (子程序调用结束)
```

6. 加工操作

1）装夹刀具，并建立刀具补偿，设定好工件坐标原点。

2）输入程序检查并模拟加工。

3）单步加工，试切削，测量并修改有关数据。

4）自动运行加工。

5）检验。

例 3-21 如图 3-44 所示工件毛坯为 ϕ42mm，不要求切断，用 G73 成形循环粗加工，结合 G70 进行精加工。

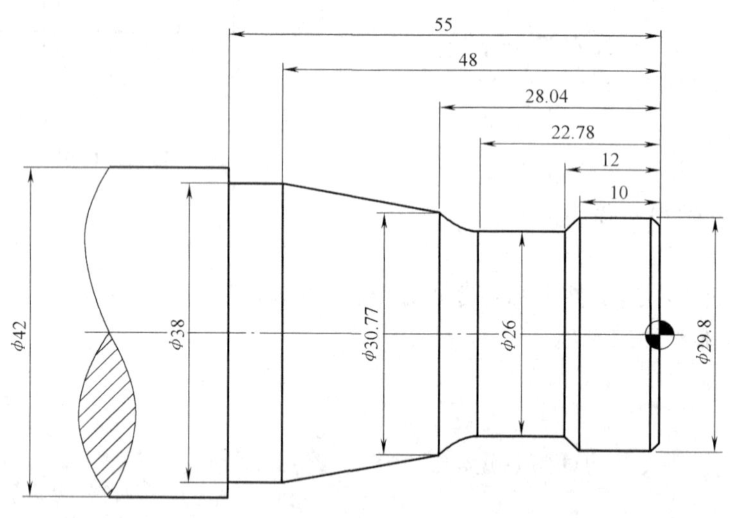

图 3-44 零件图

1. 确定刀具

1 号刀为 90°偏刀。

2. 装夹方式

用三爪自定心卡盘装夹 ϕ42mm 毛坯外圆，使工件伸出卡盘 60mm。

3. 设置工件零点

以毛坯右端面中心为工件坐标系零点建立工件坐标系。

4. 根据图样确定加工路线

取 1 号刀粗精车外圆。

5. 编制程序

（1） 尺寸计算　认真计算刀具运动的起点和终点坐标。

（2） 程序：

```
O3160                                   （程序名）
N10  M03  S1200  T0101;                 （主轴正转，转速为 1200r/min，1 号刀）
N20  G00  X44.0  Z0;                    （快速定位到起刀点）
N30  G01  X-1.0  F0.05;                 （车端面）
N40  Z2.0;
N50  G00  X44  Z2.0;                    （靠近工件）
N55  G73  U7.0  W1.0  R7;               （成形车循环）
N60  G73  P70  Q160  U0.6  W0.3  F0.1;
N70  G0  X27.8  Z2.0  S1500  M03;       （ns）
N80  G01  Z0  F0.05;
N90  X29.8  Z-1.0;
N100  Z-10.0;
N110  X26.0  Z-12.0
N120  Z-22.78;
N130  G02  X30.77  Z-28.04  R7.;
N140  G01  X38.0  Z-48.0;
N150  Z-55.0;
N160  X42.0;                            （nf）
N170  G0  X44  Z1.0;
N180  G70  P70  Q160;                   （精加工循环）
N190  G00  X200.0  Z200.0;              （快速退到安全位置）
N200  M05;                              （主轴停转）
N210  M02;                              （程序结束）
```

6. 加工操作

1） 装夹刀具，并建立刀具补偿，设定好工件坐标原点。

2） 输入程序检查并模拟加工。

3） 单步加工，试切削，测量并修改有关数据。

4） 自动运行加工。

5） 检验。

例 3-22　如图 3-45 所示，复杂零件的加工。

1. 确定刀具

1 号刀为 90°粗车刀；2 号刀为切断刀（刀宽 4mm，刀具补偿设置在左刀尖处）；3 号刀为 60°外螺纹刀；4 号刀为镗刀。ϕ20mm 锥柄麻花钻。

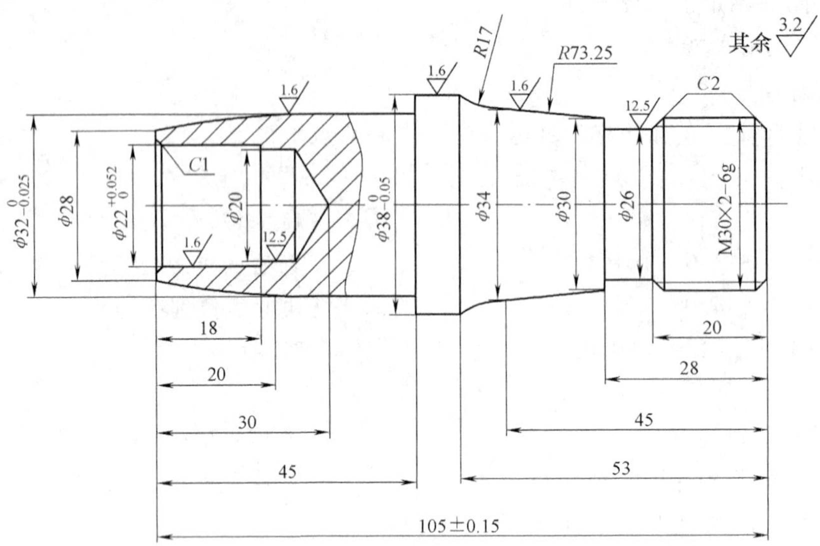

图 3-45 复杂零件的加工

2. 装夹方式

用三爪自定心卡盘装夹，此图工件需要掉头加工。

3. 设置工件零点

以毛坯右端面中心为工件坐标系零点建立工件坐标系。

4. 工艺路线

1）先加工左端。棒料伸出卡盘外约 65mm，找正后夹紧。

2）把 ϕ20mm 锥柄麻花钻装入尾座，移动尾座使麻花钻切削刃接近端面后锁紧，主轴以 600r/min 转动，手动转动尾座手轮，钻 ϕ20mm 的底孔。在钻孔时需打开切削液。

3）用 1 号刀，采用 G71 进行零件左端部分的轮廓循环粗加工。

4）用 1 号刀，采用 G70 进行零件左端部分的轮廓精加工。

5）用 4 号刀镗 ϕ20mm 的内孔并倒角。

6）卸下工件，用铜皮包住已加工过的 ϕ32mm 外圆，调头使零件上 ϕ32mm 到 ϕ38mm 台阶端面与卡盘端面紧密接触后夹紧，准备加工零件的右端。手动车端面控制零件总长。如果坯料总长在加工前已控制在 105.5～106mm 之间，且两端面较平整，则不必进行此操作。

7）用 1 号刀，采用 G71 进行零件右端面部分的轮廓循环粗加工。

8）用 1 号刀，采用 G70 进行零件右端面部分的轮廓精加工。

9）用 2 号刀，采用 G75 进行切槽循环加工。

10）用 3 号刀，采用 G76 进行螺纹循环加工。

5. 编制程序

（1）尺寸计算　认真计算刀具运动的起点、终点坐标。

（2）程序

程序一：零件左端部分加工，必须在钻孔后才能进行自动加工。

O3170　　　　　　　　（程序名）

```
N5   G54   G98   G21;              (用 G54 指定工件坐标系、分进给、米制编程)
N10   M03   S800;                  (主轴正转,转速为 800r/min)
N15   T0101;                       (换 1 号刀,导入刀具刀补)
N20   G00   X42.0   Z0;            (快速到达端面的径向外)
N25   G01   X18.0   F50;           (车削端面,由于已钻孔,所以 X 到 18 即可)
N30   G00   X41.0   Z2.0;          (快速到达轮廓循环起点)
N35   G71   U1.5   R2;             (外径粗车循环,给定加工参数。N45 ~ N70 为轮廓)
N40   G71   P45   Q70   U0.5   W0.1   F100;
N45   G01   X28.0;
N50   Z0;
N55   X32.0   Z-20.0;              (车削圆锥)
N60   Z-45.0;                      (车削 φ32mm 的圆柱)
N65   X38.0;                       (车削台阶)
N70   Z-55.0;                      (车削 φ38mm 的圆柱,在加工零件右端部分时不再加工)
/N75   G00   X100.0;               (沿径向快速退出)
/N80   Z200.0;                     (沿轴向快速退出)
/N85   M5;                         (主轴停转)
/N90   M00;                        (程序暂停)
N95   M03   S1000;                 (主轴重新起动,转速为 1000r/min)
/N100   T0101;                     (重新调用 1 号刀补,可引入刀具偏移量或磨损量)
/N105   G0X42.0   Z2.0;
N110   G70   P45   Q70   F50;      (从 N45 ~ N70 对轮廓进行精加工)
N115   G00   X100.0;               (沿径向快速退出)
N120   Z200.0;                     (沿轴向快速退出)
/N125   M05;                       (主轴停转)
/N130   M00;                       (程序暂停。用于精加工后的测量)
N135   M03   S800;                 (主轴正转,转速为 800r/min)
N140   T0404;                      (换 4 号刀,导入刀具刀补)
N145   G00   X21.5   Z2.0;         (快速移动到孔外侧)
N150   G01   Z-18.0   F100;        (粗镗内孔至 φ21.5mm)
N155   X19.0;                      (车削孔内台阶)
N160   G00   Z2.0;                 (快速移动到孔外侧)
/N165   Z200.0;                    (沿轴向快速退出)
/N170   M05;                       (主轴停转)
/N175   M00;                       (程序暂停。测量粗镗后的内孔直径)
N180   M03   S1200;                (主轴正转,转速为 1200r/min)
/N185   T0404;                     (重新调用 4 号刀补,可引入刀具偏移量或磨损量)
N190   G00   X22.0   Z2.0;         (快速移动到孔外侧)
N195   G01   Z-18.0   F50;         (精镗 φ22mm 的内孔)
```

```
N200  X19.0;                   (精车孔内台阶)
N205  G00  Z2.0;               (快速移动到孔外侧)
/N210  Z200.0;                 (沿轴向快速退出)
/N215  M05;                    (主轴停转)
/N220  M00;                    (程序暂停。用于精加工后的零件测量)
N225  M03  S800;               (主轴正转,转速为800r/min)
N230  G00  X24.0  Z2.0;        (快速移动到孔外侧,准备对孔口倒角)
N235  G01  Z0  F50;            (以50mm/min进给倒孔口)
N240  X22.0  Z-1.0;            (倒角)
N245  Z2.0;                    (退出)
N250  G00  X100.0  Z200.0;(快速退出)
N255  T0101;                   (换1号刀)
N260  M03;                     (程序结束)
%
```

程序二:零件右端部分加工。

```
O3180
N5  G54  G98  G21;
N10  M03  S800;
N15  T0101;
N20  G00  X42.0  Z0;
N25  G01  X-0.5  F50;
N30  G00  X41.0  Z2.0;
N35  G71  U1.5  R2;
N40  G71  P45  Q75  U0.5  W0.1  F100;
N45  G01  X26.0;
N50  Z0;
N55  X29.8  Z-2.0;
N60  Z-28.0;
N65  X30.0;
N70  G03  X34.0  Z-45.0  R73.25;
N75  G02  X38.0  Z-53.0  R17;
/N80  G00  X100.0;
/N85  Z200.0;
/N90  M05;
/N95  M00;
N100  M03  S1000;
/N105  T0101;
/N110  G00  X42.0  Z2.0;
N115  G70  P45  Q75  F50;
```

```
N120  G00  X100.0;
N125  Z200.0;
/N130  M05;
/N135  M00;
N140  M03  S800;
N145  T0202;
N150  G00  X31.0  Z-24.0;
N155  G75  R0.1;
N160  G75  X26.0  Z-28.0  P500  Q3500  R0  F50;
N165  G00  X40.0;
N170  Z-22.0;
N175  G01  X30.0  F50;
N180  X26.0  Z-24.0;
N185  G00  X100.0;
N190  X200.0;
/N195  M03  S600;
N200  T0303;
N205  G00  X31.0  Z4.0;
N210  G76  P20160  Q50  R0.1;
N215  G76  X27.402  Z-23.0  R0  P1299  Q450  F2;
N220  G00  X100.0;
N225  Z200.0;
/N230  M05;
/N235  M00;
N240  T0101;
N245  M30;
%
```

6. 加工操作

1）装夹刀具，并建立刀具补偿，设定好工件坐标原点。

2）输入程序检查并模拟加工。

3）单步加工，试切削，测量并修改有关数据。

4）自动运行加工。

5）检验。

例 3-23　如图 3-46 所示，根据图样加工复杂零件。

1. 确定刀具

1 号刀为 90°粗车刀；2 号刀为切断刀（刀宽 4mm，刀具补偿设置在左刀尖处）；3 号刀为 60°外螺纹刀。

2. 装夹方式

用三爪自定心卡盘装夹 ϕ40mm 毛坯外圆，使棒料伸出卡盘 85mm。

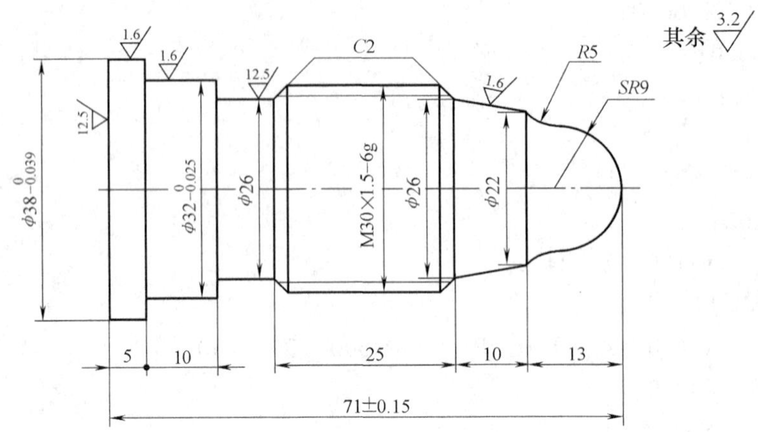

图 3-46　复杂零件加工

3. 设置工件零点

以毛坯右端面中心为工件坐标系零点建立工件坐标系。

4. 工艺路线

1）取 1 号，采用 G71 进行轮廓循环粗加工。

2）取 3 号刀，采用 G70 进行轮廓循环粗加工。

3）取 2 号刀，采用 G75 进行切槽循环加工。

4）用 3 号刀，采用 G76 进行螺纹循环加工。

5）用 2 号刀切下零件。

5. 编制程序

（1）尺寸计算　认真计算刀具运动的起点、终点坐标。

（2）程序

```
O3190
N5   G54   G98   G21;
N10   M03   S800;
N15   T0101;
N20   G00   X42.0   Z2.0;
N25   G71   U1.5   R2;
N30   G71   P35   Q85   U0.5   W0.1   F100;
N35   G01   X0;
N40   Z0;
N45   G03   X18.0   Z-9.0   R9.0;
N50   G02   X22.0   Z-13.0   R5.0;
N55   G1   X26.0   Z-23.0;
N60   X29.8   Z-25.0;
N65   Z-56.0;
N70   X32.0;
```

```
N75   Z-66.0;
N80   X38.0;
N85   Z-76.0;
/N90   G00   X100.0;
/N95   Z200.0;
/N100   M05;
/N105   M00;
N110   M03   S1200;
/N115   T0101;
/N120   G00   X41.0   Z2.0;
N125   G70   P35   Q85   F50;
N130   G00   X100.0;
N135   Z200.0;
/N140   M05;
/N145   M00;
N150   M03   S600;
N151   T0202;
N152   G00   X33.0   Z-52.0;
N155   G75   R0.1;
N160   G75   X26.0   Z-56.0   P500   Q3500   R0   F50;
N165   G00   X40.0;
N170   Z-50.0;
N175   G01   X30.0   F50;
N180   X26.0   Z-52.0;
N185   G00   X100.0;
N190   X200.0;
/N195   M03   S600;
N200   T0303;
N205   G00   X31.0   Z-20.0;
N210   G76   P20160   Q80   R0.1;
N215   G76   X28.052   Z-50.0   R0   P974   Q400   F1.5;
N220   G00   X100.0;
N225   Z200.0;
/N230   M05;
/N235   M00;
/N238   M03   S600;
N240   T0202;
N245   G00   X42.0   Z-75.0;
N250   G01   X0   F30;
```

```
N255  X42.0  F100;
N260  G00  X100.0;
N265  Z200.0;
N270  T0101;
N275  M30;
%
```

6. 加工操作

1）装夹刀具，并建立刀具补偿，设定好工件坐标原点。

2）输入程序检查并模拟加工。

3）单步加工，试切削，测量并修改有关数据。

4）自动运行加工。

5）检验。

第三节　FANUC 0i 数控系统操作及机床的基本操作

一、FANUC 0i 数控系统车床控制面板介绍

FANUC 0i 数控系统车床控制面板如图 3-47 所示。

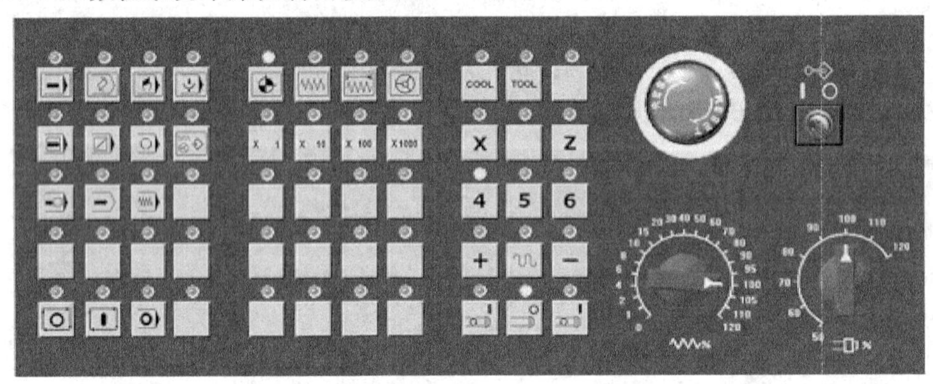

图 3-47　FANUC 0i 数控系统车床控制面板

1. 工作方式选择按钮

（1）（AUTO）自动加工模式：执行已在内存里的程序。

（2）（EDIT）程序编辑模式：用于检索、检查、编辑与新建加工程序。

（3）（MDI）手动数控输入：输入程序并可以执行，程序为一次性。

（4）（DNC）计算机直接运行：用 RS-232 电缆线连接 PC 机和数控机床，选择程序传输加工。

（5）（REF）机械回零：可以分别进行 *X*、*Z* 轴的机械回零操作。

（6）（JOG）手动模式：手动连续移动刀架。

（7）（INC）增量（点动）进给：移动一个指定的距离。

（8）（HND）手轮模式：根据手轮的坐标、方向、进给量进行移动。

2. 程序运行控制按钮

（1）单步执行：每按一次此键，执行一段程序指令。

（2）程序段跳读：在自动方式下按此键，跳过程序开头带有“/”符号的程序。

（3）程序停止：按下此键，在自动方式下，遇有 M00 命令程序停止。

（4）手动示教

（5）程序重新启动：由于机床外部的种种原因自动停止，程序可以从指定的程序段重新启动。

（6）机床锁定：只能运行程序，机床各轴被锁住，无运动。

（7）机床空运行：各轴以固定的速度运动。

（8）程序运行开始：在“AUTO”和“MDI”模式时有效。

（9）程序运行停止：在程序运行中，按下此键程序停止运行。

（10）程序停止：在自动方式下，遇有 M00 命令程序停止。

3. 手动控制按钮

（1）主轴手动控制

1）手动主轴正转。

2）手动主轴停止。

3）手动主轴反转。

（2）手动移动控制

1）X 手动移动 X 轴。

2）Z 手动移动 Z 轴。

3）+ 手动正方向移动。

4）在选择移动坐标轴后同时按下此按钮，坐标轴以机床指定的进给进行快速移动。

5）- 手动反方向移动。

（3）进给倍率调节

用来调节程序运行中的进给速度，调节范围为 0～120%。

（4）主轴倍率调节

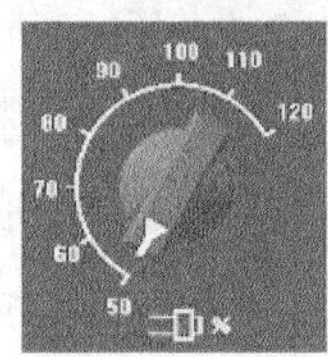

用来调节主轴转速运行速度，调节范围为 50%～120%。

(5) 程序编辑锁定

置于位置，可编辑或修改程序。

(6) 紧急停止

发生意外紧急情况时的处理。

(7) 手轮

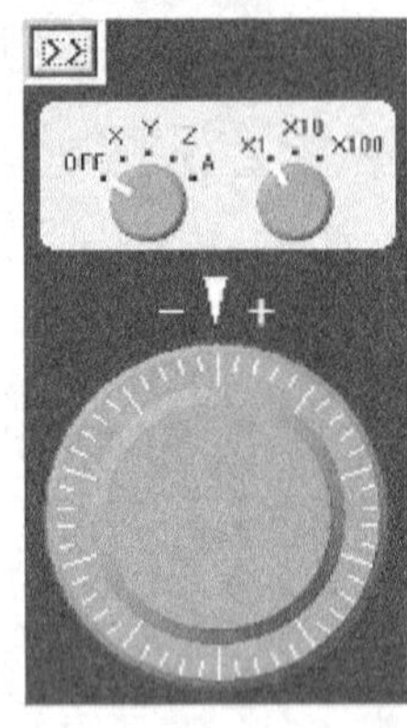

选择轴向及进给倍率，手轮顺时针方向旋转，相应轴向正方向运动，手轮逆时针方向旋转相应轴向负方向运动。

二、FANUC 0i 数控系统操作面板介绍

图 3-48 所示为 FANUC 0i 数控系统操作面板，其左侧为显示屏，右侧是编程面板。

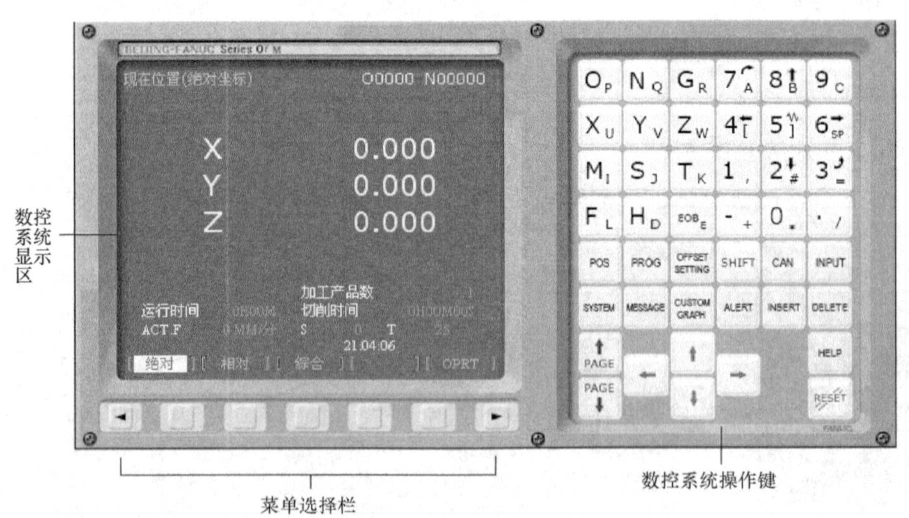

图 3-48　FANUC 0i 系统车床操作面板

1. 数字/字母键

如图 3-49 所示，数字/字母键用于输入数据到输入区，系统自动判别取字母还是取数。字母和数字键通过 SHIFT 键切换输入不同的字符如 0 与 P、7 与 A。

图 3-49　数字/字母按键

2. 编辑键

（1）替换键：用输入的数据替换光标所在的数据。

（2）删除键：删除光标所在的数据，或者删除一个程序，或者删除全部程序。

（3）插入键：把输入区中的数据插入到当前光标之后的位置。

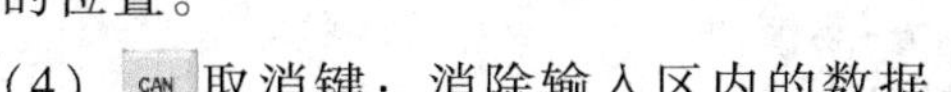

（4）取消键：消除输入区内的数据。

（5）单节键：结束一行程序的输入并切换到下一行。

（6）上档键：用来切换数字和字母。

（7）复位键：用于程序复位停止、取消报警等。

3. 页面切换键

（1）位置显示键：位置显示有三种方式，用翻页键选择。

（2）程序键：程序显示与编辑页面。

（3）偏置键：参数输入页面。按第一次进入刀具参数补偿页面，按第二次进入坐标系设置页面。进入相应页面以后，用翻页键切换。

（4）系统键：机床参数设置，一般禁止改动，显示自诊断数据。

（5）信息键：显示各种信息，如报警。

（6）图形显示键：刀具路径图形显示。

4. 翻页键

（1）向上翻页。

（2）向下翻页。

5. 光标移动键

↑表示向上移动光标。

↓表示向下移动光标。

←表示向左移动光标。

→表示向右移动光标。

6. INPUT 输入键：把输入区内的数据输入参数页面

三、常用基本操作

1. 开机与关机

开机时，在按启动按钮之前，先要检查急停键是否压下，在急停键压下的条件下，按启动按钮，机床通电，完成开机。

停机时，在按停止按钮之前，先要检查急停键是否压下，在急停键压下的条件下，按停止按钮，机床断电，完成停机。

2. 手动返回参考点（机械回零）

1）按机械回零方式键，指示灯亮，则已进入回零点模式。

2）在回零点模式下，先将 *X* 轴回原点。按操作面板上的 X 按钮，使 *X* 轴方向移动指示灯闪烁，按 + 按钮，此时 *X* 轴将回零点，*X* 轴回零点灯变亮，CRT 上 Z 坐标变为“0.000”。用相同方法可将 *Z* 轴回零。

3）返回参考点后，返回参考点指示灯常亮，。

3. 手动方式

（1）手动连续（JOG）方式

1）按操作面板上的“手动”按钮，使其指示灯亮，机床进入手动模式。

2）分别按 X 、 Z 键，通过进给轴选择开关选择移动的坐标轴。

3）分别按 + 、 − 键，通过进给方向选择按键控制机床的移动方向。

4）可以通过手动进给倍率调节，可以调整进给速度。

5）按钮：在选择移动坐标轴后同时按下此按钮，坐标轴以机床指定的进给进行快速移动。

（2）手摇脉冲（HANDLE）方式　手摇脉冲发生器又称手轮，在手动/连续加工或在对刀需精确调节机床时，可用手动脉冲方式调节机床。

1）在操作面板上选择操作方式，按下或，使指示灯变亮，进入手轮方式。

2）旋转“手动对应的轴”的按钮，选择需要移动的坐标轴（每次只能选一轴）。

3）旋转“手动进给速度”按钮，选择合适的进给倍率。通过倍率选择，手轮每旋转一格，轴向移动的位移可以为 0.001mm、0.01mm、0.1mm。

4）旋转手轮，精确控制机床的移动。手轮旋转一圈，刀具移动的距离相当于 100 个刻度的对应值。手轮顺时针（CW）旋转，所移动轴向该轴的“+”坐标方向移动，手轮逆时针（CCW）旋转，所移动轴向该轴的“−”坐标方向移动。

（3）主轴手动操作

1）将方式选择置于手动操作方式。

2）可由下列三个按键控制主轴运转。

主轴正转按键：主轴正转，同时按键内的灯亮。

主轴正转按键：主轴反转，同时按键内的灯亮。

主轴停止按键：主轴停止转动，任何时候只要主轴没有转动，这个按键内的灯就会亮，表示主轴处于停止状态。

4. MDI（手动数据输入）运行模式

（1）按操作面板上的按钮，使其指示灯变亮，进入 MDI 模式。在 MDI 键盘上按 PROG 键，进入编辑页面。

（2）输写数据指令：在输入键盘上按数字/字母键，可以作取消、插入、删除等修改操作。

1）按 CAN 键，删除（取消）输入域中的数据。

2）按键盘上 INSERT 键，插入所编写的数据指令。

3）按 DELETE 键，删除光标所在的代码。

（3）键入程序号：键入字母“O”，再键入程序编号，但不可以与已有程序的编号重复。输入程序后，用回车换行键 EOB 结束一行的输入后换行。

（4）移动光标：按 ↑PAGE、PAGE↓ 上下方向键翻页。按方位键 ↑、↓、←、→ 移动光标。

（5）输入完整的数据指令后，按循环启动按钮运行程序。用 RESET 清除输入的数据。

5. 自动运转的启动

（1）首先把程序存入存储器中。

（2）选择自动方式。

（3）选择要运行的程序。

1）选择编辑或自动操作方式。

2）按 PROG 键，并进入程序内容显示画面。

3）按地址键 O，键入程序号。

4）按 ↓ 或 EOB 键，在显示画面上显示检索到的程序，若程序不存在，CNC 出现报警。

（4）按运行启动按钮。为自动运行启动键，为自动运行暂停键。按运行启动按钮后，开始执行程序。

6. 试运行

（1）机床锁住：按下，机床各轴被锁，刀具无运动，但是在显示器上沿每一轴运动的位移在变化，就像刀具在运动一样。

（2）辅助功能锁住：按下辅助功能锁开关，M、S、T 功能被锁定输出并禁止执行。

7. 单段程序

1）按下机床操作面板上的，机床在执行完当前程序段后停止。

2）按下继续执行下一段程序，当程序段执行完后机床停止。

8. 程序的创建

1）按下键，进入 EDIT 方式。

2）按下PROG键。

3）按下地址键O，输入程序号。

4）按下INSERT键。

9. 程序的编辑

（1）程序内容的输入

1）按键进入编辑操作方式。

2）按PROG键进入程序界面，按PAGE↑或PAGE↓键选择程序内容，显示如图 3-50 所示的页面。

3）依次键入地址键O、数字键0、0、0、1，按下INSERT。

4）按键EOB，建立新程序 O0001。

5）按照编制好的零件程序逐个输入，每输入一个字符，在屏幕上立即给予显示输入的字符（复合键的处理是反复按此复合键，实现交替输入），一个程序段输入完毕，按键结束。

```
程序内容        行 6      列 1      O0008 N0000
O0008;(CNC  PROGRAM.20051020)
G50 X0 Z0;
G1 X100 Z100 F200;
G2 U100 W50 R50;
G0 X0 Z0;
X100 Z100;
M30;
%

                                   S 0000 T0100
                              编辑方式
```

图 3-50　显示的页面

6）按步骤 5 的方法可完成程序其他程序段的输入。

（2）字的检索

1）按下光标键→，光标在画面上向前一个字一个字地移动，光标在所选字上。

2）按下光标键←，光标在画面上往回一个字一个字地移动，光标在所选字上。

3）持续按下光标键→或←对字进行连续扫描。

4）当按下↓键时，检索下一程序段的第一个字。

5）当按下↑键时，检索上一程序段的第一个字。

6）当持续按下↓或↑按键时，会连续将光标移动到各个程序段的开头。

7）按下翻页键PAGE↓显示下一页，并检索该页中第一个字。

8）按下翻页键↑PAGE显示前一页，并检索该页中第一个字。

9）持续按下PAGE↓或↑PAGE会连续显示各页面。

（3）跳到程序头

1）在 EDIT 方式下，处于程序画面时按下RESET键，光标回到程序的起始位置，在画面上从头开始显示程序的内容。

2）通过检索程序号将光标移至程序的起始位置。

（4）字的插入

1）检索或扫描到插入位置前的字。

2）键入将要插入的地址字。

3）键入数据。

4）按下 INSERT 键。

例 3-24　插入 T15。

1）检索或扫描 Z1250，如图 3-51 所示。

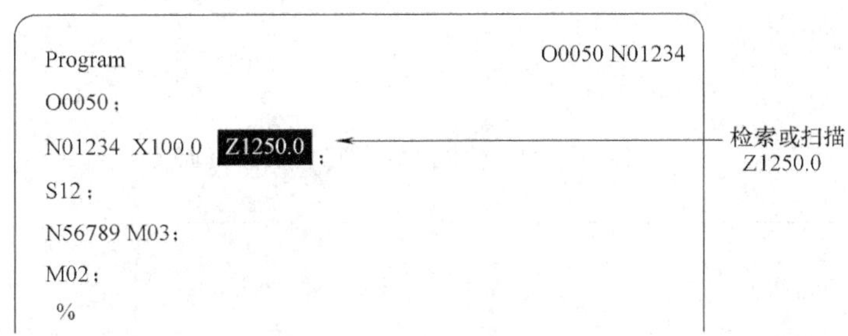

图 3-51　“检索或扫描”所显示的页面

2）键入 T 1 5。

3）按下 INSERT 键，结果如图 3-52 所示：

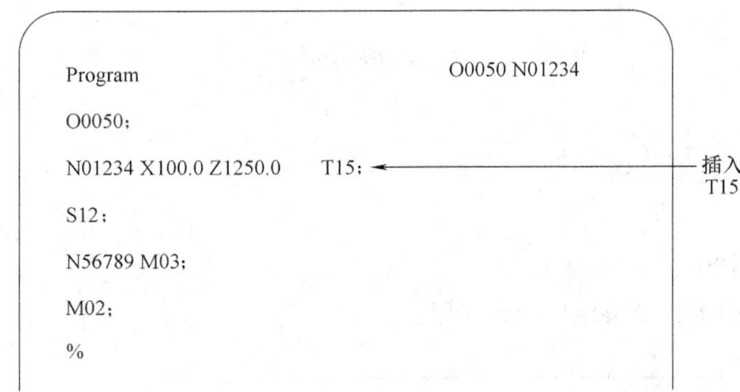

图 3-52　“插入”所显示的页面

（5）字的替换

1）检索或扫描将要替换的字。

2）输入将要插入的地址字。

3）输入数据。

4）按下 ALERT 键。

例 3-25　将 T15 替换为 M15。

1）检索或扫描 T15，如图 3-53 所示。

2）键入 M 1 5。

3）按下 ALERT，结果如图 3-54 所示。

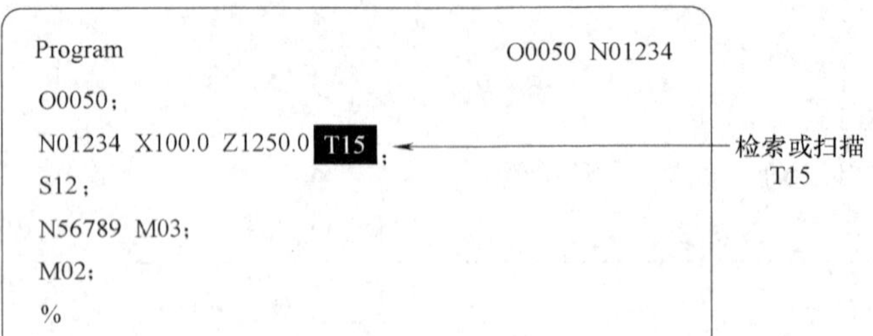

图 3-53 “检查或扫描”所显示的页面

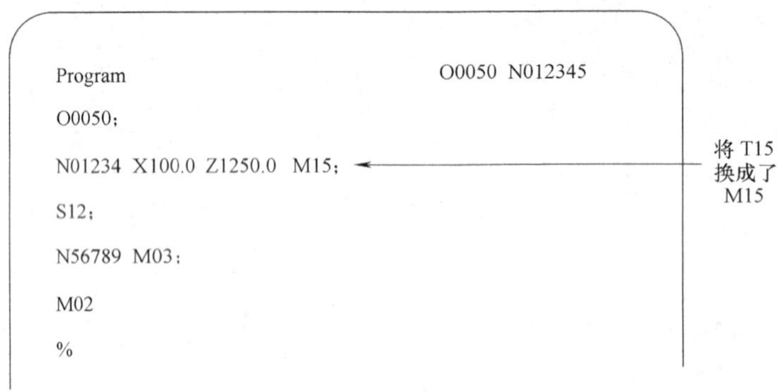

图 3-54 “替换”所显示的页面

（6）字的删除

1）检索或扫描将要删除的字。

2）按下 DELETE 键。

例 3-26 删除 X100.0。

1）检索或扫描 X100.0，如图 3-55 所示。

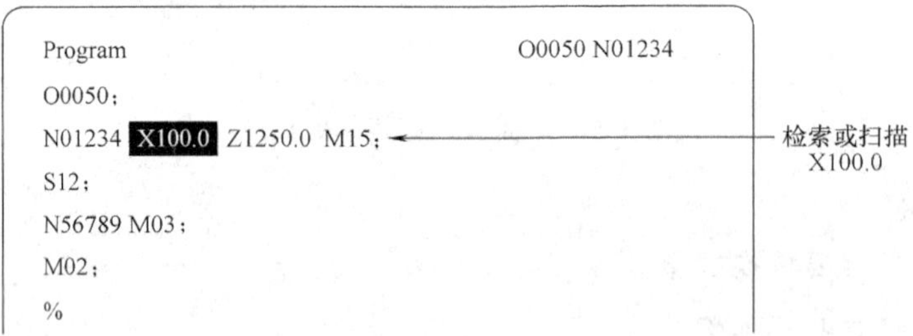

图 3-55 “检查或扫描”所显示的页面

2）按下 DELETE，结果如图 3-56 所示。

（7）删除一个程序段

1）检索或扫描一个将要删除的程序段地址 N。

2）键入 EOB。

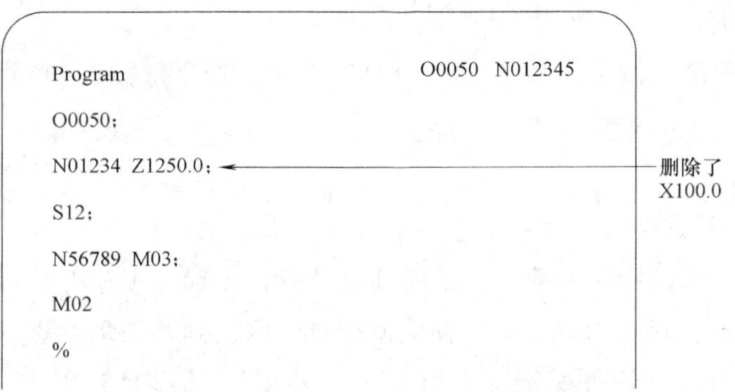

图 3-56 “删除”所显示的页面

3）键入DELETE。

例 3-27　删除 N01234 的程序段。

1）检索或扫描程序段 N01234，如图 3-57 所示。

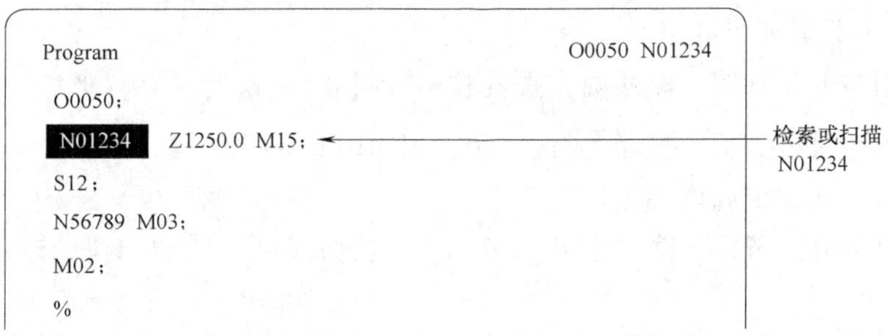

图 3-57 “检索或扫描”所显示的页面

2）键入EOB E。

3）键入DELETE，结果如图 3-58 所示。

图 3-58 “删除程序段”所显示的页面

（8）程序的删除

1）删除一个程序：按下键，选择 EDIT 方式，按下PROG键选择程序画面，键入地址

O，输入要删除的程序号，按DELETE键删除所选程序。

2）删除所有程序：按下键，选择 EDIT 方式，按下PROG键选择程序画面，键入地址O，输入 -9999，按DELETE键删除所有程序。

10. 对刀操作

（1）直接用刀具试切对刀【推荐】

1）用外圆车刀先试切一外圆，测量外圆直径后，按OFFSET SETTING→【补正】→【形状】输入“外圆直径值”，按【测量】键，刀具“X”补偿值即自动输入到几何形状里。

2）用外圆车刀再试切外圆端面，按OFFSET SETTING→【补正】→【形状】输入“Z 0”，按【测量】键，刀具“Z”补偿值即自动输入到几何形状里。因输入的实测值为端面坐标值，等效于将机械坐标系平移至零件端面。

3）用同样方法可完成其他刀具的对刀。通过对刀，将刀偏值写入参数，从而获得工件坐标系。方法操作简单方便，可靠性好，每把刀独立坐标系，互不干扰。只要不断电、不改变刀偏值，工件坐标系就会存在且不会变，即使断电，重启后回参考，工件坐标系还在原来的位置。如使用绝对值编码器，刀架可在任何安全位置都可以启动加工程序。

（2）用 G50 设置工件零点

1）用外圆车刀先试切一段外圆，选择按SHIFT→【U】，这时“U”坐标在闪烁，按CAN键置“零”，测量工件外圆后，按下键，选择【MDI】模式，输入 G01 U××（××为测量直径） F0.3，切端面到中心。

2）选择【MDI】模式，输入 G50 X0 Z0，按循环启动【START】键，把当前点设为零点。

3）选择【MDI】模式，输入 G0 X150 Z150，使刀具离开工件。

4）这时程序开头：G50 X150 Z150……

5）注意：用 G50 X150 Z150，程序起点和终点必须一致即 X150 Z150，这样才能保证重复加工不乱刀。

用 G50 设定坐标系，对刀后将刀移动到 G50 设定的位置才能加工。对刀时，先对基准刀，其他刀的刀偏都是相对于基准刀的。

（3）G54 ~ G59 设置工件零点

1）用外圆车刀先试切一外圆，按OFFSET SETTING→【坐标系】，如选择 G55，输入 X0、Z0，按【测量】键，工件零点坐标即存入 G55 里，程序直接调用，如：G55 X60 Z50……。

2）注意：可用 G53 指令清除 G54 ~ G59 工件坐标系。

这种方法适用于批量生产且工件在卡盘上有固定装夹位置的加工。

第四节 GSK980TD 数控系统操作及机床的基本操作

一、GSK980TD 数控系统控制操作面板的基本组成

面板划分如下：（见图 3-59）

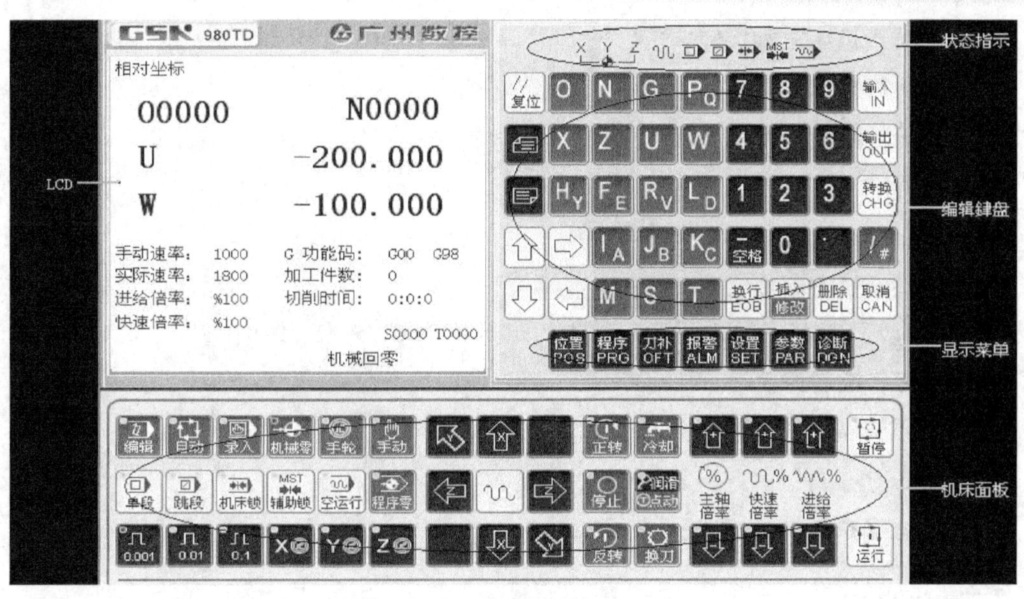

图 3-59　GSK980TD 面板

1. 六个操作方式选择

方式选择操作：手按一下模式按键并使模式按键左上灯亮即可选择该方式。

编辑方式：此方式可进行加工程序的建立、删除和修改等操作。

自动方式：进入自动运行加工程序。

录入（MDI）方式：此方式可进行参数的输入以及指令段的输入和执行。

机械回零：回参考点操作方式，可分别执行经 *X*、*Z* 轴回机械零点操作。

手轮方式：手摇脉冲方式，CNC 按选定的增量进行移动。

手动方式：手动连续移动溜板箱或者刀具。

2. 数控程序运行控制开关

：单个程序段。

：机床锁住。

：辅助功能锁定。

：程序回零。

：空运行。

：选择跳段加工。

：手轮 *X* 轴选择键。

：手轮 *Z* 轴选择键。

3. 机床主轴手动控制开关

：手动开机床主轴正转。

：手动关机床主轴。

：手动开机床主轴反转。

4. **辅助功能按钮**

：手动开关切削液。

：润滑液。

：手动换刀具。

5. **手轮进给量控制按钮**

：选择手动进给时每一步的距离：0.001 毫米、0.01 毫米、0.1 毫米。

6. **程序运行控制开关**

：循环暂停。

：循环运行。

7. **系统控制开关**

：NC 启动。

：NC 停止。

8. **手动移动机床溜板箱或者刀具按钮**

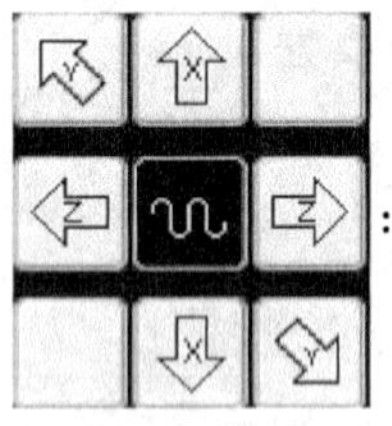

：选择移动轴。正方向移动按钮为、、。负方向移动按钮为、、。

：快速进给。

9. **升降速按钮**

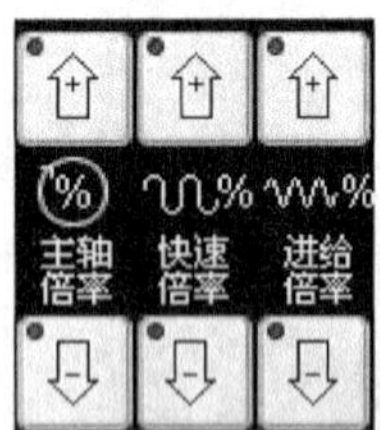

：主轴升降速/快速进给升降速/进给升降速。

10. 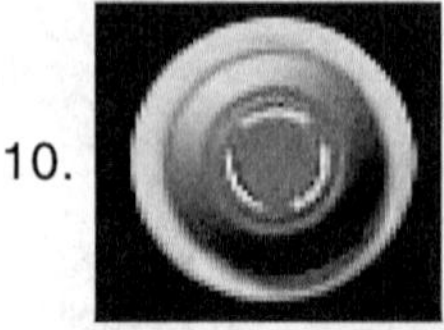：紧急停止按钮

11. 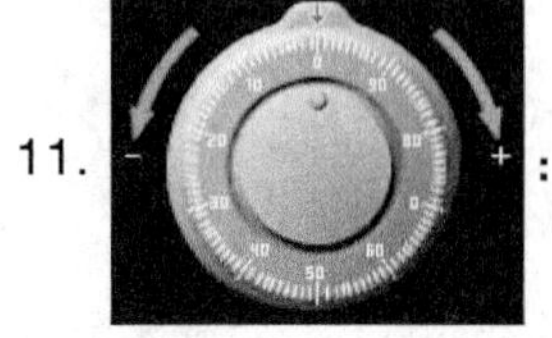：手轮

二、数控系统操作

1. 手动返回参考点（机械回零）

1）按机械回零方式键，选择回参考点操作方式，这时液晶屏幕右下角显示［机械回零］。

2）先按下手动轴向运动开关不放手，直到回参考点指示灯亮，此时坐标轴停止移动，再按下手动轴向运动开关不放手，直到回参考点指示灯亮，此时坐标轴停止移动，即可完成回参考点操作。

3）返回参考点后，返回参考点指示灯亮。

2. 手动连续进给

1）按键进入手动操作方式，这时液晶屏幕右下角显示［手动方式］。手动操作方式下可进行手动进给、主轴控制、倍率修调、换刀等操作。

2）选择移动轴。按住进给轴方向选择键中的或 *X* 轴方向键，可使 *X* 轴向负向或正向进给，松开按键时轴运动停止；按住或 *Z* 轴方向键，可使 *Z* 轴向负向或正向进给，松开按键时轴运动停止；进给倍率实时修调有效。

当进行手动进给时，按下键，使状态指示区的指示灯亮，则进入手动快速移动状态。

机床沿着选择轴方向移动。

3）调节手动（JOG）进给速度。在手动进给时，可按中的或修改手动进给倍率。

4）快速进给。按住进给轴方向选择中的键，直至状态指示区的快速移动指示灯亮，按下或键可使 *X* 轴向负向或正向快速移动，松开按键时轴运动停止；按下或键可使 *Z* 轴向负向或正向快速移动，松开按键时轴运动停止；也可同时按住 *X*、*Z* 轴的方向选择键实现 2 个轴的同时移动。快速倍率实时修调有效。

当进行手动快速移动时，按下键，使指示灯熄灭，快速移动无效，以手动速度进给。

3. 手轮进给

转动手摇脉冲发生器，可以使机床微量进给。

1）按下手轮方式键，选择手轮操作方式，这时液晶屏幕右下角显示［手轮方式］。

2）选择手轮运动轴：在手轮方式下，按下相应的键。

注：在手轮方式下，按键有效。所选手轮轴的地址［U］或［W］闪烁。

3）选择移动量：按下增量选择移动增量，相应在屏幕左下角显示移动增量。

4）移动量选择开关。

5）转动手轮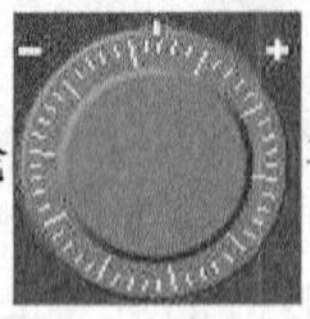手轮进给方向由手轮旋转方向决定。一般情况下，手轮顺时针为正向进给，逆时针为负向进给。

4. 录入（MDI）运转方式

从 LCD/MDI 面板上输入一个程序段的指令，并可以执行该程序段。

例：设当前刀尖点工件坐标为（X50.0　Z100.0）的位置，程序段为 G50　X50.0　Z100.0。操作步骤如下：

1）按[录入]键进入录入操作方式。

2）按[程序 PRG]键（必要时再按[翻页]键或[翻页]键）进入程序状态‘程序段值’页面，如图3-60所示。

3）依次键入[G]、[5]、[0]及[输入 IN]。页面显示如图 3-61 所示。

```
程序状态                         O0008 N0000
      程序段值                 模态值
      X                         F        10
      Z              G00        M        05
      U              G97        S      0000
      W              G98        T      0100
      R
      F
      M              G21
      S                         SRPM  0099
      T                         SSPM  0000
      P                         SMAX  9999
      Q                         SMIN  0000
                                S 0000  T0100
                          录入方式
```

图 3-60　页面显示（一）

```
程序状态                         O0008 N0000
      程序段值                 模态值
  G50 X                         F        10
      Z              G00        M        05
      U              G97        S      0000
      W              G98        T      0100
      R
      F
      M              G21
      S                         SRPM  0099
      T                         SSPM  0000
      P                         SMAX  9999
      Q                         SMIN  0000
                                S 0000  T0100
                          录入方式
```

图 3-61　页面显示（二）

4）依次键入地址键、[Z]数字键[1]、[0]、[0]及[输入 IN]键。

5）依次键入地址键[X]、数字键[5]、[0]及[输入 IN]键；执行完上述操作后页面显示如图 3-62 所示。

```
程序状态                         O0008 N0000
      程序段值                 模态值
  G50 X    50.000               F        10
      Z   100.000    G00        M        05
      U              G97        S      0000
      W              G98        T      0100
      R
      F
      M              G21
      S                         SRPM  0099
      T                         SSPM  0000
      P                         SMAX  9999
      Q                         SMIN  0000
                                S 0000  T0100
                          录入方式
```

图 3-62　页面显示（三）

6）指令字输入后，按[循环启动]键执行 MDI 指令字。运行过程中可按[复位]键、[//]键以及急停按钮使 MDI 指令字停止运行。

5. 自动运转的启动

（1）首先把程序存入存储器中（方法查看编辑方式）。

（2）选择自动方式。

（3）选择要运行的程序。

1）选择编辑或自动操作方式。

2）按[程序 PRG]键，并进入程序内容显示画面。

3）按地址键〔O〕，键入程序号。

4）按〔⇩〕或〔换行 EOB〕键，在显示画面上显示检索到的程序，若程序不存在，CNC出现报警。

（4）按运行启动按钮。〔运行〕为自动运行启动键。〔暂停〕为自动运行暂停键。按运行启动按钮后，开始执行程序。

6. 试运行

（1）全轴机床锁住　自动操作方式下机床锁住开关〔机床锁〕为开时，机床滑板不移动，位置界面下的综合坐标页面中的“机床坐标”不改变，相对坐标、绝对坐标和余移动量显示不断刷新，与机床锁住开关处于关状态时一样；并且M、S、T都能执行。机床锁住运行常与辅助功能锁住功能一起用于程序校验。

开关打开方法：按〔机床锁〕键，使状态指示区中机床锁住运行指示灯〔MST〕亮，表示进入机床锁住运行状态。

（2）辅助功能锁住　如果机床操作面板上的辅助功能锁住开关〔辅助锁〕置于开的位置，M、S、T代码指令不执行，与机床锁住功能一起用于程序校验。

7. 单程序段

首次执行程序时，为防止编程错误出现意外，可选择单段运行。自动操作方式下，单段程序开关打开的方法如下：

按〔单段〕键，使状态指示区中的单段运行指示灯亮〔单段灯〕，表示选择单段运行功能；单段运行时，执行完当前程序段后，CNC停止运行；继续执行下一个程序段时，需再次按〔运行〕键，如此反复直至程序运行完毕。

8. 程序的建立

（1）程序段号的生成　程序中，可编入程序段号，也可不编入程序段号，程序是按程序段编入的先后顺序执行的（调用时例外）。当开关设置页面“自动序号”开关处于关状态时，CNC不自动生成程序段号，但在编程时可以手动编入程序段号。当开关设置页面“自动序号”开关处于开状态时，CNC自动生成程序段号，编辑时，按键自动生成下一程序段的程序段号，如图3-63所示。

（2）程序内容的输入

1）按〔编辑〕键进入编辑操作方式。

2）按〔程序 PRG〕键进入程序界面，按〔▤〕或〔▤〕键选择程序内容显示页面，如图3-64所示。

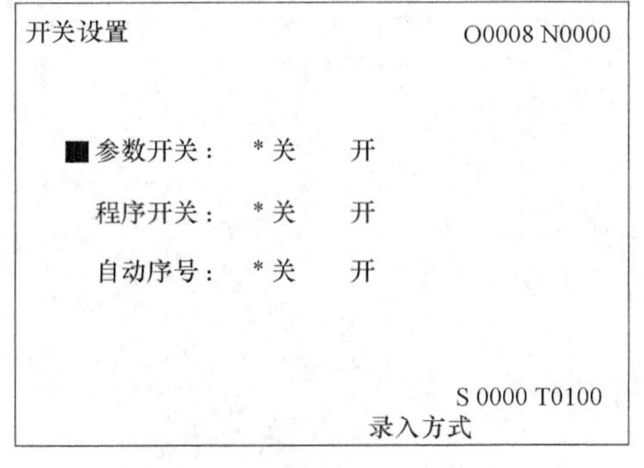

图3-63　“开关设置”页面

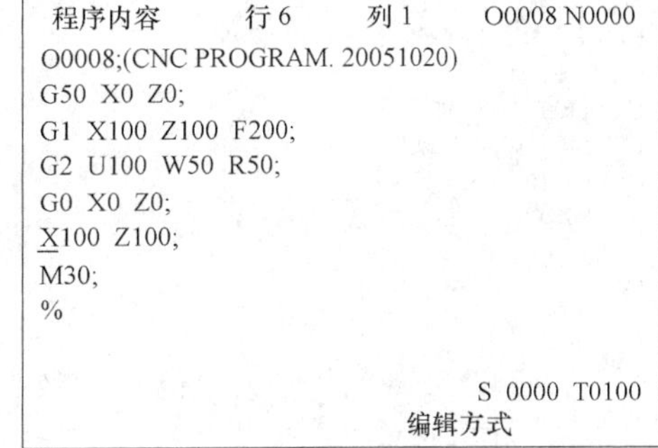

图3-64　程序内容显示页面

3）依次键入地址键O、数字键0、0、0、1（以建立O0001程序为例）。

4）按键EOB，建立新程序O0001。

5）按照编制好的零件程序逐个输入，每输入一个字符，在屏幕上立即给予显示输入的字符（复合键的处理是反复按此复合键，实现交替输入），一个程序段输入完毕，按键结束。

6）按步骤5的方法可完成程序其他程序段的输入。

（3）字符的检索

1）描法：光标逐个字符扫描。按编辑键进入编辑操作方式，按PRG键选择程序内容显示页面。

① 按⇧键，光标上移一行；若当前光标所在的列数大于上一行总的列数，按键后，光标移到上一程序段段尾（“;”号上）。

② 按⇩键，光标下移一行，光标上移一行；若当前光标所在的列数大于下一行总的列数，按键后，光标移到下一行末尾（“;”号上）。

③ 按⇨键，光标右移一列；若光标在行末，光标则移到下一程序段段首。

④ 按⇦键，光标左移一列；若光标在行首，光标移到下一程序段段尾。

⑤ 按键，向上翻页，光标移至上一页第一行第一列；若向上翻页到程序内容首页，则光标移至第二行第一列。

⑥ 按键，向下翻页，光标移至下一页第一行第一列；若已是程序内容最后一页，则光标移至程序最后一行的第一列。

2）查找法：从光标当前位置开始，向上或向下查找指定的字符。查找法操作步骤如下：

① 按编辑选择编辑操作方式。

② 按PRG键，显示程序内容页面。

③ 按CHG键进入查找状态，并输入欲查找的字符，最多可以输入10位，超过10位后新输入的字覆盖原来的第10位。如将光标移至G2处，显示页面如图3-65所示。

④ 按⇧键（根据欲查找字符与当前光标所在字符的位置关系确定按⇧键还是⇩键），显示页面如图3-66所示。

```
程序内容      行6     列1      O0008 N0000
O0008; (CNC PROGRAM. 20051020)
G50  X0  Z0;
G1  X100  Z100  F200;
G2  U100  W50  R50;
G0  X0  Z0;
X100  Z100;
M30;
%

  查找 G2                      S 0000  T0100
                          编辑方式
```

图3-65 显示的页面（一）

```
程序内容      行4     列1      O0008 N0000
O0008; (CNC PROGRAM. 20051020)
G50  X0  Z0;
G1  X100  Z100  F200;
G2  U100  W50  R50;
G0  X0  Z0;
X100  Z100;
M30;
%

  查找 G2                      S 0000  T0100
                          编辑方式
```

图3-66 显示的页面（二）

⑤ 查找完毕，CNC 仍然处于查找状态，再次按⇧键或⇩键，可以查找下一位置的字符，也可按转换CHG键退出查找状态。

⑥ 如未查找到，则出现“检索失败”提示。

注：在字符检索中，不检索被调用的子程序中的字符。

3）回程序开头的方法

① 在编辑操作方式、程序显示页面中，按//复位键，光标回到程序开头。

② 按上段文字所述的方法检索程序开头字符。

4）字符的插入

操作方法步骤如下：

① 选择编辑操作方式，程序内容显示页面。

② 把光标移到要插入字符位置，直接在前插入，页面如图 3-67 所示。

③ 输入插入的字符（在图 3-67 页面中，G2 前插入 G98 指令，输入G、9、8、空格），显示页面如图 3-68 所示。

图 3-67 显示的页面（三）

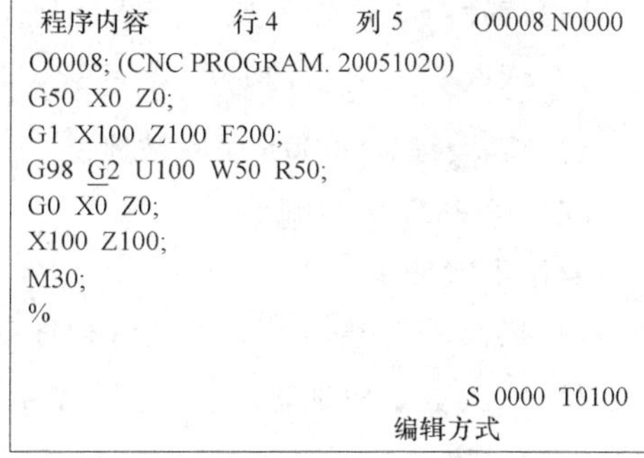

图 3-68 显示的页面（四）

5）字符的删除

操作方法步骤如下：

① 选择编辑操作方式，程序内容显示页面。

② 按取消CAN键删除光标处的前一字符；按删除DEL键删除光标所在处的字符。

6）字符的修改

字符的修改方法有两种：

插入修改法：先按本节上述“字符的删除”所述的方法删除修改的字符，然后按本节上述“字符的插入”所述的方法插入要修改的字符。

直接修改法：

① 选择编辑操作方式，程序内容显示页面。

② 按插入修改键进入修改状态（光标为一矩形反显框），页面如图 3-69 所示。

③ 输入修改后的字符（在如图 3-69 所示的页面中，将 U100 修改成 U898，输入U、8、9、8），显示页面如图 3-70 所示。

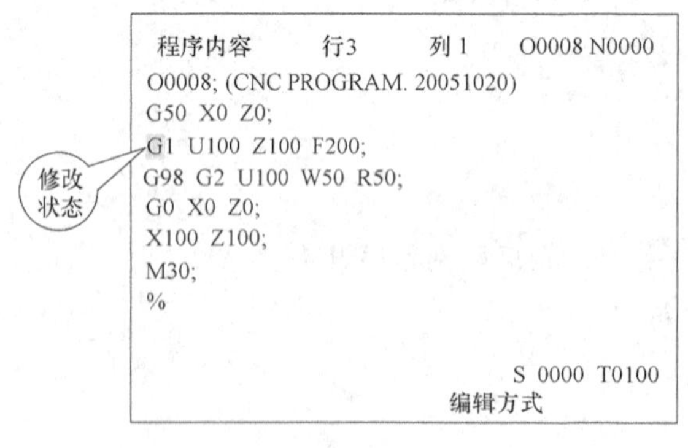

图 3-69　显示的页面（五）

```
程序内容      行 3      列 8      O0008 N0000
O0008; (CNC PROGRAM. 20051020)
G50  X0  Z0;
G1  U898  Z100  F200;
G98  G2  U100  W50  R50;
G0  X0  Z0;
X100  Z100;
M30;
%
                              S 0000  T0100
                         编辑方式
```

图 3-70　显示的页面（六）

9. 程序的删除

（1）单个程序的删除

操作步骤如下：

1）选择编辑操作方式，进入程序显示页面。

2）依次键入地址键 O，数字键 0、0、0、1（以 O0001 程序为例）。

3）按 删除 DEL 键，O0001 程序被删除。

（2）全部程序的删除

操作步骤如下：

1）选择编辑操作方式，进入程序显示页面。

2）依次键入地址键 O，符号键 -空格，数字键 9、9、9。

3）按 删除 DEL 键，全部程序被删除。

10. 程序的选择

当 CNC 中已存有多个程序时，可以通过检索法选择程序。

1）选择编辑或自动操作方式。

2）按 程序 PRG 键，并进入程序内容显示画面。

3）按地址键 O，键入程序号 XXXX。

4）按 ⇩ 或 换行 EOB 键，在显示画面上显示检索到的程序，若程序不存在，CNC 出现报警。

注：步骤 4）中，若该程序不存在，按键后，CNC 会新建一个程序。

第五节　HNC—21/22T 数控系统操作及机床的基本操作

一、操作装置

1. 操作台结构（见图 3-71）

2. 软件操作界面

HNC-21T 的软件操作界面如图 3-72 所示，其界面由如下几个部分组成：

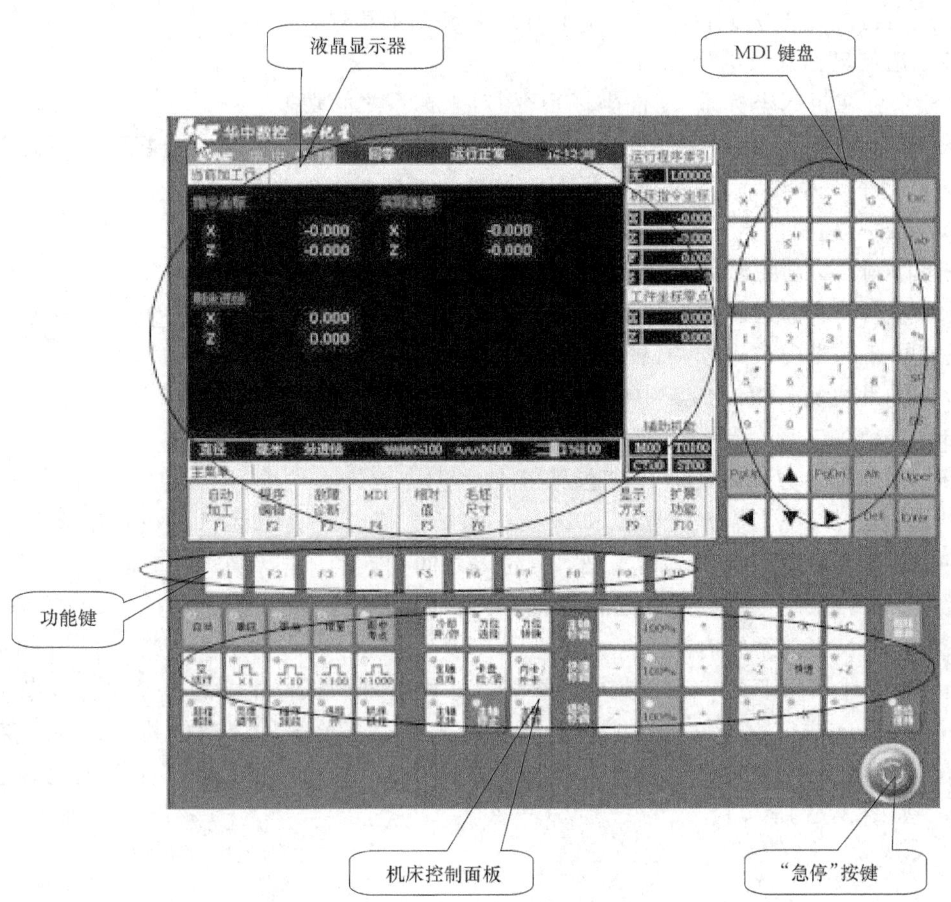

图 3-71　操作台结构

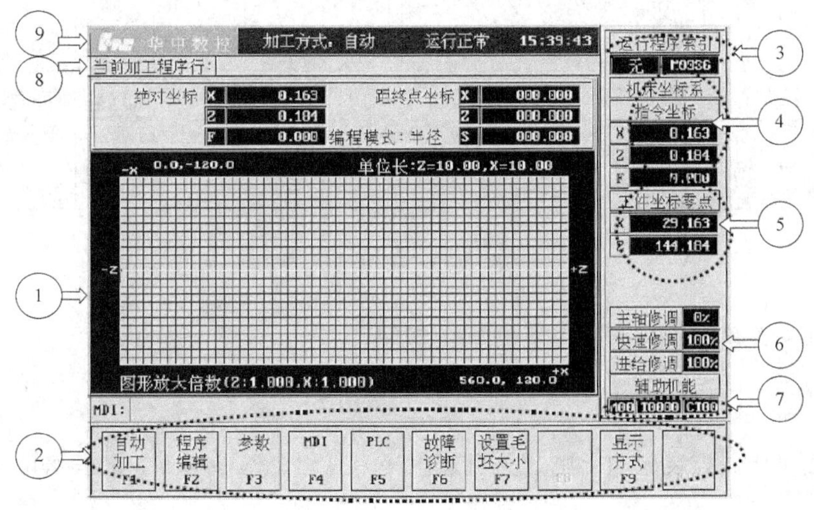

图 3-72　HNC-21T 的软件操作界面

(1) 图形显示窗口：可以根据需要用功能键 F9 设置窗口的显示内容。

(2) 菜单命令条：通过菜单命令条中的功能键 F1～F10 来完成系统功能的操作。

（3）运行程序索引：自动加工中的程序名和当前程序段行号。

（4）选定坐标系下的坐标值。

坐标系可在机床坐标系/工件坐标系/相对坐标系之间切换。

显示值可在指令位置/实际位置/剩余进给/跟踪误差/负载电流/补偿值之间切换。

（5）工件坐标零点：工件坐标系零点在机床坐标系下的坐标。

（6）倍率修调

主轴修调：当前主轴修调倍率。

进给修调：当前进给修调倍率。

快速修调：当前快进修调倍率。

（7）辅助机能：自动加工中的 M、S、T 代码。

（8）当前加工程序行：当前正在或将要加工的程序段。

（9）当前加工方式系统运行状态及当前时间。

工作方式：系统工作方式根据机床控制面板上相应按键的状态可在自动运行、单段运行、手动运行、增量运行、回零急停、复位等之间切换。

运行状态：系统工作状态在运行正常和出错间切换。

系统时钟：当前系统时间。

操作界面中最重要的一块是菜单命令条。系统功能的操作主要通过菜单命令条中的功能键 F1～F10 来完成。由于每个功能包括不同的操作，菜单采用层次结构，即在主菜单下选择一个菜单项后，数控装置会显示该功能下的子菜单，用户可根据该子菜单的内容选择所需的操作，如图 3-73 所示。

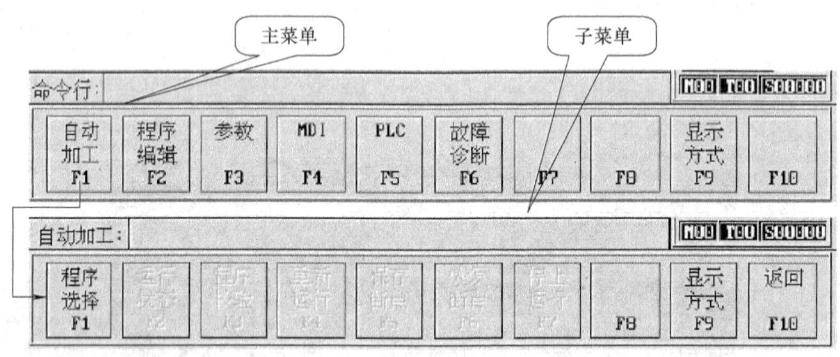

图 3-73　菜单层次

当要返回主菜单时，按子菜单下的 F10 键即可。

二、上电、关机、急停

主要介绍机床数控装置的上电、关机、急停、复位、回参考点、超程解除等操作。

1. 上电

1）检查机床状态是否正常。

2）检查电源电压是否符合要求、接线是否正确。

3）按下急停按钮。

4）机床上电。

5）数控上电。

6）检查风扇电动机运转是否正常。

7）检查面板上的指示灯是否正常。

接通数控装置电源后，HNC—21T 自动运行系统软件工作方式为急停。

2. 复位

系统上电进入软件操作界面时，系统的工作方式为急停，为控制系统运行，需左旋并拔起操作台右上角的急停按钮，使系统复位并接通伺服电源，系统默认进入回参考点方式，软件操作界面的工作方式变为回零。

3. 返回机床参考点

控制机床运动的前提是建立机床坐标系，为此，系统接通电源、复位后，首先应进行机床各轴回参考点。操作方法如下：

1）如果系统显示的当前工作方式不是回零方式，按一下控制面板上面的"回零"按键，确保系统处于回零方式。

2）根据 X 轴机床参数回参考点方向，按一下"+X"按键，X 轴回到参考点后，"+X"按键内的指示灯亮。

3）用同样的方法使用"+Z"，使 Z 轴回参考点。

所有轴回参考点后，即建立了机床坐标系。

注意：

1）在每次电源接通后，必须先完成各轴的返回参考点操作，然后再进入其他运行方式，以确保各轴坐标的正确性。

2）同时按下 X 、Z 轴向选择按键，可使 X、Z 轴同时返回参考点。

3）在回参考点前，应确保回零轴位于参考点的回参考点方向相反侧（如 X 轴的回参考点方向为负，则回参考点前应保证 X 轴当前位置在参考点的正向侧），否则应手动移动该轴直到满足此条件。

4）在回参考点过程中，若出现超程，请按住控制面板上的"超程解除"，向相反方向手动移动该轴使其退出超程状态。

4. 急停

机床运行过程中，在危险或紧急情况下，按下急停按钮，CNC 即进入急停状态，伺服进给及主轴运转立即停止工作（控制柜内的进给驱动电源被切断）。松开急停按钮（左旋此按钮，自动跳起），CNC 进入复位状态。

解除紧急停止前，先确认故障原因是否排除，且紧急停止解除后应重新执行回参考点操作，以确保坐标位置的正确性。

注意：在上电和关机之前应按下急停按钮，以减少设备电冲击。

5. 超程解除

在伺服轴行程的两端各有一个极限开关，作用是防止伺服机构碰撞而损坏。每当伺服机构碰到行程极限开关时，就会出现超程。当某轴出现超程（超程解除按键内指示灯亮时），系统视其状况为紧急停止，要退出超程状态时，必须：

1）松开急停按钮，设置工作方式为手动或手摇方式。

2）一直按压着超程解除按键（控制器会暂时忽略超程的紧急情况）。

3）在手动（手摇）方式下，使该轴向相反方向退出超程状态。

4）松开超程解除按键。

若显示屏上运行状态栏“运行正常”取代了“出错”，表示恢复正常，可以继续操作。

注意：在操作机床退出超程状态时，请务必注意移动方向及移动速率，以免发生撞机。

6. 关机

1）按下控制面板上的急停按钮，断开伺服电源。

2）断开数控电源。

3）断开机床电源。

三、机床手动操作

机床的手动操作主要包括：手动移动机床坐标轴（点动、增量、手摇）、手动控制主轴（启停、点动）、机床锁住、刀位转换、卡盘松紧、切削液启停、手动数据输入（MDI）运行等。

机床手动操作主要由手持单元和机床控制面板共同完成。机床控制面板如图 3-74 所示。

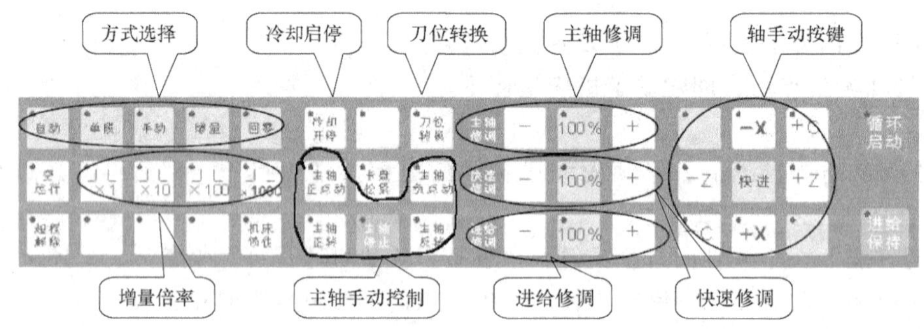

图 3-74 机床控制面板

1. 坐标轴移动

手动移动机床坐标轴的操作由手持单元和机床控制面板上的方式选择、轴手动、增量倍率、进给修调、快速修调等按键共同完成。它包括点动进给、点动快速移动、点动进给速度选择、增量进给、手摇进给等操作按键。

2. 主轴控制

主轴手动控制由机床控制面板上的主轴手动控制按键完成。它包括主轴正转、主轴反转、主轴停止、主轴点动、主轴速度修调等操作按键。

注意：“主轴正转”、“主轴反转”、“主轴停止”这几个按键互锁，即按一下其中一个（指示灯亮），其余两个会失效（指示灯灭）。

3. 机床锁住

机床锁住禁止机床所有运动。在手动运行方式下，按一下“机床锁住”按键（指示灯亮），再进行手动操作，系统继续执行，显示屏上的坐标轴位置信息变化，但不输出伺服轴的移动指令，所以机床停止不动。

4. 其他手动操作

其他手动操作包括刀位转换、冷却启动与停止、卡盘松紧等。

5. 手动数据输入（MDI）运行（F4→F6）

在图3-73所示的主操作界面下按F4键进入MDI功能子菜单。命令行与菜单条的显示如图3-75所示。

图3-75　MDI功能子菜单

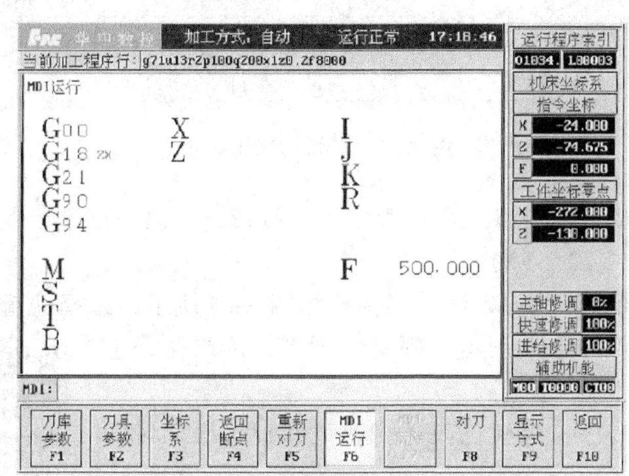

图3-76　MDI运行

在MDI功能子菜单下按F6，进入MDI运行方式，命令行的底色变成了白色，并且有光标在闪烁，如图3-76所示。这时可以从NC键盘输入并执行一个G代码指令段，即“MDI运行”。

注意：自动运行过程中，不能进入MDI运行方式，可在进给保持后进入。

（1）输入MDI指令段　MDI输入的最小单位是一个有效指令字。因此，输入一个MDI运行指令段可以有下述两种方法：

1）一次输入，即一次输入多个指令字的信息。

2）多次输入，即每次输入一个指令字信息。

例如，要输入“G00　X100　Z1000”MDI运行指令段，可以进行如下输入：

① 直接输入“G00　X100　Z1000”并按Enter键，图3-76显示窗口内关键字G、X、Z的值将分别变为00、100、1000；

② 先输入“G00”并按Enter键，图3-76显示窗口内将显示大字符“G00”，再输入“X100”，并按Enter键，然后输入“Z1000”，并按Enter键，显示窗口内将依次显示大字符“X100”、“Z1000”。

在输入命令时，可以在命令行看见输入的内容，在按Enter键之前，如发现输入错误，可用BS、▶、◀键进行编辑；按Enter键后，系统发现输入错误，会提示相应的错误信息。

（2）运行MDI指令段　在输入完一个MDI指令段后，按一下操作面板上的循环启动键，系统即开始运行所输入的MDI指令。

如果输入的MDI指令信息不完整或存在语法错误，系统会提示相应的错误信息，此时不能运行MDI指令。

四、程序输入与文件管理

在软件操作界面下按F2键进入编辑功能子菜单，命令行与菜单条的显示如图3-77所示。

图3-77　编辑功能子菜单

在编辑功能子菜单下，可以对零件程序进行编辑、存储与传递，以及对文件进行管理。

1. **选择编辑程序**（F2→F2）

在编辑功能子菜单下，按F2键，将弹出如图3-78所示的选择编辑程序菜单，其中：

（1）磁盘程序：保存在电子盘、硬盘、软盘或网络路径上的文件。

（2）正在加工的程序：当前已经选择存放在加工缓冲区的一个加工程序。

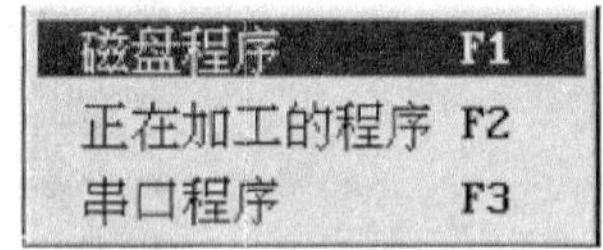

图3-78　选择编辑程序菜单

2. **程序编辑**（F2）

（1）编辑当前程序（F2→F3）　当编辑器获得一个零件程序后，就可以编辑当前程序了。但在编辑过程中退出编辑模式后再返回到编辑模式时，如果零件程序不处于编辑状态，可在编辑功能子菜单下按F3键进入编辑状态。

编辑过程中用到的主要快捷键如下：

Del键：删除光标后的一个字符，光标位置不变，余下的字符左移一个字符位置。

PgUp键：使编辑程序向程序头滚动一屏，光标位置不变，如果到了程序头，则光标移到文件首行的第一个字符处。

PgDn键：使编辑程序向程序尾滚动一屏，光标位置不变，如果到了程序尾，则光标移到文件末行的第一个字符处。

BS键：删除光标前的一个字符，光标向前移动一个字符位置，余下的字符左移一个字符位置。

◀键：使光标左移一个字符位置。

▶键：使光标右移一个字符位置。

▲键：使光标向上移一行。

▼键：使光标向下移一行。

（2）删除一行（F2→F6） 在编辑状态下，按 F6 键将删除光标所在的程序行。

3. 程序存储（F2→F4）

在编辑状态下按 F4 键可对当前编辑程序进行存盘。

五、程序运行

在主界面下按 F1 键，进入程序运行子菜单，命令行与菜单条的显示，如图 3-79 所示。在程序运行子菜单下可以装入检验并自动运行一个零件程序。

图 3-79 程序运行子菜单

1. 选择运行程序（F1→F1）

在程序运行子菜单下，按 F1 键将弹出如图 3-80 所示的选择运行程序子菜单，按 Esc 键可取消该菜单。

磁盘程序 F1
正在编辑的程序 F2
DNC程序 F3

图 3-80 选择运行的程序

2. 程序校验（F1→F3）

程序校验用于对调入加工缓冲区的零件程序进行校验，并提示可能的错误。

以前未在机床上运行的新程序在调入后最好先进行校验运行，正确无误后再启动自动运行。

程序校验运行的操作步骤如下：

1）调入要校验的加工程序。

2）按机床控制面板上的自动按键进入程序运行方式。

3）在程序运行子菜单下，按 F3 键，此时软件操作界面的工作方式显示改为“校验运行”。

4）按机床控制面板上的循环启动按键，程序校验开始。

5）若程序正确，校验完后，光标将返回到程序头，且软件操作界面的工作方式显示改回为“自动”；若程序有错，命令行将提示程序的哪一行有错。

注意：

1）校验运行时，机床不动作。

2）为确保加工程序正确无误，请选择不同的图形显示方式来观察校验运行的结果。

3. 启动自动运行

系统调入零件加工程序，经校验无误后，可正式启动运行。

1）按一下机床控制面板上的自动按键（指示灯亮），进入程序运行方式。

2）按一下机床控制面板上的循环启动按键（指示灯亮），机床开始自动运行调入的零件加工程序。

4. 单段运行

按一下机床控制面板上的 单段 按键（指示灯亮），系统处于单段自动运行方式，程序控制将逐段执行。

1）按一下 循环启动 按键，运行一程序段，机床运动轴减速停止，刀具、主轴电动机停止运行。

2）再按一下 循环启动 按键，又执行下一程序段，执行完了后又再次停止。

5. 运行时干预

（1）进给速度修调　在自动方式或 MDI 运行方式下，当 F 代码编程的进给速度偏高或偏低时，可用进给修调右侧的 进给修调 - 100% + 按键修调程序中编制的进给速度。

按压 100% 按键“指示灯亮”进，给修调倍率被置为 100%，按一下 + 按键，进给修调倍率递增 5%，按一下 - 按键，进给修调倍率递减 5%。

（2）快移速度修调　在自动方式或 MDI 运行方式下，可用快速修调右侧的 快速修调 - 100% + 按键，修调 G00 快速移动时系统参数“最高快移速度”设置的速度。

按压 100% 按键（指示灯亮），快速修调倍率被置为 100%，按一下 + 按键，快速修调倍率递增 5%，按一下 - 按键快速修调倍率递减 5%。

（3）主轴修调　在自动方式或 MDI 运行方式下，当 S 代码编程的主轴速度偏高或偏低时，可用主轴修调右侧的 主轴修调 - 100% + 按键修调程序中编制的主轴速度。

按压 100% 按键（指示灯亮），主轴修调倍率被置为 100%，按一下 + 按键主轴修调倍率递增 5%，按一下 - 按键，主轴修调倍率递减 5%。

机械齿轮换挡时，主轴速度不能修调。

（4）机床锁住　禁止机床坐标轴动作。

在自动运行开始前，按一下 机床锁住 按键（指示灯亮），再按 循环启动 按键，系统继续执行程序，显示屏上的坐标轴位置信息变化，但不输出伺服轴的移动指令，所以机床停止不动。这个功能用于校验程序。

注：

1）即便是 G28、G29 功能，刀具不运动到参考点。

2）机床辅助功能 M、S、T 仍然有效。

3）在自动运行过程中，按机床锁住按键机床锁住无效。

4）在自动运行过程中，只在运行结束时，方可解除机床锁住。

5）每次执行此功能后，须再次进行回参考点操作。

六、数据设置

1. 坐标系

MDI 输入坐标系数据的操作步骤如下：

1）在 MDI 功能子菜单下按 F4 键进入坐标系手动数据输入方式，图形显示窗口首先显示 G54 坐标系数据，如图 3-81 所示。

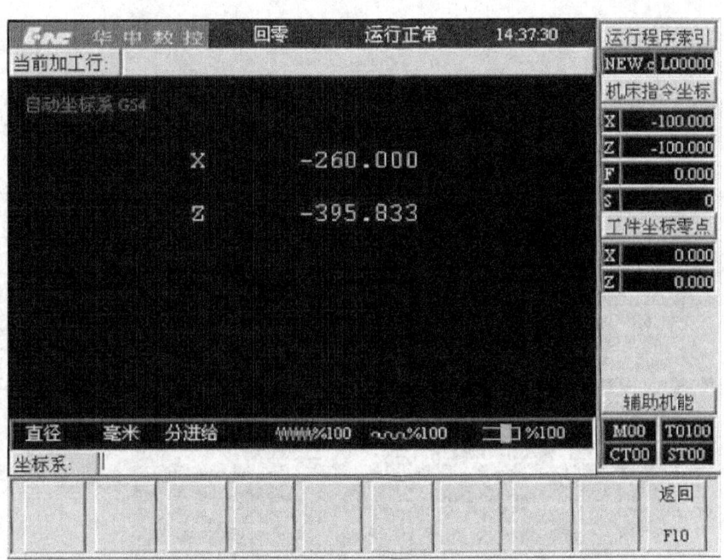

图 3-81　显示 G54 坐标系数据

2）按PgDn或PgUp键，选择要输入的数据类型：G55/G56/G57/G58/G59 坐标系/当前工件坐标系的偏置值（坐标系零点相对于机床零点的值），或当前相对值零点。

3）在命令行输入所需数据，如输入“X200　Z300”，并按Enter键，将设置 G54 坐标系的 X 及 Z 偏置分别为 200、300，如图 3-82 所示。

图 3-82　X 与 Z 偏置数据

4）若输入正确，图形显示窗口相应位置将显示修改过的值，否则原值不变。

注：编辑的过程中在按Enter键之前，按Esc键可退出编辑，但输入的数据将丢失，系统将保持原值不变。下同。

2. 刀库表

MDI 输入刀库数据的操作步骤如下：

1）在 MDI 功能子菜单下按“F1”键，进行刀库设置，图形显示窗口将出现刀库数据，如图 3-83 所示。

图 3-83 刀库参数的设置与修改

2）用▲、▼、▶、◀、PgDn、PgUp移动蓝色亮条选择要编辑的选项。

3）按Enter键蓝色亮条所指刀具数据的颜色和背景都发生变化，同时有一光标在闪烁，如图 3-84 所示。

图 3-84 刀具数据的变化

4）用▶、◀、BS、Del键进行编辑修改。

5）修改完毕，按 Enter 键确认。

6）若输入正确，图形显示窗口相应位置将显示修改过的值，否则原值不变。

3. 刀偏表

MDI 输入刀偏数据的操作步骤如下：

1）在 MDI 功能子菜单下按 F2 键进行刀偏设置，图形显示窗口将出现刀具数据，如图 3-85 所示。

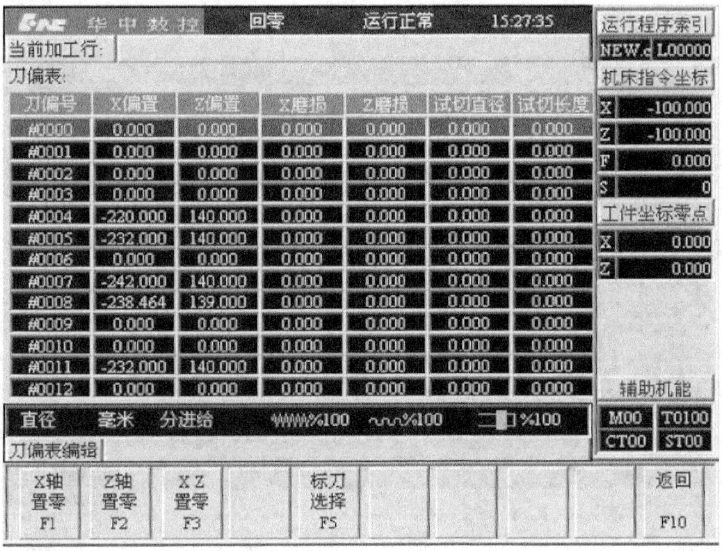

华中数控　回零　运行正常　15:27:35

当前加工行：

刀偏表：

刀偏号	X偏置	Z偏置	X磨损	Z磨损	试切直径	试切长度
#0000	0.000	0.000	0.000	0.000	0.000	0.000
#0001	0.000	0.000	0.000	0.000	0.000	0.000
#0002	0.000	0.000	0.000	0.000	0.000	0.000
#0003	0.000	0.000	0.000	0.000	0.000	0.000
#0004	-220.000	140.000	0.000	0.000	0.000	0.000
#0005	-232.000	140.000	0.000	0.000	0.000	0.000
#0006	0.000	0.000	0.000	0.000	0.000	0.000
#0007	-242.000	140.000	0.000	0.000	0.000	0.000
#0008	-238.464	139.000	0.000	0.000	0.000	0.000
#0009	0.000	0.000	0.000	0.000	0.000	0.000
#0010	0.000	0.000	0.000	0.000	0.000	0.000
#0011	-232.000	140.000	0.000	0.000	0.000	0.000
#0012	0.000	0.000	0.000	0.000	0.000	0.000

图 3-85　刀偏数据的设置与修改

2）用 ▲、▼、▶、◀、PgDn、PgUp 移动蓝色亮条选择要编辑的选项。

3）按 Enter 键蓝色亮条所指刀具数据的颜色和背景都发生变化，同时有一光标在闪烁，如图 3-86 所示。

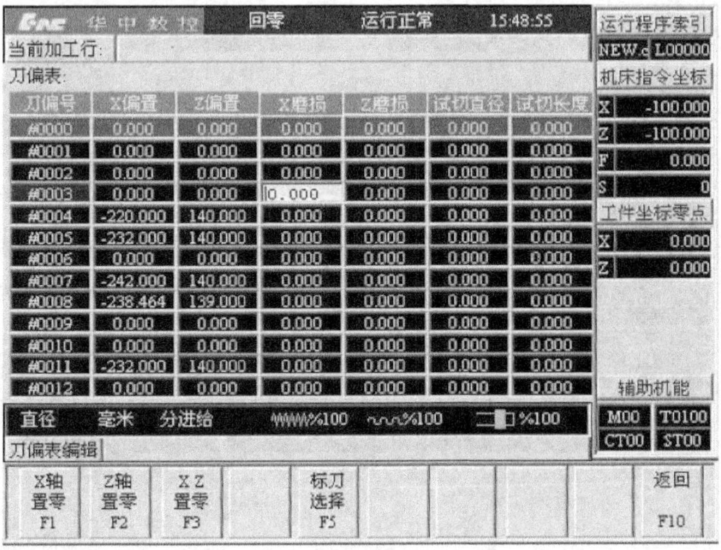

华中数控　回零　运行正常　15:48:55

当前加工行：

刀偏表：

刀偏号	X偏置	Z偏置	X磨损	Z磨损	试切直径	试切长度
#0000	0.000	0.000	0.000	0.000	0.000	0.000
#0001	0.000	0.000	0.000	0.000	0.000	0.000
#0002	0.000	0.000	0.000	0.000	0.000	0.000
#0003	0.000	0.000	0. 000	0.000	0.000	0.000
#0004	-220.000	140.000	0.000	0.000	0.000	0.000
#0005	-232.000	140.000	0.000	0.000	0.000	0.000
#0006	0.000	0.000	0.000	0.000	0.000	0.000
#0007	-242.000	140.000	0.000	0.000	0.000	0.000
#0008	-238.464	139.000	0.000	0.000	0.000	0.000
#0009	0.000	0.000	0.000	0.000	0.000	0.000
#0010	0.000	0.000	0.000	0.000	0.000	0.000
#0011	-232.000	140.000	0.000	0.000	0.000	0.000
#0012	0.000	0.000	0.000	0.000	0.000	0.000

图 3-86　选择要修改的选项

4）用►、◄、BS、Del键进行编辑修改。

5）修改完毕，按Enter键确认。

6）若输入正确，图形显示窗口相应位置将显示修改过的值，否则原值不变。

4. 刀补表

MDI 输入刀补数据的操作步骤如下：

1）在 MDI 功能子菜单下按 F3 键进行刀补设置，图形显示窗口将出现刀具数据，如图 3-87 所示。

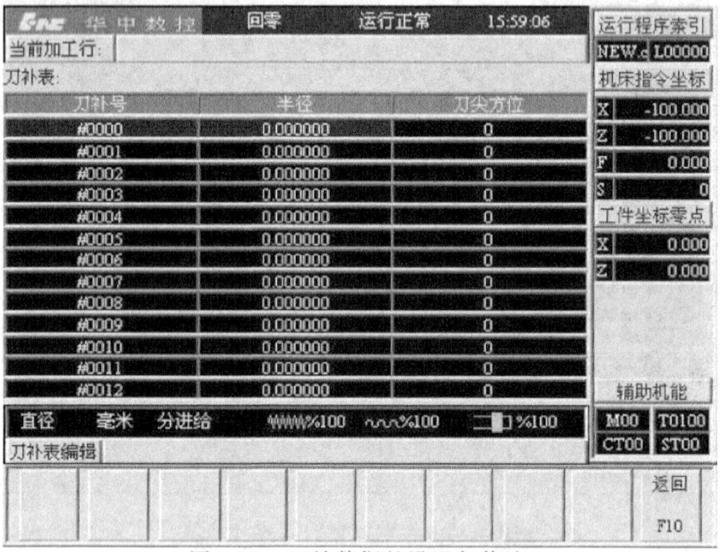

图 3-87　刀补数据的设置与修改

2）用▲、▼、►、◄、PgDn、PgUp移动蓝色亮条选择要编辑的选项。

3）按Enter键蓝色亮条所指刀具数据的颜色和背景都发生变化，同时有一光标在闪烁，如图 3-88 所示。

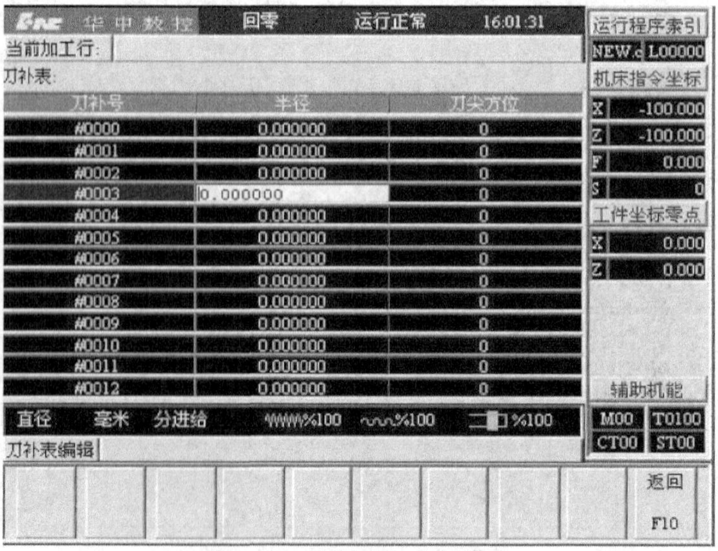

图 3-88　选择要修改的选项

4）用 ▶、◀、BS、Del 键进行编辑修改。

5）修改完毕，按 Enter 键确认。

6）若输入正确，图形显示窗口相应位置将显示修改过的值，否则原值不变。

第六节　数控车削实训

实训一　数控车床程序编辑及基本操作

一、实训目的

1）了解数控车削的安全操作规程。

2）掌握数控车床的基本操作及步骤。

3）熟练掌握数控车床操作面板上各个按键的功用及其使用方法。

4）对操作者的有关要求。

5）掌握数控车削加工中的基本操作技能。

6）培养良好的职业道德。

二、实训内容

1）安全技术（课堂讲述）。

2）数控车床的操作面板与控制面板（现场演示）。

3）数控车床的基本操作。

① 数控车床的启动和停止：启动和停止的过程。

② 数控车床的手动操作：手动操作回参考点、手动连续进给、增量进给、手轮进给。

③ 数控车床的 MDI 运行：MDI 的运行步骤。

④ 数控车床的程序和管理。

⑤ 加工程序的输入练习。

三、实训设备

配 FANUC0i、HNC—21M 或 GSK980 数控系统的数控车床。

四、实训步骤

1. 开机、关机、急停、复位、回机床参考点、超程解除操作步骤

1）机床的启动。

2）关机操作步骤。

3）回零（ZERO）。

4）急停、复位。

5）超程解除步骤。

2. 手动操作步骤

1）点动操作。

2）增量进给。

3）手摇进给。

4）手动换刀。

5）手动数据输入 MDI 操作。

6）对刀操作（现场演示）。

3. 程序编辑

1）编辑新程序。

2）选择已编辑程序。

4. 程序运行

1）程序模拟运行。

2）程序的单段运行。

3）程序自动运行。

5. 数据设置

1）刀偏数据设置。

2）刀补数据设置。

3）零点偏置数据设定。

4）显示设置。

5）工作图形显示。

五、注意事项

1）操作数控车床时应确保安全，包括人身和设备的安全。

2）禁止多人同时操作机床。

3）禁止让机床在同一方向连续“超程”。

六、实训思考题

1）简述数控车床的安全操作规程。

2）机床回零的主要作用是什么？

3）机床的开启、运行、停止注意事项有哪些？

4）写出对刀操作的详细步骤。

七、实训报告要求

实训报告实际上就是实训的总结。对所学的知识、所接触的机床、所操作的内容加以归纳、总结、提高，它包括以下内容。

1）实训目的。

2）实训设备。

3）实训内容。

4）分析总结在数控车床上进行起动、停止、手动操作、程序的编辑和管理及 MDI 运行的步骤。

实训二　数控车床的对刀与找正

一、实训目的

1）掌握数控车床的对刀与找正的方法。

2）了解数控车床的坐标系的建立。

3）掌握数控车床加工参数的选择。

4）掌握准备功能、辅助功能、各代码含义并能够正确使用。

5）掌握绝对、相对坐标编程方式的原则。

二、实训设备、材料及工具

1）配 FANUC0i、HNC-21M 或 GSK980 数控系统的数控车床。

2）游标卡尺 0～125mm。

3）90°偏刀。

4）ϕ50mm 零件毛坯若干。

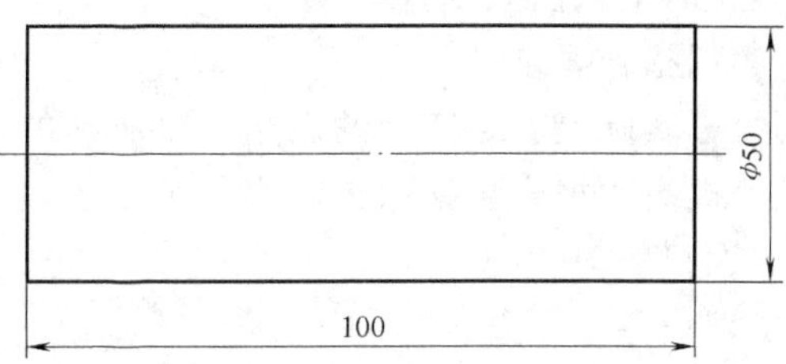

图 3-89　加工零件毛坯

三、实训内容

加工零件如图 3-89 所示，毛坯外径 ϕ50mm×100mm 的棒料。

四、实训步骤

1）分析工件图样，选择定位基准和加工方法，确定走刀路线，选择刀具和装夹方法，确定切削用量参数。

2）找正。

3）试切法对刀。试切法对刀是用所选的刀具试切零件的外圆和端面，经过测量和计算得到零件端面中心点的坐标值。

利用 GSK980 数控系统加工步骤：

1）对 Z 轴刀。

2）MDI 状态下（或手动状态）选择 1 号刀 T0100。

3）主轴旋转。

4）选择选择快速倍率到达工件端面 Z0。

5）取消快速，选择手动进给。

6）车平端面，沿 X 方向退刀。

7）选择刀补界面，找到对应的刀补号。

8）输入 Z 值，按输入键。

9）对 X 轴。

10）车外圆。

11）沿 Z 轴退刀。

12）主轴停止旋转。

13）测量直径。

14）选择刀补界面，找到对应的刀补号。

15）输入测量直径值，按输入键。

五、注意事项

1）注意卡盘、尾座的使用，注意安全。

2）要区分机床坐标原点、工件坐标原点等概念。

3）重点掌握绝对坐标编程方式。

4）数控车床加工参数的选择一定要和普通卧式车床加工参数对照，掌握数控车床加工参数选择要点。

六、实训思考题

1）如何正确对刀？对刀的目的是什么？怎样检验对刀的正确性？

2）找正时应该注意哪些事项？

七、实训报告要求

实训报告实际上就是实训的总结。对所学的知识、所接触的机床、所操作的内容加以归纳、总结、提高。报告包括以下内容：

1）实训目的。

2）实训设备。

3）实训内容。

4）分析总结在数控车床上进行对刀操作时的步骤。

实训三　简单成形面的加工

一、实训目的

1）能够对简单轴类零件进行数控车削工艺分析。

2）掌握 G00、G01、G02、G03、G90、G94、G71 指令的应用方法和手工编程方法。

3）熟悉数控车床上工件的装夹、找正。

4）掌握试切对刀方法及自动加工的过程及注意事项。

5）通过对零件的加工，了解数控车床的工作原理及操作过程。

二、实训设备、材料及工具

1）配 FANUC 0i、HNC—21M 或 GSK980 数控系统的数控车床。

2）游标卡尺 0～125mm。

3）90°偏刀。

4）零件毛坯 ϕ45mm 若干（材料、毛坯大小可根据选定练习图而定）。

三、实训内容

加工图 3-90～图 3-92 零件。

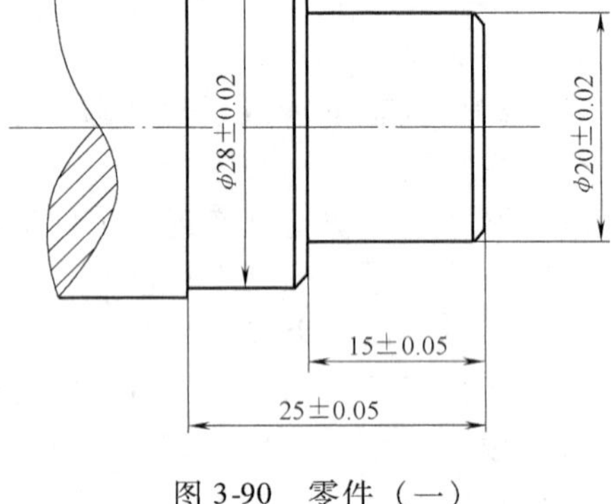

图 3-90　零件（一）

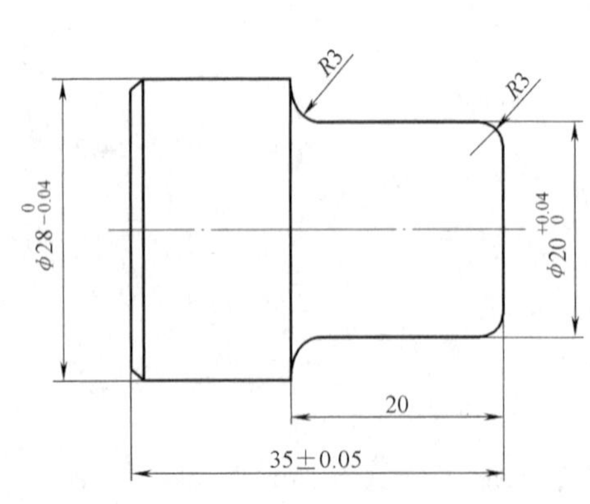

图 3-91　零件（二）

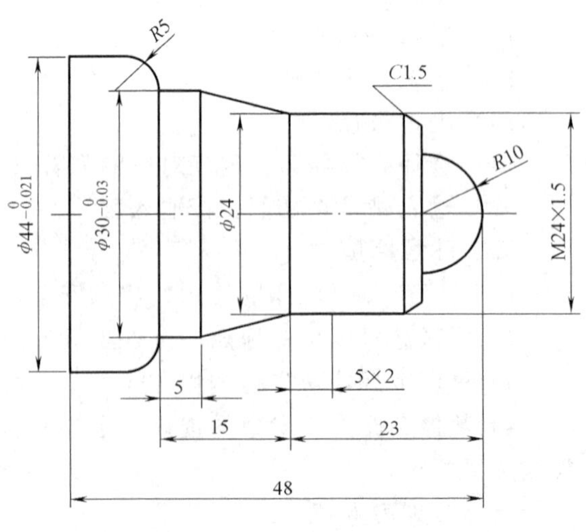

图 3-92　零件（三）

四、实训步骤

1）分析工件图样，选择定位基准和加工方法，确定走刀路线选择刀具和装夹方法，确定切削用量参数。

2）细写数控加工程序卡。根据零件的加工工艺分析和所使用的数控车床的编程指令说明，编写加工程序，填写程序卡，见表3-19。

表3-19　车削加工程序卡

零件号		零件名称		编制日期	
程序号				编制人	
序号	程序内容			程序说明	

3）数控车床对刀操作。

4）输入程序、检查。程序的编写要做到，严谨、仔细、认真，以避免不必要的错误。

5）程序图形模拟校验。

6）零件自动加工。对于初学者，应多采用单段执行循环，并将有关倍率开关修调到最低，便于边加工边分析，以避免某些错误。

7）根据零件图样要求，选择量具对工件进行检测，并对零件进行质量分析。

五、注意事项

1）要检查工件装夹的可靠性。

2）要检查刀具装夹的可靠性。

3）机床在试运行前必须进行图形模拟加工，避免程序错误、刀具碰撞工件或卡盘。

4）快速进刀和退刀时，一定要注意不要碰上工件和卡盘。

5）加工零件过程中一定要谨慎，将手放在“急停”按钮上。如遇到紧急情况，迅速按下“急停”按钮。

六、其他注意事项

1）安全第一。必须在老师的指导下，严格按照数控车床安全操作规程，有步骤的进行。

2）首次模拟可按控制面板上的“机床锁住”按钮，将机床锁住，看其图形模拟走刀轨迹是否正确，再关闭“机床锁住”进行刀具实际轨迹模拟。按“急停”按钮是防止意外事故发生。

七、实训思考题

1）编程时如何处理尺寸公差？试举例说明。

2）自动加工前，应进行哪些检查？

3）使用 G02/G03 指令时，如何判断顺时针/逆时针方向？

4）采用 G71 复合循环编写程序时应注意哪些问题？

5）加工时观察 G71 所调用的循环体与 G71 是否独立？

6）总结在数控车床上加工轴类零件的操作步骤。

实训四　车成形面

一、实训目的

1）了解数控车床加工成形面的特点。

2）能够正确地对成形面零件进行数控车削工艺分析。

3）掌握 G73 、M98、M99 用法。

4）掌握圆弧表面的加工程序编写方法。

5）掌握各种圆弧表面加工中的计算方法。

6）掌握圆弧加工中的粗车工艺安排。

二、实验设备、材料及工具

1）配 FANUC 0i、HNC—21M 或 GSK980 数控系统的数控车床。

2）游标卡尺（0～125mm）。

3）90°偏刀、切断刀。

4）零件毛坯 ϕ40mm 若干（材料、毛坯大小可根据选定练习图而定）。

三、实训内容

加工图 3-93 零件。

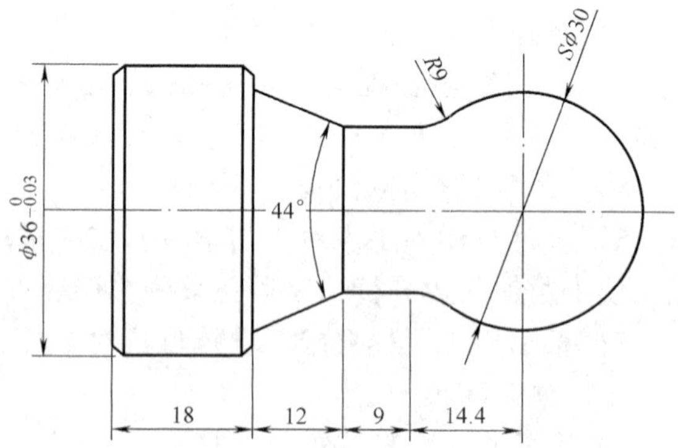

四、实训步骤

1）分析工件图样，选择定位基准和加工方法，确定走刀路线，选择刀具和装夹方法，确定切削用量参数。

2）数控加工程序卡。根据零件的加工工艺分析和所使用的数控车床的编程指令说明，编写加工程序，填写程序卡，见表 3-19。

图 3-93　零件

五、注意事项

1）机床在试运行前必须进行图形模拟加工，避免程序错误、刀具碰撞工件或卡盘。

2）快速进刀和退刀时，一定要注意不要碰上工件和卡盘。

3）加工零件过程中一定要谨慎，将手放在“急停”按钮上。如遇到紧急情况，迅速按下“急停”按钮，防止意外事故发生。

六、实训思考题

1）试用圆弧插补指令 R 或 I、K 分别编写程序。

2）使用数控车床加工成形类零件时应注意哪些问题？

3）采用 G73 复合循环编写程序时应注意哪些问题？

4）加工时，观察 G73 所调用的循环体与 G73 是否独立？

实训五 轴套类工件的加工

一、实训目的

1）掌握套类工件的加工程序编写方法。

2）掌握套类工件加工中的工艺安排。

二、实验设备、材料及工具

1）配 FANUC 0i、HNC—21M 或 GSK980 数控系统的数控车床。

2）游标卡尺（0～125mm），内径百分表。

3）镗孔刀、麻花钻、切断刀。

4）ϕ45mm 零件毛坯若干。（材料、毛坯大小可根据选定练习图而定）

三、实训内容

加工图 3-94、图 3-95 零件。

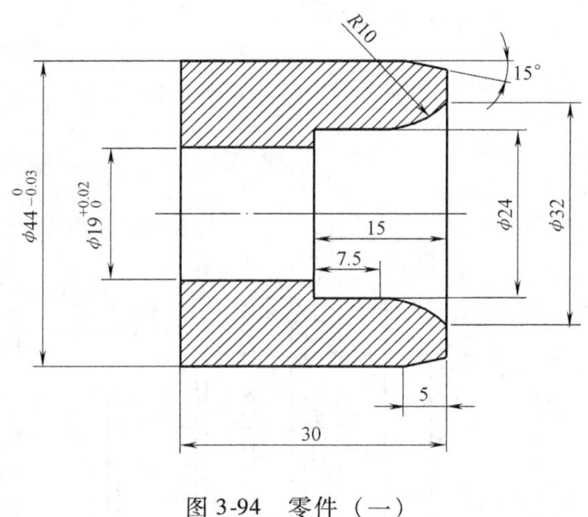

图 3-94 零件（一）

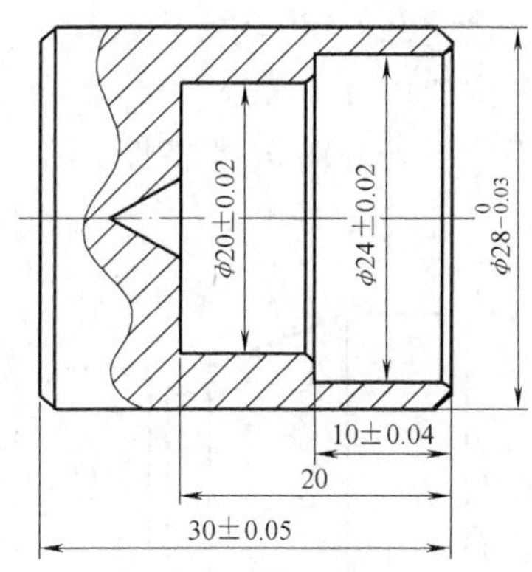

图 3-95 零件（二）

四、实训步骤

1）分析工件图样，选择定位基准和加工方法，确定走刀路线选择刀具和装夹方法，确定切削用量参数。

2）数控加工程序卡。根据零件的加工工艺分析和所使用的数控车床的编程指令说明，编写加工程序，填写程序卡，见表 3-19。

五、注意事项

1）套类工件的加工程序中的余量方向的确定。

2）套类工件程序循环点的确定。

3）加工过程中进刀和退刀路线的确定。

六、实训思考题

1）加工内孔与加工外轮廓时，走刀路线有什么区别？

2）使用 G71 加工内轮廓时应该注意哪些问题？

实训六　切槽与切断

一、实训目的

1）掌握切槽、切断加工中的一般编程方法。

2）注意切槽、切断时刀具的退刀路线。

3）注意确定切断刀刀尖与工件端面的位置关系，以确定长度方向的尺寸。

4）掌握 G75 的用法。

二、实验设备、材料及工具

1）配 FANUC 0i、HNC—21M 或 GSK980 数控系统的数控车床。

2）游标卡尺（0～125mm）。

3）90°偏刀、切槽刀、切断刀。

4）ϕ40mm 零件毛坯若干（材料、毛坯大小可根据选定练习图而定）。

三、实训内容

加工图 3-96～图 3-98 零件。

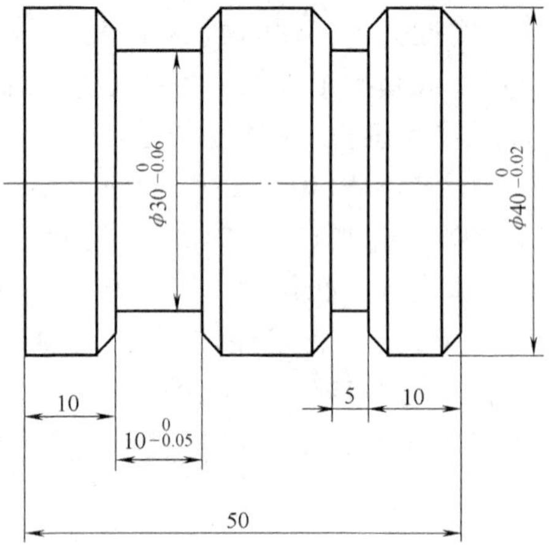

图 3-96　零件（一）

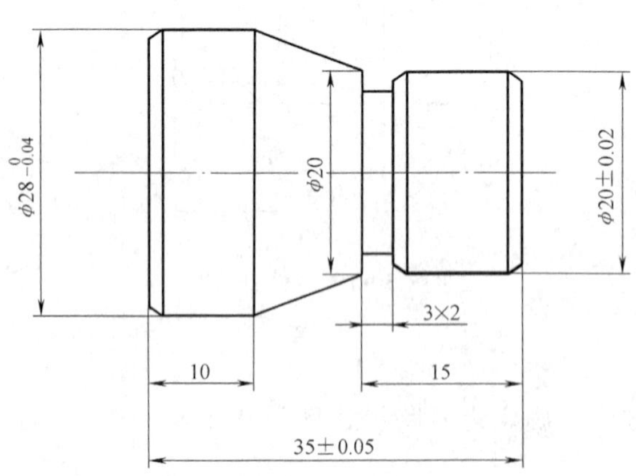

图 3-97　零件（二）

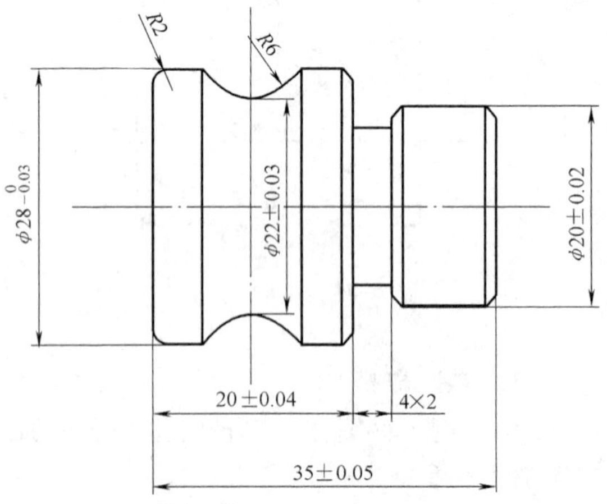

图 3-98　零件（三）

四、实训步骤

1）分析工件图样，选择定位基准和加工方法，确定走刀路线选择刀具和装夹方法，确定切削用量参数。

2）数控加工程序卡。根据零件的加工工艺分析和所使用的数控车床的编程指令说明，编写加工程序，填写程序卡，见表3-19。

五、注意事项

1）切槽时，刀具一定先要沿 X 轴退出工件后，在安排 Z 轴方向的退刀，这一点务必使学生牢记，以防发生事故。

2）切断刀刀尖和端面的位置关系要反复讲解，否则会因为刀尖基准选择不同影响长度尺寸。

六、实训思考题

1）切槽与倒角时，怎样安排合理的加工路线？

2）数控车床切槽与切断时应注意哪些问题？

3）采用G75复合循环编写程序时应注意哪些问题？

4）加工时，观察G75所调用的循环体与G75是否独立？

实训七 螺纹加工

一、实训目的

1）掌握内、外三角形螺纹加工的编程方法。

2）掌握内、外三角形螺纹加工的有关计算。

3）掌握螺纹加工程序循环点的确定原则。

4）了解锥螺纹的有关计算和程序编制方法。

5）了解双线螺纹和左旋螺纹的用法。

6）掌握G92的用法。

二、实验设备、材料及工具

1）配FANUC 0i、HNC—21M或GSK980数控系统的数控车床。

2）游标卡尺（0～125mm）。

3）90°偏刀、螺纹刀、切槽刀、切断刀。

4）ϕ30mm零件毛坯若干（材料、毛坯大小可根据选定练习图而定）。

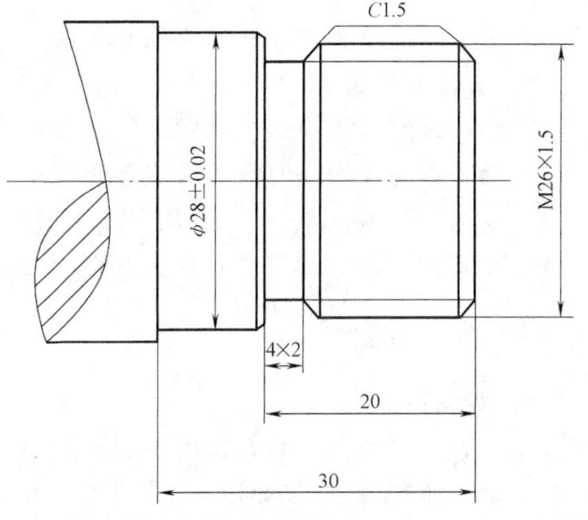

图3-99 零件（一）

三、实训内容

加工图3-99、图3-100零件。

四、实训步骤

1）分析工件图样，选择定位基准和加工方法，确定走刀路线选择刀具和装夹方法，确定切削用量参数。

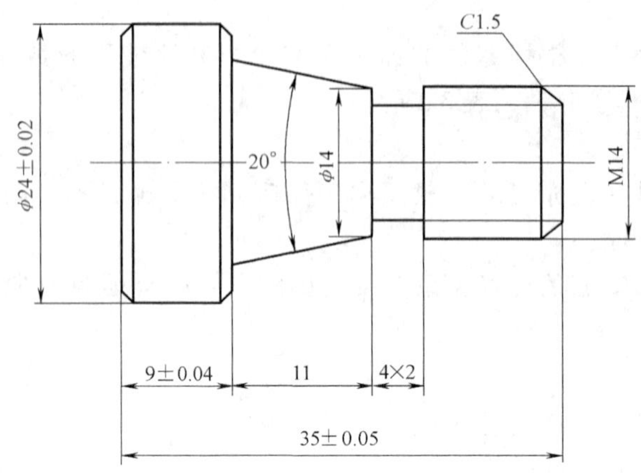

图 3-100　零件（二）

2）数控加工程序卡。根据零件的加工工艺分析和所使用的数控车床的编程指令说明，编写加工程序，填写程序卡，见表 3-19。

五、注意事项

1）在编写螺纹加工程序之前要注意数控系统所要求的一些特殊规定。

2）螺纹加工应该安排在工件完工前的最后一道工序。

3）三角外螺纹的计算方法和程序编制方法。

4）螺纹加工程序循环点的确定原则。

5）锥螺纹的计算方法和程序编制方法。

六、实训思考题

1）编写螺纹程序应该注意哪些问题？

2）编写锥螺纹程序时需要哪些步骤？

3）使用 G92 编程时，应该注意哪些问题？

4）左旋螺纹和右旋螺纹有什么区别？

实训八　综合练习

一、实训目的

1）掌握换刀点和刀具补偿的概念及换刀点设定的一般方法。

2）必须掌握普通机床难加工的圆锥、圆弧、锥螺纹等的编程。

3）培养学生养成良好的习惯，严格按照编程顺序思考问题，克服粗心大意、计算不精确等做法，养成条理性、科学性和认真负责的工作作风。

4）独立编制特点较强的中等技术水平的工件程序。

5）能够熟练的完成程序输入、检索、修改、增删等面板操作。

6）能够熟练操作数控车床，完成工件的加工全过程。

二、实训设备、材料及工具

1）配 FANUC 0i、HNC—21M 或 GSK980 数控系统的数控车床。

2）游标卡尺（0 ~ 125mm）。

3）90°偏刀、切槽刀、切断刀、螺纹刀。

4）ϕ45mm 零件毛坯若干（材料、毛坯大小可根据选定练习图而定）。

三、实训内容

加工图 3-101 ~ 图 3-104 零件。

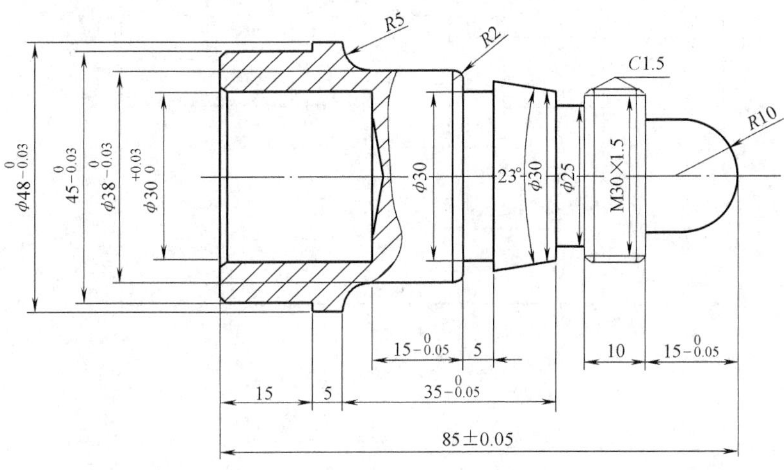

图 3-101　零件（一）

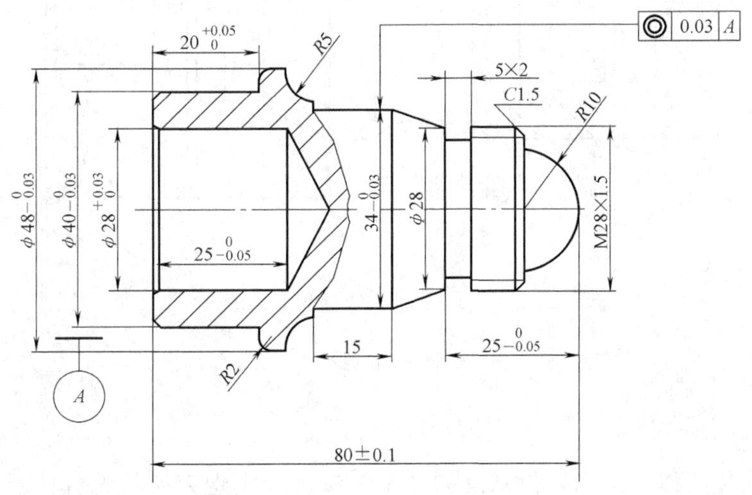

图 3-102　零件（二）

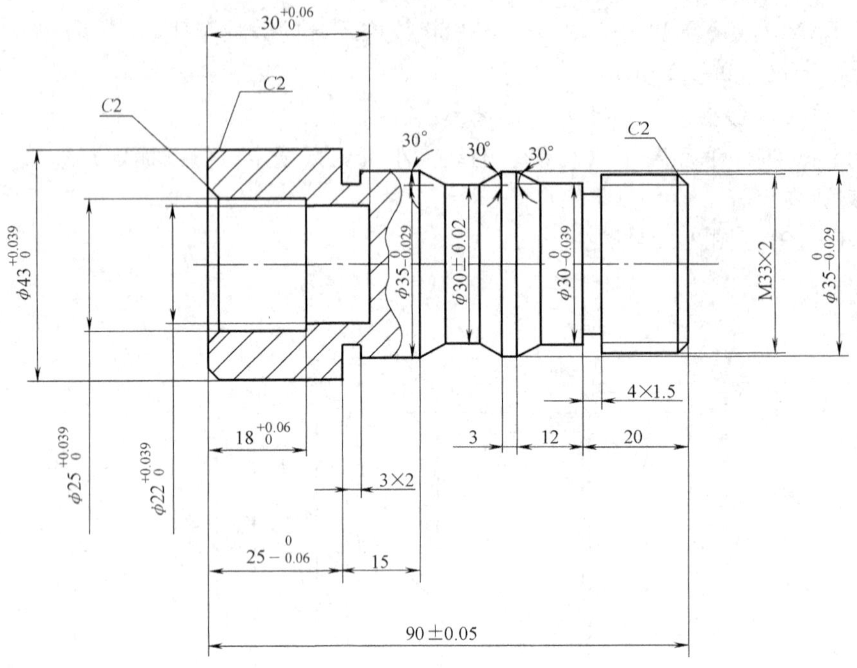

图 3-103 零件（三）

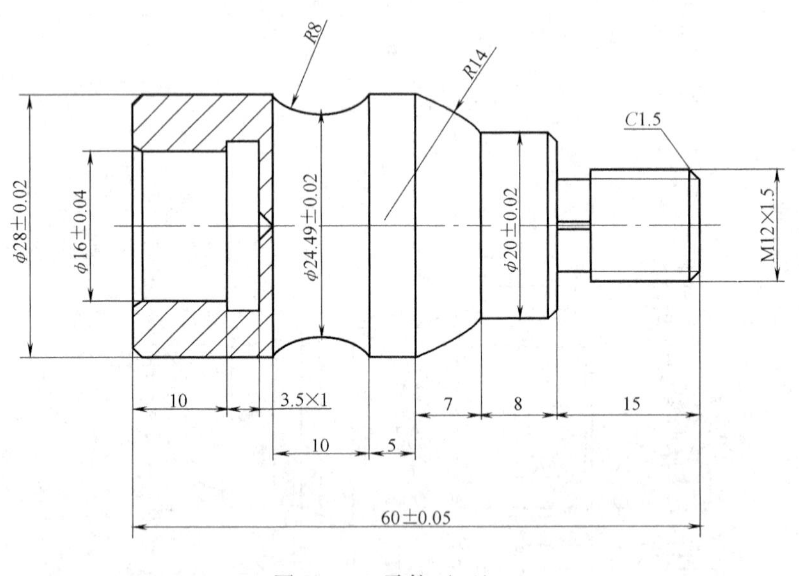

图 3-104 零件（四）

四、实训步骤

1）分析工件图样，选择定位基准和加工方法，确定走刀路线选择刀具和装夹方法，确定切削用量参数。

2）数控加工程序卡。根据零件的加工工艺分析和所使用的数控车床的编程指令说明，编写加工程序，填写程序卡，见表3-19。

五、注意事项

（1）编程注意事项

1）根据零件的特点，选择复合循环指令编程，简化程序。

2）程序中的刀具起始位置要考虑到毛坯实际尺寸大小。

3）在编写端面程序时，注意 Z 向背吃刀量。

（2）其他注意事项

1）必须确认工件夹紧、程序正确后才能自动加工，严禁工件转动时测量、触摸工件。

2）操作中出现工件跳动、打抖、异常声音等情况时，必须立即停车处理。

3）加工零件过程中一定要谨慎，将手放在“急停”按钮上。如遇到紧急情况，迅速按下“急停”按钮，防止意外事故发生。

4）采用课堂所讲述的精度控制方法进行精度控制。

六、实训思考题

1）分析 G71、G72、G73 指令适合加工的零件范围。

2）总结数控车削加工复杂轴类零件的操作步骤。

3）数控车削加工复杂轴类零件应注意哪些问题？

七、实训报告要求

总结这次数控实训的体会和学到的知识，看看自己有哪些技能还掌握得不够牢固。

习　　题

一、选择题

1. 数控机床在开机后，须进行回零操作，使 X、Y、Z 各坐标轴运动回到（　　）。

A. 机床参考点　　B. 编程原点　　C. 工件零点　　D. 坐标原点

2. （　　）不是零点偏置指令。

A. G55　　B. G57　　C. G54　　D. G53

3. 沉孔底面或阶梯孔底面精度要求高时，编程时应编辑延时（　　）指令。

A. G10　　B. G04　　C. G07　　D. G14

4. 下列关于 G54 与 G92 指令说法中不正确的是（　　）。

A. G54 与 G92 都是用于设定工件加工坐标系的

B. G92 是通过程序来设定加工坐标系的，G54 是通过 CRT/MDI 在设置参数方式下设定工件加工坐标系的

C. G92 设定的加工坐标原点是与当前刀具所在位置无关

D. G54 设定的加工坐标原点是与当前刀具所在位置无关

5. 设 H01 = 6mm，则 G91　G43　G01　Z－15.0；执行后的实际移动量为（　　）。

A. 9mm　　B. 1mm　　C. 15mm　　D. 6mm

6. 采用半径编程方法填写圆弧插补程序段时，当其圆弧所对应的圆心角（　　）180°时，该半径 R 取负值。

A. 大于　　B. 小于　　C. 大于或等于　　D. 小于或等于

7. 整圆编程时，应采用（　　）编程方式。

A. 半径、终点　　B. 圆心、终点　　C. 圆心、起点　　D. 半径、起点

8. 标准麻花钻的锋角为（　　）。

A. 118°　　B. 35°~40°　　C. 50°~55°　　D. 112°

9. 钻小孔或长径比较大的孔时，应取（　　）的转速钻削。

A. 较低　　B. 中等　　C. 较高　　D. 不一定

10. 在 FANUC 系统中，程序段 G51　X0　Y0　P1000 中，P 指令是（　　）。

A. 子程序号　　B. 缩放比例　　C. 暂停时间　　D. 循环参数

11. 若要加工规格为“M30×2”的螺纹，则螺纹底径为（　　）mm。

A. 27.4　　B. 28　　C. 27　　D. 27.6

12. 精车时的切削用量，一般是以（　　）为主。

A. 提高生产率　　B. 降低切削功率　　C. 保证加工质量

13. 数控车床能进行螺纹加工，其主轴上一定安装了（　　）。

A. 测速发电机　　B. 脉冲编码器　　C. 温度控制器　　D. 光电管

14. 刀具硬度最低的是（　　）。

A. 高速钢刀具　　B. 陶瓷刀具　　C. 硬质合金刀具　　D. 立方氮化硼刀具

15. 在车床数控系统中，用哪一组指令进行恒线速控制（　　）。

A. G0　S_　　B. G96　S_　　C. G01　F　　D. G98　S_

二、判断题

（　　）1. 判断顺逆圆弧时，沿与圆弧所在平面相垂直的另一坐标轴的正方向看去，顺时针为 G02，逆时针为 G03。顺时针圆弧可用 CW 表示，逆时针圆弧用 CCW 表示。

（　　）2. 建立刀具半径补偿必须在指定平面中进行。

（　　）3. G81 和 G82 的区别在于：G82 在孔底加进给暂停动作。

（　　）4. 子程序一般用相对坐标编程，用 G90 会使程序在同一位置重复加工。

（　　）5. 若子程序内无 M99，则执行程序时，可能会报警或出错。

（　　）6. 切断实心工件时，工件半径应小于切断刀刀头长度。

（　　）7. 数控车床可以车削直线、斜线、圆弧、米制和英制螺纹、圆柱管螺纹、圆锥螺纹，但是不能车削多线螺纹。

（　　）8. 数控车床的零点必须设在工件的右端面上。

（　　）9. 螺纹指令 G32　X41.0　W-43.0　F1.5 是以每分钟 1.5mm 的速度加工螺纹。

（　　）10. 锥螺纹“R_ ”参数的正负由螺纹起点与目标点的关系确定，若起点坐标比目标点的 X 坐标小，则 R 应取负值。

（　　）11. 数控机床用恒线速度控制加工端面、锥度和圆弧时，必须限制主轴的最高转速。

（　　）12. G90　G01　X0　Y0 与 G91　G01　X0　Y0 意义相同。

（　　）13. 刀具补偿寄存器内只允许存入正值。

（　　）14. G00 和 G01 的运行轨迹都一样，只是速度不一样。

（　　）15. 在编制加工程序时，程序段号可以不写或不按顺序书写。

三、简答题

1. 什么是机床坐标系、工件坐标系？
2. 什么是模态、非模态指令？举例说明。
3. 一个完整的加工程序由哪些部分组成？
4. 数控加工编程的主要内容有哪些？
5. 数控加工工艺分析的目的是什么？包括哪些内容？
6. 何谓对刀点？对刀点的选取对编程有何影响？
7. 何谓机床坐标系和工件坐标系？其主要区别是什么？
8. 简述刀位点、换刀点和工件坐标原点。
9. 数控铣床的坐标系与数控车床的坐标系有何不同？
10. 数控铣床的加工编程中为何要用到平面选择？如何利用零点偏置和坐标轴旋转编程？
11. 刀具补偿有何作用？有哪些补偿指令？
12. 什么叫粗、精加工分开？它有什么优点？

四、编程题

编辑如图 3-105、图 3-106 所示零件的数控加工程序。

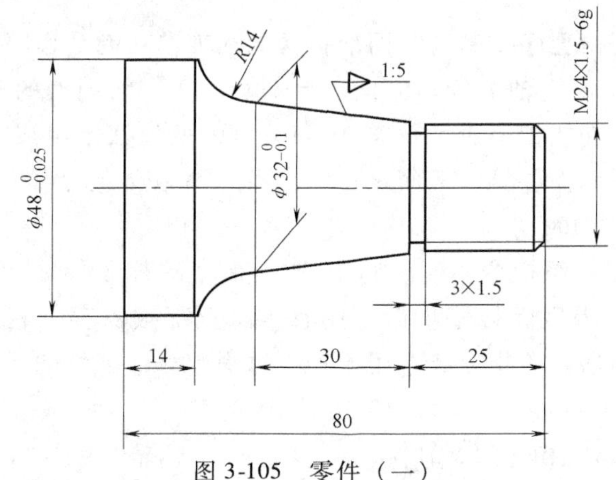

图 3-105　零件（一）

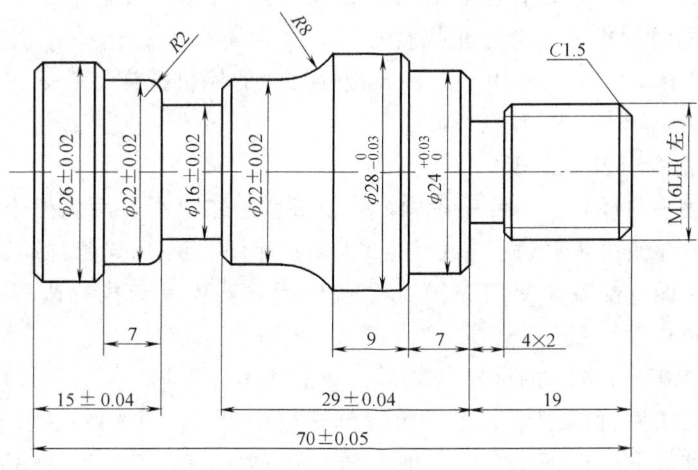

图 3-106　零件（二）

第四章

数控铣床/加工中心的编程与操作

第一节　控制数控铣床/加工中心的指令

一、控制数控铣床/加工中心的辅助指令

数控机床的运动是由程序控制的，而准备功能和辅助功能是程序段的基本组成部分。辅助功能 M 指令是用于指定主轴的旋转方向、启动、停止、切削液的开关、工件或刀具的夹紧或松开等功能。辅助功能指令由地址符 M 和其后的两位数字组成。M 指令常因生产厂家及机床的结构和规格不同而各异。下面对一些常用的 M 功能指令作一说明。

1. 程序停止指令（M00）

M00 实际上是一个暂停指令。当执行有 M00 指令的程序段后，主轴停转、进给停止、切削液关、程序停止。程序运行停止后，模态信息全部被保存，利用机床的“启动”键，便可继续执行后续的程序。该指令经常用于加工过程中测量工件的尺寸、工件调头、手动变速等操作。

2. 计划（选择）停止指令（M01）

该指令的作用与 M00 相似，但它必须是在预先按下操作面板上的“选择停止”按钮并执行到 M01 指令的情况下，才会停止执行程序。如果不按下“选择停止”按钮，M01 指令无效，程序继续执行。该指令常用于工件关键性尺寸的停机抽样检查等，当检查完毕后，按“启动”键可继续执行以后的程序。

3. 程序结束指令（M02、M30）

该指令用在程序的最后一个程序段中。当全部程序结束后，用此指令可使主轴、进给及切削液全部停止，并使机床复位。M30 与 M02 基本相同，但 M30 能自动返回程序起始位置，为加工下一个工件做好准备。使用 M30 结束程序后，若要重新执行该程序，只需再次按操作面板上的“循环启动”键。

M00、M01、M02 和 M30 的区别与联系（见表 4-1）：

M00 为程序无条件暂停指令。程序执行到此进给停止，主轴停转。重新启动程序，必须先回到了 OG 状态下，按下 CW（主轴正转）启动主轴，接着返回 AUTO 状态下，按下 START 键才能启动程序。

M01 为程序选择性暂停指令。程序执行前必须打开控制面板上 OP STOP 键才能执行，执行后的效果与 M00 相同，要重新启动程序同上。

M00 和 M01 常常用于加工中途工件尺寸的检验或排屑。

M02 为主程序结束指令。执行到此指令，进给停止，主轴停止，切削液关闭。但程序光标停在程序末尾。

M30 为主程序结束指令。功能同 M02，不同之处是，M30 除将机床及控制系统复位到初始状态外，还将光标自动返回程序头位置，不管 M30 后是否还有其他程序段。

表 4-1　常用的辅助功能的 M 代码、含义及用途（FANUC 系统）

功能	含　义	用　途
M00	程序停止	实际上是一个暂停指令。当执行有 M00 指令的程序段后，主轴的转动、进给、切削液都将停止。它与单程序段停止相同，模态信息全部被保存，以便进行某一手动操作，如换刀、测量工件的尺寸等。重新启动机床后，继续执行后面的程序
M01	选择停止	与 M00 的功能基本相似，只有在按下"选择停止"后，M01 才有效，否则机床继续执行后面的程序段；按"启动"键，继续执行后面的程序
M02	程序结束	该指令编在程序的最后一条，表示执行完程序内所有指令后，主轴停止，进给停止，切削液关闭，机床处于复位状态
M03	主轴正转	用于主轴顺时针方向转动
M04	主轴反转	用于主轴逆时针方向转动
M05	主轴停止转动	用于主轴停止转动
M06	换刀	用于加工中心的换刀动作
M07	切削液开	用于 1 号切削液开
M08	切削液开	用于 2 号切削液开
M09	切削液关	用于切削液关
M30	程序结束	使用 M30 时，除表示执行 M02 的内容之外，还返回到程序的第一条语句，准备下一个工件的加工

4. 控制主轴旋转的 M 代码

这一组 M 代码有：M03、M04、M05。

M03 表示主轴正转，M04 表示主轴反转。所谓正转，是从主轴向 *Z* 轴正向看，主轴顺时针转动；而主轴反转时，观察到的转向则相反。M05 为主轴停止，它是在该程序段其他指令执行完以后才执行的。

5. 控制切削液开/关的 M 代码

这一组 M 代码有：M07、M08、M09。M07 开 2 号切削液；M08 开 1 号切削液；M09 关闭切削液。不论 1 号切削液开，还是 2 号切削液开，执行 M09，都能使切削液关闭。

6. 主轴定向停止指令（M19）

M19 使主轴准确地停止在预定的角度位置上。这个指令主要用于点位控制的数控机床和自动换刀的数控机床，如数控坐标镗床、加工中心等。

7. 与子程序有关的指令（M98、M99）

M98 为调用子程序指令，M99 为子程序结束并返回到主程序的指令。

8. S 指令

S 指令为主轴转速控制指令。有两种指令格式；一种是 S××；用 S 和其后的两位数选择主轴速度。这个两位数是主轴转速的编码，表示主轴的不同的转速级。如 S12 为主轴第十二级转速。此时，机床主传动为有级变速。另一种是 S××××；用 S 和其后的四位数直接指令主轴的转速。如 S2000 为指令主轴转速为 2000r/min，此时，机床主传动为无级变速。指令了 S 代码后，主轴转与不转，是正转还是反转，转后是否停止由 M 代码决定。

在刀具旋转的机床中，主轴旋转单位一般采用 r/min。

S 是模态指令，S 指令只有在主轴速度可调时有效。

S 所编程的主轴转速可以借助机床控制面板上的主轴倍率开关进行修调。

9. F 指令

F 指令表示工件被加工时，刀具相对于工件的合成进给速度。

F 功能指令用来指定坐标轴移动的进给速度。一般有两种表示方法：

(1) 代码法：F 后面跟两位数字，表示机床进给量数列的序号，它不直接表示进给速度的大小。

(2) 直接指定法：F 后面跟的数字就是进给速度的大小，如 F300 即表示进给速度为 300mm/min。这种表示方法较为直观，目前大多数机床均采用这种方法。

F 代码为续效代码，一经设定后如未被重新指定，则表示先前所设定的进给速度继续有效。F 代码指令值如超过制造厂商所设定的范围时，则以厂商所设定的最高或最低进给速度为实际进给速度。

10. 刀具功能 T

在自动换刀的数控机床中，该指令用于选择所需的刀具，同时还可用来指定刀具补偿号。一般加工中心程序中 T 代码的数字直接表示选择的刀具号码，如 T10 表示 10 号刀；数控车床程序中的 T 代码后的数字既包含所选择刀具号，也包含刀具补偿号，如 T0806 表示选择 8 号刀，调用 6 号刀具补偿参数进行长度和半径补偿。由于不同的数控系统有不同的指令方法和含义，具体应用时应参照数控机床的编程说明书。

二、坐标系设定 G 指令

准备功能 G 指令是使数控机床建立起某种加工方式的指令，为插补运算、刀具补偿、固定循环等做好准备。G 指令由地址符 G 和其后的两位数字组成，从 G00 ~ G99 共 100 种，见表 4-2。

G 指令（代码）有两种：模态指令（代码）和非模态指令（代码）。模态代码又称续效代码，表内标有 a、c、d... 字母的表示所对应的第一列的 G 代码为模态代码，字母相同的为一组，同组的任意两个 G 代码不能同时出现在一个程序段中。模态代码一经在一个程序段中指定，便保持到以后程序段中直到出现同组的另一代码时才失效。表内标有“*”的表示对应的 G 代码为非模态代码，非模态代码只有在所出现的程序段有效。

对于同一台数控机床的数控装置来说，它所具有的 G 功能指令只是标准中的一部分，而且各机床由于性能要求不同，也各不一样。

加工零件的编程是在工件坐标系内进行的。因此，设定工件坐标系对编程有着极其重要的作用。工件坐标系可用下述两种方式设定。

1. 用指令 G92 设定工件坐标系

指令格式：G92 X__ Y__ Z__;

表 4-2　JB3208-83 准备功能 G 代码

代码	功能保持到被取消或被同样字母表示的程序指令所代替	功能仅在所出现的程序段内有作用	功能	代码	功能保持到被取消或被同样字母表示的程序指令所代替	功能仅在所出现的程序段内有作用	功能
G00	a		点定位	G50	#(d)	#	刀具偏置 0/ -
G01	a		直线插补	G51	#(d)	#	刀具偏置 +/0
G02	a		顺时针方向圆弧插补	G52	#(d)	#	刀具偏置 -/0
G03	a		逆时针方向圆弧插补	G53	f		直线偏移,注销
G04		*	暂停	G54	f		直线偏移 *X*
G05	#	#	不指定	G55	f		直线偏移 *Y*
G06	a		抛物线插补	G56	f		直线偏移 *Z*
G07	#	#	不指定	G57	f		直线偏移 *XY*
G08		*	加速	G58	f		直线偏移 *XZ*
G09		*	减速	G59	f		直线偏移 *YZ*
G10 ~ G16	#	#	不指定	G60	h		准确定位 1(精)
G17	c		*XY* 平面选择	G61	h		准确定位 2(中)
G18	c		*ZX* 平面选择	G62	h		快速定位(粗)
G19	c		*YZ* 平面选择	G63		*	攻螺纹
G20 ~ G32	#	#	不指定	G64 ~ G67	#	#	不指定
G33	a		螺纹切削,等螺距	G68	#(d)	#	刀具偏置,内角
G34	a		螺纹切削,增螺距	G69	#(d)	#	刀具偏置,外角
G35	a		螺纹切削,减螺距	G70 ~ G79	#	#	不指定
G36 ~ G39	#	#	永不指定	G80	e		固定循环注销
G40	d		刀具补偿/刀具偏置注销	G81 ~ G89	e		固定循环
G41	d		刀具补偿——左	G90	j		绝对尺寸
G42	d		刀具补偿——右	G91	j		增量尺寸
G43	#(d)	#	刀具偏置——正	G92		*	预置寄存
G44	#(d)	#	刀具偏置——负	G93	k		时间倒数,进给率
G45	#(d)	#	刀具偏置 +/ +	G94	k		每分钟进给
G46	#(d)	#	刀具偏置 +/ -	G95	k		主轴每转进给
G47	#(d)	#	刀具偏置 -/ -	G96	I		恒线速度
G48	#(d)	#	刀具偏置 -/ +	G97	I		每分钟转数(主轴)
G49	#(d)	#	刀具偏置 0/ +	G98 ~ G99	#	#	不指定

注：1. #号：如选作特殊用途，必须在程序格式中说明。

2. 如在直线切削控制中没有刀具补偿，则 G43 至 G52 可指定作其他用途。

3. 在表中左栏括号中的字母（d）表示：可以被同栏中没有括号的字母 d 所注销或代替，亦可被有括号的字母（d）所注销或代替。

4. G45 到 G52 的功能可用于机床上任意两个预定的坐标。

5. 控制机上没有 G53 到 G59、G63 功能时，可以指定作其他用途。

指令功能：设定工件坐标系。

指令说明：

1）在机床上建立工件坐标系（也称编程坐标系）。

2）如图 4-1 所示，坐标值 *X*、*Y*、*Z* 为刀具刀位点在工件坐标系中的坐标值（也称起刀点或换刀点）。

G92 指令中 X、Y、Z 坐标表示换刀点在工件坐标系 $X_pY_pZ_p$ 中的坐标值。

如：G92　X10　Y10；含义为刀具并不产生任何动作，只是将刀具所在的位置设为 X10 Y10，即相当于确定了坐标系。

注意事项：

1）程序中如使用 G92 指令，则该指令应位于程序的第一句。

2）通常将坐标原点设于主轴轴线上，以便于编程。

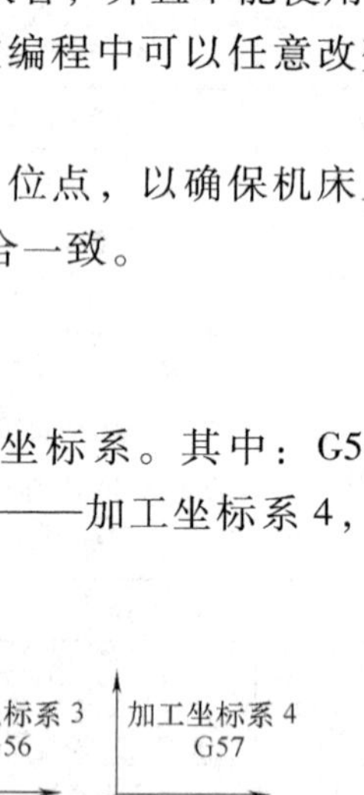

图 4-1　G92 设定工件坐标系

3）程序启动时，如果第一条程序是 G92 指令，那么执行后，刀具并不运动，只是当前点被置为 X、Y、Z 的设定值。

4）G92 要求坐标值 X、Y、Z 必须齐全，不可缺省，并且不能使用 U、V、W 编程。

5）对于尺寸较复杂的工件，为了计算简单，在编程中可以任意改变工件坐标系的程序零点。

6）操作者必须在工件安装后检查或调整刀具刀位点，以确保机床上设定的工件坐标系与编程时在零件上所规定的工件坐标系在位置上重合一致。

2. 用指令 G54 ~ G59 选择工件坐标系

指令格式；G54/G55/G56/G57/G58/G59

如图 4-2 所示，可建立 G54 ~ G59 共 6 个加工坐标系。其中：G54——加工坐标系 1，G55——加工坐标系 2，G56——加工坐标系 3，G57——加工坐标系 4，G58——加工坐标系 5，G59——加工坐标系 6。

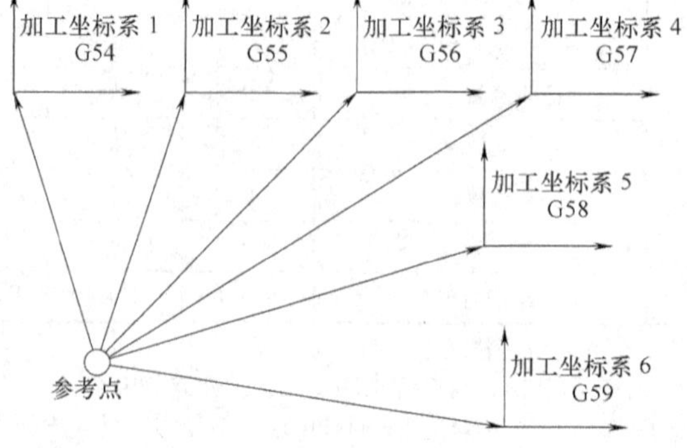

图 4-2　G54 ~ G59 工件坐标系

说明：

1）加工前，将测得的工件编程原点坐标值预存入数控系统对应的 G54 ~ G59 中，编程时，指令行里写入 G54 ~ G59 即可。

2）G54 ~ G59 比 G92 稍麻烦些，但不易出错。所谓零点偏置就是在编程过程中进行编程坐标系（工件坐标系）的平移变换，使编程坐标系的零点偏移到新的位置。

3）G54 ~ G59 为模态功能，可相互注销，G54 为缺省值。

4）使用 G54 ~ G59 时，不用 G92 设定坐标系。G54 ~ G59 和 G92 不能混用。

这六个工件坐标系的原点值，是机床原点到各个坐标系原点的有向距离。这六个工件坐标系的原点在机床坐标系中的坐标值可用 MDI 方式输入，数控系统自动记忆。

例如：选择 G54 作为工件坐标系，编程时用指令 G54，而 G54 坐标系原点的值可通过对刀时用 MDI 方式输入刀数控系统中。首先回参考点，移动刀具至某一点 *A*，将此时屏幕上显示的机床坐标值输入到数控系统 G54 的参数表中，编程序时如 G54　G00　G90　X40.　Y30.，则刀具在以 *A* 点为原点的坐标系内移至（40，30）点。这就是操作时 G54 与编程时 G54 的关系。

在 G54 ~ G59 中，工件坐标系一旦选定，工件上各点的值均通过工件坐标系原点与机床坐标系建立起联系，零件程序与工件的位置无关，也与刀具的位置无关。更换工件时可省去重复对刀，也不需要修改程序。

G92 与 G54 ~ G59 之间的优缺点：

1）G54 ~ G59 是在加工前设定好的坐标系，而 G92 是在程序中设定的坐标系，用了 G54 ~ G59 就没有必要再使用 G92，否则 G54 ~ G59 会被替换，应当避免。

2）一旦使用了 G92 设定坐标系，再使用 G54 ~ G59 不起任何作用，除非断电重新启动系统，或接着用 G92 设定所需新的工件坐标系。

3）使用 G92 的程序结束后，若机床没有回到 G92 设定的原点，就再次启动此程序，机床当前所在位置就成为新的工件坐标原点，易发生事故。所以，希望广大读者慎用。

4）常见错误。当执行程序段“G92　X10　Y10”时，常会认为是刀具在运行程序后到达 X10　Y10 点上。其实，G92 指令程序段只是设定加工坐标系，并不产生任何动作，这时刀具已在加工坐标系中的 X10　Y10 点上。

5）G54 ~ G59 指令程序段可以和 G00、G01 指令组合，如 G54　G90　G01　X10　Y10 时，运动部件在选定的加工坐标系中进行移动。程序段运行后，无论刀具当前点在哪里，它都会移动到加工坐标系中的 X10　Y10 点上。

三、用 G 指令选择坐标平面

数控系统的圆弧插补和刀具半径补偿都是在坐标平面中进行的，因此，在加工前，必须选择坐标平面（见图 4-3）。

指令格式：G17 表示选择 *XY* 平面。

G18 表示选择 *ZX* 平面。

G19 表示选择 *YZ* 平面。

指令功能：表示选择的插补平面。

说明：

1）适应于以下情况的平面定义：

① 定义刀具半径补偿平面。

② 定义螺旋线补偿的螺旋平面。

③ 定义圆弧插补平面。

2）当在 G41、G42、G43、G44 刀补时，不得变换定义平面。

3）一般的轨迹插补系统自动判别插补平面而无须定义平面。

4）三联动直线插补无平面选择问题。

5）系统通电时，自动处于 G17 状态；G17、G18、G19 可相互注销。

6）注意的是：移动指令与平面选择无关，例如指令“G17　G01　Z10”时，*Z* 轴照样会移动。例如，加工如图 4-4 所示零件，当铣削圆弧面 1 时，就在 *XY* 平面内进行圆弧插补，应选用 G17；当铣削圆弧面 2 时，应在 *YZ* 平面内加工，选用 G19。数控系统开机默认 G17 状态。

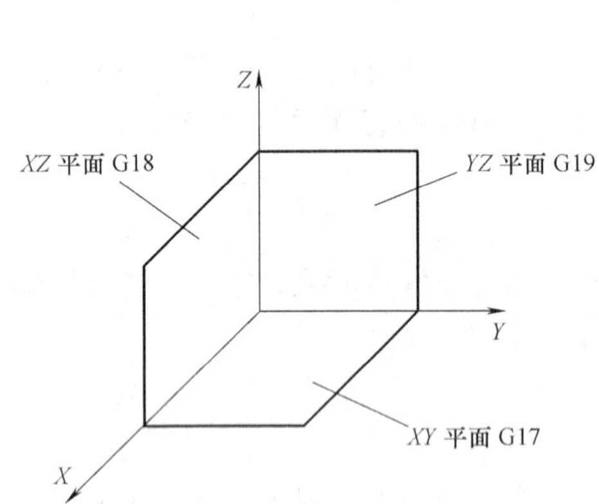

图 4-3　平面设定

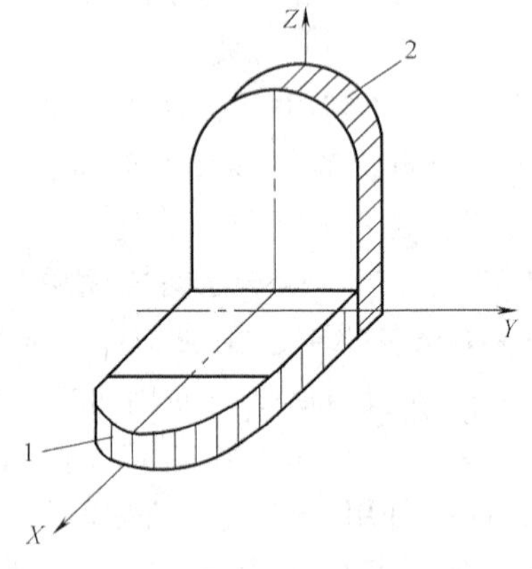

图 4-4　平面选择举例

四、坐标值编程 G 指令

1. 绝对值编程 G90

指令格式：G90　X＿　Y＿　Z＿；

绝对值编程指令 G90 后面的编程坐标值，都是相对于工件坐标系原点的编程坐标轴上的坐标值，用该坐标轴和其后的坐标值表示。G90 为缺省值。

2. 相对值编程 G91

指令格式：G91　X(U)＿　Y(V)＿　Z(W)＿；

相对值编程指令 G91 后面的编程值，都是当前编程点相对于前一个编程点的编程坐标轴上的增量值。用 U 表示 *X* 轴方向的增量值；用 V 表示 *Y* 轴方向的增量值；用 W 表示 *Z* 轴方向的增量值。每个编程坐标轴上的编程值是相对于前一位置而言的，该值等于沿轴移动的距离。

G90、G91 是一对模态指令，在同一程序段中只能用一种。

例 4-1　如图 4-5 所示。假设刀具的当前位置在 *A* 点，要经 *B*，加工到 *C* 点，以下两段

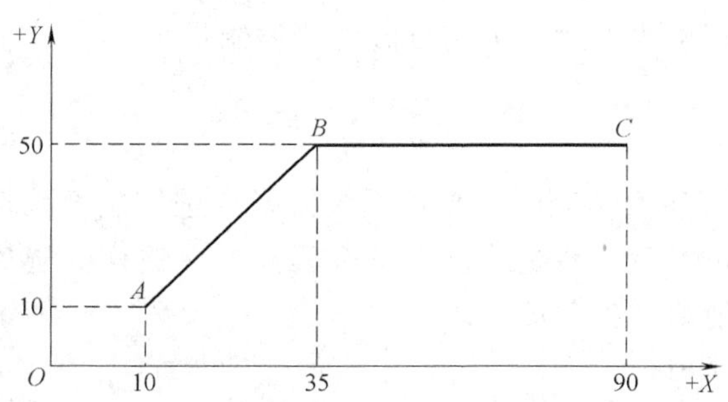

图 4-5　刀具中心轨迹

代码的功能是一样的。

用 G90 时：G90　G00　X35.　Y50. ;

X90. ;

用 G91 时：G91　G00　X25.　Y40. ;

X55. ;

五、用 G 指令设定单位

1. 尺寸单位选择 G20、G21、G22

指令格式：G20

G21

G22

G20：编程时使用的单位为英制单位。

G21：编程时使用的单位为米制单位。

G22：编程时使用的单位为脉冲当量。

数控系统的默认单位为米制，即为 G21。这三个 G 代码必须在程序的开头坐标系设定之前用单独的程序段指令，不能在程序的中途切换。

2. 进给速度单位设定 G94、G95

指令格式：G94［F __］;

G95［F __］;

使用每分钟进给速度指令 G94 时，F 代码后面的数值直接指令刀具每分钟的进给量。使用每转进给速度指令 G95 时，F 代码后面的数值直接指令主轴每转的进给量。此时，主轴上必须安装位置编码器。

每分钟进给速度（G94）的倍率，可以用机床操作面板上的倍率开关调整。

3. 程序段间过渡方式指令 G09、G61、G64、G04

所谓程序间过渡，是指从前一段程序向后一段程序过渡，即程序段的转接。由于机床的实际运动滞后于数控系统的运行，当数控系统的下段程序已经启动时，机床的上一段程序的实际运动并未结束，所以在程序段转接时，会产生两个运动的叠合。当上段程序为沿一个坐标轴的移动，下段程序为沿另一个坐标轴的移动时，两轴相交处不能形成尖角。

当程序段间过渡有严格要求时，可用过渡方式控制指令。

（1）准停指令 G09

指令格式：G09

有准停指令 G09 的程序段结束时，数控系统待指令进给速度减速到零并进行到位检查，当检查到达指令指定的位置后，系统才进入下个程序段。这样，避免了两个程序段的重叠，从而保证在工作拐角处能切出尖角棱边。

（2）精确停止指令 G61

指令格式：G61

如果程序使用了精确停止指令 G61，则在 G61 后的各个程序段的移动指令都要准确停止在本程序段的终点，然后再继续执行下个程序段。在 G61 后面的每个切削进给程序段都执行到位检查。

（3）连续切削方式指令 G64

指令格式：G64

如果程序段使用了连续切削方式指令 G64，则在该程序段及后面的切削进给程序段中，其终点不再进行减速和到位检查，而是在插补完成后直接进入下一个程序段。但在下列情况下，进给速度减速到零，并执行到位检查。

1）下个程序段为定位指令 G00 或单方向定位指令 G60。

2）下个程序段含有准停指令 G90。

3）下个程序段没有移动指令。

（4）暂停指令 G04

指令格式：G04　P __

　　　　　G04　X __

如果程序段使用了暂停指令 G04，则在该程序段的进给速度降低到零时开始暂停动作，使刀具作短暂停留，以获得圆整而光滑的表面。暂停时间由 P 或 X 后面的数值确定。P 的单位为 ms，X 的单位为 s。

G04 仅在其被规定的程序段中有效。

例如，G04　X2.0；或 G04　X2000；　暂停 2s

六、定位 G 指令

快速定位指令 G00

指令格式：G00　X(U) __　Y(V) __　Z(W) __；

G00 指令用于刀具的快速定位。执行 G00 指令，刀具以快速进给的速度移动到指令中X（U）、Y（U）、Z（W）值指定的位置。由于是快速，故只用于空行程。它的移动轨迹可以是直线，也可以是按各轴各自的快速进给速度移动，这时合成的轨迹通常为折线。

说明：

1）G00 指令一般用于加工前的快速定位或加工后的快速退刀。

2）G00 指令中的快速移动速度由机床参数对各轴分别设定，不能用 F ______规定。

3）所有编程轴同时以预先设定的速度移动，各轴可联动，也可以单独运动。

4）G00 指令着眼于刀具快速移动后的刀具位置，对于刀具在快速移动前的位置没有要求，因此，在使用 G00 指令时，要防止刀具在移动过程中与工件发生碰撞。

5）不运动的坐标可以省略编程，省略的坐标不作任何运动。

6）目标点坐标值可以用绝对值，也可用增量值。

7）G00 功能起作用时，刀具运动轨迹与各轴快速移动速度有关；其移动速度按参数中的参数设定值运行，也可由面板上的“快速修调”修正。

8）G00 也可写成 G0。

9）刀具在起始点开始加速至预定的速度，到达目标点前减速定位。

10）G00 是续效指令，只有后面的指令给定了 G01、G02 或 G03 时，G00 才无效。指定 G00 的程序段无需指定进给速度指令 F，如果指定了，G00 无效。G00 移动的速度已由生产厂家设定好，一般不允许修改。

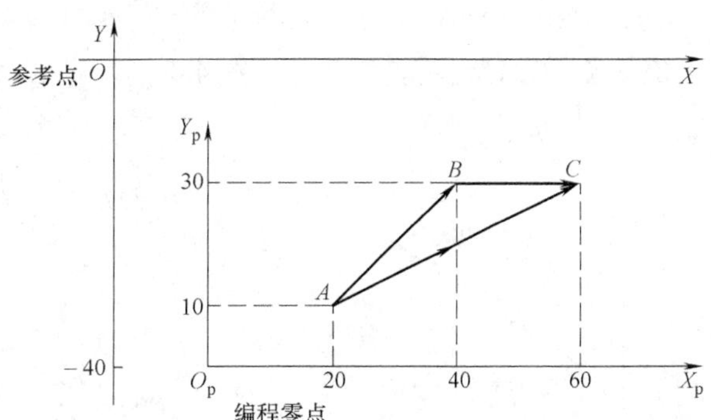

图 4-6　快速定位

例 4-2　如图 4-6 所示，刀具从 A 点快速移动至 C 点，使用绝对坐标与增量坐标方式编程。

绝对坐标编程

G92　X0　Y0　Z0；	设工件坐标系原点，换刀点 O 与机床坐标系原点重合
G90　G00　X15　Y-40；	刀具快速移动至 O_p 点
G92　X0　Y0；	重新设定工件坐标系，换刀点 O_p 与工件坐标系原点重合
G00　X20　Y10；	刀具快速移动至 A 点定位
X60　Y30；	刀具从始点 A 快移至终点 C

用增量值方式编程

G92　X0　Y0　Z0；

G91　G00　X15　Y-40；

G92　X0　Y0；

G00　X20　Y10；

X40　Y20；

在上例题中，刀具从 A 点移动至 C 点，若机床内定的 X 轴和 Y 轴的快速移动速度是相等的，则刀具实际运动轨迹为一折线，即刀具从始点 A 按 X 轴与 Y 轴的合成速度移动至点 B，然后再沿 X 轴移动至终点 C。

七、铣削 G 指令

1. 直线切削指令 G01

指令格式：G01　X__　Y__　Z__　F__；

G01 指令中得 X、Y、Z 值是直线切削终点的值。G01 指令后的坐标值取绝对值编程还是取增量值编程由 G90/G91 决定；用绝对值编程时是切削终点在工件坐标系中的坐标值；

用增量值编程时是切削终点相对于切削起点的增量值；不运动的坐标可以省略不写；正数省略“+”号；G01 是模态（续效）指令；G01 也可写成 G1。

G01 指令刀具以联动的方式，按 F 规定的合成进给速度，从当前位置按直线路径切削到程序段指令值所指定的终点。如果没有指令进给速度，就认为进给速度为零。F 指令也是模态指令，F 的单位由直线进给率或旋转进给率指令确定。

例 4-3　G01 编程实例 1（见图 4-7）。

采用绝对值方式编程：

G90　G01　X40　Y30　F600；

增量值方式编程：

G91　G01　X30　Y20　F600；

例 4-4　G01 编程实例 2（见图 4-8）。

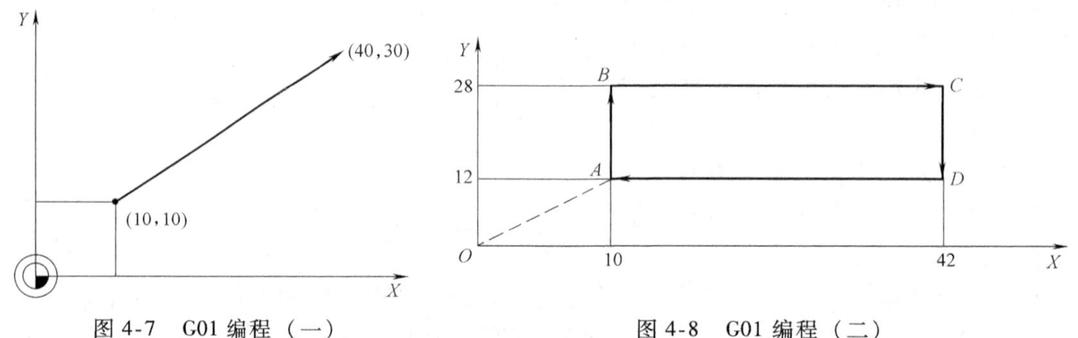

图 4-7　G01 编程（一）　　　图 4-8　G01 编程（二）

如图 4-8 所示。坐标系原点 *O* 是程序起始点，要求刀具由 *O* 点快速移动到 *A* 点，然后沿 *AB*、*BC*、*CD*、*DA* 实现直线切削，再由 *A* 点快速返回程序起始点 *O*，要求用 G01，其程序如下：

G92　X0　Y0；

G90　G00　X10　Y12　S600　T01　M03；

G01　Y28　F100；

X42；

Y12；

X10；

G00　X0　Y0；

M05　M30；

2. 圆弧切削指令 G02 和 G03

G02、G03 为圆弧插补指令，该指令的功能是使机床在给定的坐标平面内进行圆弧插补运动。

指令格式：

在 *XY* 平面内的圆弧：G17　G02　X(U)__　Y(V)__　I__　J__　F__；

G17　G02　X(U)__　Y(V)__　R__　F__；

G17　G03　X(U)__　Y(V)__　I__　K__　F__；

G17　G03　X(U)__　Y(V)__　R__　F__；

在 *XZ* 平面内的圆弧：G18　G02　X(U)__　Z(W)__　I__　J__　F__;
G18　G02　X(U)__　Z(W)__　R__　F__;
G18　G03　X(U)__　Z(W)__　I__　K__　F__;
G18　G03　X(U)__　Z(W)__　R__　F__;

在 *YZ* 平面内的圆弧：G19　G02　Y(V)__　Z(W)__　I__　J__　F__;
G19　G02　Y(V)__　Z(W)__　R__　F__;
G19　G03　Y(V)__　Z(W)__　I__　K__　F__;
G19　G03　Y(V)__　Z(W)__　R__　F__;

1）G02 为顺时针圆弧切削方向指令；G03 为逆时针圆弧切削方向指令。切削方向的判别方法是：从坐标平面垂直轴的正方向往负方向看，坐标平面上的圆弧从起点到终点的移动方向是顺时针方向用 G02 编程；是逆时针方向，用 G03 编程，如图 4-9 和图 4-10 所示。

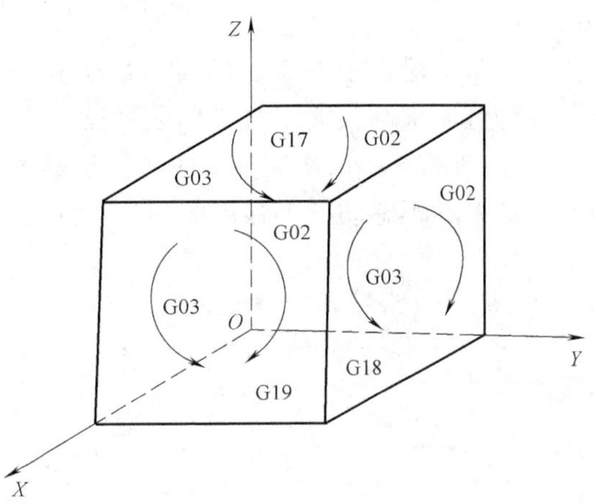

图 4-9　圆弧顺铣、逆铣方向的判别

2）终点位置 X（U）、Y（V）、Z（W）中的两轴，G17 时为 X、Y，G18 时为 X、Z，G19 时为 Y、Z，其值是圆弧切削终点的值。用绝对值指令是圆弧终点在工件坐标系中的坐标值；用增量值指令是圆弧终点相对于圆弧起点的增量值。当圆弧终点和起点的一个坐标值相同时，在指令中可以省略这个相同的坐标值；当圆弧终点和起点的两个坐标值相同，即整圆时，两个坐标值都可以省略。

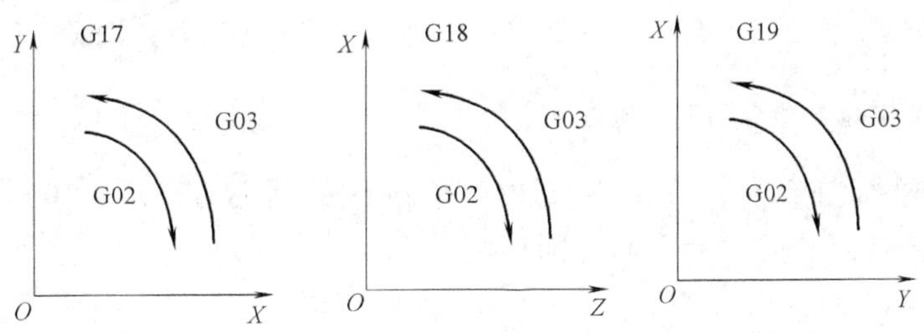

图 4-10　G02/G03 的圆弧切削方向

3）圆弧的圆心

① 用 I、J、K 指令圆弧的圆心，如图 4-11 所示。G17 时为 I、J，G18 时为 I、K，G19 时为 J、K，其值为增量值，即是圆心相对于圆弧的起点的坐标增量值。I、J、K 始终为增量值，与 X、Y、Z 值是否是增量值无关。

② 用半径 R 指令圆弧的圆心，过起点和终点的圆弧可以有两个，即小于 180°的圆弧和大于 180°的圆弧。如图 4-12 所示，为了区分是指令哪个圆弧，对小于 180°的圆弧，半径 R

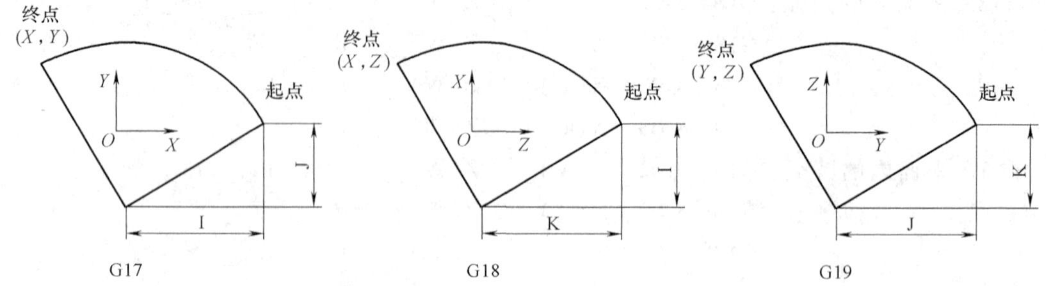

图 4-11　I、J、K 指令圆弧的圆心

用正值表示；对大于180°的圆弧，半径 R 用负值表示；对等于 180°的圆弧，半径 R 用正值或负值均可。整圆只能用圆心坐标编程。

③ 整圆的圆心，切削整圆时，由于整圆的终点坐标与起点坐标重合，若用半径 R 指令圆心，则刀具不移动，即零度的圆弧。此时，必须用 I、J 或 K 指令整圆的圆心，如图 4-13 所示。

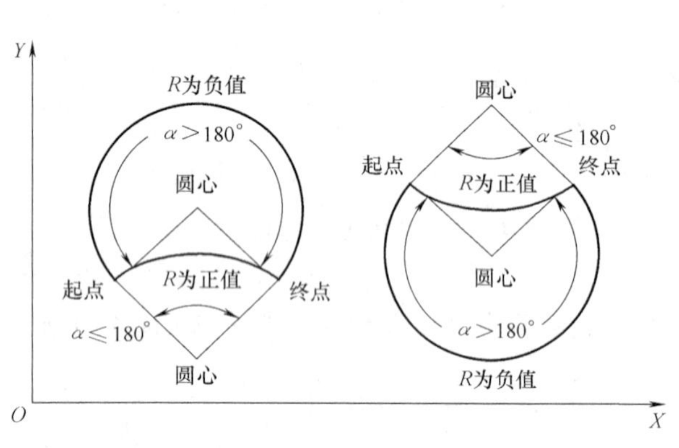

图 4-12　半径 R 指令圆弧的圆心

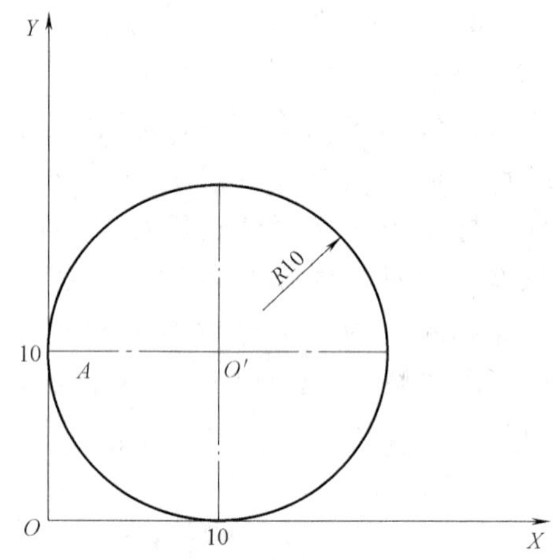

图 4-13　整圆的加工

例 4-5　整圆的加工编程。在图 4-13 中，整圆 O'的圆心为（10，10），以 A 点为整圆的切削起点和切削终点，按逆时针方向切削，则：I＝10，J＝0。

用 G90 编程：G90　G03　X0　Y10　I10　J0　F100

用 G91 编程：G91　G03　X0　Y0　I10　J0　F100

若 I、J 或 K 与 R 同时指令圆心时，R 有效，I、J 或 K 无效。

4）F 为被编程的两个坐标轴的合成进给速度。它是沿圆弧切线方向的速度，单位为 mm/min。

3. 倒角加工指令

(1) 直线后倒角指令

指令格式举例：G17　G01　X(U) __　Y（V）__　C __；

该指令用于加工两条相邻直线间的倒角，如图 4-14 所示。

指令中的 X（U）、Y（V）值，在绝对值编程时，为没倒角前两条相邻直线的交点的坐标值；在增量值编程时，为交点到先期加工直线的起点 A 的增量值。

指令中的 C 值为倒角终点相对于两条相邻直线的交点的距离。实际上，C 就是倒角的边长。

例 4-6　直线间倒角加工编程。在图 4-14 中，按 A→B→C→D→A 方向切削（A、B、C、D 点为四个边长的交点）。加工程序见表 4-3。

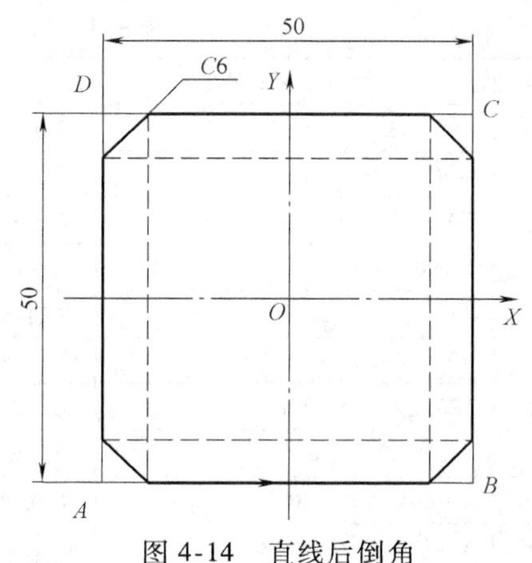

图 4-14　直线后倒角

表 4-3　用直线后倒角指令编制的程序

序号	绝对坐标编程	解　　释	相对坐标编程
N10	%4010	程序名	%4010
N20	G54　G90	建立坐标系	G54　G90
N30	G00　X-25　Y-25　Z50	快速移动刀具到 A 点上方	G00　X-25　Y-25　Z50
N40	S1000　M03	主轴起动	S1000　M03
N50	Z0	快速移动刀具到 A 点	Z0
N60	G01　Z-2.0　F100	切削深度为 2mm	G91　G01　Z-2.0　F100
N70	X25　Y-25　C6	切直线 AB 并在 B 处倒角	X50　Y0　C6
N80	X25　Y25　C6	切直线 BC 并在 C 处倒角	X0　Y50　C6
N90	X-25　Y25　C6	切直线 CD 并在 D 处倒角	X-50　Y0　C6
N100	X-25　Y-25　C6	切直线 DA 并在 A 处倒角	X0　Y-50　C6
N110	G00　Z100	快速抬刀	G90　G00　Z100
N120	M05　M30	程序结束	M05　M30

（2）直线后倒圆角指令

指令格式举例：G17　G01　X(U) __　Y(V) __　R __；

该指令用于加工两条相邻直线间倒圆（角），如图 4-15 所示。指令中的 X（U）、Y（V）值，在绝对值编程时，为没倒角前两条相邻直线的交点的坐标值；在增量值编程时，为交点到先期加工直线的起点 A 的增量值。指令中的 R 值为倒圆角的半径值。

例 4-7　直线后倒圆角加工编程。在图 4-15 中，按 A→B→C→D→A 方向切削（A、B、C、D 点为四个边长的交点）。程序见表 4-4。

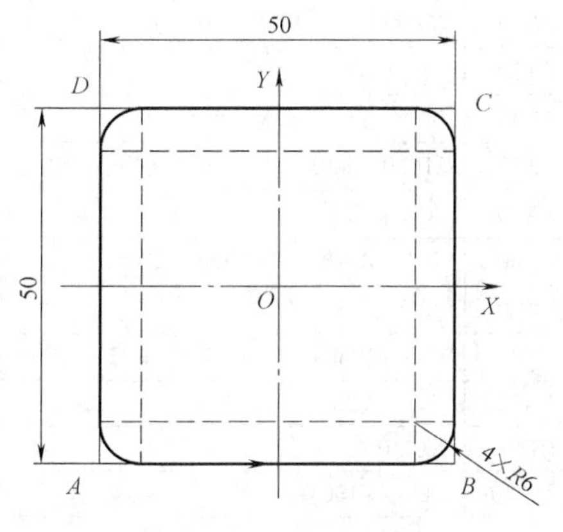

图 4-15　直线后倒圆角

表 4-4 用直线后倒圆角指令编制的程序

序号	绝对坐标编程	解　释	相对坐标编程
N10	%4020	程序名	%4020
N20	G54　G90	建立坐标系	G54　G90
N30	G00　X-25　Y-25　Z50	快速移动刀具到 A 点上方	G00　X-25　Y-25　Z50
N40	S1000　M03	主轴起动	S1000　M03
N50	Z0	快速移动刀具到 A 点	Z0
N60	G01　Z-2.0　F100	切削深度为 2mm	G91　G01　Z-2.0　F100
N70	X25　Y-25　R6	切直线 AB 并在 B 处倒角	X50　Y0　R6
N80	X25　Y25　R6	切直线 BC 并在 C 处倒角	X0　Y50　R6
N90	X-25　Y25　R6	切直线 CD 并在 D 处倒角	X-50　Y0　R6
N100	X-25　Y-25　R6	切直线 DA 并在 A 处倒角	X0　Y-50　R6
N110	G00　Z100	快速抬刀	G90　G00　Z100
N120	M05　M30	程序结束	M05　M30

(3) 圆弧后倒角（直线）指令

指令格式：G17　G02　X(U) __　Y(V) __　R __　RL __；

G17　G03　X(U) __　Y(V) __　R __　RL __；

若圆弧与直线相交，交点在 G 点，加工时先加工圆弧，后加工直线，用该指令在圆弧和直线之间插入倒角加工，如图 4-16 所示。指令中的 X（U）、Y（V）值，在绝对值编程时为先加工的圆弧和后加工的直线交点 G 的坐标值；在增量值编程时，为交点 G 到先期加工的圆弧起点 A 的增量值。指令中的 R 值为先加工圆弧的半径值。指令中的 RL 值为倒角终点 C 到圆弧与直线的交点 G 的距离，实际上是直线倒角的边长。

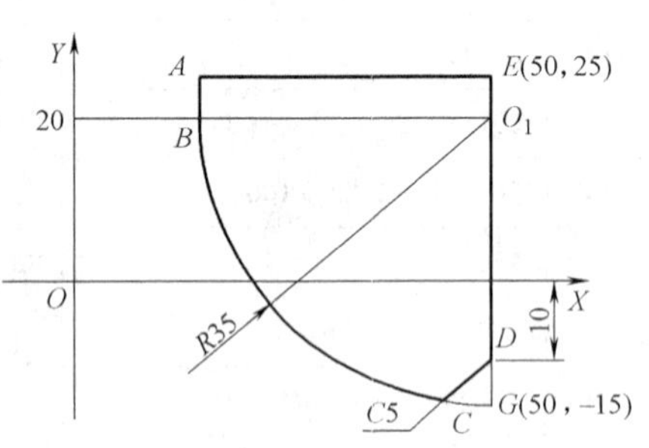

图 4-16　圆弧后倒角

例 4-8　直线后倒圆角加工编程。在图 4-16 中，按 A→B→C→D 方向切削，程序见表 4-5。

表 4-5 用圆弧后倒角指令编制的程序

序号	绝对坐标编程	解　释	相对坐标编程
N10	%4030	程序名	%4030
N20	G54　G90	建立坐标系	G54　G90
N30	G00　X15　Y25　Z50	快速移动刀具到 A 点上方	G00　X15　Y25　Z50
N40	S1000　M03	主轴起动	S1000　M03
N50	Z0	快速移动刀具到 A 点	Z0
N60	G01　Z-2.0　F100	切削深度为 2mm	G91　G01　Z-2.0　F100
N70	Y20	切削 AB 段直线	Y-5
N80	G03　X50.0　Y-15.0　R35　RL5	切削圆弧 AB 并在 B 处倒角	G03　X35.0　Y-35.0　R35　RL5
N90	G01　Y25.0	切 DE 段直线	G01　Y35.0
N110	X15.0	切 EA 段直线	X-35.0
N120	G00　Z100	快速抬刀	G90　G00　Z100
N130	M05　M30	程序结束	M05　M30

（4）圆弧后倒圆角指令

指令格式：G17　G02　X(U) __　Y(V) __　R __　RC __；

　　　　　G17　G03　X(U) __　Y(V) __　R __　RC __；

若圆弧与直线相交，交点在 *G* 点，加工时先加工圆弧，后加工直线，用该指令在圆弧和直线之间插入倒圆角加工，如图 4-17 所示。指令中的 X（U）、Y（V）值，在绝对值编程时，为先加工的圆弧和后加工的直线交点 *G* 的坐标值。在增量值编程时，为交点 *G* 到先期加工的圆弧起点 A 的增量值。指令中的 R 值为先加工圆弧的半径值。指令中的 RC 值为倒圆角的半径值。

例 4-9　直线后倒圆角加工编程。在图 4-17 中，按 *A*→*B*→*C*→*D* 方向切削，程序见表 4-6。

表 4-6　用圆弧后倒圆角指令编制的程序

序号	绝对坐标编程	解　　释	相对坐标编程
N10	%4040	程序名	%4040
N20	G54　G90	建立坐标系	G54　G90
N30	G00　X15　Y25　Z50	快速移动刀具到 *A* 点上方	G00　X15　Y25　Z50
N40	S1000　M03	主轴起动	S1000　M03
N50	Z0	快速移动刀具到 *A* 点	Z0
N60	G01　Z-2.0　F100	切削深度为 2mm	G91　G01　Z-2.0　F100
N70	Y20	切削 *AB* 段直线	Y-5
N80	G03　X50.0　Y-15.0　R35　RC5	切削圆弧 *AB* 并在 *B* 处倒角	G03　X35.0　Y-35.0　R35　RC5
N90	G01　Y25.0	切 *DE* 段直线	G01　Y35.0
N110	X15.0	切 *EA* 段直线	X-35.0
N120	G00　Z100	快速抬刀	G90　G00　Z100
N130	M05　M30	程序结束	M05　M30

4. 圆弧切削及倒角加工指令编程举例

例 4-10　圆弧加工综合编程。图形如图 4-18 所示。

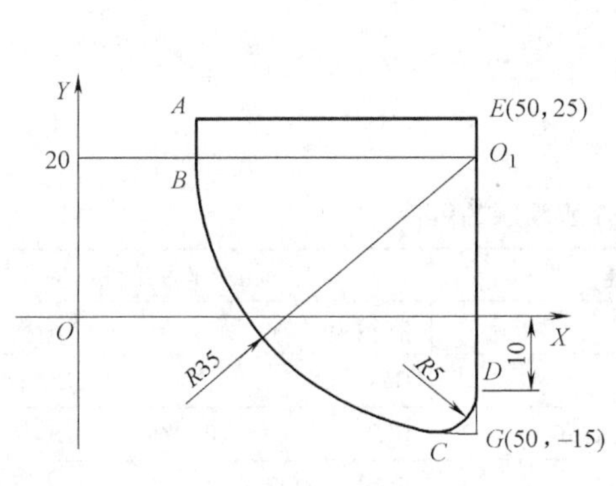

图 4-17　圆弧后倒角

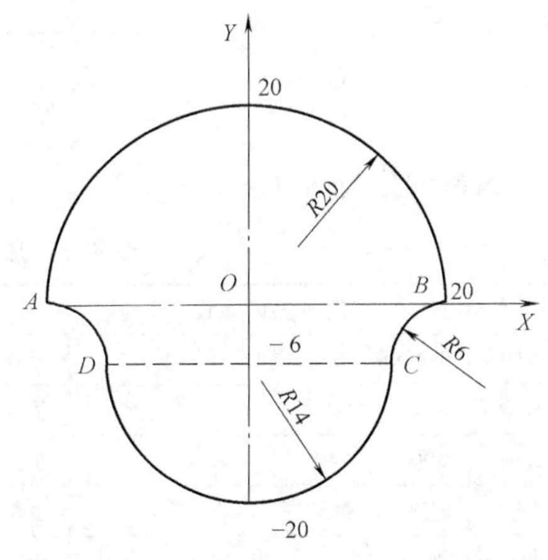

图 4-18　圆弧加工综合编程零件图

编制程序见表4-7。

表4-7 圆弧加工综合编程实例程序

序号	绝对坐标编程	解　释	相对坐标编程
N10	%4050	程序名	%4050
N20	G54　G90	建立坐标系	G54　G90
N30	G00　X-20　Y0　Z50.0	快速移动刀具到A点上方	G00　X-20　Y0　Z50.0
N40	S1000　M03	主轴起动	S1000　M03
N50	Z0	快速移动刀具到A点	Z0
N60	G01　Z-2.0　F200	切削深度为2mm	G91　G01　Z-2.0　F200
N70	G02　X20　Y0　R20	切削AB段圆弧	G02　X40　Y0　R20
N80	G03　X14　Y-6　R6	切削BC段圆弧	G03　X-6　Y-6　R6
N90	G02　X-14　Y-6　R14	切削CD段圆弧	G02　X-28　Y0　R14
N100	G03　X-20　Y0　R6	切削DA段圆弧	G03　X-6　Y6　R6
N110	G00　Z100	快速抬刀	G90　G00　Z100
N120	M05　M30	程序结束	M05　M30

例4-11　平面轮廓零件编程。零件如图4-19所示。

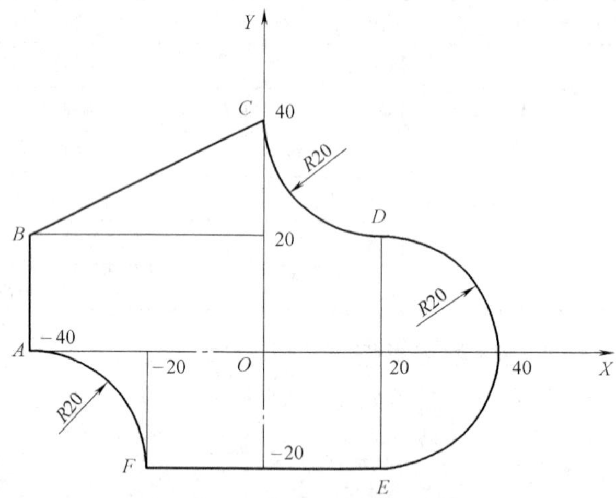

图4-19　平面轮廓零件编程

编制程序见表4-8。

表4-8 加工平面轮廓零件所编制的程序

序号	绝对坐标编程	解　释	相对坐标编程
N10	%4060	程序名	%4060
N20	G54　G90	建立坐标系	G54　G90
N30	G00　X-40　Y0　Z50.0	快速移动刀具到A点上方	G00　X-40　Y0　Z50.0
N40	S1000　M03	主轴起动	S1000　M03
N50	Z0	快速移动刀具到A点	Z0

（续）

序号	绝对坐标编程	解　　释	相对坐标编程
N60	G01　Z-2.0　F200	切削深度为2mm	G91　G01　Z-2.0　F200
N70	X-40　Y20	切削 *AB* 段直线	X0　Y20
N80	X0　Y40	切削 *BC* 段直线	X40　Y20
N90	G03　X20　Y20　I20　J0	切削 *CD* 段圆弧	G03　X20　Y-20　I20　J0
N100	G02　X20　Y-20　I0　J-40	切削 *DE* 段圆弧	G02　X20　Y-40　I0　J-40
N110	G01　X-20　Y-20	切削 *EF* 段直线	G01　X-40　Y0
N120	G03　X-40　Y0　I-20　J0	切削 *FA* 段圆弧	G03　X-20　Y20　I-20　J0
N130	G00　Z100	快速抬刀	G90　G00　Z100
N140	M05　M30	程序结束	M05　M30

例 4-12　圆弧加工综合举例。零件如图 4-20 所示。

上图中，通过计算机分析或数学计算，圆弧曲线各节点的坐标分别为：

A（-20，0），*F*（1.414，-16.414），*B*（-2.857，6.999），*G*（-1.414，-16.414），*C*（2.857，6.999），*H*（-4.49，-19.49），*D*（20，0），*E*（4.49，-19.49）。

编制的程序见表 4-9。

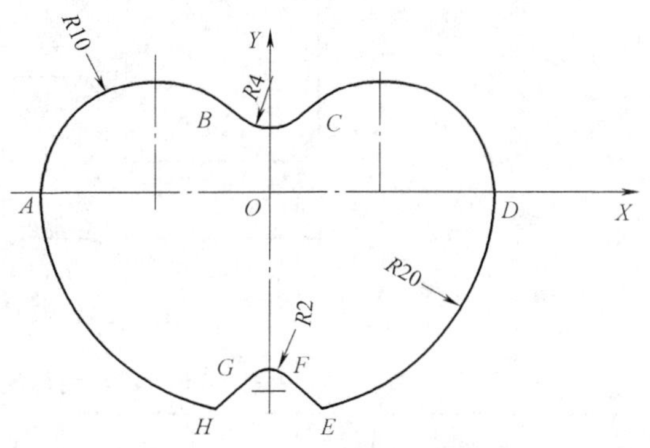

图 4-20　圆弧加工综合举例

表 4-9　圆弧加工综合举例程序

序号	绝对坐标编程	解　　释	相对坐标编程
N10	%4070	程序名	%4070
N20	G54　G90	建立坐标系	G54　G90
N30	G00　X-20　Y0　Z50.0	快速移动刀具到 *A* 点上方	G00　X-20　Y0　Z50.0
N40	S1000　M03	主轴起动	S1000　M03
N50	Z0	快速移动刀具到 *A* 点	Z0
N60	G01　Z-2.0　F200	切削深度为 2mm	G91　G01　Z-2.0　F200
N70	G02　X-2.857　Y6.999　R10	切削 *AB* 段圆弧	G02　X14.202　Y6.999　R10
N80	G03　X2.857　Y6.999　R4	切削 *BC* 段圆弧	G03　X5.714　Y0　R4
N90	G02　X20　Y0　R10	切削 *CD* 段圆弧	G02　X14.202　Y-6.999　R10
N100	G02　X4.49　Y-19.49　R20	切削 *DE* 段圆弧	G02　X-15.51　Y-19.49　R20
N110	G01　X1.414　Y-16.414	切削 *EF* 段直线	G01　X-3.076　Y3.076
N120	G03　X-1.414　Y-16.414　R2	切削 *FG* 段圆弧	G03　X-2.828　Y0　R2
N130	G01　X-4.49　Y-19.49	切削 *GH* 段直线	G01　X3.076　Y3.076
N140	G02　X20　Y0　R20	切削 *HA* 段圆弧	G02　X15.51　Y19.49　R20
N150	G00　Z100	快速抬刀	G90　G00　Z100
N160	M05　M30	程序结束	M05　M30

例 4-13 直线后倒圆角加工编程。在图 4-21 中，按 $A \to B \to C \to D \to E \to F \to G \to H \to I \to J \to K \to L \to M \to N \to O \to P \to A$ 方向切削（A、B、C、D、E、F、G、H、I、J、K、L、M、N、O、P 点为各交点）。程序见表 4-10。

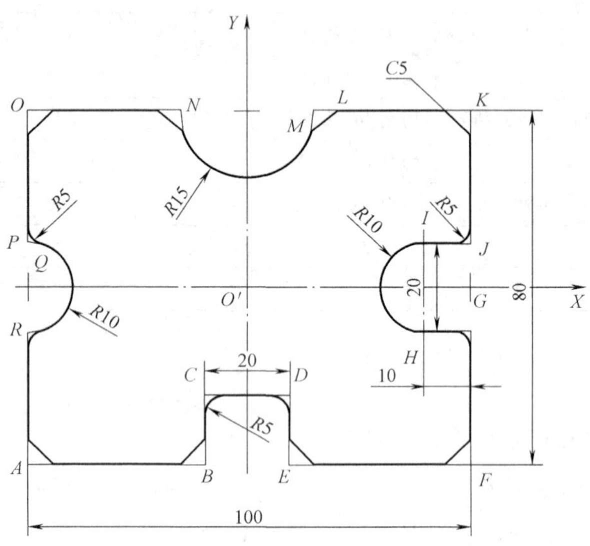

图 4-21 倒角加工综合举例

表 4-10 用直线后倒圆角指令编制的程序

序号	绝对坐标编程	解　　释	相对坐标编程
N10	%4080	程序名	%4080
N20	G54　G90	建立坐标系	G54　G90
N30	G00　X-50　Y-40　Z50	快速移动刀具到 A 点上方	G00　X-50　Y-40　Z50
N40	S1000　M03	主轴起动	S1000　M03
N50	Z0	快速移动刀具到 A 点	Z0
N60	G01　Z-2.0　F200	切削深度为 2mm	G91　G01　Z-2.0　F200
N70	G01　X-10　Y-40　C5	切削 AB 直线，B 点倒角	G01　X40　Y0　C5
N80	X-10　Y-25　R5	切削 BC 直线，C 点倒圆	X0　Y15　R5
N90	X10　Y-25　R5	切削 CD 直线，D 点倒圆	X20　Y0　R5
N100	X10　Y-40　C5	切削 DE 直线，E 点倒角	X0　Y-25　C5
N110	X50　Y-40　C5	切削 EF 直线，F 点倒角	X40　Y0　C5
N120	X50　Y-10　R5	切削 FG 直线，G 点倒圆	X0　Y30　R5
N130	X40　Y-10	切削 GH 直线	X-10　Y0
N140	G02　X40　Y10　R10	切削 HI 圆弧	G02　X10　Y0　R10
N150	G01　X50　Y10　R5	切削 IJ 直线，J 点倒圆	G01　X10　Y0　R5
N160	X50　Y40　C5	切削 JK 直线，K 点倒角	X0　Y30　C5
N170	X20　Y40	切削 KL 直线	X-30　Y0
N180	X14.174　Y35.092	切削 LM 直线倒角	X-5.826　Y-4.908

（续）

序号	绝对坐标编程	解　　释	相对坐标编程
N190	G03　X-15　Y40　RL5	切削 *MN* 圆弧，*N* 点倒角	G03　X-29.174　Y4.908　RL5
N200	G01　X-50　Y40　C5	切削 *NO* 直线	G01　X35　Y0　C5
N210	X-50　Y15	切削 *OP* 直线	X0　Y-25
N220	G03　X-46.667　Y9.428　R5	切削 *PQ* 圆弧	G03　X3.333　Y-5.572　R5
N230	G02　X-50　Y-10　RC5	切削 *QR* 圆弧，*R* 点倒圆	G02　X3.333　Y-19.428　RC5
N240	X-50　Y-40　C5	切削 *RA* 直线，*A* 点倒角	X0　Y-30　C5
N250	G00　Z100	快速抬刀	G90　G00　Z100
N260	M05　M30	程序结束	M05　M30

5. 螺旋线切削指令 G02 或 G03

指令格式：G17{G02/G03}　X__　Y__　{R__/I__J__}　Z__　F__；

G18{G02/G03}　X__　Z__　{R__/I__K__}　Y__　F__；

G19{G02/G03}　Y__　Z__　{R__/J__K__}　X__　F__；

在圆弧插补的同时，指令垂直于插补平面的轴移动一个距离，即是螺旋线插补。垂直轴的值是垂直轴作直线移动的终点坐标。

例 4-14　螺旋线切削编程。如图 4-22 所示，按 *A*→*B* 方向进行切削，程序见表 4-11。

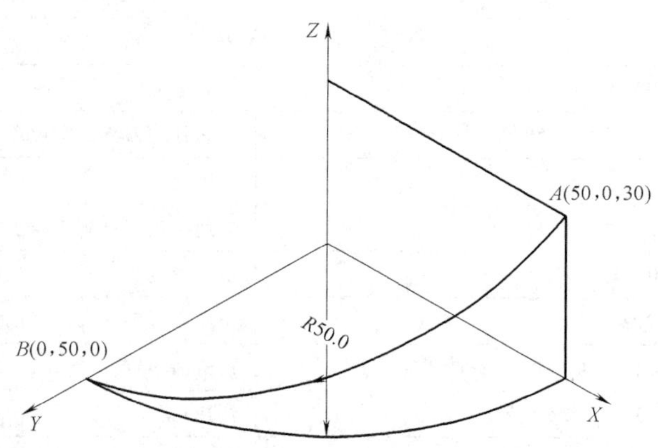

图 4-22　螺旋线切削编程举例

表 4-11　用螺旋线切削指令编制的程序（一）

序号	绝对坐标编程	解　　释	相对坐标编程
N10	%4090	程序名	%4090
N20	G54　G90	建立坐标系	G54　G90
N30	G00　X50　Y0　Z50	快速移动刀具到 *A* 点上方	G00　X50　Y0　Z50
N40	S1000　M03	主轴起动	S1000　M03
N50	G01　Z30　F200	进给到 *A* 点	G91　Z-20　F200
N60	G02　X0　Y-50　R50　Z0	切削螺旋线 *AB*	G02　X-50　Y50　R50　Z0
N70	G00　Z100	快速抬刀	G90　G00　Z100
N80	M05　M30	程序结束	M05　M30

例 4-15 螺旋线切削编程。如图 4-23 所示，采用螺旋铣削的方式加工图中 ϕ40mm 的孔，加工孔的深度为 20mm，如图 4-24 所示。程序见表 4-12。

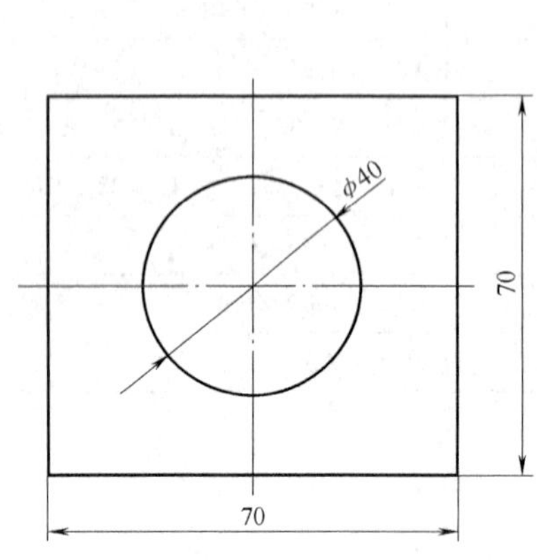

图 4-23 螺旋线切削编程举例

图 4-24 刀具螺旋铣削曲线

表 4-12 用螺旋线切削指令编制的程序（二）

序号	绝对坐标编程	解　释
N10	%4100	程序名
N20	G54　G90	建立坐标系
N30	G00　X10　Y0　Z50.0	快速移动刀具到定位点
N40	S1000　M03	主轴起动
N50	Z5	快速移动刀具到 A 点上方
N60	G01　Z0　F100	切削深度为 5mm
N70	M98　P2020	调用子程序%20，执行 20 次
N80	G90　G01　X0　Y0	进给回零点
N90	G00　Z50	快速抬刀
N100	M05　M30	程序结束
	子程序：	
N110	%20	子程序号
N120	G91　G03　I-10　Z-1　F50	相对坐标编程，向下螺旋铣削
N130	M99	子程序结束，返回主程序

注：这种切削方式常用于孔的精加工，螺旋下刀铣削等。

八、刀具补偿功能指令

1. 刀具半径补偿

（1）刀具半径补偿的目的　数控铣床上进行轮廓的铣削加工时，由于刀具半径的存在，刀具中心轨迹和工件轮廓不重合，如图 4-25 所示。如果系统没有半径补偿功能，则只能按刀心轨迹进行编程，即在编程时事先加上或减去刀具半径，其计算相当复杂，计算量大，尤其当刀具磨损、重磨或换新刀后，刀具半径发生变化时，必须从新计算刀心轨迹，修改程序，这样既繁琐，又不利于保证加工精度。当数控系统具备刀具半径补偿功能时，数控编程只需按工件轮廓进行，数控系统会自动计算刀心轨迹，使刀具偏离工件轮廓一个刀具半径值，即进行刀具半径补偿。这样即简化了编程，又能很容易地调整加工轮廓的尺寸。

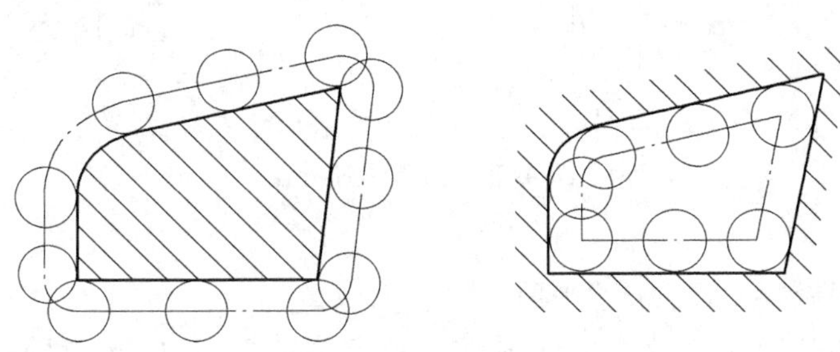

图 4-25　刀心轨迹与工件轮

（2）刀具半径补偿指令 G40、G41、G42

建立刀补
- G17　G41(G42)　G00(G01)　X__　Y__　D__;
- G18　G41(G42)　G00(G01)　X__　Z__　D__;
- G19　G41(G42)　G00(G01)　Y__　Z__　D__;

取消刀补
- G40　G00(G01)　X__　Y__;
- G40　G00(G01)　X__　Z__;
- G40　G00(G01)　Y__　Z__;

说明：G40：取消刀具半径补偿指令。

注：

1）G40 必须与 G41 或 G42 成对使用。

2）编入 G40 的程序段为撤销刀具半径补偿的程序段，必须编入撤刀补的轨迹，用 G01 或 G00 指令和数值，如：N100　G40　G01　X0　Y0。

3）G40 是模态指令，机床初始状态为 G40。

G41：左刀补（在刀具前进方向左侧补偿）；G41 是刀具半径左补偿指令。顺着刀具直线前进的方向看，刀具在左边，工件在右边，此时刀心在工件的左边，离工件的轮廓相差一个刀具半径，需对刀具进行左补偿；其补偿值用 D 及后面的号码确定，如图 4-26 所示。

G42：右刀补（在刀具前进方向右侧补偿）；G42 为刀具半径右补偿指令。顺着刀具直线前进的方向看，刀具在右边，工件在左边，此时刀心在工件的右边，离工件的轮廓相差一个刀具半径，需对刀具进行右补偿。其补偿值用 D 及后面的号码确定，如图 4-25 所示。

G17：刀具半径补偿平面为 *XY* 平面。

G18：刀具半径补偿平面为 *ZX* 平面。

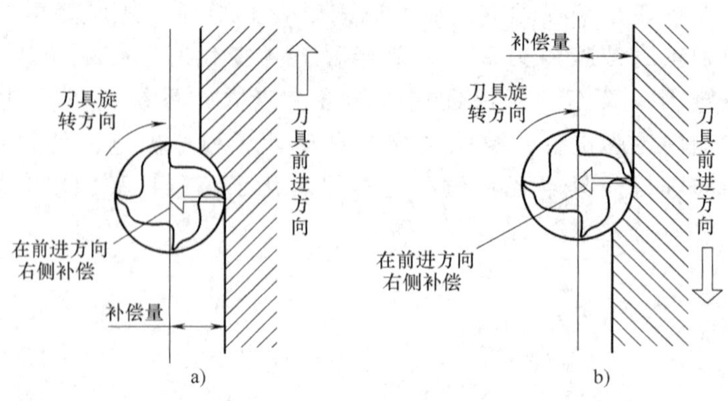

图 4-26　刀具半径补偿

a）左补偿　b）右补偿

G19：刀具半径补偿平面为 *YZ* 平面。

X、Y、Z：G00/G01 的参数，即刀补建立或取消的终点（注：投影到补偿平面上的刀具轨迹受到补偿）。

D：G41/G42 的参数，即刀补号码（D00～D99），它代表了刀补表中对应的半径补偿值。各个刀具的偏置量存放在偏置存储器中，用 H00～H99 来指定偏置号。如 D01 就是调用在刀具偏置表中第一号刀具的半径补偿值。D00 意味着取消刀具补偿。刀具补偿值在加工或试运行之前须设定在刀具半径补偿存储器中。

G40、G41、G42 都是模态代码，可相互注销。

（3）使用刀具半径补偿的注意事项

1）刀具半径补偿平面的切换必须在补偿取消方式下进行。

2）刀具半径补偿的建立与取消只能用 G00 或 G01 指令，而不能采用圆弧插补指令，如是 G02 或 G03。

3）取消刀具半径补偿功能后，刀具中心轨迹与编程轨迹重合。在一个程序结束之前，必须取消刀具半径补偿，否则，刀具在终点定位将偏离一个刀具半径值。

4）G41 程序中必须有 G01 或 G00 功能及对应的坐标参数才有效，以用于建立刀补。

5）G41 与 G40 之间不得出现任何转移、更换平面的加工指令，如镜像、子程序等。

6）当改变刀具补偿号时，必须先用 G40 取消当前的刀补。

7）必须在远离工件的地方建立、取消刀补，且应与选定好的切入点和进刀方式协调，保证刀具半径补偿的有效性。如果建立刀补后需切削的第一段轨迹为直线，则建立刀补的轨迹应在其延长线上；若为圆弧，则建立刀补的轨迹应在圆弧的切线上。如果撤销刀补前的切削轨迹为直线，则刀具在移至目标点后应继续沿其延长线移动至少一个刀具半径后，再撤消刀补；若为圆弧，则刀具在移至目标点后应沿圆弧的切线方向移动至少一个刀具半径后，再撤销刀补。

8）G41 是模态指令。

（4）使用刀具半径补偿时应避免过切削现象　它包括以下三种情况：

1）使用刀具半径补偿和取消刀具半径补偿时，刀具必须在所补偿的平面内移动，移动距离应大于刀具补偿值。

2）加工半径小于刀具半径的内圆弧时，进行半径补偿将产生过切削，如图 4-27 所示。只有“过渡圆角 $R \geqslant$ 刀具半径 r + 精加工余量”的情况下才能正常切削。

3）被铣削槽底宽小于刀具半径时将产生过切削，如图 4-28 所示。

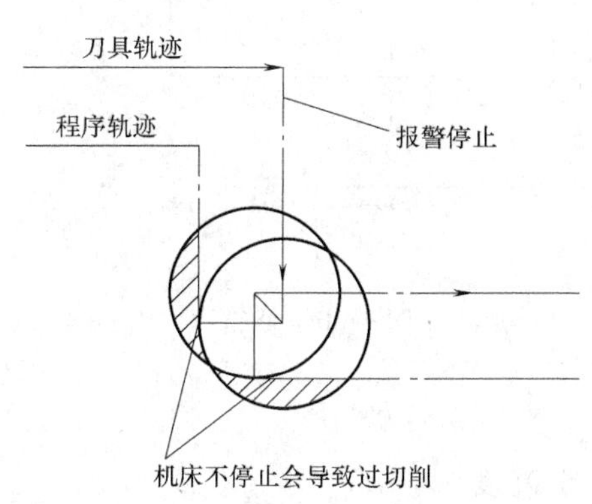

图 4-27　刀具半径大于工件内凹圆弧半径

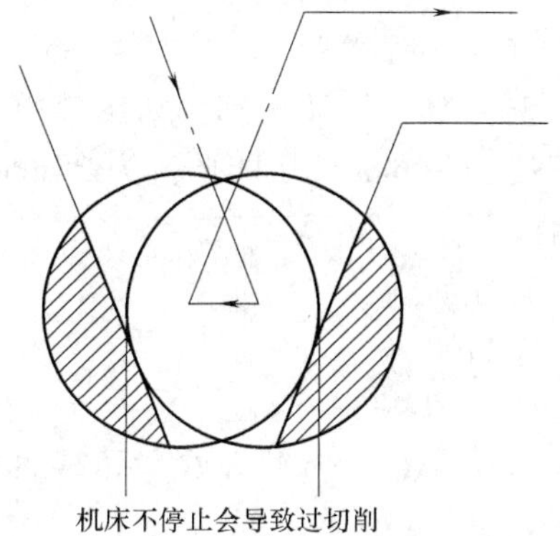

图 4-28　刀具半径大于工件槽底宽度

（5）刀具半径补偿的作用

刀具半径补偿除了方便编程外，还可以通过改变刀具半径补偿大小的方法，利用同一程序实现粗、精加工。其中：

粗加工刀具半径补偿 = 刀具半径 + 精加工余量

精加工刀具半径补偿 = 刀具半径 + 修正量

利用刀具半径补偿并用同一把刀具进行粗、精加工时，刀具半径补偿原理如图 4-29 所示。

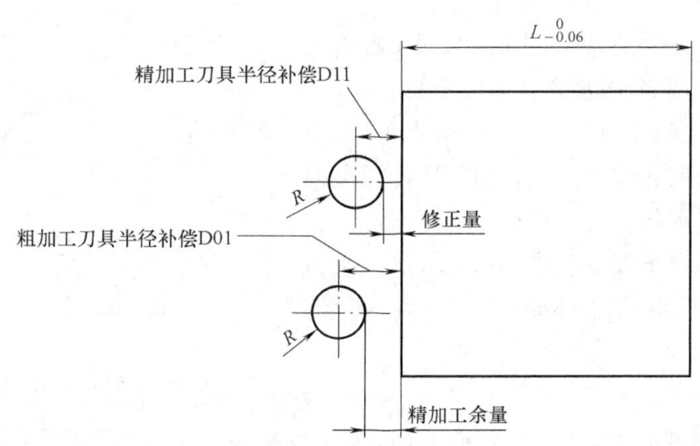

图 4-29　利用刀具半径补偿进行粗、精加工

如图 4-29 所示，刀具为 ϕ20mm 立铣刀，现零件粗加工后给精加工留单边余量为 1.0mm，则粗加工刀具半径补偿 D01 的值为

$$R_{补} = R_{刀} + 1.0\text{mm} = 10.0\text{mm} + 1.0\text{mm} = 11.0\ \text{mm}$$

粗加工后实测尺寸为 $L + 0.08$mm，则精加工刀具半径补偿 D11 的值应为

$$R_{补}=11.0\text{mm}-\frac{0.08+\left(\frac{0.06}{2}\right)\text{mm}}{2}$$
$$=10.945\text{mm}$$

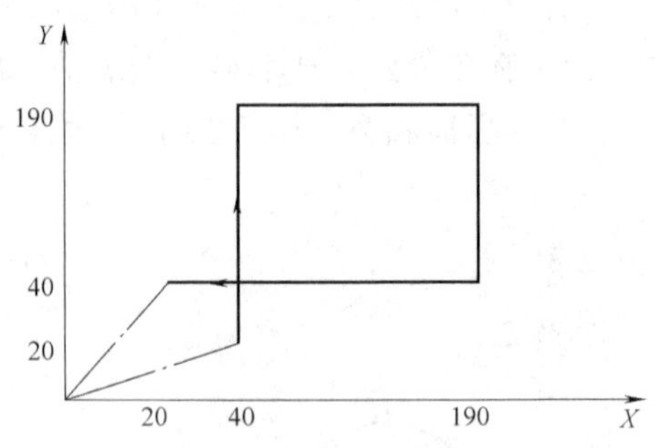

图 4-30　外轮廓

（6）编程举例

例 4-16　铣外轮廓。如图 4-30 所示，切削深度为 10mm，刀具半径为 20mm，材料为 45 钢。

程序如下：

```
%4100
G17  G90  G54;                选平面,建立坐标系
G00  X0  Y0  S800  M03;       起动主轴
Z100  M08;                    刀具快速移动至安全高度
Z5;                           移至进刀点
G01  Z-10  F50;               进给至切削深度
G41  X40  Y20  D01;           刀具左补偿
Y190  F100;                   切削图形左边直线段
X190;                         切削图形上边直线段
Y40;                          切削图形右边直线段
X20;                          切削图形下边直线段
G40  G00  X0  Y0;             取消刀具补偿
Z100;                         退刀至安全高度
M05  M30;                     程序结束
```

注：1）远离工件的地方进退刀，因侧刃与底刃同时切削，刀具 Z 向进给时速度应慢。

2）进退刀时（X、Y）与 Z 应分为两行书写，避免三轴联动时走斜线而引起的刀具与夹具的干涉，发生撞刀事故。

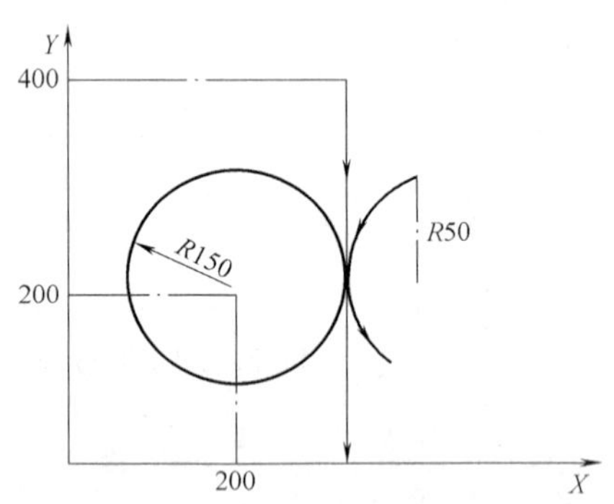

图 4-31　外圆轮廓

例 4-17　铣外圆轮廓。如图 4-31 所示，切削深度为 10mm，刀具半径为 20mm，材料为 45 钢。

1）直线切线切入

```
%4120
G17  G90  G54;                选平面,建立坐标系
G00  X0  Y0  S800  M03;       起动主轴
Z100  M08;                    刀具快速移动至安全高度
Z5;                           移至进刀点
G41  X350  Y400  D01;         刀具左补偿
G01  Z-10  F100;              进给至切削深度
Y200  F200;                   进给至切削起点
```

```
G02  I-150;                    加工R150mm整圆
G01  Y0;                       移至退刀点
G40  G00  X0  Y0;              取消刀具补偿
Z100;                          退刀至安全高度
M05  M30;                      程序结束
```

2）圆弧切入

```
%4130
G17  G90  G54;                 选平面,建立坐标系
G00  X0  Y0  S800  M03;        起动主轴
Z100  M08;                     刀具快速移动至安全高度
Z5;                            移至进刀点
X400  Y200;                    刀具左补偿
G41  X400  Y250  D01;          刀具左补偿
G01  Z-10  F100;               进给至切削深度
G03  X350  I-50;               圆弧进刀
G02  I-150  F200;              加工R150mm整圆
G03  X400  Y150  I150;         圆弧退刀
G40  G00  X0  Y0;              取消刀具补偿
Z100;                          退刀至安全高度
M05  M30;                      程序结束
```

例4-18 考虑刀具半径补偿，编制图4-32所示零件的加工程序：要求建立如图4-32所示的工件坐标系，按箭头所指示的路径进行加工，设加工开始时刀具距离工件上表面50mm，切削深度为5mm。

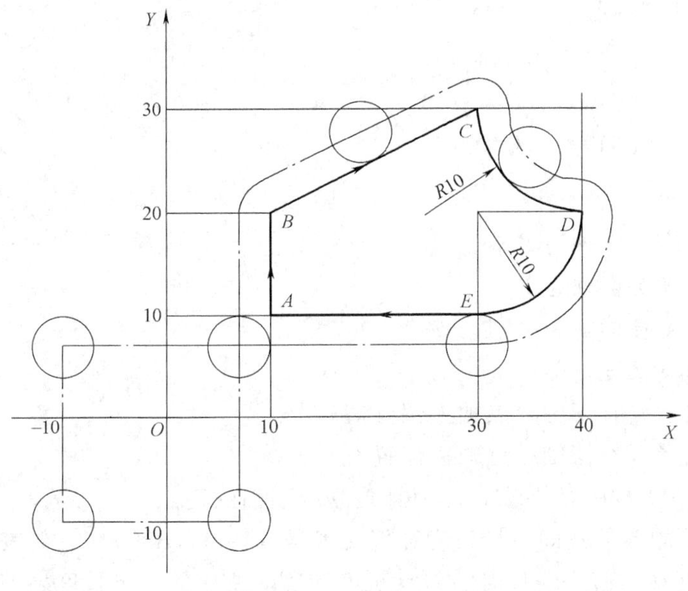

图4-32 刀具半径补偿编程

零件程序如下：

```
%4140
G92  X-10  Y-10  Z50;              建立工件坐标系
G90  G17;                          采用绝对坐标
G41  G00  X10  Y-10  D01;          刀具左刀补偿，将刀具进给至切削起点
Z2  M03  S2000;
G01  Z-5  F400;                    切削深度为5mm
Y20;                               加工图形左部的直线段
X30  Y30;                          加工图形上部的斜线段
G03  X40  Y20  I10  J0;            加工右上部R10mm圆弧
G02  X30  Y10  I-10  J0;           加工右下部R10mm圆弧
G01  X-10  Y10;                    加工图形左部的直线段
G40  X-10  Y-10;                   取消刀具补偿
G00  Z50;                          回坐标原点
M05  M30;                          程序结束
```

2. 刀具长度补偿

（1）刀具长度补偿的目的　加工中心、数控镗铣床、数控钻床等刀具装在主轴上，由于刀具长度不同，装刀后刀尖所在位置不同，即使是同一把刀具，由于磨损、重磨变短，重装后刀尖位置也会发生变化。如果要用不同的刀具加工同一工件，确定刀尖位置是十分重要的。为了解决这一问题，我们把刀尖位置都设在同一基准上，一般刀尖基准是刀柄测量线（或是装在主轴上的刀具使用主轴前端面，装在刀架上的刀具可以是刀架前端面）。编程时不用考虑实际刀具的长度偏差，只以这个基准进行编程，而刀尖的实际位置由G43、G44来修正。

（2）刀具长度补偿G43、G44、G49

指令格式：$\begin{Bmatrix} G17 \\ G18 \\ G19 \end{Bmatrix} \begin{Bmatrix} G43 \\ G44 \\ G49 \end{Bmatrix} \begin{Bmatrix} G00 \\ G01 \end{Bmatrix}$ X__　Y__　Z__　H__

说明：

G17：刀具长度补偿轴为 Z 轴。

G18：刀具长度补偿轴为 Y 轴。

G19：刀具长度补偿轴为 X 轴。

G49：取消刀具长度补偿。

G43：正向偏置（补偿轴终点加上偏置值）。

G44：负向偏置（补偿轴终点减去偏置值）。

X、Y、Z：G00/G01的参数，即刀补建立或取消的终点。

H：G43/G44的参数，即刀具长度补偿偏置号（H00～H99），它代表了刀具表中对应的长度补偿值。长度补偿值是编程时的刀具长度和实际使用的刀具长度之差。

所谓正向偏置，就是实际使用的刀具长度比编程时的标准刀具长，用G43指令，使刀

具朝 Z 轴正方向移动一个偏置量；

所谓负向偏置，就是实际使用的刀具长度比编程时的标准刀具短，用 G44 指令，使刀具朝 Z 轴负方向移动一个偏置量。

G43、G44、G49 都是模态代码，可相互注销。如图 4-33 所示。由输入的相应地址号 H 代码从刀具表（偏置存储器）中选择刀具长度偏置值。该功能补偿编程刀具长度和实际使用的刀具长度之差，而不用修改程序。偏置号可用 H00 ~ H99 来指定，偏置值与偏置号对应，可通过 MDI 功能先设置在偏置存储器中。

（3）使用刀具半径补偿的注意事项

1）无论是绝对指令还是增量指令，由 H 代码指定的已存入偏置存储器中的偏置值在 G43 时加，在 G44 时则是从长度补偿轴运动指令的终点坐标值中减去，计算后的坐标值成为终点。

2）刀具长度补偿指令通常在下刀及提刀的直线段程序 G00 或 G01 中，同时要在一定的安全高度上，否则会造成事故。

3）使用多把刀具时，通常是每一把刀具对应一个刀长补偿号，下刀时使用 G43 或 G44，该刀具加工结束后提刀时使用 G49 取消刀长补偿。

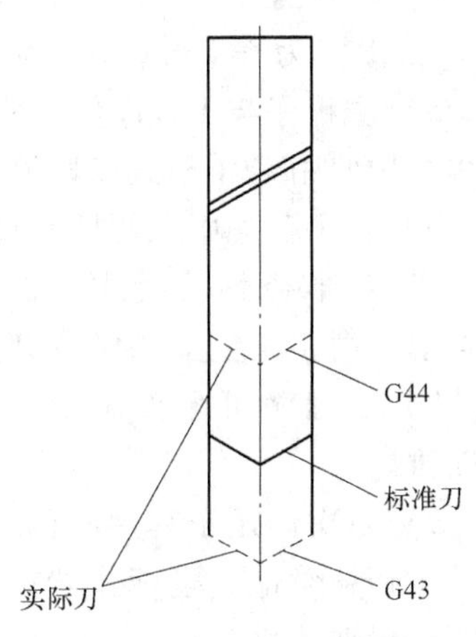

图 4-33　长度补偿

4）在实际使用时，因为刀具的长度补偿值可以是正值或负值，所以常用 G43，而很少用 G44。正或负方向的移动，靠变换 H 代码的正负值来实现。

5）补偿一旦取消，以后的程序段便没有补偿。同样的，也可采用 G43H00 或 G44H00 来替代 G49 的取消刀具长度补偿功能。

九、子程序调用指令 M98、M99

编程时，为了简化程序的编制，当一个工件上有相同的加工内容时，常用调子程序的方法进行编程。调用子程序的程序叫做主程序。数控系统按主程序的指令运行，但在主程序中遇见调用子程序的指令时，数控系统将开始按子程序的指令运行；在子程序中遇见调用结束指令时，自动返回到调用该子程序的主程序，并重新按主程序的指令运行。

1. 调用子程序 M98 指令

指令格式：M98　P××××；

指令功能：调用子程序

指令说明：P 为要调用的子程序号。××××为重复调用子程序的次数，若只调用一次子程序可省略不写，系统允许重复调用次数为 1 ~ 9999 次。

2. 子程序结束 M99 指令

指令格式：M99

指令功能：子程序运行结束，返回主程序。

3. 指令说明

1）执行到子程序结束 M99 指令后，返回至主程序，继续执行 M98　P××××程序段下面的主程序。

2）若子程序结束指令用 M99 P __格式时，表示执行完子程序后，返回到主程序中由 P __指定的程序段。

3）若在主程序中插入 M99 程序段，则执行完该指令后返回到主程序的起点。

4. 注意事项

1）子程序是以 O 开始，以 M99 结尾的，子程序是相对于主程序而言的。

2）M98 置于主程序中，表示开始调用子程序。

3）M99 置于子程序中，表示子程序结束，返回主程序。

4）P __为程序号，L __为调用次数。

5）主程序与子程序间的模态代码互相有效。如主程序中使用 G90 模式，调用子程序，子程序中使用 G91 模式，则返回主程序时，在主程序里 G91 模式继续有效。

6）在子程序中多使用 G91 模式编程。

7）在半径补偿模式下，如无特殊考虑，则应避免主子程序切换。

8）子程序可多重调用，最多可达四重。

9）每次调用子程序时的坐标系，刀具半径补偿值、坐标位置、切削用量等可根据情况改变。

10）在 MDI 方式下，使用子程序调用指令是无效的。

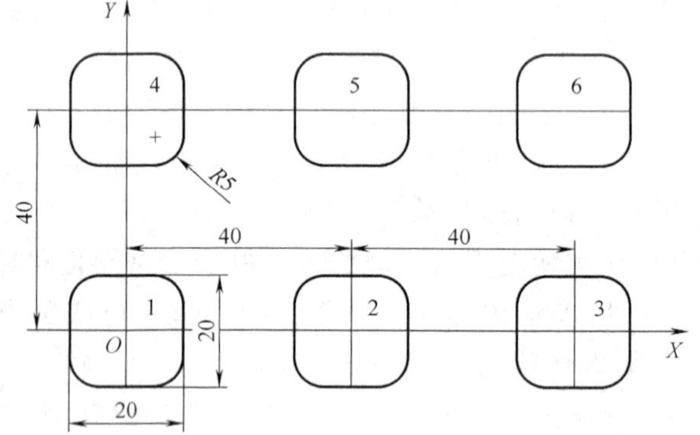

图 4-34 零件图

例 4-19 如图 4-34 所示，在一块平板上加工 6 个边长为 20mm 的倒圆正方形，每边的槽深为 5mm，工件上表面为 *Z* 向零点。其程序的编制就可以采用调用子程序的方式来实现（编程时不考虑刀具补偿）。

主程序：

%4150	
G54 G90 G00 Z40 F200;	进入工件加工坐标系
M03 S1000;	主轴起动
G01 Z5;	进给到工件表面上方
X－20 Y0;	到 1#正方形的左边
M98 P20;	调 20 号切削子程序切削正方形
G90 G01 X20 Y0;	到 2#正方形上顶点
M98 P20;	调 20 号切削子程序切削正方形
G90 G01 X60 Y0;	到 3#正方形上顶点
M98 P20;	调 20 号切削子程序切削正方形
G01 X－20 Y40;	到 4#正方形的左边
M98 P20;	调 20 号切削子程序切削正方形

```
G90  G01  X20  Y40;           到5#正方形上顶点
M98  P20;                     调20号切削子程序切削正方形
G90  G01  X60  Y40;           到6#正方形上顶点
M98  P20;                     调20号切削子程序切削正方形
G90  G01  Z40  F2000;         抬刀
M05;                          主轴停
M30;                          程序结束
子程序:
%20
G01  Z-5  F200;               切削深度为5mm
G41  X-10  Y0  D01;           左刀补，将刀具进给至切削起点
Y5;                           沿切向切入，加工正反形左部的直线段
G02  X-5  Y10  R5;            加工左上角R5mm的倒圆
G01  X5;                      加工正反形上部的直线段
G02  X10  Y5  R5;             加工右上角R5mm的倒圆
G01  Y-5;                     加工正反形右部的直线段
G02  X5  Y-10  R5;            加工右下角R5mm的倒圆
G01  X-5;                     加工正反形下部的直线段
G02  X-10  Y-5  R5;           加工左下角R5mm的倒圆
G01  Y0;                      加工正反形左部的直线段
X-20;                         刀具切出
G40  G00  Z10;                取消刀补，快速抬刀
X0  Y0;                       将刀具快速移至工件坐标系原点
M99;                          结束子程序，返回主程序
```

十、简化编程指令

1. 镜像指令 G24、G25

(1) 镜像功能　当零件轮廓相对于某一个坐标轴具有对称形状时，可以用子程序先对零件轮廓的一部分编程，再利用镜像功能和子程序，加工出零件的对称部分，这就是镜像功能。在镜像功能中，当某一个坐标轴的镜像有效时，该坐标轴执行与编程方向相反的切削运动。

(2) 镜像指令 G24、G25

指令格式：G24　X__　Y__　Z__　U__　V__　W__

　　　　　M98　P__

　　　　　G25

在 G17 指令后的镜像指令，只能在 *XY* 平面上镜像；在 G18 指令后的镜像指令，只能在 *XZ* 平面上镜像；在 G19 指令后的镜像指令，只能在 *YZ* 平面上镜像。

G24 指令的功能是建立镜像，其镜像位置就是该指令坐标轴后的坐标值。

如：G24　X0，其镜像位置就是 *Y* 轴。

用 G24 指令建立镜像后，要用 M98 指令调用对称轮廓的子程序，才能实现镜像加工，镜像加工完成后，要用指令 G25 来取消这一次的镜像。如果还需要镜像加工，则要重复使用 G24、M98、G25 指令。

（3）镜像指令编程与加工举例

例 4-20 使用镜像功能编制如图 4-35 所示轮廓的加工程序。设刀具起点距工件上表面 10mm，切削深度为 2mm。预先在 MDI 功能中“刀具表”设置 01 号刀具半径值项 D01 = 6.0，长度值项 H01 = 4.0。

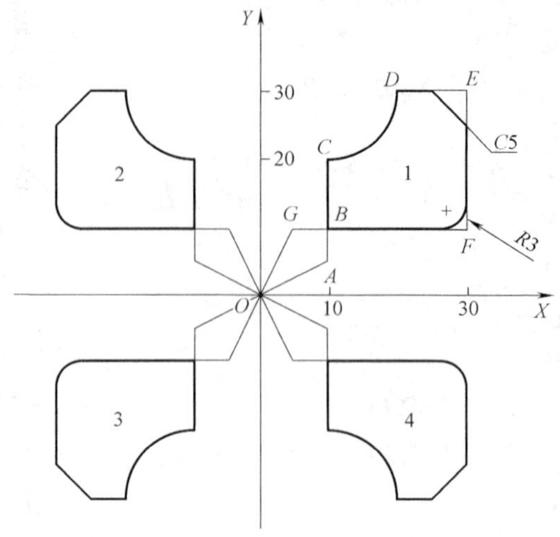

图 4-35 镜像指令编程与加工

主程序：

```
%4150
G92  X0  Y0  Z10;          建立工件坐标系
G91  G17  M03  S1000;
M98  P100;                 调用子程序号为 100 的子程序,加工 1 号件
G24  X0;                   以 Y 轴镜像,镜像位置为 X = 0
M98  P100;                 调用子程序号为 100 的子程序,加工 2 号件
G25  X0;                   取消镜像轴 Y 轴
G24  X0  Y0;               以原点为镜像点
M98  P100;                 调用子程序号为 100 的子程序,加工 3 号件
G25  X0  Y0;               取消原点为镜像点
G24  Y0;                   以 X 轴镜像,镜像位置为 Y = 0
M98  P100;                 调用子程序号为 100 的子程序,加工 4 号件
G25  Y0;取消镜像
M30
```

```
子程序                      1 号件的加工程序
%100;
G41  G00  X10  Y5  D01;    刀具半径左补偿,快速移至切削开始点,O→A
G43  Z2  H01;              长度补偿,刀具接近工件上表面
G01  Z-2  F300;            Z 进刀,切削深度为 2mm
Y10;                       进给 A→B
Y20;                       切削 B→C
G03  X20  Y30  R10;        切削圆弧 C→D
G01  X30  Y20  C5;         切削 D→E,并在 E 点倒角 C5
G01  Y10  R3;              切削 E→F,并在 F 点倒圆 R3mm
```

```
X5;                        切削 F→G
G49  G00  Z50;             取消刀补,Z 抬刀
G40  X0  Y0;               取消刀补,刀具回到坐标原点
M99;                       子程序结束,返回主程序
```

2. 缩放指令 G50、G51

（1）缩放功能　对编程零件的图形进行缩放，可以用缩放功能指令。

（2）缩放指令

指令格式一：G51　X__　Y__　Z__　P__

M98　P__

G50

G51 指令后面的坐标值指定的是图形缩放中心点的坐标值，用绝对值指定。G51 指令后面的 P 值为缩放倍数。当 P 值小于 1 时，意味着零件的图形要缩小；当 P 值大于 1 时，意味着零件的图形要放大。在 G51 指令后面的移动指令将按缩放倍数移动。G51 指令既可以指定平面缩放，也可指定空间缩放。

没有缩放之前的零件图形用子程序编写，由 M98 调用。完成缩放图形后，用指令 G50 取消缩放功能。使用 G51 指令格式一，可以一个程序加工出形状相同、尺寸不同的工件。

指令格式二：G51　X__　Y__　Z__　I__　J__　K__

M98　P__

G50

G51 指令后面的坐标值指定的是图形缩放中心点的坐标值，用绝对值指定。指令中的 I 值为 X 轴的缩放倍数；指令中的 J 值为 Y 轴的缩放倍数；指令中的 K 值为 Z 轴的缩放倍数。在 G51 指令后面的移动指令将按各轴的缩放倍数移动。使用 G51 指令格式二，可用一个程序加工出形状类似、尺寸不同的工件。

没有缩放之前的零件图形用子程序编写，由 M98 调用。完成缩放图形后，用指令 G50 取消缩放功能。

缩放不能用于补偿量。

（3）缩放指令编程与加工举例

例 4-21　缩小图形编程。

如图 4-36 所示，设缩放中心在（35，35），按 1/2 比例将外圈图形缩小为内部的小图形。

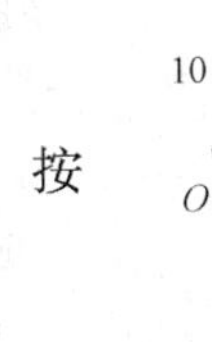

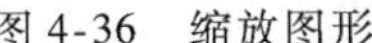

图 4-36　缩放图形

参考程序如下：

```
%4160
G92  X0  Y0  Z100;         将 G92 作为工件坐标系
G90  G00  X0  Y0  Z25;     将刀具快速移至工件坐标系原点，绝对坐标编程
M03  S2000;
G01  Z-8  F200;            外圈切削深度为 8mm
M98  P100;                 调用程序号为 100 的子程序
```

```
G01  Z-5;                      内圈切削深度 5mm
G51  X35  Y35  P(1/2);         按 1/2 缩小图形
M98  P100;                     调用程序号为 100 的子程序
G50;                           取消缩放功能
G00  Z100;                     快速抬刀
M05  M30;                      程序结束

%100;                          切削外圈子程序
G41  G01  X10  Y0  D01;        左刀补,将刀具快速移至切削起点
Y50  F200;                     铣外圈 AB 段
G02  X20  Y60  R10;            铣外圈 BC 段 R10mm 圆弧
G01  X45;                      铣外圈 CD 段
G03  X60  Y45  R15;            铣外圈 DE 段 R15mm 圆弧
Y20;                           铣外圈 EF
G02  X50  Y10  R10;            铣外圈 FG 段 R10mm 圆弧
G01  X0  Y10;                  铣外圈底边
G40  X0  Y0;                   回工件坐标系原点
G00  Z25;                      取消刀补,快速抬刀
M99;                           结束子程序,返回主程序
```

例 4-22 缩小图形编程。

如图 4-36 所示，设缩放中心在（35，35），按同一倍数 2 将内圈图形放大为外圈图形。参考程序如下：

```
%4170
G92  X0  Y0  Z100;             将 G92 作为工件坐标系
G90  G00  X0  Y0  Z25;         将刀具快速移至工件坐标系原点，绝对坐标编程
M03  S2000;
G01  Z-5  F200;                内圈切削深度 5mm
M98  P100;                     调用程序号为 100 的子程序
G01  Z-8;                      外圈切削深度 8mm
G51  X35  Y35  P2;             按 2 放大图形
M98  P100;                     调用程序号为 100 的子程序
G50;                           取消缩放功能
G00  Z100;                     快速抬刀
M05  M30;                      程序结束
%100;                          切削内圈子程序
G41  G01  X22.5  Y10  D01;     左刀补，将刀具快速移至切削起点
Y42.5  F200;                   铣内圈左边直线段
G02  X27.5  Y47.5  R5;         铣内圈左上角 R5mm 圆弧
G01  X40;                      铣内圈上边直线段
```

G03　X47.5　Y40　R7.5;	铣内圈右上角 $R7.5$mm 圆弧
Y27.5;	铣内圈右边直线段
G02　X42.5　Y22.5　R5;	铣内圈右下角 $R5$mm 圆弧
G01　X10　Y22.5;	铣内圈底边直线段
G40　X0　Y0;	回工件坐标系原点
G00　Z25;	取消刀补,快速抬刀
M99;	结束子程序,返回主程序

3. 旋转变换指令 G68、G69

(1) 旋转变换功能　使用旋转变换功能，可以将一个编程的图形进行旋转，相当于图形的实际加工位置相对于图形的编程位置旋转了某一个角度。当一个零件由若干个形状相同的图形组成，且各个图形分布在由一个图形旋转便可得到的位置上时，则在编程位置编写一个图形的程序（可以是子程序，也可以是主程序的一部分），再利用旋转变换功能。是子程序时，用 M98 指令调用一次子程序，便可得到一个旋转变换了的图形，多次调用子程序，便可得到这个零件。

(2) 旋转变换指令 G68、G69

指令格式：G68　α__　β__　P__

M98　P__

G69

G68 指令后面的坐标值 α、β 指定的是旋转中心点的坐标值，用绝对值指定。旋转中心的两个坐标轴与指令 G17、G18、G19 的坐标平面一致。G17 平面为 X、Y 轴；G18 平面为 X、Z 轴；G19 平面为 Y、Z 轴。G68 指令后面的 P 值为图形旋转的角度，单位为（°）。角度为正值时，表示逆时针方向旋转。旋转角度可以为绝对值，也可以为增量值，当为增量值时，旋转角度在前一个角度的基础上再增加一个旋转角度。

指令 G69 为取消旋转变换功能。

在有刀具补偿的情况下，先进行旋转，然后才进行刀具补偿。在有缩放功能的情况下，先缩放后旋转。

(3) 旋转变换指令编程与加工举例

例 4-23　旋转变换指令编程，如图 4-37 所示。

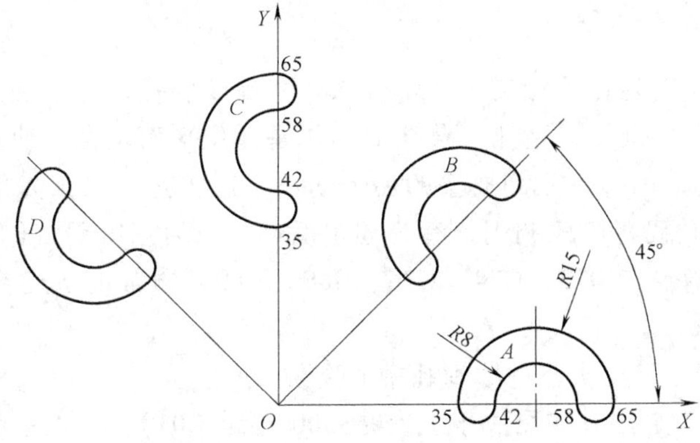

图 4-37　旋转变换指令编程

```
%4180
G92  X0  Y0  Z25;              将 G92 作为工件坐标系
G90  G17  M03  S1000;          选 XY 平面，采用绝对坐标
G00  X0  Y0  Z25;              将刀具快速移至工件坐标系原点
M98  P100;                     调用程序号为 100 的子程序
G68  X0  Y0  P45;              以 X0  Y0 为旋转中心，旋转角度为 45°
M98  P100;                     调用程序号为 100 的子程序
G69;                           取消旋转变换功能
G68  X0  Y0  P90;              以 X0  Y0 为旋转中心，旋转角度为 90°
M98  P100;                     调用程序号为 100 的子程序
G69;                           取消旋转变换功能
G68  X0  Y0  P135;             以 X0  Y0 为旋转中心，旋转角度为 135°
M98  P100;                     调用程序号为 100 的子程序
G69;                           取消旋转变换功能
M05  M30;                      程序结束

%100                           加工图形 A 的子程序
G01  Z-5  F200;                切削深度为 5mm
G41  X35  Y-10  D01;           左刀补，将刀具进给至切削起点
Y0;                            沿切向切入
G02  X65  Y0  I7.5;            加工 R15mm 的顺圆
G02  X58  Y0  I-3.5;           加工右边 R3.5mm 的顺圆
G03  X42  Y0  I-4;             加工 R8mm 的逆圆
G02  X35  Y0  I-.5;            加工左边 R3.5mm 的顺圆
Y10;                           沿切向切出
G40  G00  Z10;                 取消刀补，快速抬刀
X0  Y0;                        将刀具快速移至工件坐标系原点
M99;                           结束子程序，返回主程序
```

十一、孔加工循环指令

在数控加工中，常遇到孔的加工，如定位销孔、螺纹底孔、挖槽加工预钻孔等。某些加工动作循环已经典型化。例如，钻孔、镗孔的动作是孔位平面定位、快速接近工件、工作进给（慢速钻孔）、快速退回等一系列典型的加工动作，这样就可以预先编好程序，存储在内存中，并可用一个 G 代码程序段调用，称为固定循环，以简化编程工作。

孔加工固定循环指令有 G73、G74、G76、G80～G89，通常由下述 6 个动作构成（见图 4-38）。

（1）*X*、*Y* 轴定位　刀具快速进给到孔中心定位。

（2）定位到 *R* 点（定位方式取决于上次是 G00 还是 G01）　*R* 点一般离工件表面有一个距离，这个距离叫引入距离。在已加工表面上加工孔，引入距离为 2～5mm；在毛坯面上加

工孔，引入距离为5~10mm。

(3) 孔加工　根据孔的深度，可以一次加工到孔底，也可以分段加工到孔底。分段加工到孔底又称为间歇进给。

(4) 在孔底的动作　根据孔的不同，刀具在孔底的动作也不同。有的不需要孔底动作；有的需要刀具在孔底短暂停留；有的需要主轴反转；有的需要主轴停止。

(5) 退回到 *R* 点（参考点）　刀具从孔中退出，可以是快速退出、慢速退出、手动退出等。

(6) 快速返回到初始点　初始平面是开始执行孔加工时，刀位点所在的平面。

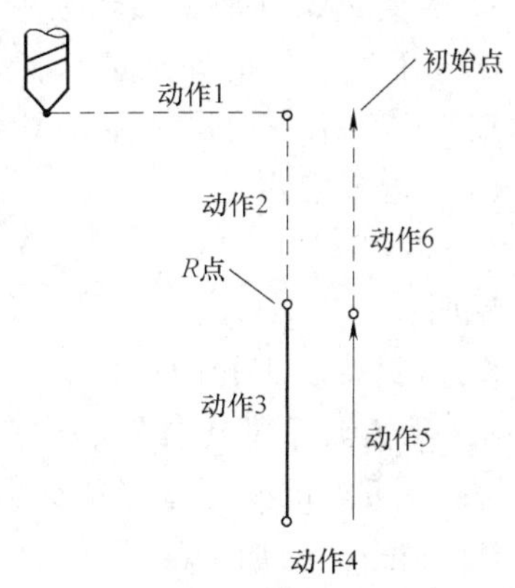

图4-38　孔加工的6个典型动作图

固定循环的程序格式包括数据形式、返回点平面、孔加工方式、孔位置数据、孔加工数据和循环次数。数据形式（G90或G91）在程序开始时就已指定，因此，在固定循环程序格式中可不注出。固定循环的程序格式如下：

$$\begin{cases}G98\\G99\end{cases}G\_\_\quad X\_\_\quad Y\_\_\quad Z\_\_\quad R\_\_\quad Q\_\_\quad P\_\_\quad I\_\_\quad J\_\_\quad K\_\_\quad F\_\_\quad L\_\_;$$

说明：

G98：刀具退回时直接返回到初始平面。

G99：刀具退回时只返回到转换点R所在的平面。

G __：固定循环代码G73、G74、G76和G81~G89之一。

X、Y：加工起点到孔位的距离（G91）或孔位坐标（G90）。

R：初始点到 *R* 点的距离（G91）或 *R* 点的坐标（G90）。

Z：程序格式中的R值为刀位点到 *R* 点的距离（G91时）或 *R* 点的坐标（G90时）。

Q：刀具每次的进给深度（G73或G81时），是增量值，Q值小于大于零，*Z* 轴才上升，刀具才抬起。

I、J：刀具向刀尖反方向的移动量（分别在 *X* 轴、*Y* 轴的方向上）（G76/G87）。

P：刀具在孔底的暂停时间（单位为ms）。

F：切削进给速度。

L：固定循环的次数。

K：每次退刀距离。

取消固定循环用指令G80，同时也取消 *R* 点和 *Z* 点。用指令G01、G02、G03也可以取消固定循环。

固定循环的数据表达形式可以用绝对坐标（G90）和相对坐标（G91）表示，如图4-39所示。其中图a是采用G90的表示，图b是采用G91的表示。

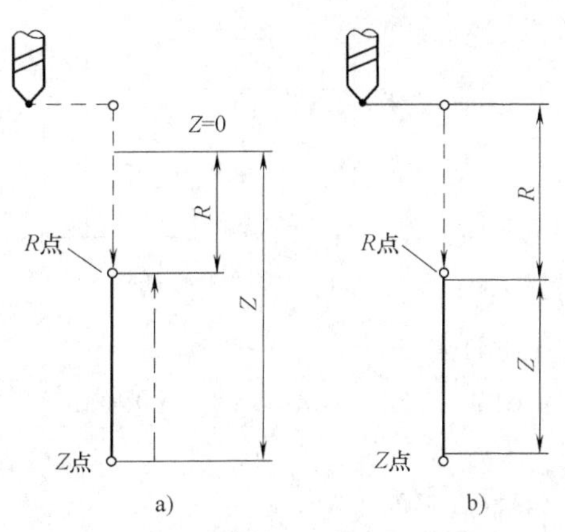

图4-39　固定循环的数据形式

固定循环指令介绍如下：

1. 断屑式深孔加工循环指令 G73

G73 用于 Z 轴的间歇进给，使较深孔加工时容易断屑，减少退刀量，可以进行高效率的加工。G73 指令动作循环如图 4-40 所示。

（1）指令格式

{G98/G99}　G73　X__　Y__　Z__　R__　Q__　K__　F__　L__;

说明：

X、Y：待加工孔的位置。

Z：孔底坐标值（若是通孔，则钻尖应超出工件底面）。

R：参考点的坐标值（R 点高出工件顶面 2～5mm）。

Q：每一次的加工深度。

F：进给速度（mm / min）。

G98：钻孔完毕返回初始平面。

G99：钻孔完时返回参考平面（即 R 点所在平面）。

K：每次退刀距离。

刀具每次的切削深度由 Q 值指定，Q 值为负值，刀具进给；刀具每次的退刀量由 K 值指定，K 值为正值，刀具退回。在数值上 K 值小于 Q 值。用 G73 指令时，刀具在 Z 轴方向间歇进给，便于断屑排屑。

（2）编程举例

例 4-24　使用 G73 指令编制如图 4-41 所示深孔加工程序，设刀具起点距工件上表面 42mm，距孔底 80mm，在距工件上表面 2mm 处（R 点）由快进转换为工进，每次进给深度为 10mm，每次退刀距离为 5mm。

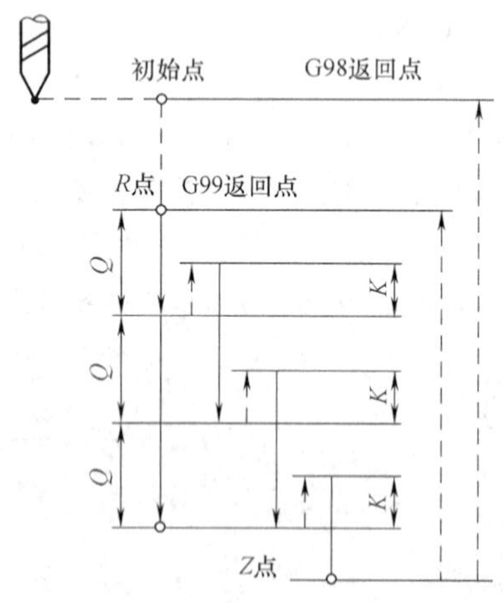

图 4-40　G73 循环

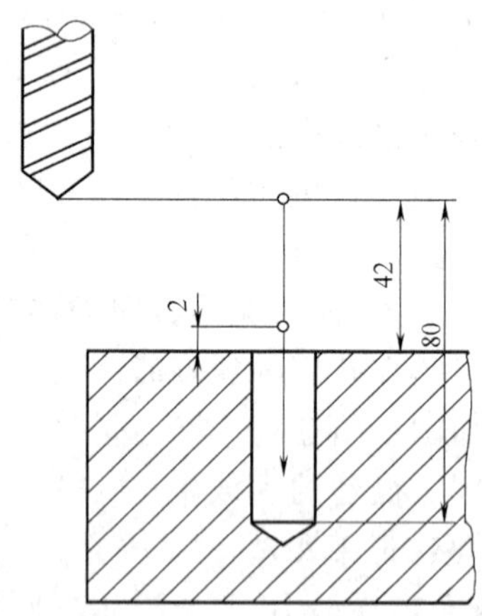

图 4-41　深孔加工实例

%4190

G90　G54　G00　X0　Y0　M03　S600;	设置刀具起点，主轴正转，绝对值编程
Z80　M08;	深孔加工，返回初始平面
G91　G98　G73　X100　R－40　P2Q－10　K5Z－80　F200;	每次切削深度为 10mm，每次退刀距离为 5mm

```
G00  X0  Y0  G80;                                    返回起点,取消钻孔循环
M05  M30;                                            程序结束
```

2. 攻左旋螺纹循环指令 G74

（1）指令格式

{G98/G99}　G74　X__　Y__　Z__　R__　P__　F__　L__;

G74 的循环动作如图 4-42 所示。

攻左旋螺纹进给时，主轴反转，加工到孔底时，主轴暂停后由反转变为正转，然后按进给速度退回。

注意：1）攻螺纹循环动作中，速度倍率、进给保持均不起作用。

2）*R* 应选在距工件表面 7mm 以上的地方。

3）如果 *Z* 的移动量为零，则该指令不执行。

（2）编程举例

例 4-25　使用 G74 指令编制如图 4-43 所示的攻左螺纹加工程序，设刀具起点距工件上表面 48mm，距孔底 60mm，在距工件上表面 8mm 处（*R* 点）由快进转换为工进。

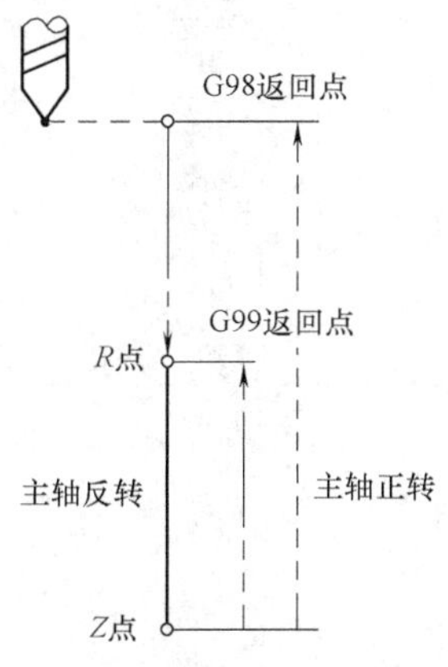

图 4-42　攻左螺纹循环

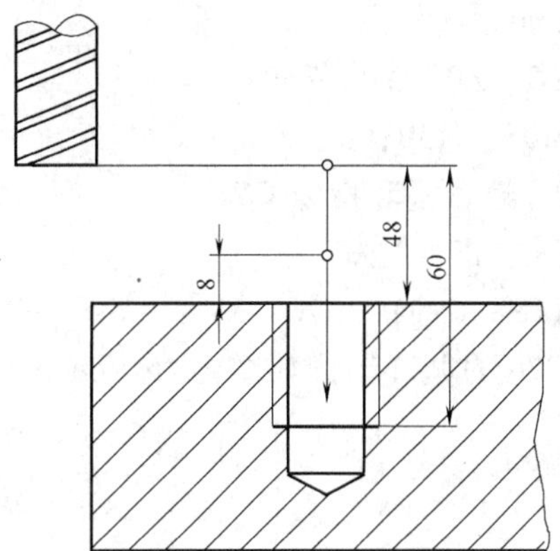

图 4-43　攻左螺纹循环实例

```
%4200
G92  X0  Y0  Z60;
G91  G00  M04  S100;                   采用相对坐标编程,主轴反转,转速 100r/min
G98  G74  X100  R-40  P4  F200;        攻螺纹,孔底停留 4 个单位时间,返回初始平面
G80;                                   取消攻螺纹循环
G90  Z0;
G0  X0  Y0  Z60;                       返回到起点
M05  M30;                              程序结束
```

3. 攻右旋螺纹循环指令 G84

（1）指令格式

{G98/G99}　G84　X__　Y__　Z__　R__　F__　L__

G84 的循环动作如图 4-44 所示。

利用 G84 攻右螺纹时，从 *R* 点到 *Z* 点主轴正转，在孔底暂停后，主轴反转，刀具以进给速度反向退回出。

注意：1）攻螺纹时速度倍率、进给保持均不起作用。

2）R 应选在距工件表面7mm以上的地方。

3）如果 Z 方向的移动量为零，该指令不执行。

用G84攻右旋螺纹时，从 R 点到 Z 点，刀具正向进给，主轴正转，加工到孔底部时，主轴暂停后反转，

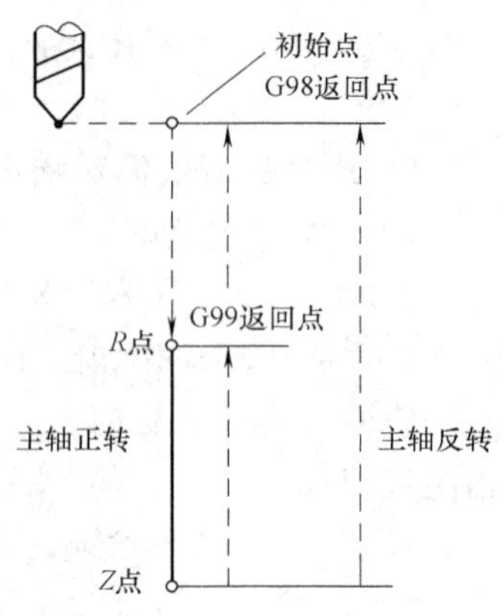

图4-44　攻右螺纹循环

（2）编程举例

例4-26　使用G84指令编制如图4-44所示的攻右螺纹加工程序，设刀具起点距工件上表面48mm，距孔底60mm，在距工件上表面8mm处（R 点）由快进转换为工进。

```
%4210
G92  X0  Y0  Z60;
G91  G00  M04  S100;                      采用相对坐标编程,主轴反转,转速100r/min
G98  G84  X100  R-40  P4  F200;           攻螺纹,孔底停留4个单位时间,返回初始平面
G80;                                      取消攻螺纹循环
G90  Z0;
G0  X0  Y0  Z60;                          返回到起点
M05  M30;                                 程序结束
```

4．精镗循环指令G76

（1）指令格式

{G98/G99}　G76　X__　Y__　Z__　R__　Q__　P__　I__　J__　K__　F__　L__

G76的循环动作如图4-45所示。

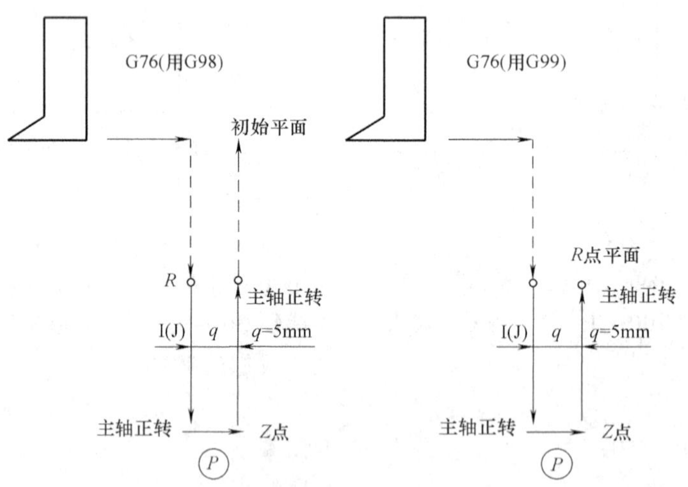

图4-45　精镗循环

精镗时，主轴按进给速度加工到孔底定向停止后，向刀尖的反方向移动，然后快速退刀。这种带有让刀的退刀不会划伤已加工表面，保证了镗孔精度。主轴向刀尖的反方向的移动量用 q 值指定，q 值只能为正值，位移方向由MDI决定，可以为±X、±Y中的任一个。

（2）编程举例

例4-27　精镗循环编程。如图4-45所示，孔中心的坐标值（100，50），孔深50mm，

$R=10\text{mm}$。底孔直径为 39.5mm，选用 ϕ30mm 精镗刀，刀具在孔底的反方向移动为 -I 方向，移动距离为 1mm。参考程序如下：

```
%4220
G54  G90;                               建立坐标系
G00  X100  Y50  Z50.0;                  快速移动刀具到定位点
Z10;                                    移动刀具到刀位点
S200  M03;                              主轴起动
G99  G76  X100  Y50  Z-52  R10  Q-20  P2000  I-1  K1  F50  L3;
                                        每次镗孔深度为20mm,停2s,定向移动1mm,抬刀
                                        1mm,加工三遍
G80;                                    取消镗孔循环
M05  M30;                               程序结束
```

5. 钻孔、点钻循环指令 G81

孔加工循环一般由以下 6 个动作组成。

（1）指令格式

{G98/G99} G81 X__ Y__ Z__ R__ F__

G81 的循环动作如图 4-46 所示。该指令常用于钻浅孔，或钻薄板上的孔。

Z：孔底位置。

R：参考平面位置高度。

F：进给速度（mm/min）。

X__ Y__：孔的位置，可以放在 G81 指令后面，也可以放在 G81 指令的前面。

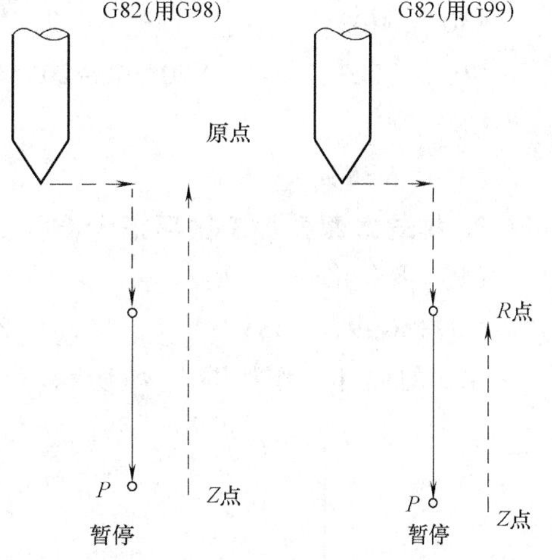

图 4-46 钻孔、点钻循环

（2）编程举例

例 4-28 钻孔循环编程。如图 4-46 所示，孔中心的坐标值（100，50），孔深为 5mm，$R=10\text{mm}$。孔的直径为 ϕ10mm，选用 ϕ10mm 钻头。参考程序如下：

```
%4230
G54  G90;                               建立坐标系
G00  X100  Y50  Z50.0;                  快速移动刀具到定位点
Z10;                                    移动刀具到刀位点
S500  M03;                              主轴起动
G99  G81  X100  Y50  Z-10  R10  F80;    钻孔深度为10mm
G80;                                    取消钻孔循环
M05  M30;                               程序结束
```

6. 带停顿的钻孔循环指令 G82

（1）指令格式

{G98/G99} G82 X__ Y__ Z__ R__ P__ F__

G82 的循环动作如图 4-47 所示。

G82 指令用于钻通孔。钻通孔时，可使钻头在孔底暂停，暂停时间由 P 指定。

如图 4-47 所示，G82 与 G81 指令相比，惟一不同之处是 G82 指令在孔底增加了暂停，因而适用于锪孔或镗阶梯孔，提高了孔台阶表面的加工质量，而 G81 指令只用于一般要求的钻孔。

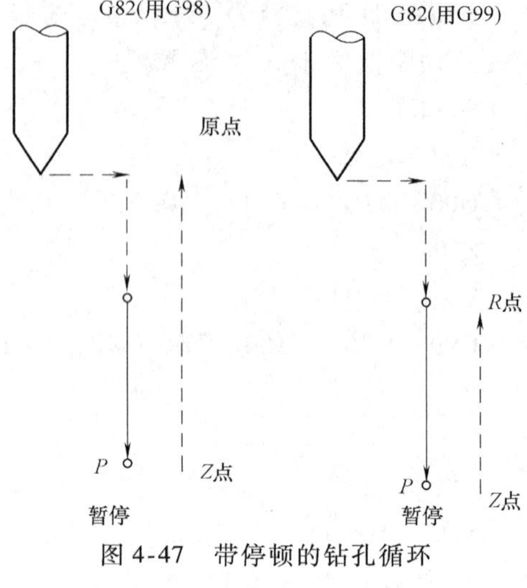

图 4-47　带停顿的钻孔循环

（2）编程举例

例 4-29　钻孔循环编程。如图 4-47 所示，孔中心的坐标值（100，50），孔深度为 20mm，R = 10mm。孔的直径为 ϕ10mm，选用 ϕ10mm 钻头。参考程序如下：

```
%4240
G54   G90;                                             建立坐标系
G00   X100   Y50   Z50.0;                              快速移动刀具到定位点
Z10;                                                   移动刀具到刀位点
S500   M03;                                            主轴起动
G99   G82   X100   Y50   Z-20   R10   P2000   F80;     钻孔深度为20mm,停顿2s
G80;                                                   取消钻孔循环
M05   M30;                                             程序结束
```

7. 排屑式深孔加工循环指令 G83

（1）指令格式

{G98/G99}　G83　X__　Y__　Z__　R__　Q__　P__　K__　F__　L__

G83 的循环动作如图 4-48 所示。

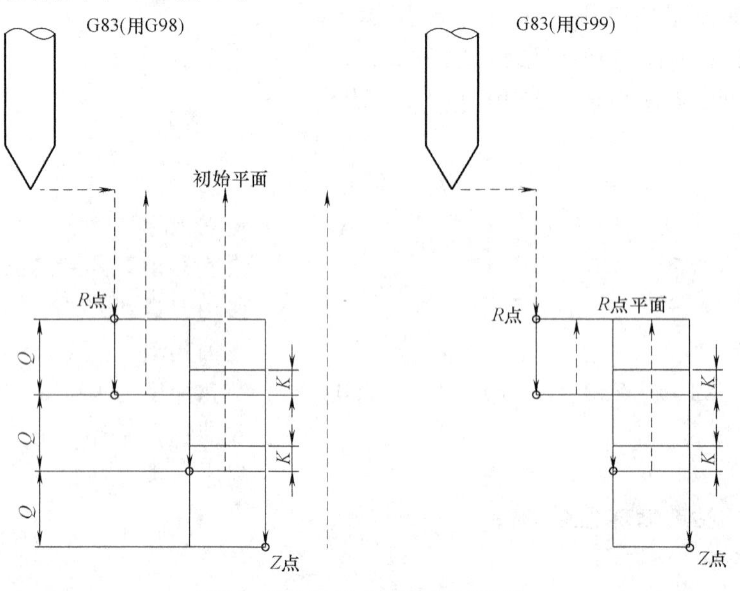

图 4-48　排屑式深孔加工循环

用 G83 指令时，刀具每次的切削深度由 Q 值指定，Q 值是负值，刀具进给；第一次刀具切入 Q 值后，以快速退回 R 平面；从第二次以后切入时，先以快速进给到距上次切入位置 K 值后，变为切削进给，再切入 Q 值后，以快速退回到 R 平面，如此重复直到加工到孔底。G83 指令每次切入后退回到 R 平面，就是排屑。G83 指令实际上是将深孔加工转换为多次的浅孔加工。

（2）编程举例

例 4-30　排屑式深孔加工循环编程。如图 4-48 所示，孔中心的坐标值（100，50），孔深度为 80mm，$R=10$mm。孔的直径为 $\phi10$mm，选用 $\phi10$mm 钻头。参考程序如下：

%4250	
G54　G90；	建立坐标系
G00　X100　Y50　Z50.0；	快速移动刀具到定位点
Z10；	移动刀具到刀位点
S500　M03；	主轴起动
G99　G83　X100　Y50　Z－30　R10　Q－10　K5　F50；	每次钻孔深度为 10mm，快速退回至 R 平面，再快速进给至距上次切削深度上方 5mm 处，转入进给速度切削
G80；	取消钻孔循环
M05　M30；	程序结束

8. 镗孔循环指令 G85、G86、G87、G88、G89

（1）粗镗循环指令 G85

1）指令格式

{G98/G99}　G85　X__　Y__　Z__　R__　F__　L__

G85 的循环动作如图 4-49 所示。

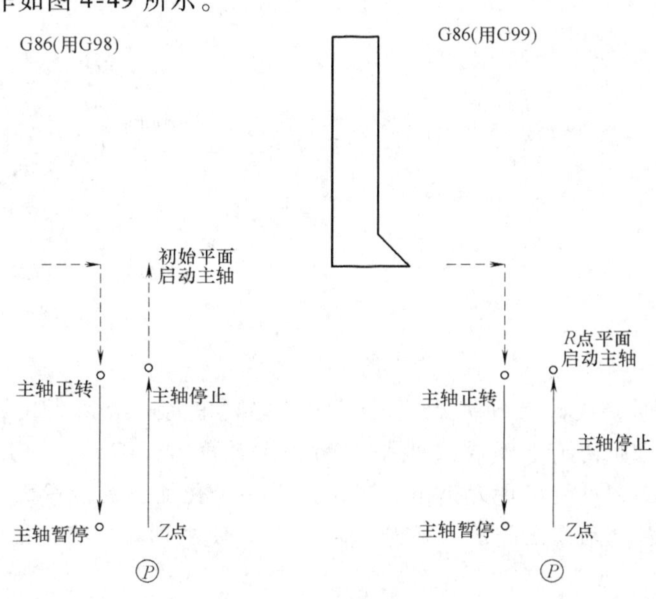

图 4-49　粗镗孔循环

用 G85 粗镗时，从 R 点到 Z 点主轴正转，刀具正向进给到孔底部，然后主轴以快速退出。

2）编程举例

例 4-31 粗镗孔循环编程。如图 4-49 所示，孔中心的坐标值（100，50），孔深度为 50mm，$R=10$mm。底孔直径为 $\phi39.5$mm，选用 $\phi30$mm 精镗刀。参考程序如下：

```
%4260
G54  G90;                                   建立坐标系
G00  X100  Y50  Z50.0;                      快速移动刀具到定位点
Z10;                                        移动刀具到刀位点
S200  M03;                                  主轴起动
G99  G85  X100  Y50  Z-52  R10  F50  L3;    粗镗三遍
G00  Z50;                                   镗刀退回进刀点
G80;                                        取消钻孔循环
M05  M30;                                   程序结束
```

（2）半精镗循环指令 G86

1）指令格式

{G98/G99} G86 X__ Y__ Z__ R__ F__

G86 的循环动作如图 4-50 所示。

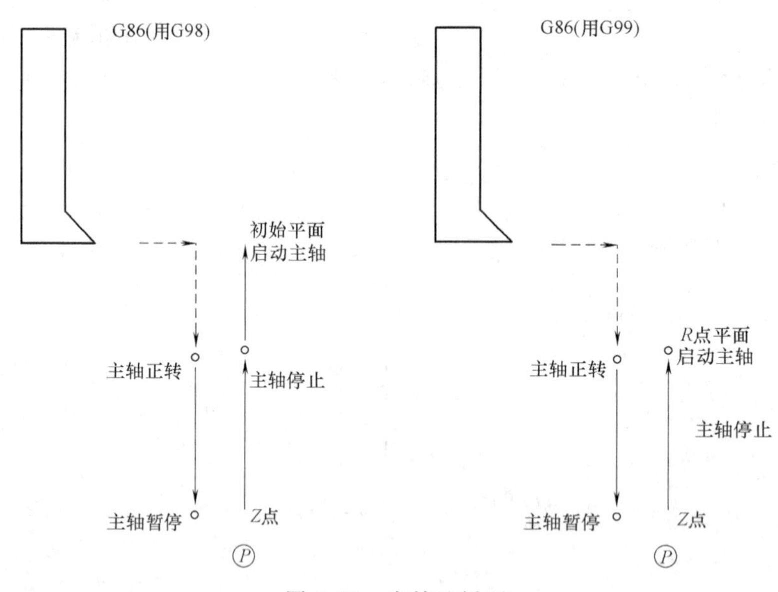

图 4-50 半精镗循环

用 G86 半精镗时，从 R 点到 Z 点主轴正转，刀具正向进给到孔底部，主轴停止，然后刀具以快速退出，返回初始平面或 R 点平面后，主轴再重新起动。采用这种方式，如果连续加工的孔间距较小，可能出现刀具已经定位到下一个孔加工的位置而主轴尚未到达指定的转速，为此可以在各孔动作之间加入暂停 G04 指令，使主轴获得指定的转速。

2）编程举例

例 4-32 半精镗孔循环编程。如图 4-50 所示，孔中心的坐标值（100，50），孔深度为

50mm，$R=10$mm。底孔直径为 ϕ39.5mm，选用 ϕ30mm 精镗刀。参考程序如下：

```
%4270
G54  G90;                                  建立坐标系
G00  X100  Y50  Z50.0;                     快速移动刀具到定位点
Z10;                                       移动刀具到刀位点
S200  M03;                                 主轴起动
G99  G86  X100  Y50  Z-52  R10  F50  L3;   半精镗三遍
G00  Z50;                                  镗刀退回进刀点
G80;                                       取消钻孔循环
M05  M30;                                  程序结束
```

(3) 反镗循环指令 G87

1) 指令格式

G99　G87　X__　Y__　Z__　R__　I__　J__　F__

G87 的循环动作如图 4-51 所示。

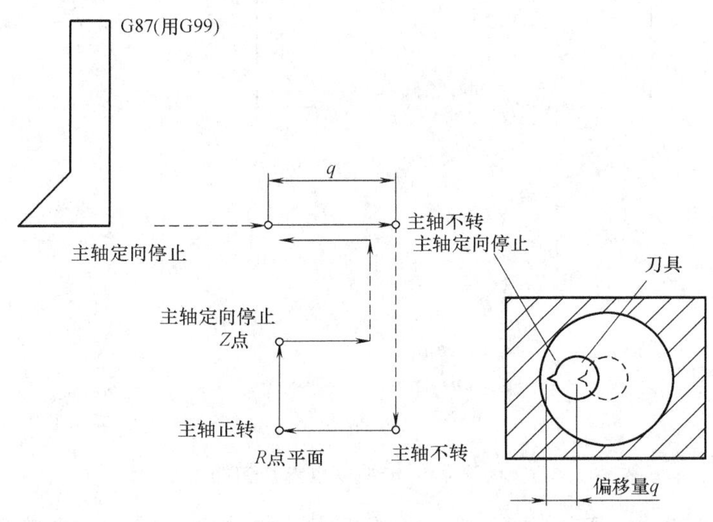

图 4-51　反镗循环

用 G87 反镗时，刀具再 X、Y 轴定位后，主轴定向停止，然后向刀尖相反方向移动 q 值，再从孔中快速进给到孔底定位点 R 处。在此位置，刀具向刀尖的反方向移动 q 值。起动主轴正转后，刀具沿 Z 轴正方向加工到孔顶面上的 Z 点。在此位置，主轴再次定向停止，刀具再次向刀尖的反方向移动 q 值，然后退出。返回到初始平面后，沿初始平面退回一个位移量 q 值，并重新起动主轴正转，进行下一个程序段的动作。采用这种循环方式，刀具只能返回到初始平面而不能返回到 R 点平面。

2) 编程举例

例 4-33　反镗孔循环编程。如图 4-51 所示，孔中心的坐标值（100，50），孔深度为 50mm，$R=-60$mm。底孔直径为 ϕ39.5mm，选用 ϕ30mm 精镗刀。参考程序如下：

```
%4280
G54  G90;                                  建立坐标系
```

```
G00  X100  Y50  Z50.0;                        快速移动刀具到定位点
Z10;                                          移动刀具到刀位点
S200  M03;                                    主轴起动
G99  G87  X100  Y50  Z-52  R-60  F50  L3;     R在孔底,Z在孔表面,从下往上镗三遍
G00  Z50;                                     镗刀退回进刀点
G80;                                          取消钻孔循环
M05  M30;                                     程序结束
```

（4）手动退刀镗孔循环指令 G88

1）指令格式

{G98/G99}　G88　X__　Y__　Z__　R__　P__　F__

G88 的循环动作如图 4-52 所示。

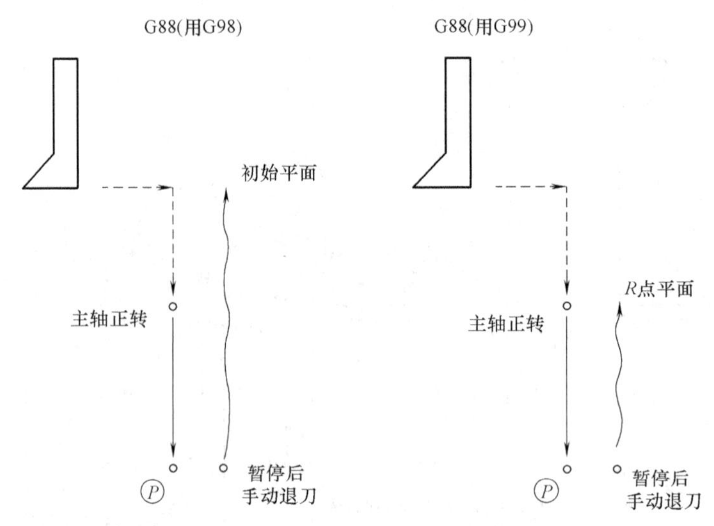

图 4-52　手动退刀镗孔循环

用 G88 指令镗孔时，刀具运行到孔底时暂停，主轴停止转动，系统转换为手动状态，此时可用手动使刀尖离开孔表面，但为了安全，应先手动将刀具从孔中退出。退回到指令位置后，主轴自动正转，进行下一个程序段的运作。数控铣床可用此功能实现半精镗或精镗。

2）编程举例

例 4-34　反镗孔循环编程。如图 4-52 所示，孔中心的坐标值（100，50），孔深度为 50mm，$R=10$mm。底孔直径为 ϕ39.5mm，选用 ϕ30mm 精镗刀。参考程序如下：

```
%4290
G54  G90;                                     建立坐标系
G00  X100  Y50  Z50.0;                        快速移动刀具到定位点
Z10;                                          移动刀具到刀位点
S200  M03;                                    主轴起动
G99  G88  X100  Y50  Z-52  R10  F50  L3;      镗孔至孔底后,手动退刀,镗三遍
G00  Z50;                                     镗刀退回进刀点
```

G80;　　　　　　　　　　　　　　　　　取消钻孔循环

M05　M30;　　　　　　　　　　　　　　程序结束

(5) 镗阶梯孔循环指令 G89

1) 指令格式

{G98/G99}　G89　X__　Y__　Z__　R__　P__　F__　L__

G89 的循环动作如图 4-53 所示。

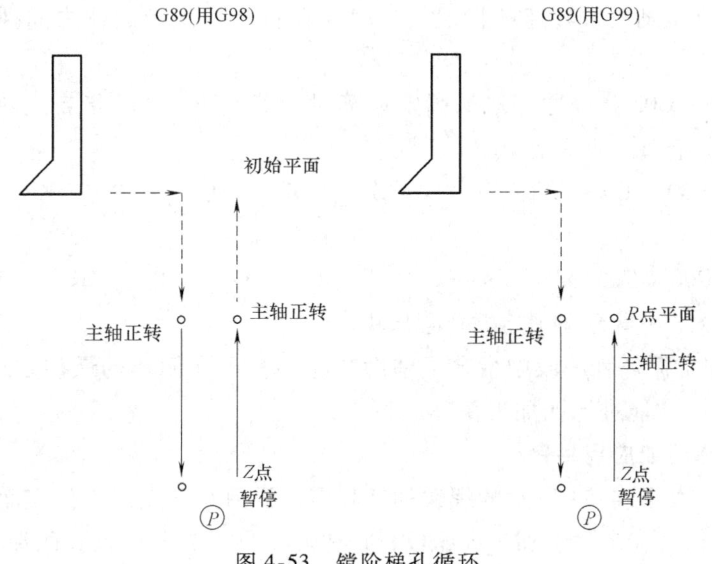

图 4-53　镗阶梯孔循环

用 G89 指令镗孔时，从 R 点到 Z 点主轴正转，刀具正向进给到孔底部，暂停一段时间，主轴停止。然后重新起动主轴，并且刀具以快速退回到指令位置。G89 指令在孔底增加了暂停，提高了阶梯孔台阶表面的加工质量。

2) 编程举例

例 4-35　反镗孔循环编程。如图 4-53 所示，孔中心的坐标值（100，50），孔深度为 50mm，$R=10$mm。底孔直径为 ϕ39.5mm，选用 ϕ30mm 精镗刀。参考程序如下：

```
%4300
G54  G90;                        建立坐标系
G00  X100  Y50  Z50.0;           快速移动刀具到定位点
Z10;                             移动刀具到刀位点
S200  M03;                       主轴起动
G99  G88  X100  Y50  Z-52  R10  P2000  F50  L3;
                                 镗孔至孔底后,停 2s,刀具快速至初始平面,镗三遍
G00  Z50;                        镗刀退回进刀点
G80;                             取消钻孔循环
M05  M30;                        程序结束
```

9. 固定循环指令使用时的注意点

1) 在固定循环指令前应使用 M03 或 M04 指令使主轴回转。

2）在固定循环中，定位速度由前面的指令决定。

3）各个固定循环指令均为非模态值，因此每句指令的各项参数应写全。

4）固定循环指令中的定位方式取决于上次是 G00 还是 G01，因此如果希望快速定位，则应在上一程序段或本程序段开头用指令 G00。

5）孔加工在使用控制主轴回转的固定循环（G74、G84、G86）中，如果连续加工一些孔间距比较小，或者初始平面到 R 点平面的距离比较短的孔时，会出现在开始孔的切削动作时，主轴还没有达到正常转速的情况，这时可在各孔的加工运作之间插入 G04 指令，以获得时间。

6）当用 G00 ~ G03 指令之一取消固定循环时，若 G00 ~ G03 指令之一和固定循环出现在同一程序段，则有如下两种格式：

①（G00 ~ G03） G ** X__ Y__ Z__ R__ Q__ P__ K__ F__ L__，此时按固定循环运行。

② G ** （G00 ~ G03）X__ Y__ Z__ R__ Q__ P__ K__ F__ L__，此时按 G00 ~ G03 指令之一运行在固定循环程序中。

7）如果在固定循环程序段中指定了辅助功能 M，则在循环的最初定位时送出 M 信号，等待 M 信号完成，才能进行孔加工循环。

10. 固定循环功能应用举例

例 4-36 编制如图 4-54 所示的螺纹加工程序，设刀具起点距工作表面 100mm 处，螺纹切削深度为 10mm。（在工件上加工孔螺纹，应先在工件上钻孔，钻孔的深度为 14mm，钻孔的直径略小于内径 ϕ8.5mm，再用 M10 丝锥攻螺纹）

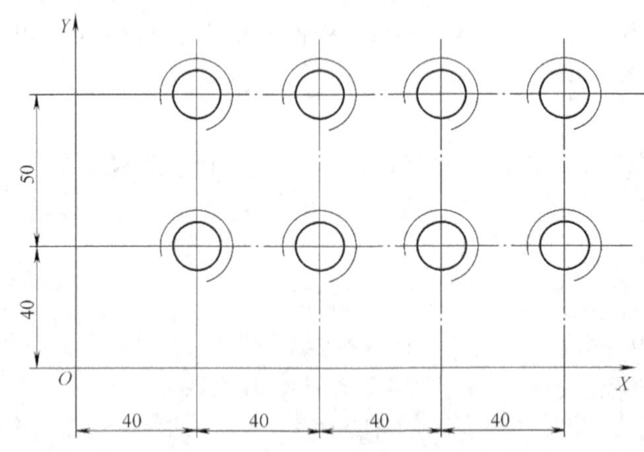

图 4-54 固定循环综合编程

%8091	先用 G81 钻孔的程序
G92 X0 Y0 Z100；	
G91 G00 M03 S300；	采用相对坐标编程，主轴正转，转速 300r/min
G99 G81 X40 Y40 G90 R-98 Z-114 F200；	钻孔固定循环，钻第一个孔至

```
                                                       Z -114
G91  X40  L3;                                          钻下边的另外三个孔
Y50;                                                   刀具移至右上边的孔处
X -40  L4;                                             钻上边的四个孔
G90  G80  X0  Y0  Z100;                                返回到起点
M05  M30;                                              程序结束
%8092                                                  用 G84 攻螺纹的程序
G92  X0  Y0  Z0;
G91  G00  M03  S100;                                   采用相对坐标编程,主轴正转,
                                                       转速为 300r/min
G99  G84  X40  Y40  G90  R -93  Z -110  F100;          攻螺纹固定循环,攻第一个螺
                                                       纹孔至 Z -110
G91  X40  L3;                                          攻另外四个螺纹孔至 Z -110
Y50;                                                   刀具移至右上边的孔处
X -40  L4;                                             攻上边的四个螺纹
G90  G80  X0  Y0  Z100;                                取消攻螺纹循环
M05  M30;                                              程序结束
```

第二节 典型零件的数控铣床编程与加工实例

例 4-37 如图 4-55 所示曲线槽轮廓图形。毛坯为 100mm × 100mm × 14mm，六个面已经过精加工，保证了各面相互的垂直度及平行度。要求编写程序加工出如图中所示的 ϕ80mm 圆台及中间曲线凹槽。工件材料为铝材。

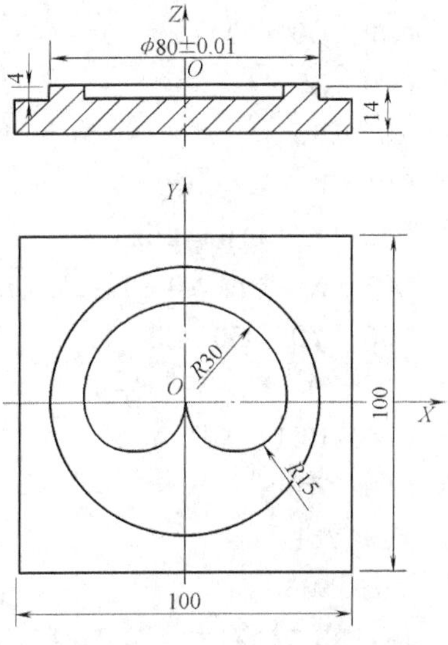

图 4-55 轮廓图形

1. 根据图样要求确定工艺方案及加工路线

1）以已精加工过的底面为定位基准，用数控铣床的台虎钳夹紧工件的两侧。台虎钳固定于铣床工作台上。

2）工步顺序

① 铣刀先加工外圆，再加工曲线内槽。

② 考虑到工件的材料为铝材，材质较软。切削深度设为 4mm。

③ 采用刀具半径左补偿进行编程。

④ 此例中，只加工了中间 ϕ80mm 的凸台，凸台周围平面的编程加工未作考虑。加工曲线内槽时，也未采用斜线或螺旋式下刀。

2. 选用数控铣床

根据实训中心的情况，选取普通型的数控铣床（XK713）即可满足加工要求。控制系统选用华中世纪星（HNC—21/22M）。

3. 选择刀具

采用 ϕ8mm 平底四刃立铣刀铣削零件的外圆轮廓及内槽，把该刀具的直径输入刀具参数表中。

4. 确定切削用量

切削用量的具体数值应根据该机床性能、相关的手册并结合实际经验确定，详见加工程序。

5. 确定工件坐标系和对刀点

在 *XOY* 平面内确定以 *O* 点为工件原点，*Z* 方向以工件表面为工件原点，建立工件坐标系，如图 4-55 所示。

采用手动对刀方法把 *O* 点作为对刀点。

6. 编写程序

按该机床规定的指令代码和程序段格式，把加工零件的全部工艺过程编写成程序清单。

加工程序如下：

```
%4320
G54  G90  X0  Y0  Z0;              绝对坐标编程,设置对刀点
G17  G00  X0  Y0  Z50;             刀具快速定位
M03  S2000;
Z5;
X20  Y-44  F100;                   刀具快速移动至外圆切削起点
G01  Z-4;                          切深 4mm
G41  X0  Y-40  D01;                刀具左补偿,D01=4mm
G02  X0  Y-40  I0  J40;            铣削 φ80mm 圆台
G40  G01  X-20  Y-44;              切线铣出,取消刀补
G00  Z5;                           快速抬刀
X0  Y15;                           刀具快速移动至曲线内槽起点
G01  Z-4;                          切削深度 4mm
G42  X0  Y0  D02;                  刀具右补偿,D02=4mm
G02  X-30  Y0  I-15  J0;           顺时针铣曲线槽左边小圆弧
X30  Y0  I30  J0;                  铣曲线槽左边大圆弧
X0  Y0  I-15  J0;                  铣曲线槽右边小圆弧
G40  G01  X0  Y15;                 切线铣出,取消刀补
G00  Z50;                          快速抬刀
X0  Y0;                            刀具快速移动至对刀点
M05  M30;                          主程序结束
```

例 4-38 工件如图 4-56 所示，工件材料为 45 钢，编写采用固定循环方式加工图中各孔的程序。ϕ40mm 的底孔已铸出。

1. 根据图样要求，确定工艺方案及加工路线

1）以工件已精加工过的底面为定位基准，两侧用压板压紧，固定于铣床工作台上。为避免加工到机床的工作台，工件的下部要避空。

2）工步顺序

① 中间 ϕ40mm 的底孔已铸出，使用刀具 T01 镗孔刀镗中间孔。

② 使用 T02 的 ϕ13 钻头钻两侧孔；

③ 使用 T03 锪孔钻加工两侧的台阶孔；

④ 此例中，钻削两侧孔之前未钻中心孔，实际加工时必须先钻中心孔。

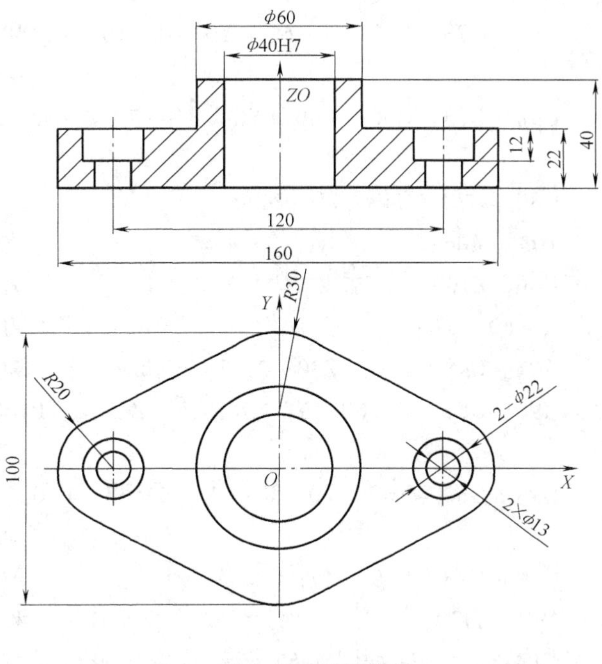

图 4-56　零件图

2. 选用数控铣床

根据实训中心的情况，选取普通型的数控铣床（XK713）即可满足加工要求。控制系统选用华中世纪星（HNC—21/22M）。

3. 选择刀具

使用刀具 T01 为镗孔刀，T02 为 ϕ13mm 钻头，T03 为锪钻。对刀后，将三把刀具的长度补偿值输入刀具参数表中。

4. 确定切削用量

切削用量的具体数值应根据该机床性能、相关的手册并结合实际经验确定，详见加工程序。

5. 确定工件坐标系和对刀点

在 *XOY* 平面内确定以 *O* 点为工件原点，*Z* 方向以工件表面为工件原点，建立工件坐标系，如图 4-56 所示。

采用手动对刀方法把 *O* 点作为对刀点。

6. 编写程序

按机床规定的指令代码和程序段格式，把加工零件的钻孔加工工艺过程编写成程序清单。加工程序如下：

```
%4330
T01;                                    镗中间孔
G54  G90  G00  X0  Y0  Z100;            绝对坐标编程,设置对刀点
G01  G43  H01  Z50;                     刀具长度补偿,刀具进给至进刀点
M03  S500  F30;
G98  G85  X0  Y0  R3  Z-45;             G85 粗镗循环,返回 R 点平面
G80  G28  G49  Z0  M00;                 取消粗镗循环,返回参考点,程序暂停
T02  M06;                               钻两侧孔
G00  Z100;                              刀具快速移至进刀点
X-60  Y0;                               刀具移至第一个孔的中心
M03  S600;
```

```
G01  G43  H02  Z30;                        刀具长度补偿,刀具进给至进刀点
G98  G73  G90  X-60  Y0  R-15  Z-48  Q-4  K1  F40;
                                           G73 钻孔循环,钻第一个孔,返回 R 点平面
G98  G73  G90  X60  Y0  R-15  Z-48  Q-4  K1  F40;
                                           G73 钻孔循环,钻第二个孔,返回 R 点平面
G80  G28  G49  Z0  M00;                    取消钻孔循环,返回参考点,程序暂停
T03  M06;                                  锪两侧孔
G00  Z100;                                 刀具快速移至进刀点
X-60  Y0;                                  刀具移至第一个孔的中心
G01  G43  H03  Z30  M03  S350;             刀具长度补偿,刀具进给至进刀点
G98  G82  X-60  Y0  R-15  Z-32  P100  F25;
                                           G82 锪孔循环,锪第一个孔,返回 R 点平面
G98  G82  X60  Y0  R-15  Z-32  P100  F25;
                                           G82 锪孔循环,锪第二个孔,返回 R 点平面
G80  G28  G49  Z0;                         取消锪孔循环,返回参考点,程序暂停
M05  M30;                                  程序结束
```

例 4-39 编写如图 4-57 所示轮廓图形的加工程序。毛坯为 120mm × 60mm × 14mm 板材，3mm 深的外轮廓已粗加工过，周边留 0.5mm 余量，要求精加工出如下图所示的外轮廓及 ϕ16mm 的孔。工件材料为铝材。

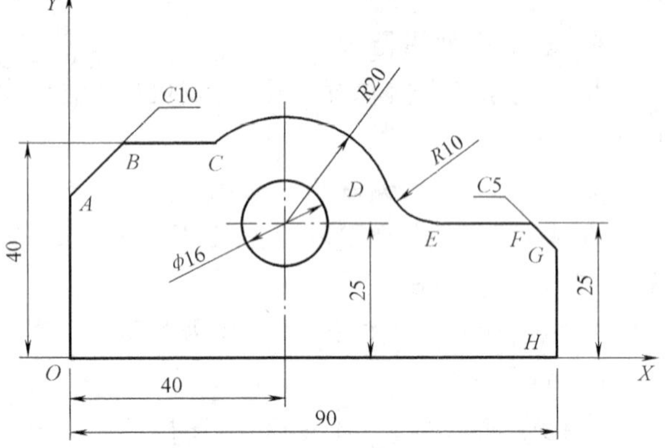

图 4-57 轮廓图形

1. 根据图样要求确定工艺方案及加工路线

1）以底面为定位基准，用机用台虎钳夹紧工件毛坯两侧，台虎钳固定于铣床工作台上。

2）工步顺序

① 钻孔 ϕ16mm。

② 按 *OABCDEFGH* 线路铣削轮廓。

3）采用刀具左补偿，顺铣加工。

4）*C* 点的内凹尖角无法加工，此处不作考虑。

2. 选用数控铣床

根据实训中心的情况，选取普通型的数控铣床（XK713）即可满足加工要求。控制系统选用华中世纪星（HNC—21/22M）。

3. 选择刀具

采用 ϕ16mm 的钻头，钻削 ϕ16mm 孔；ϕ12mm 平底四刃立铣刀用于轮廓的铣削，并把该刀具的直径输入刀具参数表中。

由于经济型数控铣床没有自动换刀功能，钻孔完成后，直接手工换刀。

4. 确定切削用量

切削用量的具体数值应根据该机床性能、相关的手册并结合实际经验确定，详见加工

程序。

5. 确定工件坐标系和对刀点

在 *XOY* 平面内确定以 *O* 点为工件原点，*Z* 方向以工件表面为工件原点，建立工件坐标系，如图 4-57 所示。采用手动对刀方法把 *O* 点作为对刀点。

6. 编写程序

按该机床规定的指令代码和程序段格式，把加工零件的全部工艺过程编写成程序清单。

该工件的加工程序如下：

（1）加工 ϕ16mm 孔程序（手工安装好 ϕ16mm 钻头）

```
%4340
G54  G90  X0  Y0  Z0;                      绝对坐标编程,设置对刀点
M03  S100;
G17  G00  X40  Y25;                        在XOY平面内加工
G98  G81  X40  Y30  Z-10  R15  F100;       钻孔循环
G00  Z50;                                  取消循环,快速退刀
M05;
M02;
```

（2）铣轮廓程序（手工安装好 ϕ12mm 四刃立铣刀，不考虑刀具长度补偿）

```
%4350
G54  G90  G41  G00  X-20  Y-10  Z-5  D01;  刀具半径补偿,快速定位
M03  S1250;
G01  X5  Y-10  F400;                       刀具进给至切削起点
G01  Y30;                                  铣削OA
X10  Y40  C10;                             铣削AB
X26.771  Y40;                              铣削BC
G02  X58.856  Y31.667  R20;                铣削CD
G03  X68.284  Y25  R10;                    铣削DE
G01  X85  Y25;                             铣削EF
X90  Y20  C5;                              铣削FG
X90  Y0;                                   铣削GH
X-10  Y0;                                  铣削HO
G00  X0  Y0  Z100;                         快速抬刀
G40;                                       取消刀补
M05  M30;                                  程序结束
```

例 4-40　工件轮廓图形如图 4-58 所示。毛坯为 70mm×70mm×14mm 板材，六个面已经过精加工，保证了各面相互的垂直度及平行度。要求编写程序加工出如图所示的凹槽。工件材料为铝材。

1. 根据图样要求确定工艺方案及加工路线

1）以已精加工过的底面为定位基准，用数控铣床的台虎钳夹紧工件的两侧。台虎钳固定于铣床工作台上。

2）工步顺序

① 铣刀先走两个圆轨迹，粗加工凹槽。

② 每次切削深度为 2mm。

③ 加工中间 ϕ16mm 的凸台时，未采用刀具半径补偿。

④ 采用刀具半径左补偿，加工 50mm ×50mm 四周 R6mm 倒圆的正方形槽。

⑤ 实际加工时，可通过改变刀补值对圆的正方形槽进行精加工。改变半径值，对中间 ϕ16mm 的圆凸台进行精加工。

3）虽然铝材材质较软，但为便于和钢件的加工接轨，编程加工零件的曲线内槽时，采用了斜线下刀。

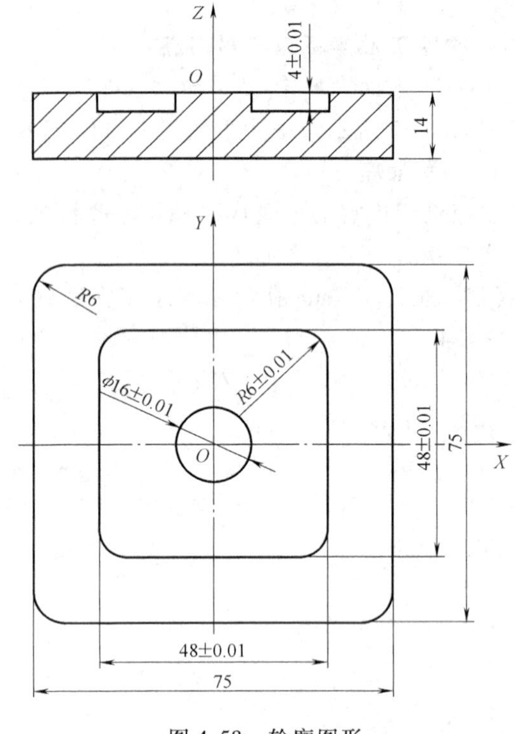

图 4-58 轮廓图形

2. 选用数控铣床

根据实训中心的情况，选取普通型的数控铣床（XK713）即可满足加工要求。控制系统选用华中世纪星（HNC—21/22M）。

3. 选择刀具

采用 ϕ10mm 平底四刃立铣刀用于轮廓的铣削，并把该刀具的直径输入刀具参数表中。

4. 确定切削用量

切削用量的具体数值应根据该机床性能、相关的手册并结合实际经验确定，详见加工程序。

5. 确定工件坐标系和对刀点

在 XOY 平面内确定以 O 点为工件原点，Z 方向以工件表面为工件原点，建立工件坐标系，如图 4-58 所示。

采用手动对刀方法把 O 点作为对刀点。

6. 编写程序

按该机床规定的指令代码和程序段格式，把加工零件的全部工艺过程编写成程序清单。

考虑到所加工槽的深度为 4mm，分两刀加工，每刀切削深度为 2mm。为简化加工程序，可采用子程序。该工件的加工程序如下：

```
%4360
G54  G90  X0  Y0  Z0;              绝对坐标编程,设置对刀点
G17  G00  X0  Y0  Z10;             刀具快速定位
M03  S1200;
G01  X16  Y16  F200;
Y-16  Z-2;                         斜线下刀,切削深度为-2mm
```

```
Y0;                              回到下刀点
M98  P101;                       调用程序号为101的子程序
G01  X16  Y16  F200;
Y-16  Z-4;                       斜线下刀,切削深度为-4mm
Y0;                              回到下刀点
M98  P101;                       调用程序号为101的子程序
G01  Z5  M09;
G00  X0  Y0  Z25;
M05  M30;                        主程序结束
子程序:
%101                             程序号为101的子程序
G03  X13  Y0  I-13  J0;          铣削φ16mm的圆台
G01  X17;
G03  X17  Y0  I-17  J0;          铣削φ24mm的圆台
G41  G01  X24  Y18  D01;         刀具左补偿,铣削四角倒圆的正方形槽
G03  X18  Y24  I-6  J0;
G01  X-18;
G03  X-24  Y18  I0  J-6;
G01  Y-18;
G03  X-18  Y-24  I6  J0;
G01  X18;
G03  X24  Y-18  I0  J6;
G01  Y0;
G40  G01  X15  Y0;               取消刀补
M99;                             子程序结束
```

例4-41 如图4-59所示的图形，零件的外圆 ϕ130mm 及中间 ϕ28mm 的圆孔已经在车床上加工完成。在数控铣床上编程加工内外径分别为 ϕ40mm 及 ϕ120mm 的圆槽和四个梯形通孔。零件材料为45钢。

1. 工艺方案

1）根据工件的尺寸形状特点，确定以工件的外圆进行定位装夹。用三爪自定心卡盘定位夹紧工件的外圆，使用杠杆百分表进行定位。再用压板压紧三爪自定心卡盘，固定于铣床工作台上。

2）加工圆槽采用 ϕ20mm 平底四刃立铣刀，按 ϕ120mm 的圆形轨迹编程，采用逐步加大刀具补偿半径的方法，一直至铣出 ϕ40mm 的内圆为止。

3）加工梯形槽采用 ϕ10mm 的平底四刃立铣刀，以右前方的梯形槽为基本图形进行编程。在深度上分四次进刀切削（实际加工时每刀下2mm）。其余三个槽孔则通过旋转功能铣出。由于梯形槽的宽度仅20mm，刀具只需沿槽的周围切削一周，即可完成梯形槽的加工（可通过改变刀补，进行梯形槽的粗、精加工）。

4）为方便加工四个梯形通孔时下刀，避免铲刀，要先采用螺旋下刀，加工出下

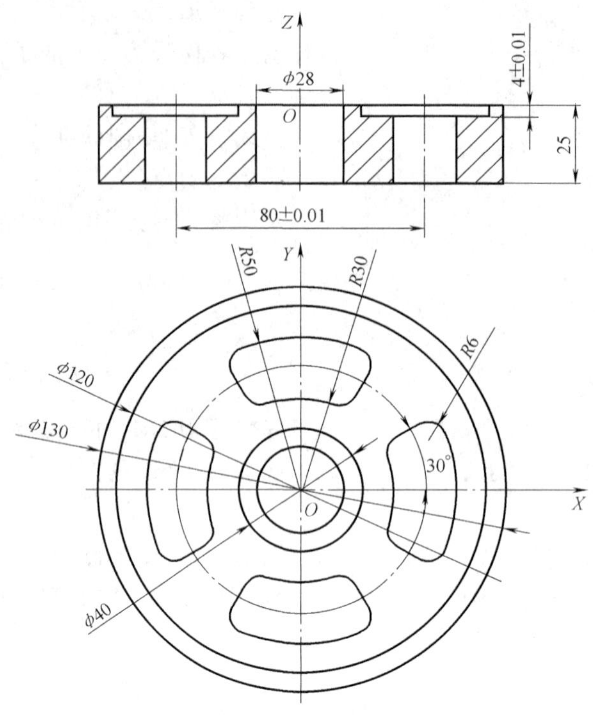

图 4-59　旋转铣槽

刀孔。

5）加工中间圆环槽时要采用先采用螺旋下刀加工下刀孔，避免铲刀。

6）实际生产时，为保证加工精度，可通过变换刀补来进行粗、精加工的设置。此例编程时，为节约篇幅，没有作此变换，读者可自行分析。

2. 节点计算

通过计算机分析或数学计算，右前方的梯形槽节点的坐标分别为：

A（46.306，18.862），*B*（37.749，21.794），*C*（30.741，17.748），*D*（28.117，10.460），如图 4-60 所示。

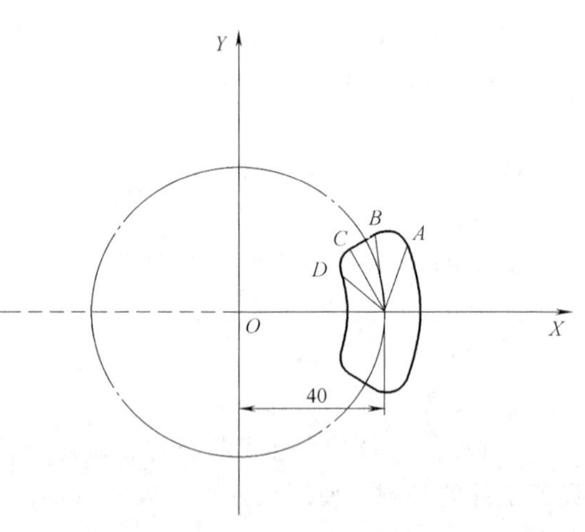

图 4-60　节点坐标图

3. 编写程序

以工件的上表面中心点为对刀点。编写程序如下：

```
%4370
G54   G90   X0   Y0   Z0;            绝对坐标编程,设置对刀点
G17   G00   X0   Y0   Z10;           刀具快速定位
M03   S600;
X40;
```

G03　I－40　Z－5；	螺旋下刀，加工 ϕ90mm、内径 ϕ70mm 深 4mm 的圆环槽
G41　X60　D01；	刀具左补偿，D01＝10
G03　I－60；	加工外径 ϕ120mm、内径 ϕ104mm 的圆环槽
G01　G40　X40；	取消刀补
G41　G01　X60　D02；	D02＝20。在圆环槽内直线切削
G03　I－60；	加工外径 ϕ100mm，内径 ϕ80mm 的圆环槽
G01　G40　X40；	取消刀补
G41　G01　X60　D03；	D03＝30。在圆环槽内直线切削
G03　I－60；	加工外径 ϕ80mm、内径 ϕ60mm 的圆环槽
G01　G40　X40；	取消刀补
G41　G01　X60　D04；	D03＝40。在圆环槽内直线切削
G03　I－60；	加工外径 ϕ60mm、内径 ϕ40mm 的圆环槽
G01　G40　X40；	取消刀补
G00　Z10；	刀具返回进给起点
G28　Z25　M05；	返回参考点，主轴停
G28　X0　Y0；	
M00；	程序停止，换刀
G29　X0　Y0；	从参考点返回
G00　Z10；	刀具移至进刀点
M03　S1800；	
M98　P100；	调用程序号为 100 的子程序
G68　X0　Y0　P90；	旋转变换，原点为 X0　Y0，角度为 90°
M98　P100；	调用程序号为 100 的子程序
G69；	取消旋转变换功能
G68　X0　Y0　P180；	旋转变换，原点为 X0　Y0，角度为 180°
M98　P100；	调用程序号为 100 的子程序
G69；	取消旋转变换功能
G68　X0　Y0　P270；	旋转变换，原点为 X0　Y0，角度为 270°
M98　P100；	调用程序号为 100 的子程序
G69；	取消旋转变换功能
G00　Z25；	快速抬刀
M05　M30；	主程序结束
子程序：	
%100	程序号为 100 的子程序
G00　X40；	刀具快速定位
G01　X43　F100	
G03　I－3　Z－6；	螺旋下刀，加工 ϕ16mm 深 5mm 的圆孔
M98　P110；	调用程序号为 110 的子程序

```
G01  X43
G03  I-3  Z-5;                             螺旋下刀,加工φ16mm深5mm的圆孔
G01  Z-20  F100;                           切削深度20mm
M98  P110;                                 调用程序号为110的子程序
G01  X43
G03  I-3  Z-5;                             螺旋下刀,加工φ16mm深5mm的圆孔
M98  P110;                                 调用程序号为110的子程序
G01  X45
G03  I-3  Z-5;                             螺旋下刀,加工φ16mm深5mm的圆孔
M98  P110;                                 调用程序号为110的子程序
G00  Z10;                                  快速抬刀
X0  Y0;                                    刀具定位
M99;                                       子程序返回
%110                                       程序号为110的子程序
G01  G41  X46.306  Y18.862  D05;           刀具左补偿,D05=5。在梯形槽内切削至A点
G03  X37.749  Y21.794  R6;                 铣AB圆弧
G01  X20.741  Y17.748;                     铣BC直线
G03  X28.117  Y10.460  R6;                 铣CD圆弧
G02  Y-10.460  R30;                        铣腰形槽内圆弧
G03  X30.741  Y-17.748  R6;                铣R6mm圆弧
G01  X37.749  Y-21.794;                    铣直线
G03X  46.306  Y-18.862  R6;                铣R6mm圆弧
G03  Y18.862  R50;                         铣腰形槽外圆弧
G40  G01  X40  Y0;                         取消刀补,刀具定位
M99;                                       子程序返回
```

例4-42 如图4-61所示曲线槽图形。毛坯为140mm×100mm×20mm，六个面已经过精加工，保证了各面相互的垂直度及平行度。要求编写程序加工出如图中所示的φ80mm圆台及中间曲线凹槽。工件材料为铝材。要求编写程序加工图中曲线凸台、中间φ14mm孔的镗削及4个φ10mm孔钻削加工。

```
%4380
N01  T01  M06;                             (φ12mm立铣刀)
N02  G54  G90  G40  G49;
N03  M03  S1000;
N04  G00  X-65  Y60;
N05  G43  H01  Z10;
N06  M08;
N07  G01  Z-3  F300;
N08  Y-40.49;
N09  X-55;
```

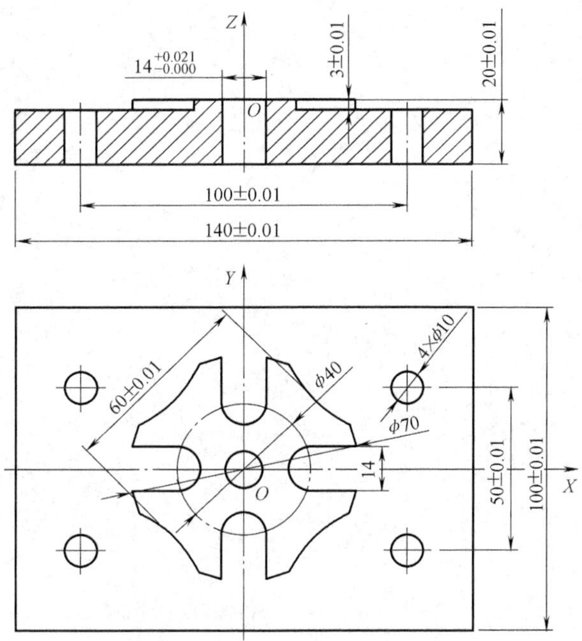

图 4-61　外形曲线轮廓

```
N10  Y40.49;
N11  X-45;
N12  Y-40.49;
N13  X-40.49;
N14  Y-36;
N15  X-24;
N16  Y-30;
N17  X-40.49;

N18  Y30;
N19  X-24;
N20  Y36;
N21  X-40.49;
N22  Y40.49;
N23  X60;
N24  Y-40.49;
N25  X50;
N26  Y40.49;
N27  X44;
N28  Y-40.49;
N29  X40.49;
N30  Y-36;
```

```
N31  X24;
N32  Y-30;
N33  X40.49;
N34  Y30;
N35  X24;
N36  Y36;
N37  X40.49;
N38  Y40.49;
N39  G0  Z10;
N40  X40.49  Y-40.49;
N41  G01  Z-3  F100;
N42  X-40.49;
N43  X-62  Y-46.8;
N44  X62;
N45  G0  Z10;
N46  Y46.8;
N47  G01  Z-3;
N48  X-62;
N49  G0  Z10;
N50  G0  X-50  Y0;
N51  G01  Z-3  F300;
N52  G41  D01  Y7;
N53  G01  X-34.293;
N54  M98  P1012;
N55  G68  X0  Y0  P-90;
N56  M98  P1012;
N57  G68  X0  Y0  P-180;
N58  M98  P1012;
N59  G68  X0  Y0  P-270;
N60  M98  P1012;
N61  G69;
N62  G02  X35  Y0  R35;
N63  G01  G40  X50;
N64  G49  G0  Z100;
N65  M09;
N66  M05;
N67  T02  M06;                        (φ2.5mm 中心钻)
N68  M03  S1800;
N69  G00  X-50  Y25;
```

```
N70  G43  H03  Z20;
N71  M08;
N72  G99  G81  R5  Z-4.5  F200;
N73  M98  P1013;
N74  G0  X0  Y0;
N75  G99  G81  R5  Z-4.5  F200;
N76  G49  G0  Z100;
N77  M09;
N78  M05;
N79  T03  M06;                    (φ10mm 钻头)
N80  M03  S1500;
N81  G00  X-50  Y25;
N82  G43  H03  Z20;
N83  M08;
N84  G99  G83  R5  Q-3  K2  Z-25;
N85  M98  P1013;
N86  G0  X0  Y0;
N87  G99  G83  R5  Q-3  K2  Z-25;
N88  G49  G0  Z100;
N89  M09;
N90  M05;
N91  T04  M06;                    (φ11.8mm 钻头)
N92  M03  S1500;
N93  G00  X0  Y0;
N94  G43  H04  Z20;
N95  M08;
N96  G99  G81  R5  Z-25  F150;
N97  G49  G0  Z100;
N98  M09;
N99  M05;
N100  T05  M06;                   (φ12mm 铰刀)
N101  M03  S350;
N102  G00  X0  Y0;
N103  G43  H05  Z20;
N104  M08;
N105  G99  G85  R5  Z-25  F80;
N106  G49  G0  Z100;
N107  M09;
N108  M05;
N109  M30;
```

第三节 FANUC 0i 数控系统操作及机床的基本操作

一、FANUC 0i 数控系统操作面板界面简介

由于数控铣床类型不同，操作面板形式不同，操作方法也各不同，因此操作铣床应严格按照铣床操作手册的规定执行，但不论何种数控系统，基本结构和基本操作方法大体一致。一般数控铣床的操作界面都包括数控系统工作界面（由屏幕和键盘组成，也称为 CRT/MDI 面板）和铣床控制面板（由按钮和旋钮等开关及仪表）组成两部分。下面介绍 FANUC 0i 系统。

1. 铣床控制面板

FANUC 0i 系统的控制面板由下面两部分组成。

（1）铣床操作面板　铣床操作面板主要用于控制铣床的运动和选择铣床的工作方式，包括手动进给方向按钮、主轴手控按钮、工作方式选择按钮、程序运行控制按钮、进给倍率调节旋钮、主轴倍率调节旋钮等，如图 4-62 所示。

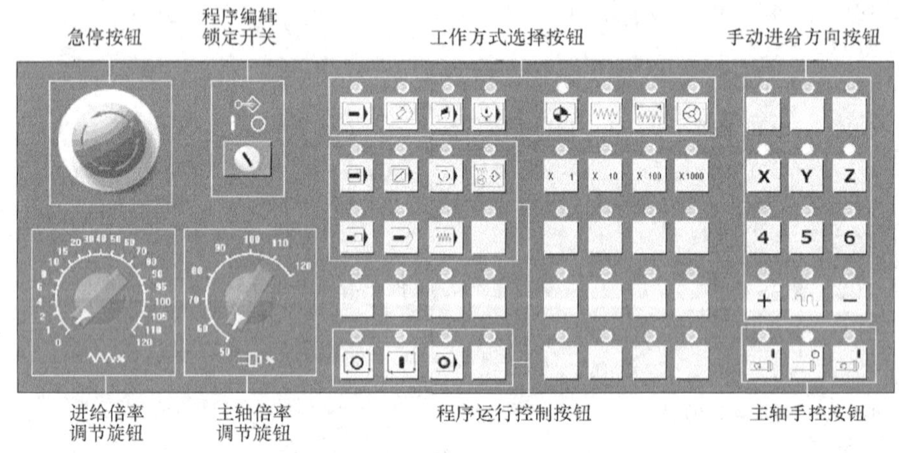

图 4-62　FANUC 0i 铣床操作面板

（2）数控系统操作面板　数控系统面板主要用于与显示屏结合来操作与控制数控系统，以完成数控程序的编辑与管理、用户数据的输入、屏幕显示状态的切换等功能，如图 4-63 所示。

2. 数控系统工作界面

数控系统的工作状态不同，数控系统显示的界面也不同，一般数控系统操作面板上都设置工作界面切换按钮，工作界面包括加工界面、程序编辑界面、参数设定界面、诊断界面、通信界面等。特别注意：有时只有选择特定的工作方式，并进入特定的工作界面，才能完成特定的操作。

（1）加工界面　用于显示在手动、自动、回参考点等方式机床的运行状态，包括各进给轴的坐标、主轴速度、进给速度、运行的程序段等，如图 4-64 所示。

（2）程序编辑界面　用于编辑数控程序并对数控程序文件进行相应文件的管理，包括编辑、保存、打开等功能，如图 4-65 所示。

（3）参数设定界面　用于完成对机床各种参数的设置，包括刀具参数、机床参数、用户数据、显示参数、工件坐标系设定等，如图 4-66 所示。

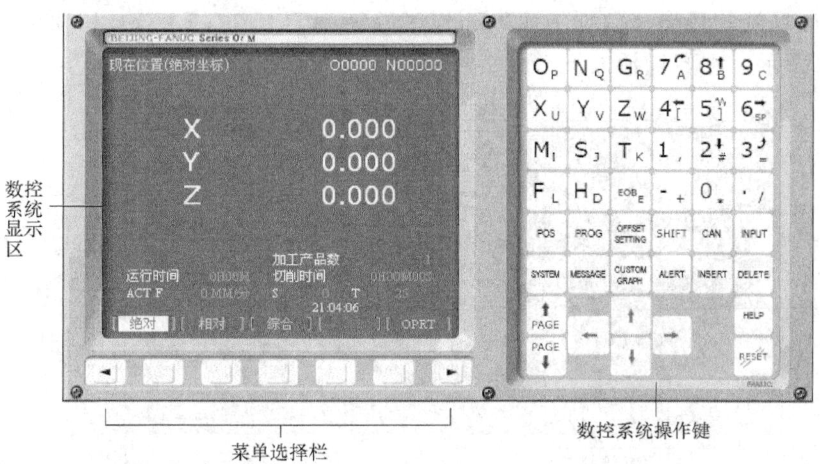

图 4-63　FANUC 0i 铣床数控系统操作面板

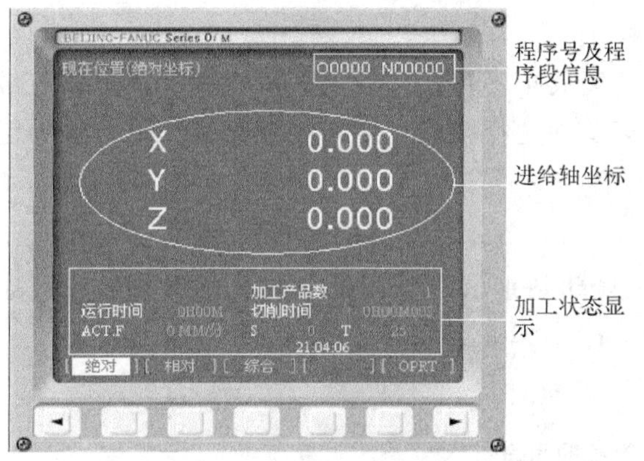

图 4-64　FANUC 0i 数控铣床加工界面

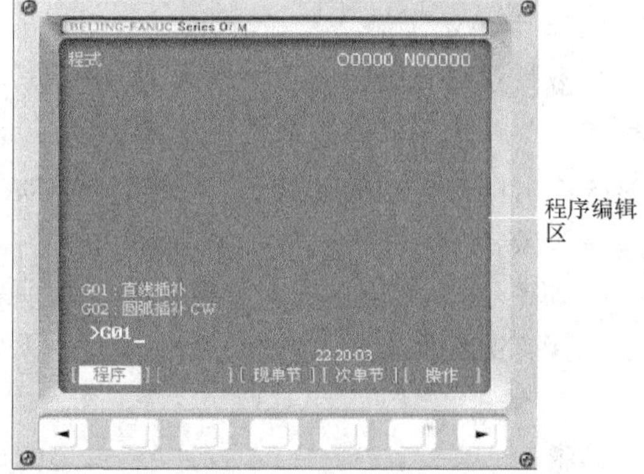

图 4-65　FANUC 0i 数控铣床程序编辑界面

图 4-66　FANUC 0i 数控铣床参数设定界面

二、FANUC 0i 数控系统操作面板介绍

FANUC 0i 铣床数控系统操作面板除显示屏幕以外，包括以下几个键区：菜单选择键、数字字母键等。数控系统操作面板是 FANUC 0i 铣床数控系统的主要人机界面，主要完成操

作人员对数控系统的操作、数据的输入和程序的编制等工作。FANUC 0i 数控系统的操作面板如图 4-67 所示。主要包括以下部分：

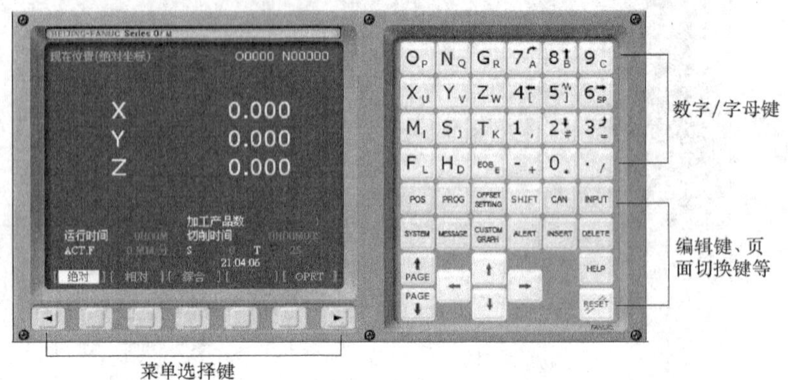

图 4-67　FANUC 0i 铣床数控系统操作面板

1. 菜单选择键

数控系统在不同的工作界面下，其显示的功能菜单不尽相同，但任何界面下菜单的数量都为 5 个，系统设置对应的 5 个菜单键，完成菜单项选择功能。若同一界面下，菜单数量超过 5 个，则可使用◄或►键进行菜单翻页。

2. 数字/字母键

数字/字母键用于输入数据到输入区，系统自动判别取字母还是取数。字母和数字键通过 SHIFT 键切换输入不同的字符，如 G－R、9－C、F－L。

3. 编辑键（见表 4-13）

表 4-13　编辑键的用途

按钮	名称	用　途
ALERT	替换键	用输入的数据替换光标所在的数据
DELETE	删除键	删除光标所在的数据，或者删除一个程序，或者删除全部程序
INSERT	插入键	把输入区中的数据插入到当前光标之后的位置
CAN	取消键	消除输入区内的数据
EOB E	单节键	结束一行程序的输入并切换到下一行
SHIFT	上档键	用来切换数字和字母
RESET	复位键	用于程序复位停止、取消报警等

4. 页面切换键（见表 4-14）

表 4-14 页面切换键的说明

按钮	名称	说明
POS	位置显示键	位置显示有三种方式，用翻页键选择
PROG	程序键	程序显示与编辑页面
OFFSET SETTING	偏置键	参数输入页面。按第一次进入刀具参数补偿页面，按第二次进入坐标系设置页面。进入不同的页面以后，用翻页键切换
SYSTEM	系统键	机床参数设置，一般禁止改动，显示自诊断数据
MESSAGE	信息键	显示各种信息：如报警
CUSTOM GRAPH	图形显示键	刀具路径图形显示

5. 翻页键

↑PAGE 向上翻页。

PAGE↓ 向下翻页。

6. 光标移动键

↑为向上移动光标，↓为向下移动光标，←为向左移动光标，→为向右移动光标。

7. 输入键

INPUT 输入键：把输入区内的数据输入参数页面。

三、FANUC 0i 数控系统铣床控制面板介绍

FANUC 0i 数控系统铣床控制面板如图 4-68 所示。

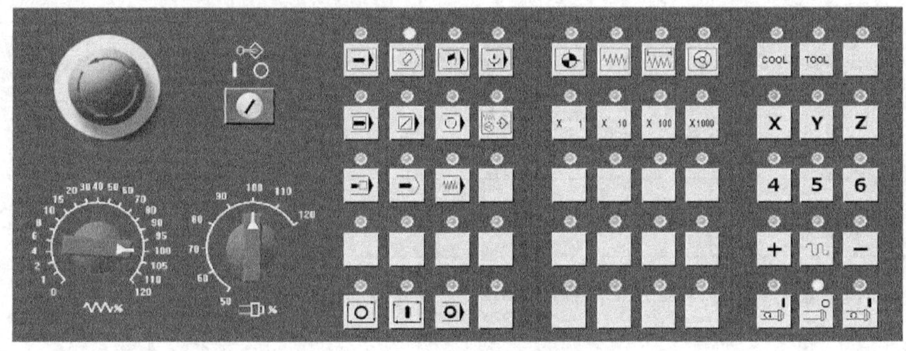

图 4-68 FANUC 0i 数控系统铣床控制面板

FANUC 0i 铣床操作面板介绍如下：

(1) 工作方式选择按钮（见表 4-15）

表 4-15　工作方式选择按钮

按钮图标	名称	按 键 名 称	用　　途
	AUTO	自动加工模式	执行已在内存里的程序
	EDIT	程序编辑模式	用于检索、检查、编辑与新建加工程序
	MDI	手动数控输入	输入程序并可以执行，程序为一次性
	DNC	计算机直接运行	用 RS-232 电缆线连接 PC 机和数控机床，选择程序传输加工
	REF	回参考点	回机床参考点
	JOG	手动模式	手动连续移动机床
	INC	增量（点动）进给	移动一个指定的距离
	HND	手轮模式	根据手轮的坐标、方向、进给量进行移动

（2）程序运行控制按钮（见表 4-16）

表 4-16　程序运行控制按钮

按钮图标	名称	用　　途
	单步执行	每按一次此键，执行一条程序指令
	程序段跳读	在自动方式下按此键，跳过程序开头带有“/”符号的程序
	程序停止	在自动方式下，遇有 M00 命令程序停止
	手动示教	
	程序重新启动	由于机床外部的种种原因自动停止，程序可以从指定的程序段重新启动
	机床锁定	机床各轴会被锁住，只能运行程序
	机床空运行	各轴以固定的速度运动
	程序运行开始	在“AUTO”和“MDI”模式时才有效，其余时间无效
	程序运行停止	在程序运行中，按下此键程序停止运行
	程序停止	在自动方式下，遇有 M00 命令程序停止

（3）手动控制按钮（见表 4-17）

表 4-17　手动控制按钮

按钮图标	名　　称	用　　途
	主轴手动控制	手动主轴正转
		手动主轴停止
		手动主轴反转
X	手动移动各轴	手动移动 *X* 轴
Y		手动移动 *Y* 轴
Z		手动移动 *Z* 轴
+		手动正方向移动
		在选择移动坐标轴后同时按下此按钮，坐标轴以机床指定的进给进行快速移动
–		手动反方向移动
0 1 2 4 6 8 10 15 20 30 40 50 60 70 80 90 95 100 105 110 120	进给倍率调节	调节程序运行中的进给速度，调节范围为 0 ~ 120%。例如，程序中指定的进给速度是 100mm/min，当进给倍率选定为 20% 时，刀具实际的进给速度是 20mm/min。它常用于改变程序中指定的进给速度，进行试切削，检查程序
50 60 70 80 90 100 110 120	主轴倍率调节	调节主轴转速运行速度，调节范围为 50% ~120%。例如，程序中指定的主轴转速是 1000mm/min，当主轴倍率选定为 50% 时，刀具实际的转速是 500mm/min。它常用于调整主轴转速，进行试切削，检查程序
	程序编辑锁定	置于○位置，可编辑或修改程序
	紧急停止	发生意外紧急情况时的处理

四、基本操作

1. 开机与关机

开机时，在按启动按钮之前，先要检查急停键是否压下，在急停键压下的条件下，按启动按钮，机床通电，完成开机。

停机时，在按停止按钮之前，先要检查急停键是否压下，在急停键压下的条件下，按停止按钮，机床断电，完成停机。

2. 机床回零

参考点又称机械零点，是机床上的一个固定点，数控系统根据这个点的位置建立机床坐标系。参考点通常设在机床各坐标轴正向运动的极限位置或自动换刀点的位置。开机后，必须利用操作面板上的开关和按键，将刀具移动到机床的参考点。操作步骤如下：

1）检查操作面板上回零点指示灯是否亮，若指示灯亮，则已进入回零点模式；若指示灯不亮，则按按钮，转入回零点模式。

2）为改变移动速度，按下快速移动倍率选择开关 F0 25 50 100，可改变快速移动的速度。

3）在回零点模式下，先将 Z 轴回原点（避免主轴在回零过程中与工作台上台虎钳或夹具发生干涉碰撞）。按操作面板上的 Z 按钮，使 Z 轴方向移动指示灯闪烁 Z，按 + 按钮，此时 Z 轴将回零点，Z 轴回零点灯变亮 Z，CRT 上 Z 坐标变为“0.000”。

4）重复上述 2）和 3）的步骤，再分别按 X、Y 轴方向移动按钮 X、Y，使指示灯闪烁，按 + 按钮，此时 X、Y 轴将回原点灯 X 和 Y 变亮。此时 CRT 界面如图 4-69 所示。

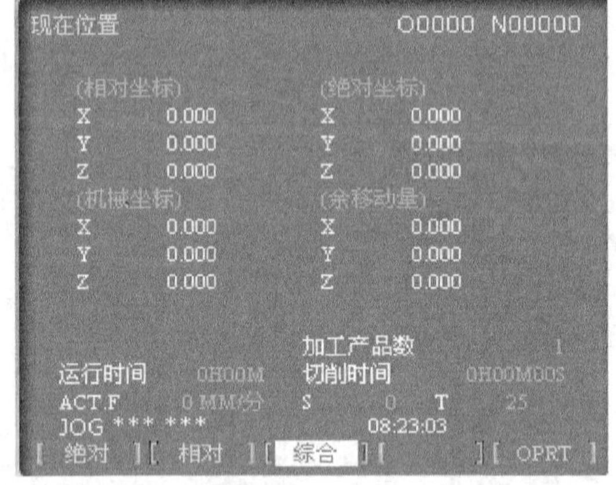

图 4-69　回零点后的 CRT 界面

3. 手动

(1) 手动连续（JOG）方式

1）按操作面板上的“手动”按钮，使其指示灯亮。机床进入手动加工模式。

2）分别按 X、Y、Z 键，通过进给轴选择开关选择移动的坐标轴。

3）分别按 +、− 键，通过进给方向选择按键控制机床的移动方向。

4）可以通过手动进给倍率调节 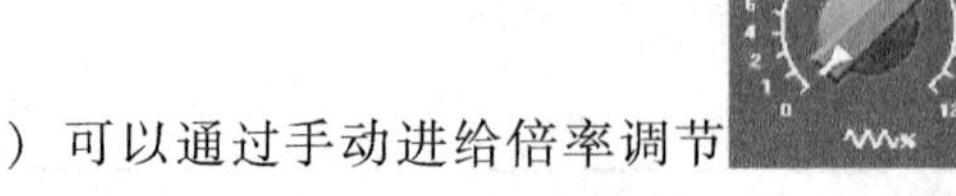，可以调整进给速度。

5）在选择移动坐标轴后同时按下此按钮，坐标轴以机床指定的进给进行快速移动。

（2）手摇脉冲（HANDLE）方式

手摇脉冲发生器又称手轮，在手动/连续加工或在对刀需精确调节机床时，可用手动脉冲方式调节机床。

1）在操作面板上选择操作方式，按下或，使指示灯变亮，进入手轮方式。

2）旋转“手动对应的轴”的按钮，选择需要移动的坐标轴（每次只能单轴移动）。

3）旋转“手动进给速度”按钮，选择合适的进给倍率。通过倍率选择，手轮每旋转一格，轴向移动的位移可以为0.001mm、0.01mm、0.0mm和1mm。

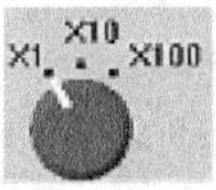

4）旋转手轮，精确控制机床的移动。手轮旋转一圈，刀具移动的距离相当于100个刻度的对应值。手轮顺时针（CW）旋转，所移动轴向该轴的“+”坐标方向移动，手轮逆时针（CCW）旋转，所移动轴向该轴的“-”坐标方向移动。

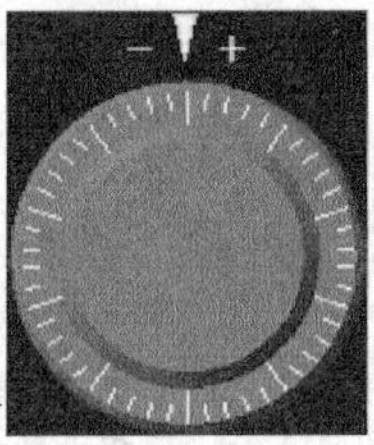

4. 主轴手动操作

1）将方式选择置于手动操作方式（含HANDLE、JOG、ZERO）。

2）可由下列三个按键控制主轴运转。

主轴正转按键：主轴正转，同时按键内的灯亮。

主轴正转按键：主轴反转，同时按键内的灯亮。

主轴停止按键：主轴停止转动，任何时候只要主轴没有转动，这个按键内的灯就会亮，表示主轴处于停止状态。

5. MDI（手动数据输入）运行模式

在屏幕上，用MDI键盘输入一组程序指令，机床可以根据输入的程序运行，这种操作称为MDI运行方式。

1）按操作面板上的按钮，使其指示灯变亮，进入MDI模式。在MDI键盘上按键，进入编辑页面。

2）输写数据指令：在输入键盘上按数字/字母键，可以作取消、插入、删除等修改操作。

3）键入程序号：键入字母“O”，再键入程序编号，但不可以与已有程序的编号重复。输入程序后，按键结束一行的输入后再用回车键换行。

4）移动光标：按、上下方向键翻页。按方位键、、、移动光标。

5）按CAN键，删除输入域中的数据；按DELETE键，删除光标所在的代码。

6）按键盘上INSERT键，输入所编写的数据指令。

7）输入完整的数据指令后，按循环启动按钮运行程序。用RESET清除输入的数据。

6. 试切对刀

装夹好工件，安装好刀具后，首先要进行试切对刀。加工编程时，定位一般四面分中，可以选取零件的顶面为 Z 方向的零点。必须使数控机床的坐标系和编程的坐标系一致。

（1）X、Y 轴对刀

1）首先在 X 轴方向对刀。按操作面板上的手动按钮，使其指示灯变亮，机床转入手动加工状态。

2）按操作面板上或的按钮，控制主轴转动。

3）首先利用操作面板上的 X 、 Y 、 Z 按钮和 + 、 − 按钮，将机床刀具移动到工件附近的大致位置。

4）当刀具移动到工件附近的大致位置后，可以采用手动脉冲方式移动机床，按操作面板上的手动脉冲按钮或，使手动脉冲指示灯变亮，采用手动脉冲方式精确移动机床，将手轮对应轴旋钮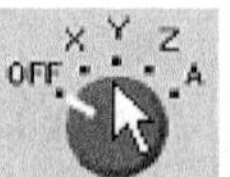

置于 X 档，调节手轮进给速度旋钮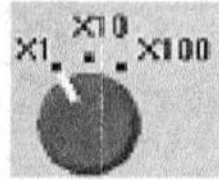

，旋转手轮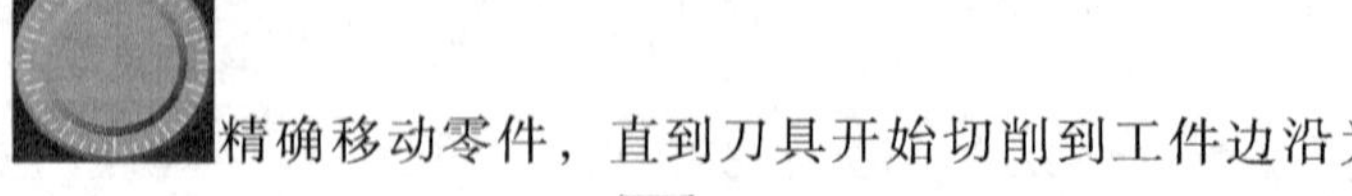

精确移动零件，直到刀具开始切削到工件边沿为止。

5）按 MDI 键盘上的POS，使 CRT 界面上显示坐标值，对 X 轴清零。升高刀具，移至工件的另外一边。同样，将手轮对应轴旋钮置于 X 档，调节手轮进给速度旋钮，旋转手轮精确移动零件，直到刀具开始切削到工件边沿为止。记下此时 CRT 界面中的 X 坐标，此为刀具中心的 X 坐标，记为 X_1，将刀具直径记为 X_2，则工件上表面中心的坐标 $X=(X_1+X_2)/2$，结果记为 X。

6）Y 方向对刀采用相同的方法，得到工件中心的 Y 坐标，结果记为 Y。

（2）Z 轴对刀

1）按操作面板上或的按钮，控制主轴转动。

2）首先利用操作面板上的 X 、 Y 、 Z 按钮和 + 、 − 按钮，将机床刀具移动到工件附近的大致位置。

3）按操作面板上的 Z 和 − ，直到刀具开始切削到工件的上表面，直到刀具开始切削到工件的表面为止，记下此时 Z 的坐标值，记为 Z。此 Z 值即为工件表面一点处 Z 的坐标值。

通过对刀得到的坐标值（X，Y，Z）即为工作坐标系原点在机床坐标系中的坐标值。

7. 坐标系参数设置

数控加工前，须在工件坐标系设定界面上确定工件零点相对于机床零点的偏移量，并将数值存入数控系统中。确定工件与机床坐标系的关系有两种方法，一种是通过 G54 ~ G59 设定，另一种是通过 G92 设定。

（1） G54 ~ G59 参数设置

将刀具得到的工件原点在机床坐标系上的坐标数据（*X*，*Y*，*Z*）输入为 G54 工件坐标原点。

1） 按 OFFSET SETTING 键，使用 CRT/MDI 面板，打开工件坐标系设定界面，切换屏幕界面，可以显示每个工件坐标系的工件零点偏移值。

2） 按章节选择软体键［WORK］，显示工件坐标系设定界面。

3） 按“PAGE”软体键，切换界面，找出所需的界面。或按 MDI 键盘上的数字/字母键，输入“0 * ”（01 表示 G54，02 表示 G55，以此类推），按软键“NO 检索”，光标停留在选定的坐标参数设定区域，如图 4-70 所示（设定 G54）。用方位键 ↑、↓、←、→ 选择所需的坐标系和坐标轴。

4） 先设 *X* 的坐标值，如利用 MDI 键盘输入“ - 500. 0”，按软键“输入”，则 G54 中 *X* 的坐标值变为 - 500. 0。

5） 用方位键 ↓，将光标移至 *Y* 的位置，如输入“ - 415. 00”，按软键“INPUT”。

6） 再将光标移至 *Z* 的位置，如输入“ - 404. 0”，按软键“输入”，即完成了 G54 参数的设定。此时 CRT 界面如图 4-71 所示。

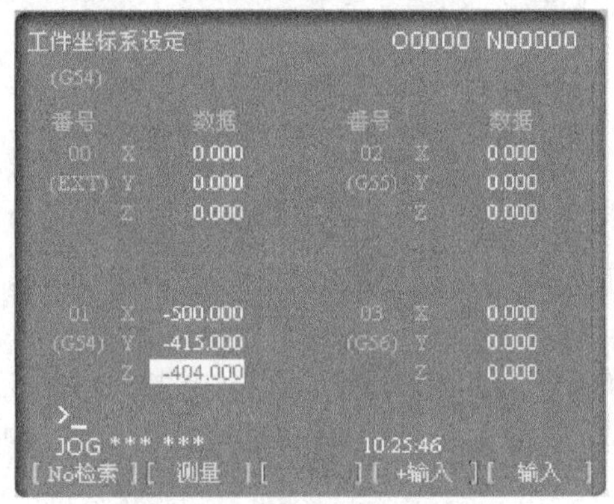

图 4-70　G54 坐标参数设定

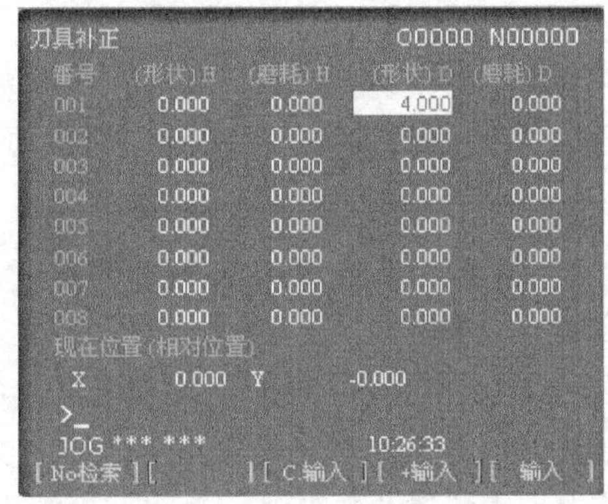

图 4-71　刀具补偿对话框

（2） G92 参数设定

通过对刀得到的 *X*、*Y*、*Z* 值即为工件坐标系 G92 的原点值。如果程序是使用工件坐标 G92，则每次更换工件都要重新对刀。因为 G92 的坐标原点与对刀时的刀位点密切相关，不同的刀位点将会得到不同坐标原点的 G92 坐标系，故推荐使用工件坐标系 G54 ~ G59。

8. 输入刀具直径补偿参数

FANUC 0i 的刀具直径补偿包括形状直径补偿和磨耗直径补偿两种。

1） 在起始界面下，按 MDI 界面的 OFFSET SETTING 键，进入补正参数设定界面。

2） 利用方位键 ↑、↓、←、→ 将光标移到对应刀具的“形状（D）”栏，按 MDI 键盘上的数字/字母键，如输入“4. 000”，按软键“输入”，把输入域中的补偿值输入到所指定的位置。如图 4-71 所示，此时已将选择的刀具半径 4. 00mm 输入。

3）按CAN键逐字删除输入域中的字符。

注：直径补偿参数若为4mm，在输入时需输入“4.000”。如果只输入“4”则系统默认为“0.004”。

9. 输入刀具长度补偿参数

铣刀可以根据需要抬高或降低，通过在数控程序中调用长度补偿实现。长度补偿参数在刀具表中按需要输入。FANUC 0i 的刀具长度补偿包括形状长度补偿和磨耗长度补偿两种。

1）在起始界面下，按 MDI 界面的OFFSET SETTING键，进入补正参数设定界面，如图 4-71 所示。

2）用方位键↑、↓、←、→选择所需的编号，并确定需要设定的长度补偿是形状补偿还是磨耗补偿，将光标移到相应的区域。按 MDI 键盘上的数字/字母键，输入刀具长度补偿参数。按软键“输入”或按INPUT，参数输入到指定区域。

3）按CAN键逐字删除输入域中的字符。

10. 运行数控加工程序（自动加工）

（1）存储器运行（也称自动运行）

程序存到 CNC 存储器中，机床可以按程序指令运行，称为存储器运行方式。

1）检查机床是否回零。若未回零，先将机床回零。

2）检查“自动运行”指示灯是否亮。若未亮，按操作面板上“自动运行”按钮，使其指示灯变亮。

3）按PROG键，系统显示程序屏幕界面。

4）按POS地址键，键入程序号的地址。

5）按操作面板上的启动循环按键，程序开始运行。同时，循环启动 LED 闪亮，当自动运行结束时，指示灯熄灭。

6）数控程序在运行过程中可根据需要暂停、停止、急停和重新运行。数控程序在运行时，按暂停键，进给暂停指示灯 LED 亮，运行指示灯熄灭，程序停止执行。再按键，程序从暂停位置开始执行。

7）数控程序在运行时，按暂停键，程序停止执行；再按键，程序重新从开头执行。

8）数控程序在运行时，按下急停按钮，数控程序中断运行，继续运行时，先将急停按钮松开，再按钮，余下的数控程序从中断行开始作为一个独立的程序执行。

9）自动/单段方式，按操作面板上的“单节”按钮。按操作面板上的，程序开始执行。自动/单段方式执行每一行程序，均需点击一次按钮。

10）点击“单节跳过”按钮，则程序运行时跳过符号“/”有效，该行成为注释行，不执行。

11）点击“选择性停止”按钮，则程序中 M01 有效。

12）可以通过主轴倍率旋钮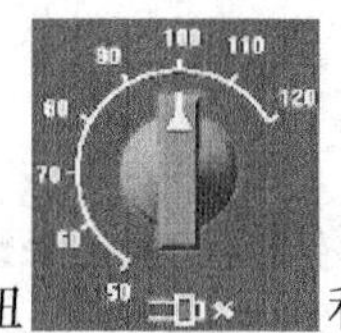和进给倍率旋钮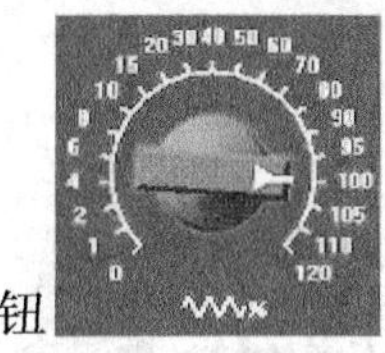来调节主轴旋转的速度和移动的速度。

13）程序运行过程中按下RESET键，自动运行将被终止，并进入复位状态。

（2）电脑联机自动加工（DNC运行）

数控系统经RS-232接口读入外设上的数控程序，同步进行数控加工，成为DNC运行。工厂中进行模具加工生产时，程序通常很大，不需存入CNC的存储器中，广泛采用电脑联机方式。

1）选用一台计算机，安装专用的程序传输软件，根据数控系统对数控程序传输的具体要求，设置传输参数。

2）通过RS-232串行端口，将计算机和数控系统连接起来。

3）检查机床是否回零，若未回零，先将机床回零。

4）将操作方式置于DNC方式。按键，选择DNC，进行运行。

5）在计算机上选择要传输的加工程序。

6）按下操作面板上的循环启动按键，启动自动运行，同时循环启动指示灯LED亮，当自动运行结束时，指示灯熄灭。

第四节　GSK983M数控系统操作及机床的基本操作

一、GSK983M数控系统控制操作面板的基本组成（见图4-72）

其操作方式介绍见表4-18。

表4-18　GSK983M数控系统操作方式介绍

操作方式	功　能
编辑(EDIT)	使用于下面的操作 1)程序记录存储器 2)程序的修改、插入和删除 3)存储器内程序输出和编辑其他程序
自动(MEMORY)	可执行存储器内存的程序 可执行存储器内程序的顺序号检索
录入(MDI)	通过MDI和机床操作面板可以实现手动数据输入
手动(JOG)	可执行点动进给
手轮(HANDLE)	可执行手摇进给
回零	回机床零点

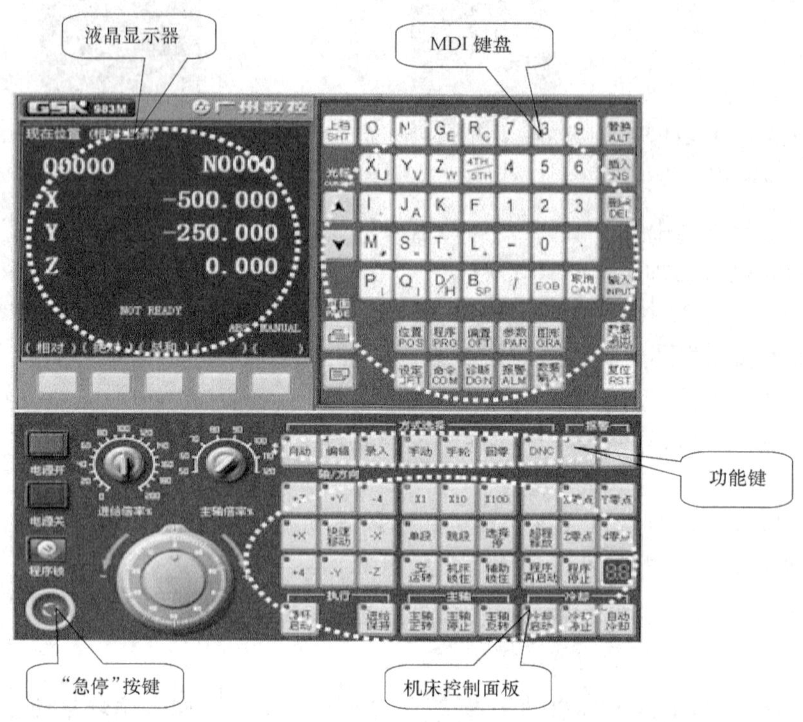

图 4-72　GSK983M 数控系统控制操作面板

二、功能键介绍（见表 4-19）

表 4-19　GSK983M 数控系统功能键介绍

功能键	按键次数	功能
位置 POS	按第 1 次	现在位置显示和复位
设定 SET	按第 1 次	设定数据的显示和设定
	按第 2 次	用户宏程序变数的显示和设定
	按第 3 次	菜单开关的显示和设定
程序 PRG	按第 1 次	在编辑方式显示程序内容 在编辑方式外的其他方式显示正在执行或已执行过的程序段和下续程序段
	按第 2 次	显示程序编号一览表
参数 PAR	按第 1 次	参数的显示和设定
	按第 2 次	PC 参数的显示和设定
偏置 OFT	按第 1 次	偏移量的显示和设定
	按第 2 次	工作坐标中工作原点偏移量的显示和设定
报警 ALM	按第 1 次	显示报警内容
	按第 2 次	显示外部报警和外部信息
命令 COM	按第 1 次	显示指令值和由 MDI 输入的指令
	按第 2 次	显示程序再启动的信息
诊断 DGN	按第 1 次	显示系统诊断数据
	按第 2 次	显示刀具寿命管理的信息

1. 状态显示

系统的状态标记在画面（见图 4-73）的右下部分显示。

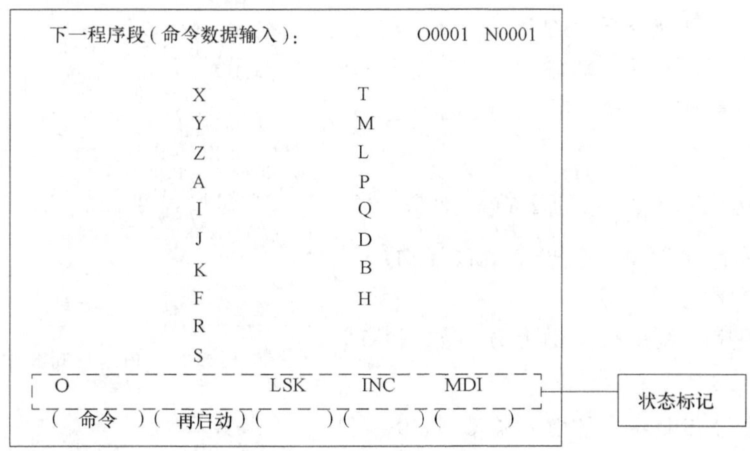

图 4-73　系统的状态标记

NOT READY 表示控制装置或伺服系统不能运转。LSK 表示电源接通或在 MDI 方式以外控制装置复位时形成的标记跳过（LABEL SKIP）状态。BUF 表示已读进程序段，但尚未执行。在 MDI 方式以外实现复位时，未执行的程序段还未消失。ABS 表示 MDI 指令是绝对指令。按[上档 SHT]键则成为 INC 状态。INC 表示 MDI 指令是增量指令。按[上档 SHT]键则成为 ABS 状态。ALM 表示出现报警。按报警键显示该报警形式（此标记闪烁）。EDIT 表示正在执行编辑功能（此标记闪烁）。停止编辑操作要在标记存在时进行。SRCH 表示正在进行顺序号检索功能（此标记闪烁）。RESTR 表示由程序重新启动到返回最后轴完了周期（此标记闪烁）。

2. 键输入

由地址键或数字键的输入在画面（见图 4-74）下部显示。

按功能按钮中的[位置 POS]或[报警 ALM]按钮显示画面时不能再键入数据。

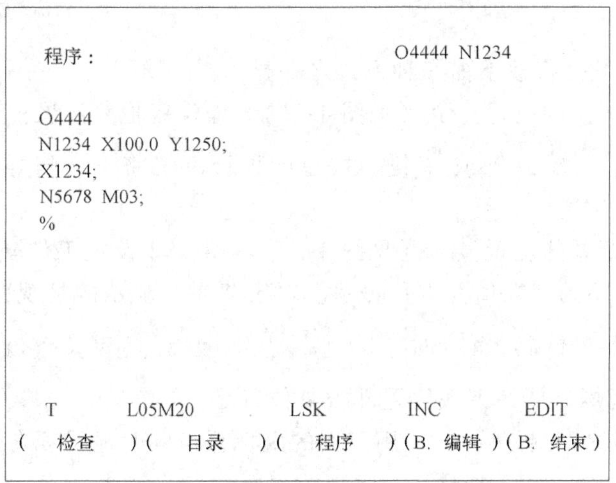

图 4-74　键输入

依次按[D/H]输入 D，按一次[D/H]输入 H。

不进行程序编辑时，只能键入 1 个地址和数字组成 1 个字。按[取消 CAN]键抹消 1 个字。

在程序编辑中，可以用键输入 1 个字，几个字。1 程序段和最多 32 个字符以内的任意字符串。

按[D/H]键，抹消最后键入的字符。如果连续按[取消 CAN]键，则键入的字符就一个一个地被抹消。

3. 程序号和顺序号显示

程序号和顺序号显示在画面上方，如图4-75所示。

```
程序:                        O0001  N0007

O0001:
N0001 G00 X123.45 Z345.678:
N0002 X0 Y0 Z0:
N0003 G04 P3000:
N0004 G00 X-123.45  Y-234.56:
 Z-300.00:
N0005 X0 Y0 Z0:
N0006 G04 P3000:
N0007 G04 X110.0 Y-122.30:
N0008 Y-222.2 Z11.00:
N0009 X200.0 Z200.0
                    LSK      INC      EDIT
( 检查 )( 目录 )( 程序 )(B.编辑)(B.结束)
```

图 4-75　程序号和顺序号的显示

显示的程序号和顺序号的含意见表 4-20。

表 4-20　程序号和顺序号的含意

方　　式	操　　作	显示内容
自动方式时(MENORY)	下记以外的时	显示最后执行的顺序号
	顺序号检索时	检索中。时刻显示顺序号
自动方式时(MENORY)	功能按钮处于程序状态下。按光标↑键时	返回程序段的开头,显示这段程序
编辑(EDIT)	功能按钮处于程序状态下。按光标↓键时	由存储器现位置沿 + 方向查看程序。显示最先遇到的 N 值
	功能按钮处于程序状态下。按光标↑键时	由存储器现位置沿 - 方向查看程序。显示最先遇到的 N 值
	按复位执行复位状态	返回程序段的开关。显示这段程序段
自动方式时(MEMORY)	程序号检索	显示检索的程序号

4. 现在位置显示和复位（功能按钮[位置 POS]）

1）按[位置 POS]按钮。

2）按[≡]按钮。数据将按下面三种方式之一显示。

1）采用相对坐标系的位置显示（见图 4-76）。操作者把复位位置置零后显示相对位置。在进行复位时，按[X U]、[Y V]、[Z W]或[4TH 5TH]键，按过的地址字符将不断闪烁。再按[上档 SHT]按钮，闪烁地址相对位置即被复位置零。

2）采用工件坐标系的位置显示（见图 4-77）。用 G92 设定工件坐标系或用下条的复位操作来设定程序坐标系的现在值并进行显示。对于 T 轴，显示的是现在选择的刀具编号。

在进行（程序保护开锁）复位时，按[X U]，[Y V]，[Z W]或[4TH 5TH]键，按过的地址字符将不断闪烁，再按[上档 SHT]按钮，闪烁地址的现在位置即被复位置零。

3）综合位置显示（见图 4-78）。用下面的坐标系可同时显示现在位置。

① 相对坐标系位置（RELATIVE）。

② 工件坐标系位置（ABSOLUTE）。

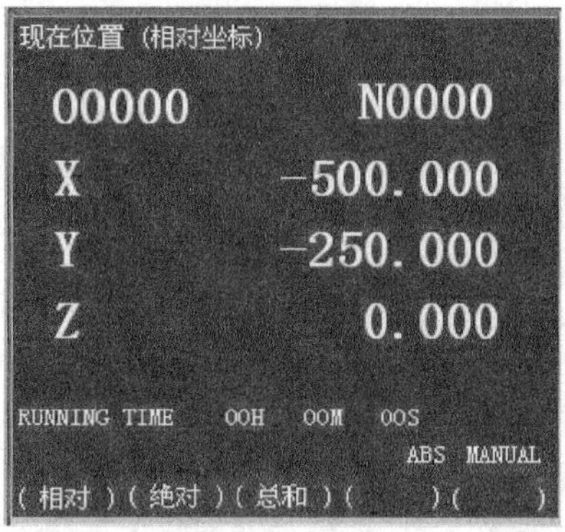

现在位置（相对坐标）
O0000　　N0000
X　-500.000
Y　-250.000
Z　0.000
RUNNING TIME　00H　00M　00S
ABS　MANUAL
（相对）（绝对）（总和）（　）（　）

图 4-76　采用相对坐标系显示位置

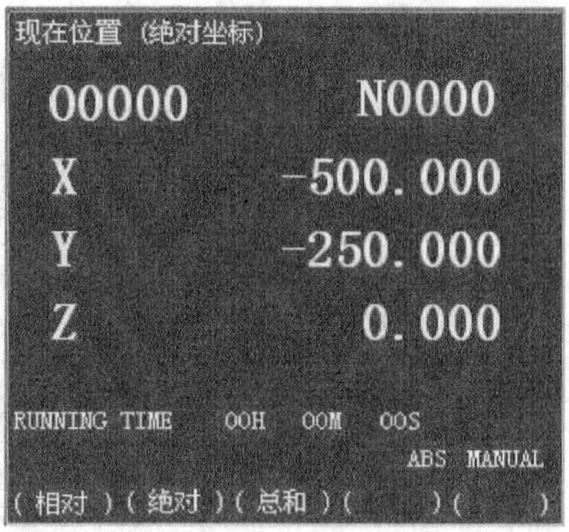

现在位置（绝对坐标）
O0000　　N0000
X　-500.000
Y　-250.000
Z　0.000
RUNNING TIME　00H　00M　00S
ABS　MANUAL
（相对）（绝对）（总和）（　）（　）

图 4-77　采用工件坐标系显示位置

③ 机床坐标系位置（MACHINE）。

④ 剩余移动量（DISTANCE TO GO）

剩余移动量表示一个程序段指令剩下的移动装置。在进行综合位置显示时，各坐标系的位置不能复位。机床坐标系的单位与机床系统的单位相同。

5. 指令值的显示（功能按钮命令COM）

1）按命令COM按钮。

2）按按钮。数据将以下面的两种方式显示。

① 执行指令值时，显示以前设定的模态值（见图 4-79）。

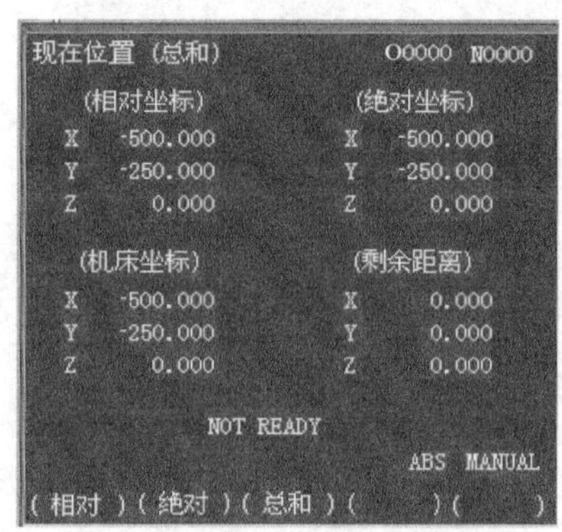

图 4-78　综合位置显示

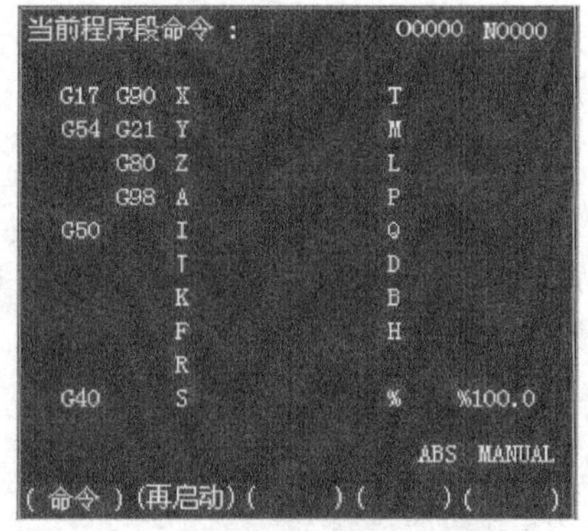

图 4-79　显示以前设定的模态值

在图 4-79 中，在字符%后面的数字表示进给速度。

② 显示由 MDI 输入的指令值或下次要执行的指令值（见图 4-80）。

6. 用 MDI 操作（功能按钮命令COM）

由 MDI&DPL 面板可以输入要执行的一个程序指令。

（1）例如：X10.5　Y200.5

1）选择开关扳到 MDI 位置。

2）按命令COM命令按钮。

3）按按钮，在画面左上方显示（见图 4-81）下一个程序段（命令数据输入）

下一程序段(命令数据输入) ：O0000 N0000
G65
X T
Y M
Z L
A P
I Q
J D
K B
F H
R
S % 0.0
ABS MANUAL
(命令)(再启动)( )( )( )

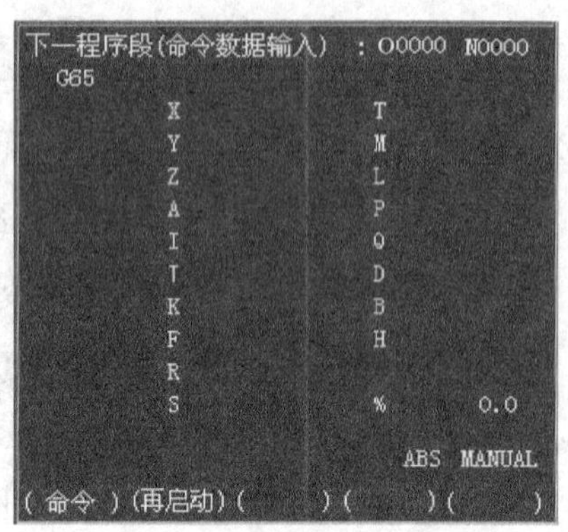

图 4-80 显示由 MDI 输入的指令值或下次要执行的指令值

下一个程序段(命令数据输入):O0000 N0000
X T
Y M
Z L
A P
I Q
J D
K B
F H
R
S
X LSK ABS

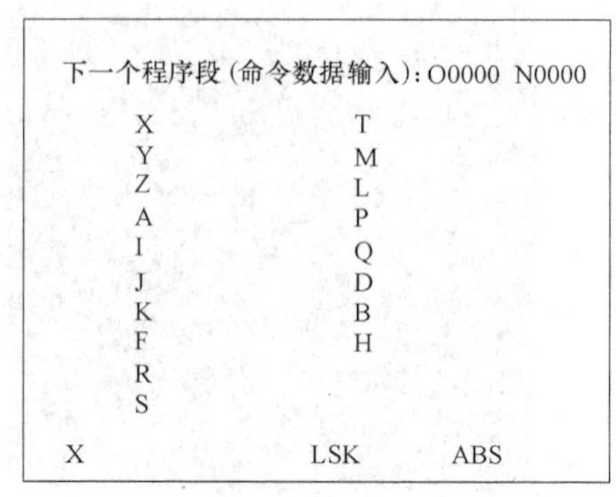

图 4-81 显示程序段

4）依次按下X 1 0 · 5键和输入按钮，如果按输入按钮前输入的数字有错，则按取消按钮并再次键入正确的数字。如果按了输入后发现有错误，则要从头开始重新键入数字。

5）依次按下Y 2 0 0 · 5键和输入按钮，如果发现键入数字有错误，按照输入 X 时同样的办法处理，如图 4-82 所示。

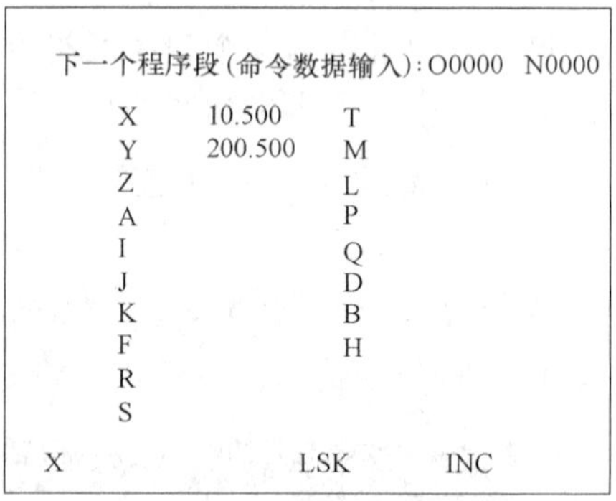

下一个程序段(命令数据输入):O0000 N0000
X 10.500 T
Y 200.500 M
Z L
A P
I Q
J D
K B
F H
R
S
X LSK INC

图 4-82 显示键入的程序

6）按机床操作面板上的循环启动按钮。

（2）在按循环启动按钮前，删除 X10.5 Y200.5 中的 Y200.5。

1）依次按Y、取消CAN、输入INPUT。

2）按操作面板上的循环启动按钮。

3）删除模态数据。

由于不能删除模式 G 代码以及 F、D 和 H 数据，所以，要重新输入正确的模态数据来修正。

7. 复位（RESET）

按复位RST按钮，一般情况下这可以解除报警状态。

8. 刀具位置偏移量

刀具半径补偿量的设定显示（功能按钮：偏置OFT）

1）按偏置OFT按钮。

2）按▤按钮。显示所需要的页面（见图 4-83）。

3）把光标移到要改变的位置偏移号码的位置上。

方法 1：连接按光标（光标）按钮，光标将按顺序移动。移动的光标超过页面，画面即转到下一个页面。

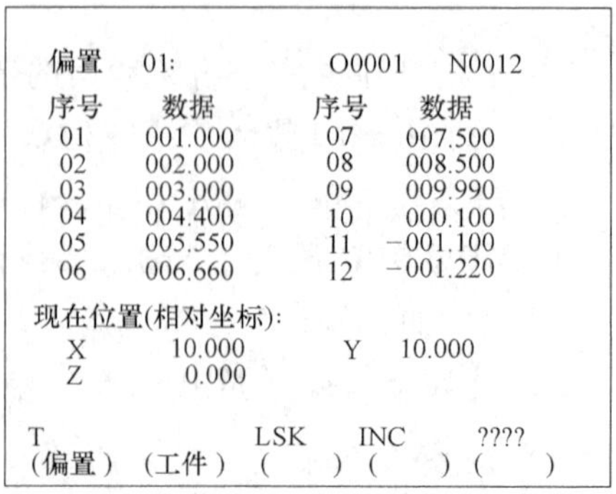

偏置 01: O0001 N0012
序号 数据 序号 数据
01 001.000 07 007.500
02 002.000 08 008.500
03 003.000 09 009.990
04 004.400 10 000.100
05 005.550 11 −001.100
06 006.660 12 −001.220
现在位置(相对坐标):
X 10.000 Y 10.000
Z 0.000
T LSK INC ????
(偏置) (工件) ( ) ( ) ( )

图 4-83 位置偏移量的第 1 页显示

方法 2：键入[N]，[位置偏移号]后，按[输入 INPUT]按钮。

4）把方式选择置于编辑以外的其他位置。

5）键入[P]、[位置偏移量]后，按[输入 INPUT]按钮。

下图为在位置偏移编号为 19 时，按[P]、[1]、[5]、[·]、[4]和[输入 INPUT]时显示的画面，如图 4-84所示。

9. **工件原点偏移量的设定和显示**（选择）

1）按两次[偏置 OFT]键，显示工件偏移页面（见图 4-85）。

偏置 02: O0001 N0000

序号	数据	序号	数据
13	001.130	19	015.400
14	002.140	20	000.000
15	003.150	21	000.000
16	000.016	22	022.220
17	000.017	23	023.000
18	000.000	24	024.240

现在位置(相对坐标):
X 100.000 Y 100.000
Z −150.000

P LSK INC

图 4-84 显示的程序画面

工件坐标偏置 01 O0001 N0000

No.		DATA	No.		DATA
00	X	0.000	02	X	50.000
	Y	2.200		Y	50.000
	Z	3.330		Z	50.000
01	X	10.000	03	X	60.000
	Y	20.000		Y	60.000
	Z	30.000		Z	60.000

r LSK INC

图 4-85 工件偏移页面

2）按页面按钮。由两个页面中显示需要的页面，每个页面显示的内容如下：

① 页面 1（工件坐标偏置 01）

00：工件坐标系偏移量。

01：工件坐标系 1 的工件原点偏移量（G54）。

02：工件坐标系 2 的工件原点偏移量（G55）。

03：工件坐标系 3 的工件原点偏移量（G56）。

② 页面 2（工件坐标偏置 02）

04：工件坐标系 4 的工件原点偏移量（G57）。

05：工件坐标系 5 的工件原点偏移量（G58）。

06：工件坐标系 6 的工件原点偏移量（G59）。

3）把光标移到要改变的号码位置上。

方法 1：按光标[▲]或[▼]键，使光标顺次移动。移动的光标一超过页面，即转换到下一页面。

方法 2：键入[N]和[编号]，然后按[输入 INPUT]按钮。

4）把方式选择置于编辑以外的其他位置。

5）键入[X_U][Y_V][Z_W]或[4TH 5TH]和要改变或要设定的偏移量，按[输入 INPUT]按钮。

10. 刀具长度的测定（见图4-86）

1）按[偏置OFT]键选择偏移值的画面。

2）选择标准刀具，用手动使其接触机床固定点（或工件固定点）。

3）按[Zw]和[上档SHT]键，使 *Z* 轴相对坐标值复位为零。

4）随后，选择要测定的刀具，用手动使其接触同一固定点。此时，在相对位置显示中，标准刀具与要测定的刀具之间的差值会被显示出来。

5）与偏移量的设定相同，把光标移动到偏移号的位置，按[Zw]键和[输入INPUT]键，但不键入数值，此时测得的差值之和为偏移量输入。

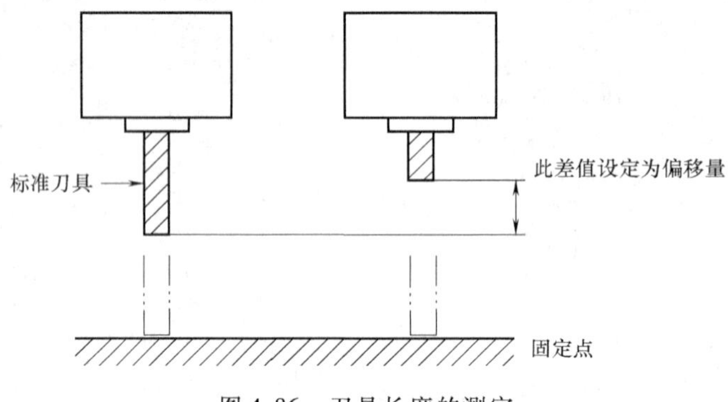

图4-86　刀具长度的测定

11. 用键输入程序

用 MDI 键可以直接把程序存入存储器。

1）选择编辑方式。

2）按[程序PRG]，显示现程序。

3）输入要存储程序的程序号。按[O]、[程序号]、[插入INS]，则变为新的画面（见图4-87）。

4）键入一段程序段。例如，输入 G92　X500.0　Y200.0　M12 时，如图4-88所示。

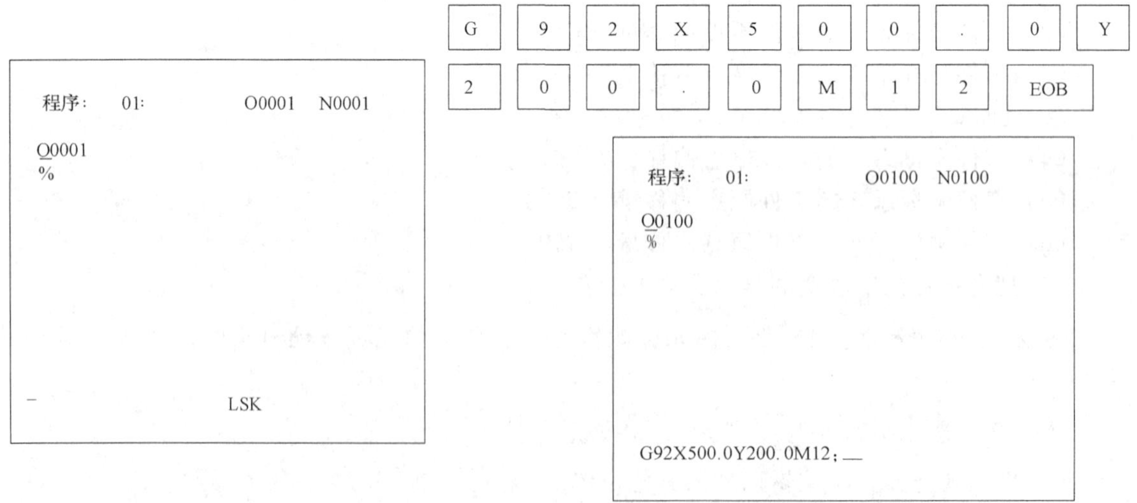

图4-87　新的画面

图4-88　显示键入的一段程序

5）若键入字符有错，按取消CAN键，最后键入的字将被抹消。连续取消CAN键即可从最后键入的字开始一个接一个地抹消已键入的字。若程序段的字符超过 32 个，则该程序不能输入，此时可用适当的断点分割该程序段。

6）若已键入程序无错，按插入INS，（如图 4-89 所示）。

7）以这种方法依次输入程序段。

8）要改正已输入的程序段，操作方法与程序编辑方法的相同。

9）重新启动时，连续移动光标到最后输入的字符位置。本操作与插入操作相同。

程序:　01:　　　　O0100　N0100

O0100　G92　X500.0　Y200.0　M12;
%

LSK　　INC

图 4-89　键入的程序

10）当全部程序已经输入、操作完了时，如要返回开始，按复位RST即可。

12. 程序的删除

程序保护锁打开有效时，可删除存储器内存储的程序。

1）选择编辑方式。

2）按程序PRG。

3）按 O 、 程序号 、删除DEL，则将此输入程序号的程序删除。

13. 全部程序的删除

程序保护锁打开有效时，删除存储器内存储的全部程序。

1）选择编辑方式。

2）按程序PRG。

3）按 O 、 - 、 9 、 9 、 9 、 9 和删除DEL。

14. 被测量的工件零点偏移量的直接输入

在工件零点偏移的 LCD 画面指示的相对坐标系的坐标值可以作为工件零点偏移量而被设定。使用此功能，在参考点清除相对坐标系，然后用手动移动机床到工件零点。此时相对坐标系的坐标值可作为工件零点偏移量来设定。这样工件零点偏移量就容易设定了。

根据下面的操作，可以清除相对坐标系，在 LCD 工件零点偏移画面（见图 4-90）上可以设定工件零点偏移量。

1）清除相对坐标系。按 X 上档键清除 *X* 轴相对坐标系。相应地，这个操作也适用于 Y、Z、4 和 5 轴。

2）设定工件零点偏移量。移动光标到要求的工件偏移号后，按 X 和输入键，相对坐标系的 *X* 轴坐标值被设定为选择的工件偏移号的

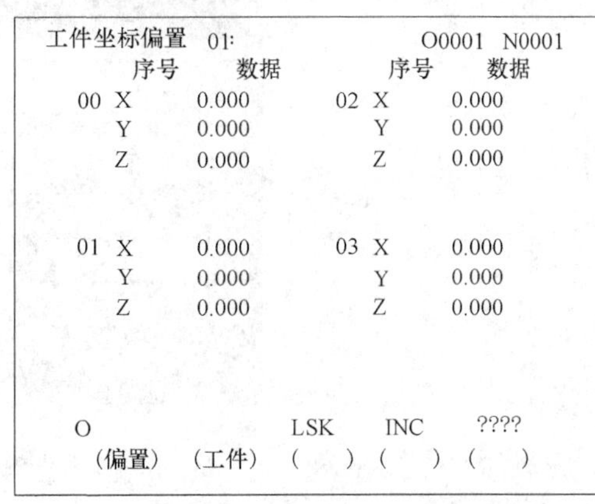

图 4-90　工件零点偏移画面

X 轴工件零点偏移量。相应地，这个操作也适用于 Y、Z、4 和 5 轴。

三、电脑联机自动加工（DNC 运行）

数控系统经 RS-232 接口读入外设上的数控程序，同步进行数控加工，成为 DNC 运行。工厂中进行模具加工生产时，程序通常很大，不需存入 CNC 的存储器中，广泛采用这种方式。

1）选用一台计算机，安装专用的程序传输软件，根据数控系统对数控程序传输的具体要求，设置传输参数。

2）通过 RS-232 串行端口，将计算机和数控系统连接起来。

3）检查机床是否回零，若未回零，先将机床回零。

4）将操作方式置于 DNC 方式，按 DNC 键。

5）在计算机上选择要传输的加工程序。

6）按下操作面板上的循环启动按键 循环启动，启动自动运行，同时循环启动指示灯 LED 亮。当自动运行结束时，指示灯熄灭。

第五节　HNC—21/22M 数控系统操作及机床的基本操作

一、HNC—21M 数控系统介绍

1. HNC—21M 数控系统的操作面板（见图 4-91）。

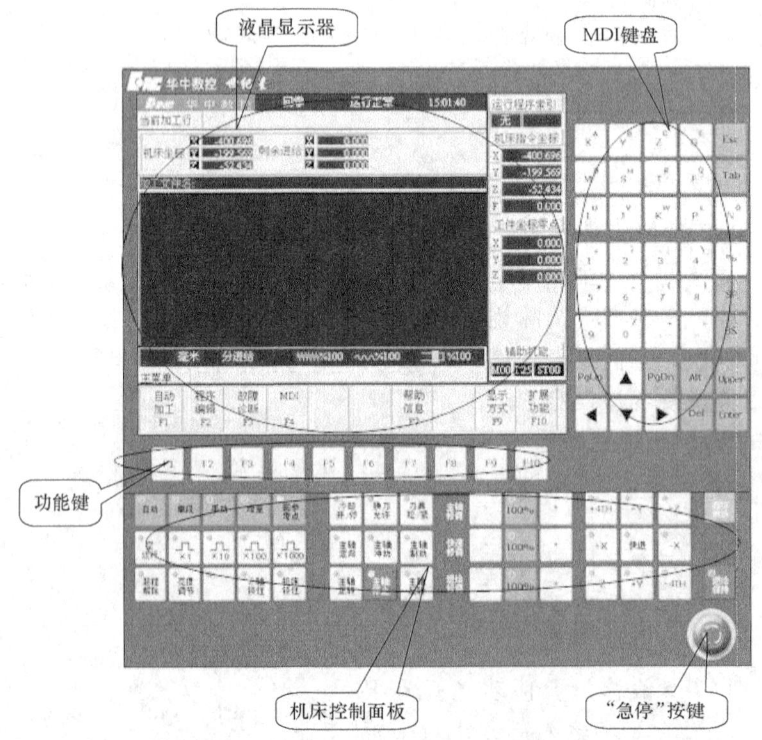

图 4-91　HNC—21M 数控系统操作面板

2. HNC—21M 数控系统软件操作界面（见图 4-92）

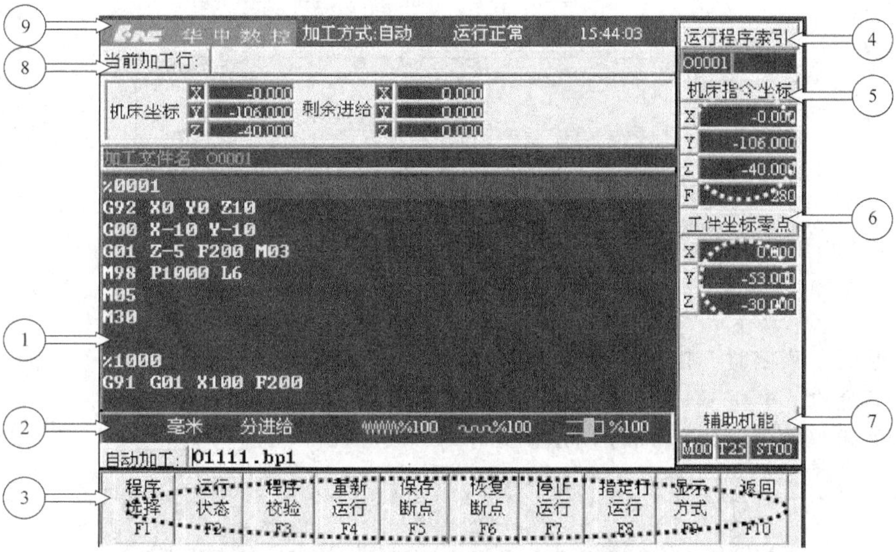

图 4-92　HNC—21M 的软件操作界面

其界面由如下几个部分组成。

（1）显示窗口：可以根据需要，用功能键 F9 设置窗口的显示内容。

（2）倍率修调

1）主轴修调：当前主轴修调倍率。

2）进给修调：当前进给修调倍率。

3）快速修调：当前快进修调倍率。

（3）菜单命令条　可通过菜单命令条中的功能键 F1 ~ F10 来完成系统功能的操作。

（4）运行程序索引　可通过索引查找自动加工中的程序名和当前程序段行号。

（5）选定坐标系下的坐标值

1）坐标系可在机床坐标系/工件坐标系/相对坐标系之间切换。

2）显示值可在指令位置/实际位置/剩余进给/跟踪误差/负载电流/补偿值之间切换。

（6）工件坐标零点　工件坐标系零点在机床坐标系下的坐标。

（7）辅助机能　它是指自动加工中的 M、S、T 代码。

（8）当前加工程序行　它是指当前正在或将要加工的程序段。

（9）当前加工方式、系统运行状态及当前时间

1）工作方式：系统工作方式根据机床控制面板上相应按键的状态可在自动（运行）、单段（运行）、手动（运行）、增量（运行）、回零、急停、复位等之间切换。

2）运行状态：系统工作状态在“运行正常”和“出错”间切换；系统时钟：当前系统时间。

3. HNC—21M 数控系统功能菜单结构

操作界面中最重要的一块是菜单命令条。系统功能的操作主要通过菜单命令条中的功能键 F1 ~ F10 来完成。由于每个功能包括不同的操作，菜单采用层次结构，即在主菜单下选择一个菜单项后，数控装置会显示该功能下的子菜单，用户可根据子菜单的内容选择所需的

操作，如图 4-93 所示。

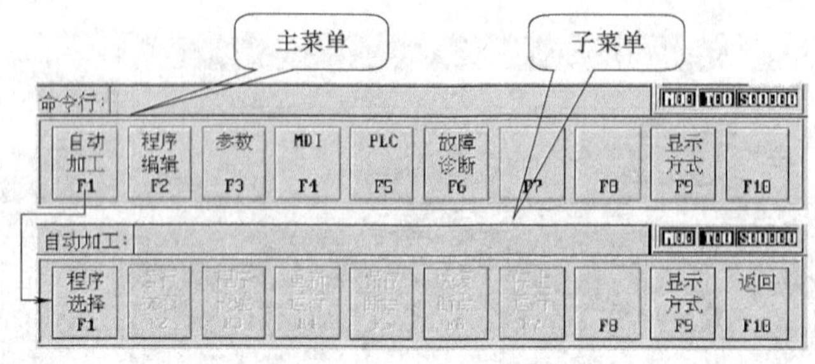

图 4-93 菜单层次

当要返回主菜单时，按下子菜单下的返回键（F10）键即可。

注：本简介约定用 F1→F4 格式表示在主菜单下按 F1 键，然后在子菜单下按 F4 键。

主菜单和扩展菜单如图 4-94 所示。

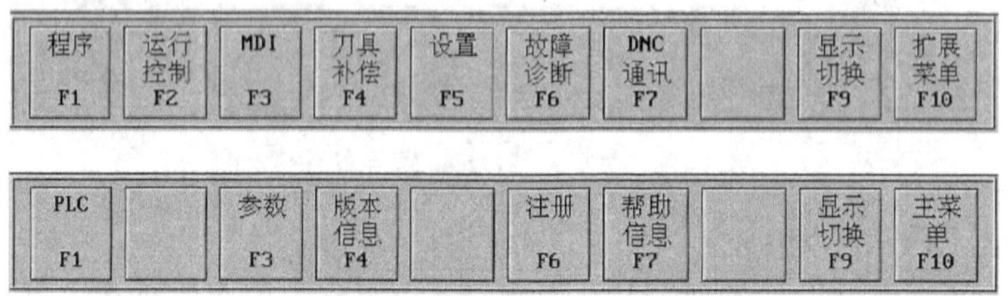

图 4-94 主菜单、扩展菜单

4. 机床操作

机床的手动操作主要包括：手动移动机床坐标轴（点动、增量、手摇）、手动控制主轴（制动、启停、冲动、定向）、机床锁住、*Z* 轴锁住、刀具松紧、切削液启停、手动数据输入（MDI）运行等。

机床手动操作主要由手持单元和机床控制面板共同完成。机床控制面板如图 4-95 所示。

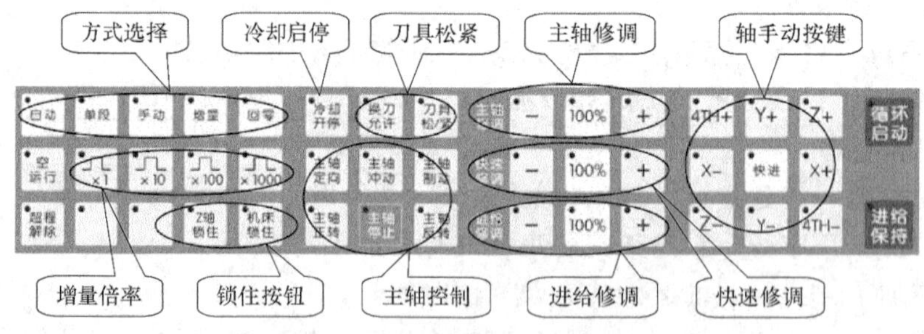

图 4-95 机床控制面板

（1）坐标轴移动 手动移动机床坐标轴的操作由手持单元和机床控制面板上的方式选择、轴手动、增量倍率、进给修调、快速修调等按键共同完成。它由手动进给、手动快速移动、手动进给速度选择、增量进给、手摇进给等按键组成。

（2）主轴控制 主轴手动控制由机床控制面板上的主轴手动控制按键完成。它由主轴正转、主轴反转、主轴停止、主轴制动、主轴点动、主轴定向、主轴速度修调等按键组成。

注：“主轴正转”、“主轴反转”、“主轴停止”这几个按键互锁，即按一下其中一个（指示灯亮），其

余两个会失效（指示灯灭）。

（3）机床锁住、Z 轴锁住

机床锁住：禁止机床所有运动。在手动运行方式下，按一下“机床锁住”按键（指示灯亮），再进行手动操作，系统继续执行，显示屏上的坐标轴位置信息发生变化，但不输出伺服轴的移动指令，所以机床停止不动。

Z 轴锁住：用于禁止进刀。在手动运行开始前按一下“Z 轴锁住”按键（指示灯亮），再手动移动 Z 轴，Z 轴坐标位置信息发生变化，但 Z 轴不运动。

（4）其他手动操作　它包括允许换刀、冷却启动与停止、刀具松紧等操作。

二、程序输入与文件管理

在系统主操作界面下，按 F1 键进入程序功能子菜单。程序命令行与菜单条的显示如图 4-96 所示。在程序功能子菜单下，可以对加工程序进行编辑、存储、校验等操作。

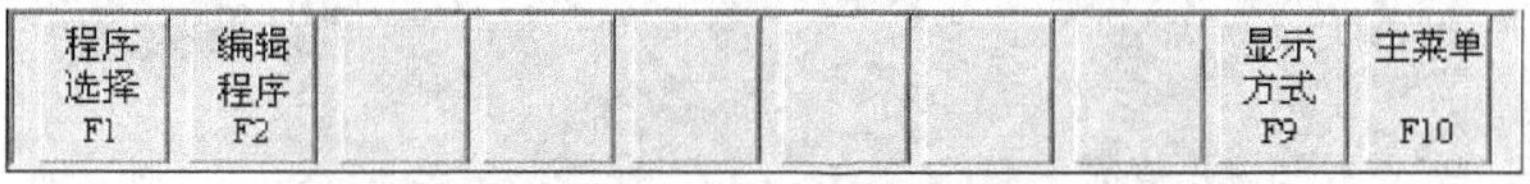

图 4-96　程序功能子菜单

1. 选择程序（F1）

在程序功能子菜单下（见图 4-96）按 F1 键，将弹出如图 4-97 所示的“选择程序”菜单。其中：

1）电子盘程序：保存在电子盘上的程序文件。

2）DNC 程序：由串口发送过来的程序文件。

3）软驱程序：保存在软驱下的程序文件。

4）网络程序：建立网络连接后，网络路径映射的程序文件。

（1）选择程序　选择程序的操作方法：

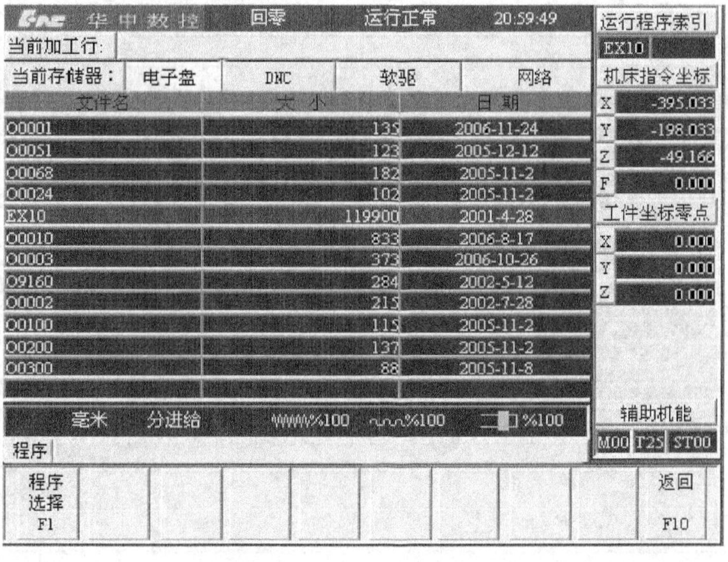

图 4-97　“选择程序”界面

1）如图4-98所示界面，用►，◄选中当前存储器。

2）用▲、▼选中存储器上的一个程序文件。

3）按Enter键，即可将该程序文件选中并调入加工缓冲区，如图4-98所示。

4）如果被选程序文件是只读G代码文件，则该程序文件编辑后只能另存为其他名字的程序文件。

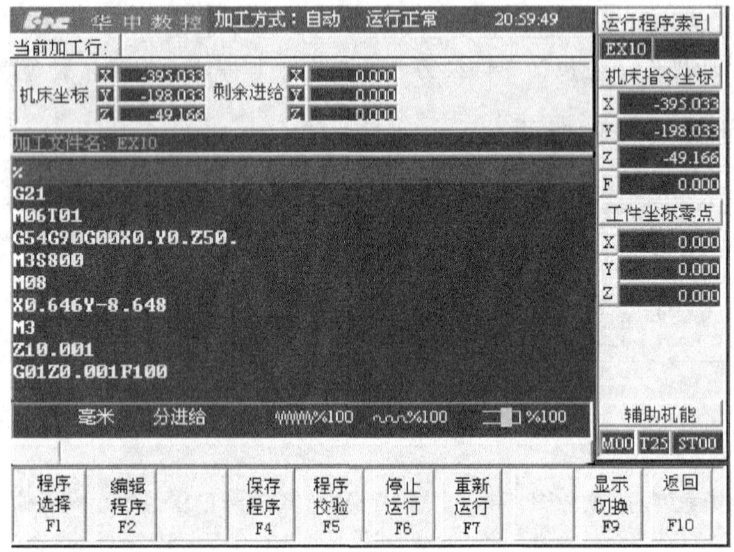

图4-98　调入文件到加工缓冲区

（2）删除程序文件　删除程序文件的操作步骤如下：

1）在选择程序菜单中用NC面板的▲、▼键移动光标条，选中要删除的程序文件。

2）按Del键，系统弹出如图4-99所示对话框，系统提示是否要删除选中的程序文件，

华中数控 回零 运行正常 20:59:49

当前加工行:

当前存储器：电子盘 DNC 软驱 网络

文件名	大小	日期
O0001	135	2006-11-24
O0051	123	2005-12-12
O0068	182	2005-11-2
O0024	102	2005-11-2
EX10	119900	2001-4-28
O0010	833	2006-8-17
O0003	373	2006-10-26
O9160	284	2002-5-12
O0002	215	2002-7-28
O0100	115	2005-11-2
O0200	137	2005-11-2
O0300	88	2005-11-8

毫米 分进给 %100 %100 %100

程序 你要删除当前文件吗？Y/N？（Y）

运行程序索引 EX10 机床指令坐标 X -395.033 Y -198.033 Z -49.166 F 0.000 工件坐标零点 X 0.000 Y 0.000 Z 0.000 辅助机能 M00 T25 ST00

程序选择 F1　返回 F10

图4-99　确认是否删除文件

按 Y 键将选中程序文件从当前存储器上删除，按 N 键则取消删除操作。

（3）编辑程序（F2）在程序功能菜单下（见图 4-96）按 F2 键，将弹出如图 4-100 所示的“编辑程序”菜单。当选择一个零件程序后，系统会给出图 4-100 所示的界面，在此界面下可以编辑当前程序。

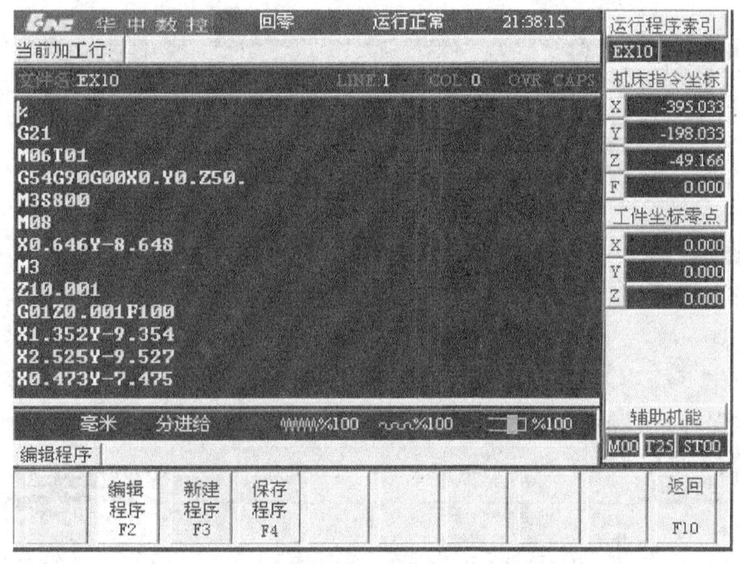

图 4-100　“编辑程序”界面

编辑过程中用到的主要快捷键如下：

Del：删除光标后的一个字符，光标位置不变，余下的字符左移一个字符位置。

PgUp：使编辑程序向程序头滚动一屏，光标位置不变，如果到了程序头，则光标移到文件首行的第一个字符处。

PgDn：使编辑程序向程序尾滚动一屏，光标位置不变，如果到了程序尾，则光标移到文件末行的第一个字符处。

BS：删除光标前的一个字符，光标向前移动一个字符位置，余下的字符左移一个字符位置。

◀：使光标左移一个字符位置。

▶：使光标右移一个字符位置。

▲：使光标向上移一行。

▼：使光标向下移一行。

（4）新建程序（F3）　在指定磁盘或目录下建立一个新文件，但新文件不能和已存在的文件同名。在程序功能子菜单下（见图 4-100）按 F3 键，将进入如图 4-101 所示的“新建程序”菜单，系统提示“输入新建文件名”，光标在“输入新建文件名”栏闪烁，输入文件名后，按 Enter：键确认后，就可编辑新建文件了。

（5）保存程序（F4）　在编辑状态下（见图 4-100），系统给出图 4-102 提示文件保存

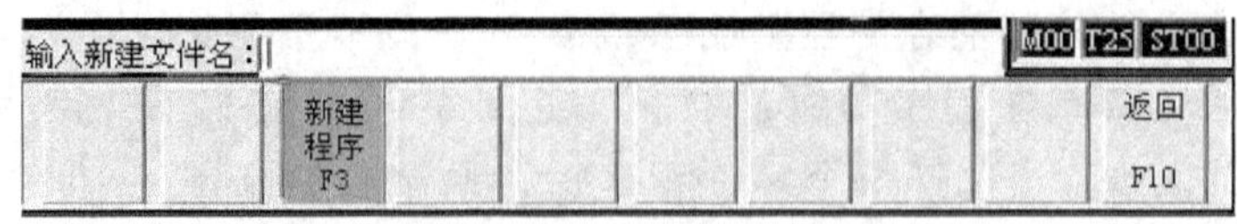

图 4-101　新建程序界面

图 4-102　保存程序界面

的文件名，按Enter键，将以提示的文件名保存当前程序文件。如将提示文件名改为其他名字后，系统可将当前编辑程序另存为其他文件，另存文件的前提是更改的新文件不能和已存在的文件同名。

如果存盘操作不成功，系统会给出如图 4-103 所示的提示信息，此时该程序文件是可读文件，不能更改保存，只能改为其他名字后保存。

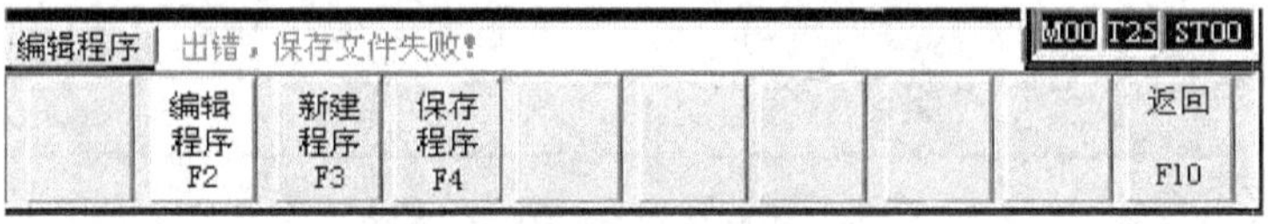

图 4-103　不能保存程序提示

（6）程序校验（F5）　程序校验用于对调入加工缓冲区的程序文件进行校验，并提示可能的错误。

以前未在机床上运行的新程序在调入或编辑后最好先进行校验运行，正确无误后再启动自动运行。

程序校验运行的操作步骤如下：

1）调入要校验的加工程序。

2）按机床控制面板上的自动或单段按键进入程序运行方式。

3）在程序菜单下，按 F5 键，此时软件操作界面的工作方式显示改为“自动校验”（见图 4-104）。

4）按机床控制面板上的循环启动按键，程序校验开始。

5）若程序正确，校验完后，光标将返回到程序头，且软件操作界面的工作方式显示改为自动或单段；若程序有错，命令行将提示程序的哪一行有错，修改后可继续校验，直到程序正确为止。

（7）停止运行　在程序运行的过程中，需要暂停运行，可按下述步骤操作。

1）在程序子菜单下，按 F6 键，弹出如图 4-105 所示对话框。

2）按N键则暂停程序运行，并保留当前运行程序的模态信息（暂停运行后，可按循环启动键从暂停处重新启动运行）。

3）按Y键则停止程序运行，并卸载当前运行程序的模态信息（停止运行后，只有选

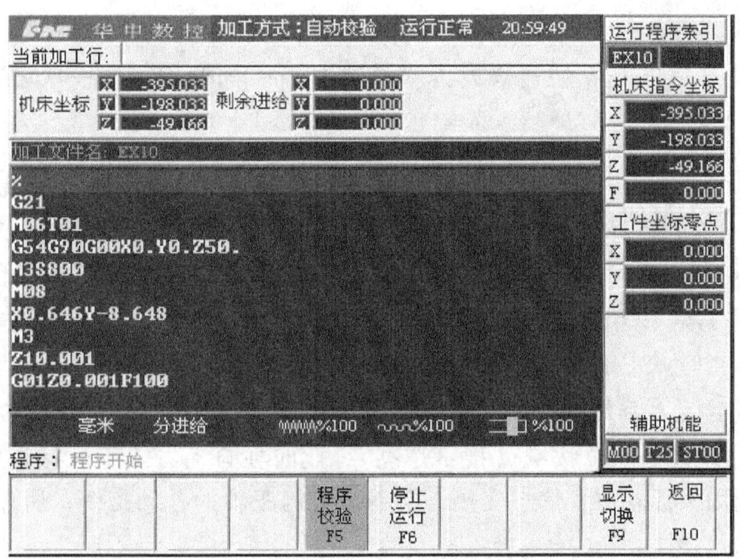

图 4-104　校验运行界面

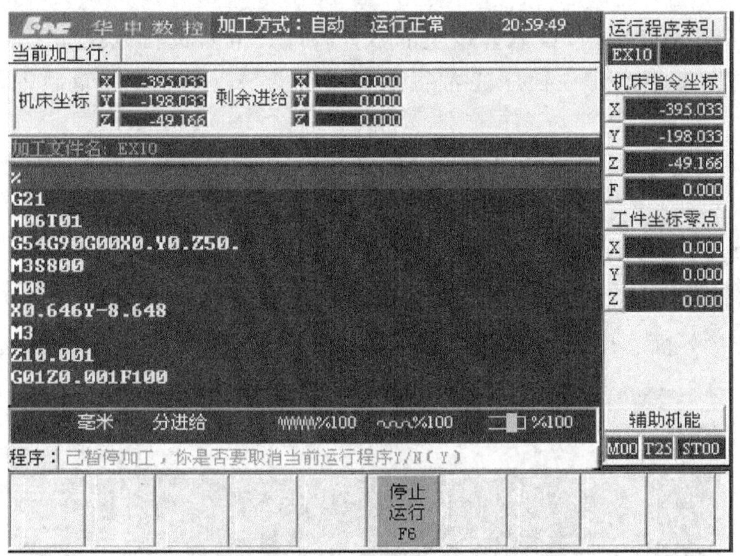

图 4-105　程序运行过程中暂停运行

择程序后，重新启动运行）。

2. 运行控制

（1）进给速度修调　在自动方式或 MDI 运行方式下，当 F 代码编程的进给速度偏高或偏低时，可用进给修调右侧的 进给修调 - 100% + 按键，修调程序中编制的进给速度。

按压 100% 按键（指示灯亮），进给修调倍率被置为 100%；按一下 + 按键，进给修调倍率递增 10%；按一下 - 按键，进给修调倍率递减 10%。修调倍率的一次增减大小可由 PLC 设定。

（2）快移速度修调　在自动方式或 MDI 运行方式下，可用快速修调右侧的 快速修调 - 100% + 按键，快速修调 G00 快速移动时系统参数"最高快移速度"设置的速度。

按压 100% 按键（指示灯亮），快速修调倍率被置为 100%；按下 + 按键，快速修调倍率递增 10%；按一下 - 按键，快速修调倍率递减 10%。修调倍率的一次增减大小可由 PLC 设定。

（3）主轴修调　在自动方式或 MDI 运行方式下，当 S 代码编程的主轴速度偏高或偏低时，可用主轴修调右侧的 主轴修调 - 100% + 按键，修调程序中编制的主轴速度。按压 100% 按键（指示灯亮），主轴修调倍率被置为 100%；按一下 + 按键，主轴修调倍率递增 10%；按一下 - 按键，主轴修调倍率递减 10%。修调倍率的一次增减大小可由 PLC 设定。

机械齿轮换挡时，主轴速度不能修调。

（4）机床锁住　它是指禁止机床坐标轴动作。

在手动方式下按一下 机床锁住 按键（指不灯亮），此时在自动方式下运行程序，可模拟程序运行，显示屏上的坐标轴位置信息变化，但不输出伺服轴的移动指令，所以机床停止不动。这个功能用于校验程序。

三、电脑联机自动加工（DNC 运行）

数控系统经 RS—232 接口读入外设上的数控程序，同步进行数控加工，成为 DNC 运行。工厂中进行模具加工生产时，程序通常很大，不需存入 CNC 的存储器中，广泛采用这种方式。

1）选用一台计算机，安装专用的程序传输软件，根据数控系统对数控程序传输的具体要求，设置传输参数。

2）通过 RS—232 串行端口，将计算机和数控系统连接起来。

3）检查机床是否回零，若未回零，先将机床回零。

4）在图 4-97 界面，用 ►、◄ 选中 DNC，系统给出图 4-106 所示提示。

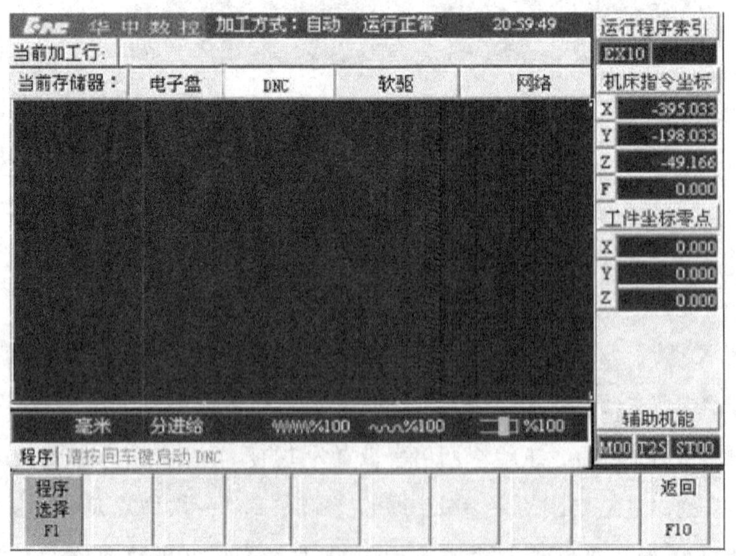

图 4-106　自动加工

5）按Enter键，系统等待通过 DNC 传输过来的程序文件。

6）进入 DNC 选择程序后，系统界面会自动切换到大字符显示方式。

第六节　数控铣削实训

实训一　数控铣床的基本操作

一、实训目的

1）了解数控铣削的安全操作规程。

2）了解数控铣床基本操作。

3）学习 FANUC 0i、HNC—21M、GSK983M 数控系统的基本操作。

4）熟练掌握数控铣床操作面板上各个按键的功用及其使用方法。

5）掌握数控铣削加工中的基本操作技能。

6）培养良好的职业道德。

二、实训设备及工具

1）配 FANUC 0i、HNC—21M 或 GSK983M 数控系统的 XK713 型数控铣床。

2）材料：硬铝，尺寸为 100mm × 80mm × 20mm。

3）刀具：ϕ12mm 平底四刃立铣刀。

三、实训步骤

1）现场了解数控机床的组成及功能。

2）现场了解数控系统操作面板与控制面板。

3）开机、关机、急停、复位、回机床参考点、超程解除操作步骤。

① 机床的起动。

② 关机操作步骤。

③ 回零（ZERO）。

④ 急停、复位。

⑤ 超程解除步骤。

4）手动操作步骤

① 点动操作。

② 增量进给至指定位置。

③ 手摇进给至指定位置。

④ 手动起动、停止主轴。

⑤ 手动更换刀具。

⑥ 手动数据输入 MDI 操作。

⑦ 现场演示对刀的基本步骤。

5）程序编辑

① 编辑新程序。

② 选择已编辑程序。

6）程序运行

① 程序模拟运行。

② 程序的单段运行。

③ 程序自动运行。

7）数据设置

① 刀偏数据设置，G54 工件坐标的建立。

② 刀补数据设置。

③ 零点偏置数据设定。

④ 显示设置。

⑤ 工作图形显示。

四、注意事项

1）操作数控铣床时应确保安全，包括人身和设备的安全。

2）禁止多人同时操作机床。

3）禁止让机床在同一方向连续“超程”。

五、实训思考题

1）简述数控铣床的安全操作规程。

2）数控机床由哪几部分组成？

3）机床的开启、运行、停止有哪些注意事项？

4）机床回零的主要作用是什么？

5）对刀操作的详细步骤是什么？

6）G54 工件坐标是如何建立的？

六、实训报告要求

实训报告是实训的总结。对所学的知识、所接触的机床、所操作的内容加以归纳、总结、提高。实训报告包括以下内容：

1）实训目的。

2）实训设备。

3）实训内容。

4）分析总结在数控铣床上进行启动、停止、手动操作、程序的编辑及 MDI 运行的步骤。

5）对刀及建立 G54 坐标的详细步骤。

七、实训时间

每人 6 学时。

实训二　简单零件的数控铣削

一、实训目的

1）熟练掌握数控铣床操作面板上各个按键的功用及其使用方法。

2）熟练掌握 G01、G00 指令及 G02、G03、C、R 倒角指令的应用和编程方法。

3）掌握 G90、G91 在程序编制中的应用。

4）熟练掌握 G54 工件坐标系建立的方法、G54 与 G92 使用上的区别。

5）掌握程序输入及修改方法。

6）熟练掌握程序输入的正确性及检验。

7）了解并掌握数控铣床加工程序的基本结构。

二、实训设备及工具

配 FANUC 0i、HNC—21M 或 GSK983M 数控系统的 XK713 型数控铣床。

三、实训内容

1）零件如图 4-107 所示。毛坯为 100mm×80mm×20 的铝材，根据零件的轮廓，编写数控加工程序并进行图形模拟加工。切削深度为 2mm。

2）数控加工程序卡

根据零件的加工工艺分析和所使用的数控铣床的编程指令说明，编写加工程序，填写加工程序卡，见表 4-21。

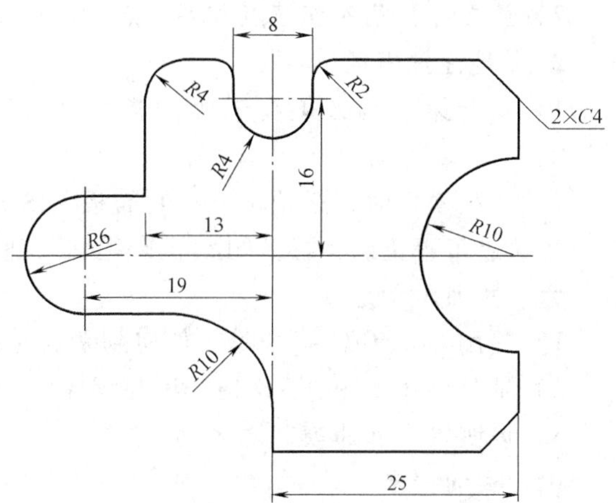

图 4-107　平面轮廓零件的加工

表 4-21　加工程序卡

零件号		零件名称		编制日期	
程序号				编制人	
序号	程序内容			程序说明	

四、实训步骤

1）开机，机器回零。

2）编写图 4-107 加工程序。

3）在 MDI 模式输入程序。

4）检验程序及各字符的正确性。

5）模拟自动加工运行。

6）单段运行，观察机床的程序运行情况及刀具的运行轨迹。

7）回参考点。

五、注意事项

1. 编程注意事项

1）编程时，注意 Z 方向的数值正负号。

2）认真计算圆弧连接点和各基点的坐标值，确保走刀正确。

2. 其他注意事项

1）安全第一，必须在老师的指导下，严格按照数控铣床安全操作规程，有步骤地进行。

2）首次模拟时，必须按下控制面板上的“机床锁住”按钮，将机床锁住，看其图形模拟走刀轨迹是否正确，再关闭“机床锁住”进行刀具实际轨迹模拟。

六、实训思考题

1）使用 G02/G03 指令时，如何判断顺时针/逆时针方向？

2）试分别用 R 和 I、K 指令编写程序。

3）说明模态和非模态之区别。

七、实训报告

实训报告包括以下内容：实训目的、设备、程序内容及问题的回答。

八、实训时间

每人 2 学时。

实训三　带刀具补偿简单零件的铣削

一、实训目的

1）熟练掌握铣削 G 指令的应用和编程方法。

2）熟练掌握建立坐标系的方法。

3）掌握轮廓加工的工艺分析和方法。

4）掌握编程原点的选择原则。

5）熟悉数控铣床上工件的装夹、找正。

6）掌握数控加工编程中的数值计算方法。

7）学习掌握数控加工编程中刀具半径补偿功能。

8）掌握试切对刀方法及自动加工的过程及注意事项。

9）掌握程序校验的方法和步骤。

二、实训设备及工具

1）配 FANUC 0i、HNC—21M 或 GSK983M 数控系统的 XK713 型数控铣床。

2）刀具：ϕ12mm 平底四刃硬质合金刀片。

三、实训内容

零件如图 4-108 所示。毛坯为 100mm × 80mm × 20mm 的铝材，六个面已经过精加工，保证了各面相互的垂直度及平行度。根据零件的轮廓，编写数控加工程序并在数控铣床上进行加工。切削深度为 2mm。注：下部的 100mm × 80mm 的平台无须加工。

四、实训步骤

1）分析工件图样，选择定位基准和加工方法，确定走刀路线。选择刀具和装夹方法，确定加工顺序及切削用量参数。

2）数控加工程序卡的填写。根据零件的加工工艺分析和所使用的数控铣床的编程指令说明，编写加工程序，填写程序卡。程序卡的格式同前。

3）数控铣床对刀操作。要求精确到0.001mm。

4）输入程序，检查程序。程序的编写要做到严谨、仔细、认真，以避免不必要的错误。

5）程序图形模拟校验。

6）零件的自动加工。对于初学者，应多采用单段执行循环，并将有关倍率开关修调到最低，便于边加工边分析，以避免某些错误。

7）根据零件图样要求，选择量具对工件进行检测，并对零件进行质量分析，对不足之处提出改进意见。

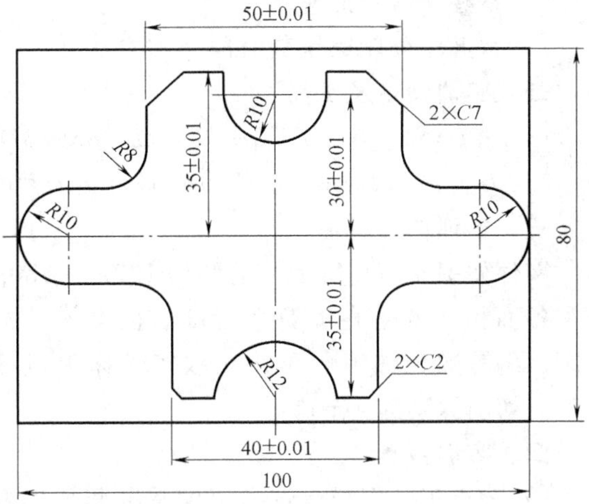

图4-108　平面轮廓零件的加工

五、注意事项

1）安全第一，必须在老师的指导下，严格按照数控铣床安全操作规程，有步骤地进行。

2）确保工件装夹和刀具装夹的可靠性。

3）编制程序好，机床在试运行前必须进行图形模拟加工，避免程序错误、刀具碰撞工件或夹具。

4）快速进刀和退刀时，一定要注意不要碰上工件和夹具。

5）加工零件过程中一定要提高警惕，将手放在“急停”按钮上，如遇到紧急情况，迅速按下“急停”按钮，防止意外事故发生。

六、实训思考题

1）什么是刀具补偿？常用命令有哪几种？含义是什么？

2）如何正确对刀？对刀的目的是什么？怎样检验对刀的正确性？

3）自动加工前，应进行哪些检查？

4）总结在数控铣床上加工零件的操作步骤。

七、实训报告

实训报告包括以下内容：实训目的、内容、加工程序及问题的回答。

八、实训时间

每人上机加工4学时。

实训四　内外轮廓曲线的铣削

一、实训目的

1）熟练掌握铣削G指令的应用和编程方法。

2）掌握数控加工编程中的数值计算方法。

3）巩固刀具半径补偿功能的知识。

4）掌握各种对刀方法及自动加工的过程及注意事项。

5）掌握轮廓内外加工的工艺分析和方法。

6）掌握子程序的应用。

7）掌握内外轮廓铣削时的下刀方法。

二、实训设备及工具

1）配 FANUC 0i、HNC—21M 或 GSK983M 数控系统的 XK713 型数控铣床。

2）刀具：ϕ12mm 平底四刃硬质合金刀片。

三、实训内容

零件如图 4-109 所示。毛坯为 100mm×80mm×20mm 的铝材，6 个面已经过精加工，保证了各面相互的垂直度及平行度。根据零件的轮廓，编写数控加工程序并在数控铣床上进行加工。切削深度为 4mm。

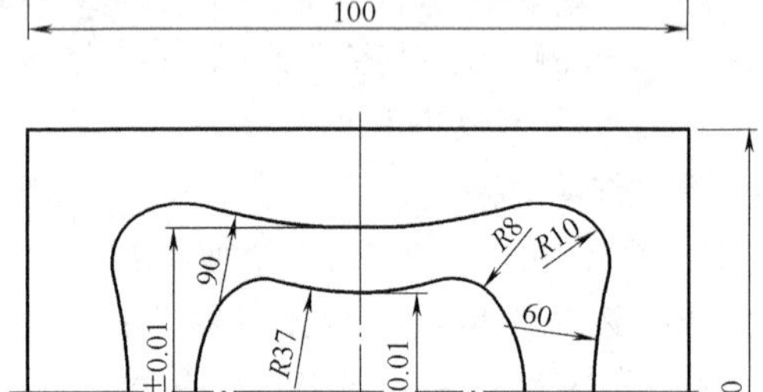

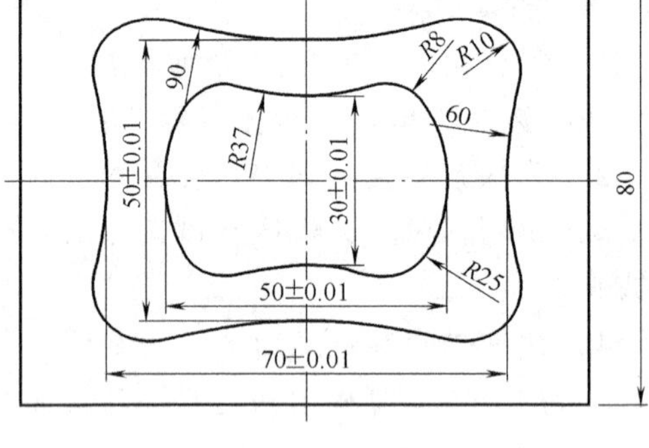

图 4-109　平面轮廓零件的加工

四、实训步骤

1）分析工件图样，选择定位基准和加工方法，确定走刀路线。选择刀具和装夹方法，确定加工顺序及切削用量参数。

2）填写数控加工程序卡。根据零件的加工工艺分析和所使用的数控铣床的编程指令说明，编写加工程序，填写程序卡。程序卡的格式同前。

3）数控铣床对刀操作。要求精确到 0.001mm。

4）输入程序，检查。程序的编写要做到严谨、仔细、认真，以避免不必要的错误。

5）程序图形模拟校验。

6）零件的自动加工。对于初学者，应多采用单段执行循环，并将有关倍率开关修调到最低，便于边加工边分析，以避免某些错误。

7）根据零件图样要求，选择量具对工件进行检测，并对零件进行质量分析，对不足之处提出改进意见。

五、注意事项

1）安全第一，必须在老师的指导下，严格按照数控铣床安全操作规程，有步骤地进行。

2）确保工件装夹和刀具装夹的可靠性。

3）编制程序好，机床在试运行前必须进行图形模拟加工，避免程序错误、刀具碰撞工件或夹具。

4）快速进刀和退刀时，一定要注意不要碰上工件和夹具。

5）加工零件过程中一定要提高警惕，将手放在“急停”按钮上，如遇到紧急情况，迅速按下“急停”按钮，防止意外事故发生。

6）不可在工件上方直接垂直下刀，避免铲坏刀具。

六、实训思考题

1）简述主、子程序的调用关系。

2）如何正确在 Z 方向下刀？常用的方法有哪几种？

3）如何正确地选择轮廓切入切出的方式？

4）加工中间型腔时刀具补偿有哪些注意事项？

5）总结在数控铣床上加工此零件的操作步骤。

七、实训报告

实训报告包括以下内容：实训目的、内容、加工程序及问题的回答。

八、实训时间

每人上机加工 4 学时。

实训五　孔系加工实训

一、实训目的

1）学习掌握数控铣床孔系加工编程指令的应用。

2）掌握孔系加工循环的各种指令格式以及加工孔的动作。

3）掌握孔系加工工艺分析的步骤和方法。

4）掌握进给速度的计算方法。

5）熟练掌握自动加工的过程及注意事项。

6）把数控加工工艺贯穿于数控编程之中。

7）学习对数控加工孔类零件进行精度检验。

二、实训设备及刀具

1）配 FANUC 0i、HNC—21M 或 GSK983M 数控系统的 XK713 型数控铣床。

2）刀具：ϕ3mm 中心钻、ϕ16mm 锥柄麻花钻、ϕ18mm 锥柄麻花钻、ϕ19.5mm 锥柄麻花钻、ϕ20H7 精镗刀。

三、实训内容

零件如图 4-110 所示。毛坯为 128mm×120mm×25mm 的铝材，6 个面已经过精加工，保证了各面相互的垂直度及平行度。根据零件图样，编写数控加工程序并在数控铣床上加工 6 个 ϕ18mm 孔和两个 ϕ20H7 孔。

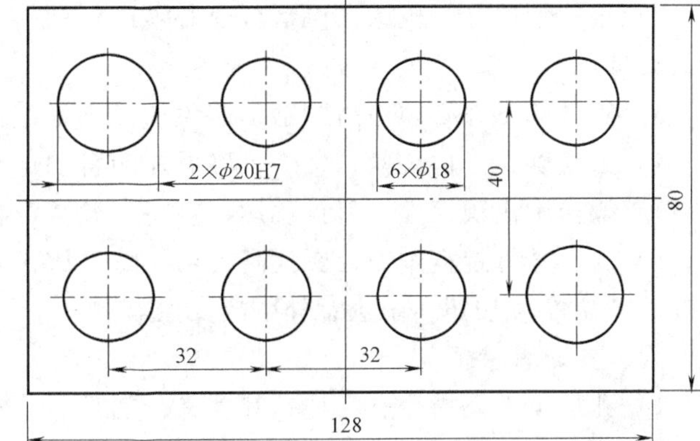

图 4-110　孔加工指令编程

四、实训步骤

1）分析工件图样，进行工艺分析和数值计算，选择定位基准和加工方法，确定走刀路线。选择刀具和装夹方法，确定加工顺序及切削用量参数。采用机用台虎钳装夹，工件底部注意要避空。工艺安排如下：

① 钻中心孔。

② 钻孔至 ϕ16mm。

③ 扩孔至 ϕ18mm。

④ 扩孔至 ϕ19.5mm。

⑤ 半精镗孔至 ϕ19.8mm。

⑥ 精镗孔至 ϕ20H7。

⑦ 加工时刀具的切削用量为：

ϕ3 中心钻，主轴转速为 2500r/min，进给速度为 100mm/min。

ϕ16mm 麻花钻，主轴转速为 600r/min，进给速度为 100mm/min。

ϕ18mm 麻花钻，主轴转速为 400r/min，进给速度为 100mm/min。

ϕ19.5mm 麻花头，主轴转速为 350r/min，进给速度为 100mm/min。

ϕ20H7 精镗刀，主轴转速为 200r/min，进给速度为 50mm/min。

2）填写数控加工程序卡

根据零件的加工工艺分析和所使用的数控铣床的编程指令说明，编写加工程序，填写程序卡。程序卡的格式同前。

3）数控铣床对刀操作。要求精确到 0.001mm。

4）输入程序，检查。程序的编写要做到严谨、仔细、认真，以避免不必要的错误。

5）程序图形模拟校验。

6）零件的自动加工。对于初学者，应多采用单段执行循环，并将有关倍率开关修调到最低，便于边加工边分析，以避免某些错误。

7）根据零件图样要求，选择量具对工件进行检测，并对零件进行质量分析，对不足之处提出改进意见。

五、注意事项

1）安全第一，必须在老师的指导下，严格按照数控铣床安全操作规程，有步骤地进行。

2）编制程序好，机床在试运行前必须进行图形模拟加工，避免程序错误、刀具碰撞工件或夹具。

3）工件的下部必须垫高避空，避免加工到工作台。

4）必须确认工件夹紧、程序正确后才能自动加工，严禁工件转动时测量、触摸工件。

5）操作中出现工件、刀具跳动、打抖、异常声音等情况时，必须立即停车处理。

6）加工零件过程中一定要提高警惕，将手放在“急停”按钮上，如遇到紧急情况，迅速按下“急停”按钮，防止意外事故发生。

六、实训思考题

1）孔加工循环指令有几种？其含义分别是什么？

2）如何合理安排加工工艺以保证其钻孔精度。

3）数控铣床孔系加工时的注意事项。

4）孔系加工时的刀具选择。

5）孔系加工刀具的刃磨。

七、实训报告

实训报告包括以下内容：实训目的、内容、加工程序及问题的回答。

八、实训时间：

每人上机加工 4 学时。

实训六　典型零件编程与加工内外轮廓曲线的铣削

一、实训目的

1）巩固学习铣削 G 指令的应用和编程方法。

2）熟练掌握数控加工编程中的数值计算方法。

3）巩固学习各种对刀方法、坐标系建立的方法。

4）巩固刀具半径补偿、子程序、孔加工循环等功能的知识。

5）熟练掌握自动加工的过程及注意事项。

6）熟练掌握轮廓内外加工的工艺分析和方法。

7）把内外轮廓铣削时的下刀方法灵活运用到实践中。

8）把数控加工工艺贯穿于数控编程之中。

9）学习对数控加工的零件进行精度检验。

二、实训设备及刀具

1）配 FANUC 0i、HNC—21M 或 GSK983M 数控系统的 XK713 型数控铣床。

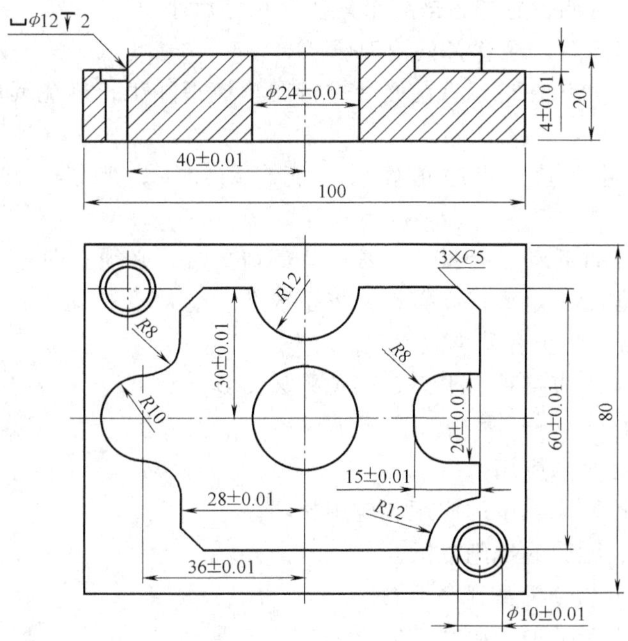

图 4-111　平面轮廓零件的加工

2）刀具：ϕ8mm、ϕ12mm 平底四刃硬质合金刀片、ϕ3mm 中心钻、ϕ9.7mm 麻花钻、ϕ10mm 铰刀等。

三、实训内容

零件如图 4-111 所示。毛坯为 100mm × 80mm × 20mm 的 45 钢，6 个面已经过精加工，保证了各面相互的垂直度及平行度。根据零件的轮廓，编写数控加工程序并在数控铣床上进行加工。轮廓的切削深度为 4mm。

四、实训步骤

1）分析工件图样，进行工艺分析和数值计算，选择定位基准和加工方法，确定走刀路线。选择刀具和装夹方法，确定加工顺序及切削用量参数。

2）填写数控加工程序卡。根据零件的加工工艺分析和所使用的数控铣床的编程指令说明，编写加工程序，填写程序卡。程序卡的格式同前。

3）数控铣床对刀操作。要求精确到0.001mm。

4）输入程序，检查。程序的编写要做到严谨、仔细、认真，以避免不必要的错误。

5）程序图形模拟校验。

6）零件的自动加工。对于初学者，应多采用单段执行循环，并将有关倍率开关修调到最低，便于边加工边分析，以避免某些错误。

7）根据零件图样要求，选择量具对工件进行检测，并对零件进行质量分析，对不足之处提出改进意见。

五、注意事项

1）安全第一，必须在老师的指导下，严格按照数控铣床安全操作规程，有步骤地进行。

2）编程注意事项。

① 程序中的刀具起始位置要考虑到毛坯实际尺寸大小。

② 在编写端面程序时，注意 Z 向吃刀量。

3）编制程序好，机床在试运行前必须进行图形模拟加工，避免程序错误、刀具碰撞工件或夹具。

4）必须确认工件夹紧、程序正确后才能自动加工，严禁工件转动时测量、触摸工件。

5）操作中出现工件跳动、打抖、异常声音等情况时，必须立即停车处理。

6）加工零件过程中一定要提高警惕，将手放在“急停”按钮上，如遇到紧急情况，迅速按下“急停”按钮，防止意外事故发生。

7）不可在工件上方直接垂直下刀，避免铲坏刀具。

六、实训思考题

1）刀具补偿的计算及应用。

2）子程序在数控铣床当中的应用及应用技巧。

3）孔、台阶孔、型腔的铣削方法。

4）复杂零件的工艺分析及程序编制。

5）总结在数控铣床上加工此零件的全部操作步骤。

七、实训报告

包括以下内容：实训目的、内容、加工程序及问题的回答。

八、实训时间

每人上机加工6学时。

习　题

一、填空题

1. G20编程时使用的单位为________，G21编程时使用的单位为________。

2. G04 指令仅指其被规定的程序段中________。

3. G92 指令需要后续坐标值指定刀具________在工件坐标系中的位置。

4. 使用 G92 指令，需要先选定对刀点和________，使用 G92 指令，每次更换工件后都要重新________。

5. 编程时用指令 G54，在程序中不指定工件坐标系的________，使用 G54 指令，每次更换工件后不需要重新________，也不需要________。

6. G52 后面的坐标值为局部坐标系的原点在________的坐标值。

7. 直接机床坐标系编程指令是________。

8. 执行程序段 G90 G00 X50 Z30 后，刀具在工件坐标系中的移动量是________，刀具在工件坐标系中的位置是________。

9. 坐标平面选择指令只是决定了程序段中的坐标轴的地址，不影响________指令的执行。

10. 使用 G28 指令所选定的中间点一般是________，使用 G29 指令所选定的目标点一般是________。

11. 一个子程序可被________多次调用。其指令格式是________。

12. G01 指令后的坐标值是________终点的值，使用增量值编程时，坐标值是________。

13. 使用 G02 指令，表明圆弧的切削方向是________；使用 G03 指令，表明圆弧的切削方向是________。

14. 使用 I、J、K 指令圆弧的圆心，I、J、K 的值是________。

15. 直线后倒角指令 G90　G01　X（U）　__ Y（V）　__ C　__，X（U）　Y（V）的值是________。

16. 直线后倒圆指令 G91　G01　X（U）　__ Y（V）　__ R　__，X（U）Y（V）的值是________。

17. 使用 G43 指令，表明刀具的长度补偿是________，使用 G44 指令，表明刀具的长度补偿是________。

18. 使用 G41 指令，表明刀具的半径补偿是________，使用 G42 指令，表明刀具的半径补偿是________。使用了刀具半径补偿，在编程时均按________编程。

19. G24　X0 指定的镜像轴是________，G24　Y0 指定的镜像轴是________，G24　X0　Y0 指定的镜像轴是________。

20. 执行程序段 G51　X35　Y35　P ________，图形放大 1 倍；执行程序段 G51　X35　Y35　P ________，图形缩小 1 倍。

21. 执行程序段 G68　X0　Y0　P ________，图形旋转 60°；执行程序段 G68　X0　Y0　P ________，图形旋转 120°。

22. 使用 G73 指令时，刀具在 Z 轴方向________进给；使用 G74 指令时，刀具在孔底的转向由________。

23. G76 指令用于________、用 G76 指令时，主轴按进给速度加工刀孔底定向停止后，向________移动，然后快速退刀。

24. G81 指令用于________，G82 指令用于________，G83 指令用于________，G83 指

令每次切入后退回到________，G85 指令用于________，G89 指令用于________。

二、判断题（正确的打√，错误的打 ×）

1. M30 与 M02 功能完全相同。（　　）
2. M01 与 M00 功能基本相同。（　　）
3. 用 G20 编程时使用的单位为米制单位。（　　）
4. 指令 G95［F_］时，F 代码后面的数值直接指令主轴每转的进给量。（　　）
5. 在执行 G92 指令时，刀具应在对刀点上。（　　）
6. 在执行 G92 指令时，刀具并不产生运动。（　　）
7. G54 坐标系原点的值可通过对刀时用 MDI 方式输入刀数控系统中。（　　）
8. 执行程序段 G90　X50　Y40　Z30 时，刀具移动到（50，40，30）。（　　）
9. 执行程序段 G91　X50　Y40　Z30 时，刀具移动到（50，40，30）。（　　）
10. 执行程序段 G17　G01　Z __时，Z 轴不在 *XY* 平面上，*Z* 轴照样会移动。（　　）
11. 执行 G00 指令，刀具以快速进给的速度移动到指令中坐标值指定的位置。（　　）
12. G00 指令只用于空行程。（　　）
13. G00 指令的移动轨迹只能是直线。（　　）
14. G00 指令着眼于刀具快速移动后的刀具位置。（　　）
15. G00 指令中的快速移动速度由机床本身参数决定。（　　）
16. 在编写程序时，主、子程序必须写在同一个文件中。（　　）
17. M99 的功能就是在子程序中结束子程序的运行并使数控系统返回到调用该子程序的主程序中，重新按主程序的指令运行。（　　）
18. G01 指令刀具以联动的方式，按 F 规定的合成进给速度，从当前位置按直线路径切削到程序段指令值所指定的终点。（　　）
19. 用 G01 指令编程时，如果没有指令进给速度，就认为进给速度为零。（　　）
20. 程序 G01　X50　Y40　F300.0.，刀具进给到（50，40）点，*X*、*Y* 两轴均以每分钟 300mm 的进给率进给。（　）
21. 用 G02 指令编程时，I、J、K 值是圆心相对于圆弧的起点的坐标增量值。（　　）
22. G17　G03　I-30.0　F100. 执行此单节将产生一全圆。（　　）
23. 用 G02 指令编程时，对等于 180°的圆弧，半径 R 用正值或负值均可。（　　）
24. 在圆弧插补的同时，指令垂直于插补平面的轴移动一个距离，可实现螺旋线插补。（　　）
25. 工件坐标系的设定是以刀具基准点为依据的。（　　）
26. 刀具基准点是用标准长度的刀具对刀时的对刀点。（　　）
27. 刀具的正向偏置，就是实际使用的刀具长度比编程时的标准刀具长。（　　）
28. 刀具的负向偏置，就是实际使用的刀具长度比编程时的标准刀具长。（　　）
29. 刀具长度补偿指令通常用在下刀及提刀的直线段程序中。（　　）
30. 按零件轮廓编程，而让数控系统自动偏离零件轮廓一个刀具半径，就是刀具半径补偿功能。（　　）
31. 顺着刀具直线前进的方向看，刀具在左边，工件在右边，需对刀具进行右补偿。（　　）

32. 指令 G41、G42、G43 为刀具半径左、右补正与消除。(　　)

33. G51 指令后面的坐标值可用相对或绝对坐标，指定的是图形缩放中心点的坐标值。(　　)

34. G68 指令后面的坐标值指定的是旋转中心点的坐标值，可用相对或绝对坐标。(　　)

35. G51 指令后面的 P 值为图形缩放的倍数，G68 指令后面的 P 值为图形旋转的角度。(　　)

36. G68 指令后面的 P 值为正值时，表示图形逆时针方向旋转。(　　)

37. 初始平面是开始执行孔加工时，刀位点所在的平面。(　　)

38. *R* 点平面是孔加工刀具由快进转为慢进时转换平面。(　　)

39. G98 指令的功能是使刀具退回时返回到转换点 *R* 所在的平面。(　　)

40. G76 精镗时，主轴按进给速度加工到孔底，定向停止后，然后退刀。(　　)

三、简答题

1. 何谓机床坐标系和工件坐标系？其主要区别是什么？
2. 如何判断主轴的正转和反转？
3. M02　S1000　F500 表示什么含义？
4. G04　X __后面的时间是什么单位？
5. 简述工件坐标系原点和对刀点的选择原则。
6. 运行程序时 G54 的原点时怎样确定的？
7. G92 与 G54～G59 之间的优缺点：
8. 执行 G17　G00　Z100 指令时，*Z* 轴能移动吗？
9. G90　X20　Y15 与 G91　X20　Y15 有什么区别？
10. G00 指令是着眼于移动的起点还是着眼于移动的终点？使用相对还是绝对坐标？
11. 简述主、子程序的调用关系。
12. G01 指令中的终点于起点有什么关系？
13. 如何判断圆弧的切削方向？
14. I、J、K 与 R 同时指定圆心时，哪个有效？
15. 什么是螺旋线切削？在加工中有何实际用途？
16. 绘图说明怎么确定直线后倒角的直线切削的起点？
17. 绘图说明怎样确定直线后圆角的圆弧切削的起点？
18. 绘图说明怎样确定圆弧后倒角的直线切削的起点？
19. 刀具补偿有哪几种？它有何作用？
20. 绘图说明刀具长度的正、负偏置补偿。
21. 绘图说明刀具半径的左、右偏置补偿。
22. 什么是镜像功能？
23. 什么是缩放功能？
24. 什么是旋转变换功能？
25. 绘图说明孔加工的六个循环顺序动作。
26. 绘图说明断屑式深孔加工的循环过程。

27. 绘图说明精镗加工的循环过程。

28. 简述 FANUC 0i 数控铣床系统的机床回零操作。

29. 简述 FANUC 0i 数控铣床的试切对刀操作。

30. 简述 FANUC 0i 数控铣床的 MDI 操作。

四、编程题

1. 编写程序加工如图 4-112 所示曲线。

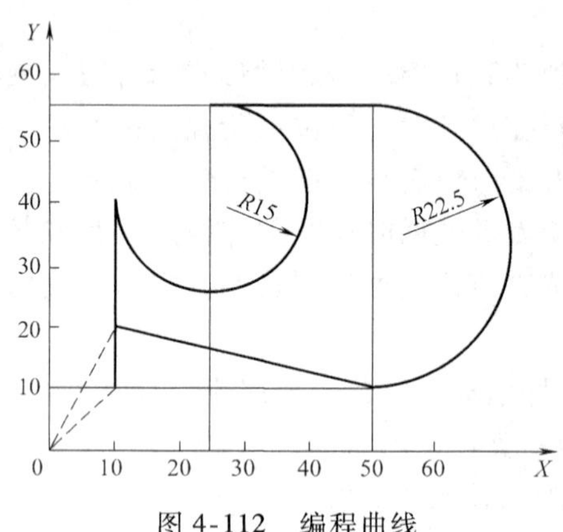

图 4-112 编程曲线

2. 工件图形如图 4-113 所示。毛坯为 70mm × 70mm × 14mm 板材，工件材料为 45 钢。6 个面已经过铣、磨精加工，保证了各面相互的垂直度及平行度。要求编写程序加工出如图所示工件外形、中间正方凹槽及 ϕ10mm 的圆孔。

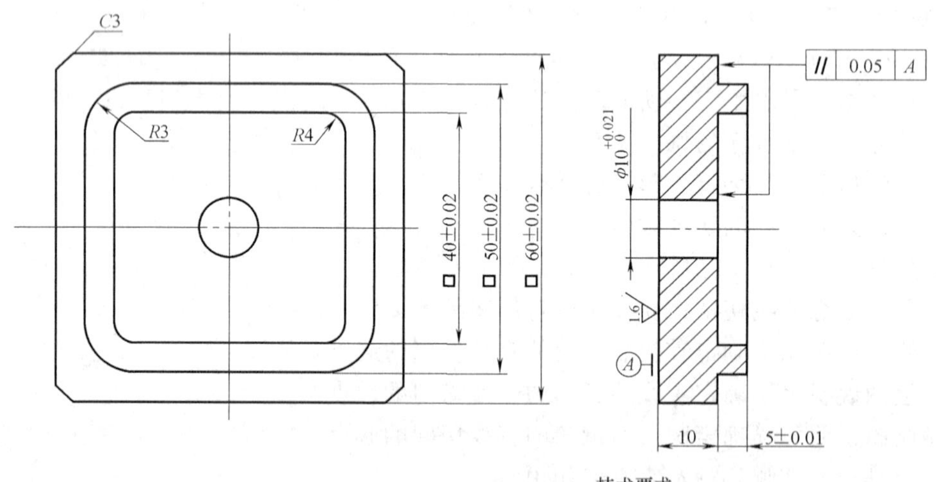

图 4-113 工件图形

3. 如图 4-114 所示的平面曲线凸轮，零件的外圆 ϕ100mm 的圆柱毛坯已经在车床上精加工完成。零件材料为 45 钢。要求编写程序加工出如图中所示的曲线凸轮槽、ϕ32mm 圆柱凸台及 ϕ20mm、ϕ12mm 的圆孔（无须加工倒角及圆角）。

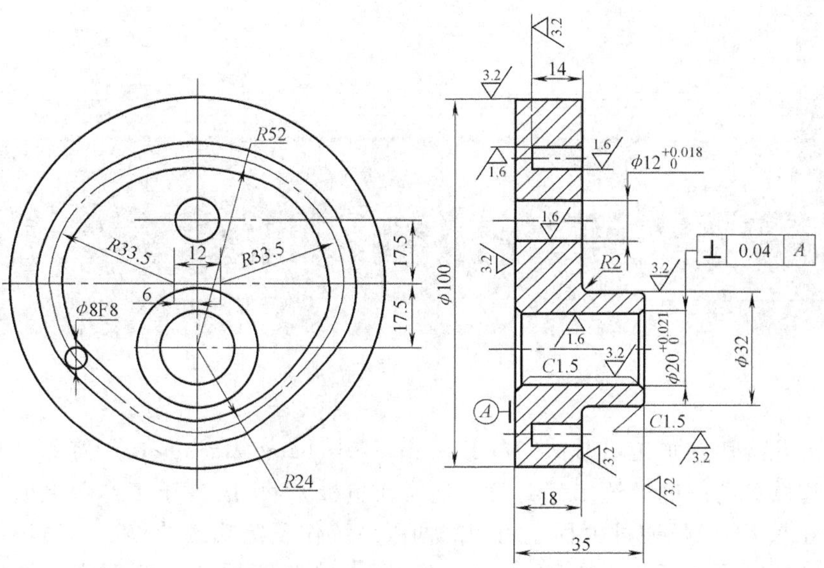

图 4-114 平面曲线凸轮

第五章

数控电火花线切割机床编程与操作

数控电火花线切割加工（Wire Cut Electrical Discharge Machining）简称 WEDM。其工作原理是利用连续移动的电极丝作为电极（通常作负极），由装夹于工作台上的工件为另一电极（通常为正极），工件通过由程序控制的伺服系统作预定轨迹的移动，当工件与电极丝无限接近时，脉冲电源在正负极之间加上脉冲电流，产生高压放电从而使工件金属熔化和汽化，实现对工件材料进行电蚀切割加工并排出切屑。

第一节　数控电火花线切割的加工原理与特点

数控电火花线切割加工是利用作为负极的电极丝和作为正极的金属材料（工件）之间进行脉冲放电而产生电腐蚀作用，对工件进行加工的一种工艺方法。

一、数控电火花线切割设备的组成

线切割加工不同于传统的依靠刀具对金属进行切削的机械加工，它是通过高压放电使金属材料熔化从而达到去除材料的目的。数控电火花线切割设备主要由床身、机械控制装置、脉冲电源、走丝机构和冷却系统等五大部分组成（见图 5-1）。

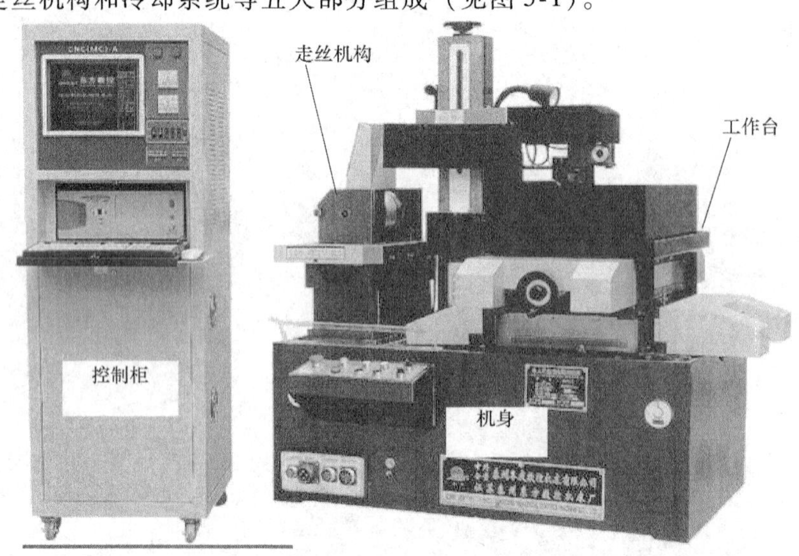

图 5-1　数控电火花线切割机床

1. 床身

床身是支撑整台机器及其运动部件的平台，它的性能稳定性直接影响到机床的使用精度和工作寿命。

2. 机械控制装置

机械运动控制装置（见图 5-2）控制工作台按预定轨迹作平面运动。在电火花线切割加工设备中，工作台通常安装在上滑板上，而上滑板安装在下滑板上，上下滑板由步进电动机控制其移动，进而带动工作台分别沿 X、Y 轴方向运动。

图 5-2　机械运动控制装置

3. 脉冲电源

脉冲电源控制装置（见图 5-3）安装在控制柜内，通过调配其脉冲电流的频率和大小来控制切割加工速度和工件表面质量。电火花线切割加工是利用电火花放电对导电材料产生电蚀现象实现加工的，是电、热和流体动力综合作用的结果。在火花放电过程中，脉冲电压是产生电火花放电的必要条件，而高频电源就是产生脉冲电压的一个大功率高频脉冲信号源，

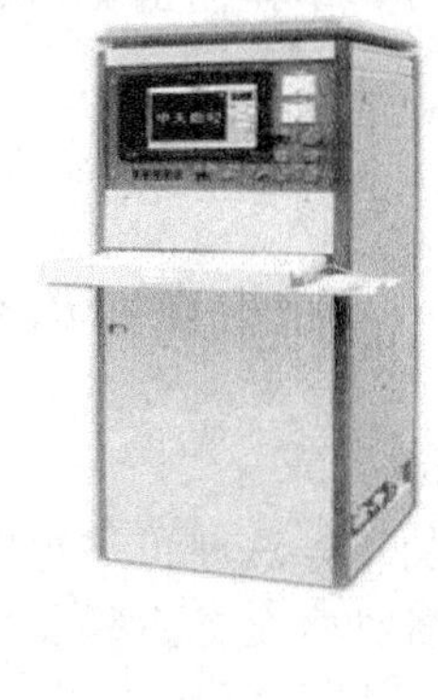

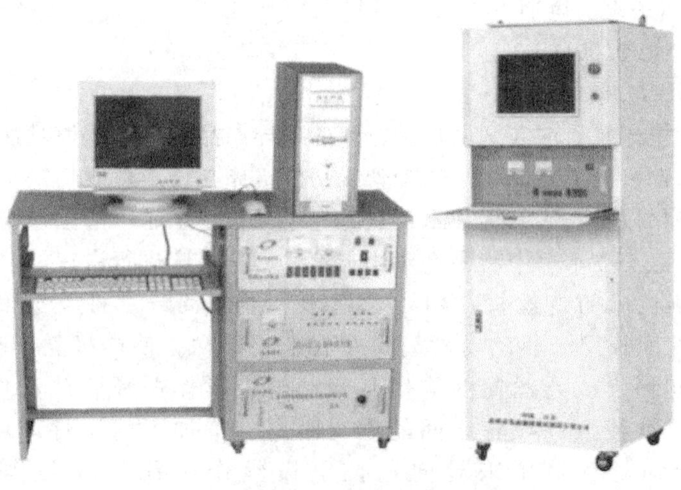

图 5-3　线切割机床脉冲电源控制柜

是数控线切割机床中的一个重要组成部件，所以脉冲电源控制装置的工作稳定性及其参数调节的正确性，均直接影响到线切割加工的生产效率。

4. **走丝机构**

数控电火花线切割机床的加工过程，是通过电极丝与金属间的高压放电从而使金属熔化来实现的。为避免电极丝因放电总发生在局部位置而被烧断，控制两电极间始终维持一定的放电间隙，并把因金属熔化而产生的金属粉末（切屑）从电极丝和金属之间排放出来，必须使电极丝沿其轴向以一定速度作走丝运动。带动电极丝沿其轴向以一定速度作走丝运动的装置称为走丝机构。

线切割机床一般按照电极丝走丝运动速度分为快走丝线切割机床和慢走丝线切割机床。快走丝线切割机床业已成为我国特有的线切割机床品种和加工模式，应用广泛；慢走丝线切割机床是国内外生产和使用的主流机种，属于精密加工设备，代表着线切割机床的发展方向。其主要分别为：

（1）快走丝线切割机床

1）线电极运行速度较快（300～700m/min）。

2）可双向往复运行，即丝电极可重复使用，直到丝电极损耗到一定程度或断丝为止。

3）常用线电极为钼丝（ϕ0.1～ϕ0.2mm）。

4）工作液通常为乳化液或皂化液。

5）由于电极丝的损耗和电极丝运动过程中换向的影响，其加工精度要比慢走丝差，表面粗糙度值要大。

6）尺寸精度为0.015～0.02mm；

7）表面粗糙度 R_a 值为1.25～2.5μm。

8）一般尺寸精度最高可达到0.01mm，表面粗糙度 R_a 值为0.63～1.25μm。

（2）慢走丝线切割机床

1）线电极运行速度较低（0.5～15m/min）。

2）线电极只能单向运动，不能重复使用，这样可避免电极损耗对加工精度的影响。

3）丝电极有纯铜、黄铜、钨、钼和各种合金，直径一般为0.1～0.35mm。

4）工作液去离子水、煤油。

5）尺寸精度为±0.001mm

6）表面粗糙度 R_a 值为0.3μm。

快走丝线切割机床是目前我国电加工行业的主导产品之一，是模具加工的重要设备，也是电加工机床出口创汇的主要品种。快走丝线切割机床与慢走丝线切割机床相比由于其在性能价格比上的优势，以及它固有的技术特点，近年来被越来越多的国外用户所接受，并已引起外国制造商的注意。在本书中将主要对快走丝线切割机床进行讲述。

快走丝线切割机床的走丝机构由走丝溜板、卷丝筒、立柱支架和导轮等部分组成（见图5-4）。走丝溜板用来驱动卷丝筒作左右来回移动，使电极丝在作循环收放动作时能均匀排列在卷丝筒上。卷丝筒的作用是带动电极丝作循环收放动作。立柱支架用来调节上丝架的升降，使上下导轮之间的垂直距离与待加工的工件厚度相匹配。上下导轮也叫电极丝导向器，是用来导向定位电极丝作循环收放动作。其工作原理如图5-5所示。

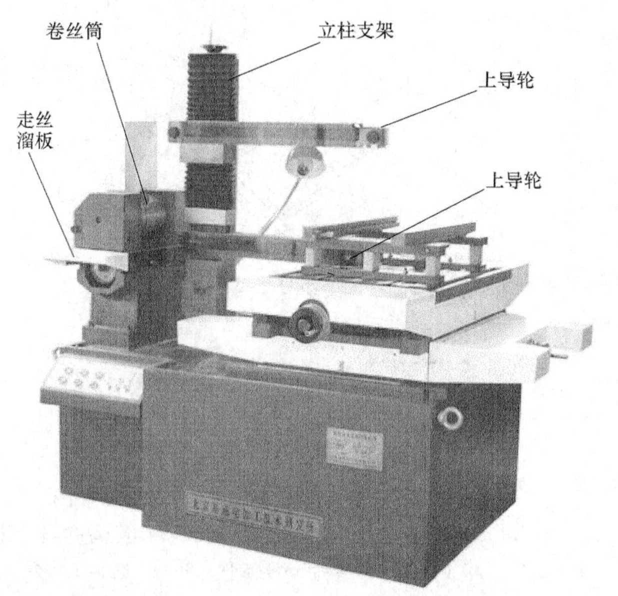

图 5-4　快走丝线切割机床的走丝机构

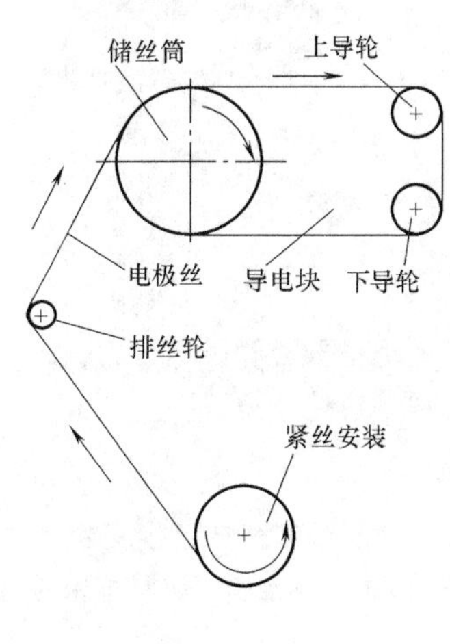

图 5-5　快走丝线切割机床走丝机构工作原理

慢走丝线切割机床的走丝机构结构比较复杂（见图 5-6），但由于其用的电极丝直径比较大，通过电动机传动可以实现机床的自动穿丝。

5. 冷却系统

它用来提供有一定绝缘性能的工作介质——工作液，在加工过程中带出切屑并对工件和电极丝进行冷却。

二、数控电火花线切割的加工原理

加工原理是工件安装在工作台上，工作台通常由 X 轴和 Y 轴的步进电动机驱动（见图 5-7）。工具电极（电极丝）为直径 0.02 ~0.3mm 的金属丝，由走丝系统带动电极丝沿其轴向移动。高压脉冲电源加在工件与电极丝之间。一般工件接正极，电极丝接负极。工件与电极丝之间用喷嘴不断喷入具有一定绝缘性能的水质工作液（乳化液、去离子水等）。控制系统根据预先输入的工作程序输出相应的信息，使工作台在步进电动机的驱动下作相应的移动，工件与电极丝靠近。当两者接近到适当距离时（一般为 0.01 ~0.04mm）便产生火花放电，蚀除金属。金属被蚀除后工件与电极丝之间的距离加大。控制系统根据这一距离的大小和预先输入的控制参数，不断地发出进给信号，即可实现电极丝沿工件预定轨迹边蚀除、边进给，逐步将工件切割加工成形。

三、数控电火花线切割加工机床的分类和表示方法

1. 数控电火花线切割加工机床的分类

1）按走丝速度分：可分为慢速走丝方式和快速走丝方式线切割机床。

2）按加工特点分：可分为普通直壁切割型和锥度切割型线切割机床。

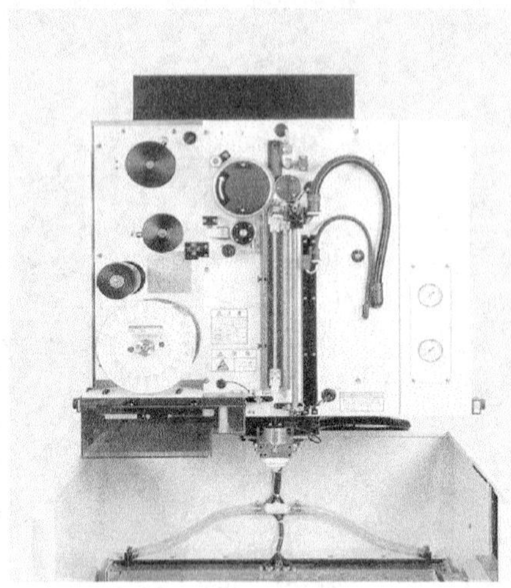

图 5-6　慢走丝线切割机床的走丝机构

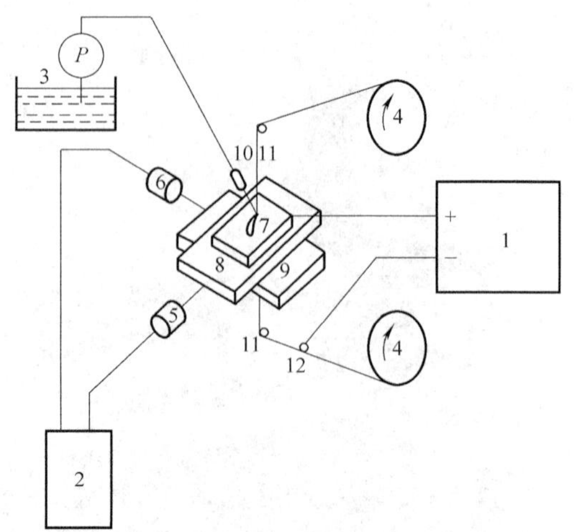

图 5-7　数控电火花线切割加工原理图

1—脉冲电源　2—控制装置　3—工作液箱　4—走丝机构
5、6—步进电动机　7—工件　8、9—坐标工作台
10—工作液喷嘴　11—导轮　12—电源进电柱

3）按脉冲电源形式分：可分为 RC 电源、晶体管电源、分组脉冲电源和自适应控制电源线切割机床。

2. 快走丝数控电火花线切割加工机床的型号表示方法

以 DK7725 型机床为例：

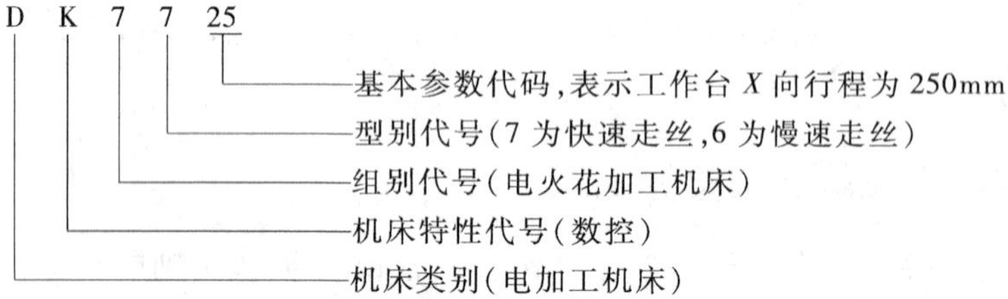

四、数控电火花线切割的加工特点及使用场合

数控电火花线切割加工有以下特点：

1）数控线切割加工是沿零件轮廓作放电切割加工，不需要设计和制造成形工具电极，大大降低了加工费用，缩短了生产周期。

2）直接利用电能进行脉冲放电加工，工具电极和工件不直接接触，无机械加工中的宏观切削力，宜用于加工低刚度零件及细小零件。

3）无论工件硬度如何，只要是导电或半导电的材料都能进行加工。

4）切缝可窄达仅 0.05mm，可对工件材料沿轮廓进行“套料”加工，材料利用率高，能有效节约贵重材料。

5）移动的长电极丝连续不断地通过切割区，单位长度电极丝的损耗量较小，加工精度高。

6）一般采用水基工作液，不易发生火灾，采取适当措施可实现昼夜无人看守的连续加工。

7）通常用于加工直壁曲面，但通过 X-Y-U-V 四轴联动控制（见图 5-8），也可进行锥度切割和加工上下截面异形体、形状扭曲的曲面体等零件（见图 5-9）。

8）不能加工不通孔及纵向阶梯表面。

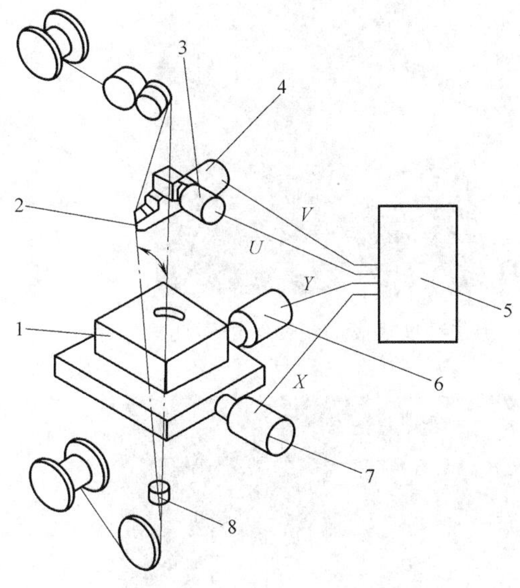

图 5-8　锥度线切割原理

1—工件　2—电极丝　3—U 轴步进电动机　4—V 轴步进电动机　5—电控制装置　6—Y 轴步进电动机　7—X 轴步进电动机　8—电源进电柱

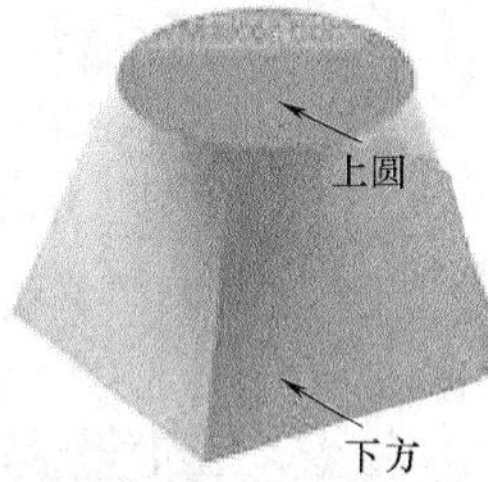

上圆
下方

图 5-9　上下截面异形体

数控电火花线切割加工通常用于加工那些普通机床加工无法完成并且对尺寸精度或位置精度要求较高的场合，如图 5-10 ~ 图 5-12 所示的零件。

图 5-10　线切割应用一：细微结构的零部件

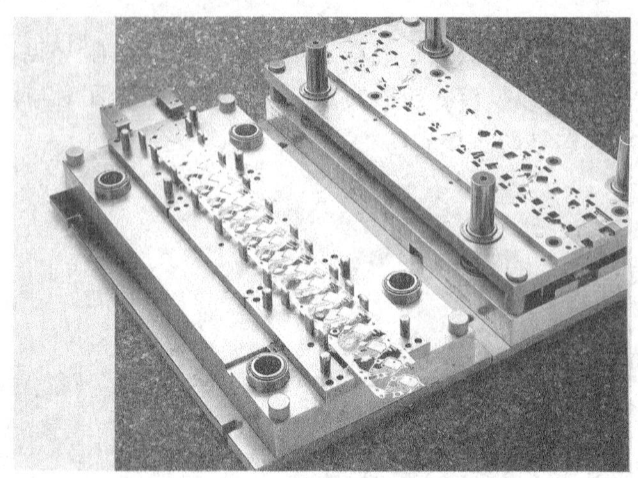

图 5-11　线切割应用二：定位精度极高的精密级进模具

图 5-12　线切割应用三：超硬材料制作的精密冷冲模具

第二节　数控电火花线切割的加工工艺及其影响因素

数控电火花线切割加工，一般是作为工件尤其是模具加工中的最后工序。要达到加工零件的精度及表面粗糙度要求，应合理控制线切割加工时的各种工艺参数（电参数、切割速度、工件装夹等），同时应安排好零件的加工工艺路线及线切割加工前加工工件的准备工作。

一、电火花线切割加工的工艺指标

常用的主要工艺指标有：切割速度、加工精度和表面粗糙度。

1. 切割速度 v_{wi}

切割速度也称为加工速度，是指在保持一定表面粗糙度的切割加工过程中，单位时间内电极丝中心线在工件上所切割过的有效面积的总和，单位是 mm^2/min。切割速度是切割加

工效率的一项重要指标，其表达式为

$$v_{wi} = vh$$

式中　v——电极丝进给速度；

h——工件厚度。

切割速度是由改变脉冲电源的加工电流来调节的，加工电流越大，切割速度也就越快，但工件的表面粗糙度值也就越大。所以，在加工过程中要合理选择脉冲电源的脉冲幅度、脉冲宽度和脉冲间隔，在保证工件表面质量要求的前提下尽量提高切割速度，从而获得比较高的生产效率。

2. 加工精度

加工精度包括：被加工工件的尺寸精度、形状精度和位置精度。快走丝线切割加工的工件尺寸精度一般可达到0.01mm，最高可达0.005mm。慢走丝线切割加工的工件尺寸精度可达0.001mm。

3. 表面粗糙度

表面粗糙度是指工件加工后轮廓表面的微观不平度。通常用轮廓算术平均偏差值 R_a 来表示。快走丝线切割加工的表面粗糙度 R_a 值一般为1.25 ~ 2.25μm，最高可达0.63 ~ 1.25μm，慢走丝线切割的表面粗糙度 R_a 值可达0.3μm。

二、电火花线切割加工主要工艺指标的影响因素

数控电火花线切割加工时对脉冲电源各参数的选取以及电极丝的选用和调校等因素，直接影响着工件的切割质量、切割速度和电极丝的损耗率等，进而影响工件的加工工艺指标。为了正确使用数控电火花线切割机床进行高质量的切割加工，就必须对这些因素有深刻的理解和掌握。影响电火花线切割加工主要工艺指标的因素分为电参数和非电参数。

1. 电参数对工件主要工艺指标的影响

电参数主要包括脉冲电流、脉冲宽度和脉冲间隔等。

(1) 脉冲电流　数控电火花线切割加工是通过在两电极间施加高压脉冲能量来实现的，而脉冲电流的放电峰值电流 i_e 是决定单脉冲能量的主要因素之一。放电峰值电流 i_e 越大，表示单个脉冲能量越大，故会提高切割加工速度。但工件的表面粗糙度值较大，电极丝损耗也较大，甚至引起断丝现象发生。而且当峰值电流达到一定临界值后，会使加工的稳定性变差，加工速度反而下降。

(2) 脉冲宽度 t_i　脉冲宽度是单个脉冲能量的决定因素之一。由实验可知，脉冲宽度增加，单个脉冲放电能量增加，切割速度逐渐提高。但当脉冲宽度超过某一范围时，散失在工件和电极间的放电脉冲能量增多，反而削弱了蚀除作用。同时由于电蚀产物的排出作用不会随脉冲宽度的增加而显著提高，这必然使短路的几率增加，切割速度减小，甚至断丝。在其他条件不变的情况下，增大脉冲宽度，单个脉冲放电能量增大，放电痕迹会变大。同时，随着脉冲宽度的增加，电极丝损耗也变大。因为脉冲宽度增加，正离子对电极丝的轰击加强，结果使得接负极的电极丝损耗变大。

(3) 脉冲间隔 t_0　在其他条件不变的情况下，减小脉冲间隔，脉冲频率将提高，所以单位时间内放电次数增多，平均电流增大，从而提高了切割速度。脉冲间隔在电火花加工中的主要作用是消电离和恢复液体介质的绝缘。脉冲间隔不能过小，否则会影响电蚀产物的排

出和火花通道的消电离，引起电弧，导致加工稳定性变差和加工速度降低，甚至断丝。当然，也不是说脉冲间隔越大加工就越稳定，脉冲间隔过大会导致加工的平均电流变小，使加工速度明显降低，严重时不能连续进给，使加工变得更不稳定。在线切割加工过程中，由于电极丝的直径都比较小（一般为0.25mm以下），电极丝与工件间的放电面积很小，在其他参数不变的情况下，脉冲间隔减小，切割的工件表面粗糙度数值只是稍有增大。脉冲间隔的合理选取，与其他脉冲电参数、走丝速度、电极丝直径、工件材料及厚度都有很大关系。因此，在选取脉冲间隔时要根据具体情况而定。当走丝速度较快、电极丝直径较大或工件厚度较小时，由于切割时的排屑条件较好，可以选择较小的脉冲间隔时间，反之则可选择较大的脉冲间隔时间。脉冲间隔与脉冲宽度的关系大约为：$t_0=(4\sim8)t_i$。

由以上分析可以看出，脉冲电源工艺参数对电火花线切割加工的工艺指标的影响有如下规律：

1）放电峰值电流和脉冲宽度的增大以及脉冲间隔的减小会使加工平均电流增大，而加工速度随加工平均电流的增加而提高。

2）加工工件的表面粗糙度数值随放电峰值电流和脉冲宽度的增大以及脉冲间隔的减小而增大，但脉冲间隔对工件的表面粗糙度影响相对较小。

实践表明，在电火花线切割加工中改变电参数对工艺指标影响很大，必须根据具体的加工对象和要求，综合考虑各因素及其相互影响关系，选取合适的电参数。既要优先满足主要加工工艺指标要求，又同时注意提高各项加工指标。例如，加工精密小零件时，精度和表面粗糙度是主要加工工艺指标，加工速度是次要指标，这时选择电参数主要满足尺寸精度高、表面粗糙度值小的要求。又如加工中、大型零件时，对尺寸的精度要求低、表面粗糙度值要求大一些，故可选较大的加工峰值电流、脉冲宽度，尽量获得较高的加工速度。此外，不管加工对象和要求如何，还需选择适当的脉冲间隔，以保证加工稳定进行，提高脉冲利用率。因此，选择电参数值是相当重要的，只要能客观地运用它们的最佳组合，就一定能够获得良好的加工效果。

2. 非电参数对工件主要工艺指标的影响

非电参数主要包括电极丝的选择、电极丝的轴向运动速度和预紧、电极丝的进给速度、工作液的选配以及工件材料的厚度及材质等。

（1）电极丝的选择　电极丝的选择包括电极丝材料和电极丝直径两个因素。

电火花线切割加工选用的电极丝材料必须具备以下特性：

1）力学特性　在电火花放电加工过程中，电极丝须能承受一定的拉力和因放电引起的冲击力。如果材料强度太低或者断裂韧性太低，会造成电极丝抖动，最终导致切割工件表面不光滑，甚至会引起多道切割线痕。特别是对于一些难加工的金属工件，切割时对电极丝施加的张力越大，越容易切割。另外，材质强度还有助于电极丝恢复直度，拥有一定延伸性的电极丝材料对切割有斜度的工件也会比较有益。

2）汽化特性　在加工过程中，由于高温放电作用，电极丝会在瞬间达到2000℃以上高温，如果热量不能够通过其他介质及时释放，熔点再高的电极丝也会被烧断，因此组成电极丝的材料必须能将这些热量带出。电极丝在汽化后所产生的气压还会把放电产生的蚀物吹走，并改善冲洗效果。

3）物理特性　电极丝的物理特性是提高切割效率的关键，通常是指电极丝的熔点。这主要由电极丝材料的基础成分配比及芯材的组成金属性质决定。因为电极丝在切割时的抖动会产生瞬间的短路效应，这时，切割过程会减慢，如此时电极丝未因放电烧蚀而与切割金属间产生间隙，切割废屑便不会被冲水带出，这时电极丝就会烧断。

4）几何特性　这里所说的几何特性通常是指尺寸精度和尺寸稳定性。电极丝的外径直接决定了切割工件的表面尺寸精度。当前电极丝机床的设计也要求电极丝拥有较小的外形几何误差，而电极丝的最后尺寸精度只能由拉丝模具的尺寸精度来保证。当今世界的切割机床还不具备根据电极丝外径来自动调节切割精度的功能，如果尺寸精度不稳定，最后的切割精度也不稳定。

5）电气特性　电火花加工靠瞬间的放电腐蚀切割金属，瞬间放电间隙越短，切割的金属表面粗糙度值越小，因此电极丝必须具备能够承受瞬间高脉冲电流和大切割电流的能力。

电极丝直径的选择是根据工件加工要求和工艺条件选取的。工件加工要求包括工件切缝宽窄、工件厚度和拐角尺寸大小等。若加工带尖角、窄缝的小型模具，宜选用较细的电极丝；若加工大厚度工件或大电流切割时，应选较粗的电极丝。在工件加工要求允许的情况下，可选用直径大些的电极丝。直径大，抗拉强度大，承受电流大，可采用较强的电规准进行加工，能够提高输出的脉冲能量，提高加工速度。同时，电极丝粗，切缝宽，放电产物排除条件好，加工过程稳定，能提高脉冲利用率和加工速度。若电极丝过粗，则难加工出内尖角工件，无法保证加工精度，同时切缝过宽使材料的蚀除量变大，加工速度也有所降低；若电极丝直径过小，则抗拉强度低，容易断丝，而且切缝较窄，放电产物排除条件差，加工过程中会出现不稳定现象，导致加工速度大大降低。细电极丝的优点是可以得到较小半径的内尖角，加工精度能相应提高。表 5-1 是常见的几种直径的钼丝的最小拉断力。快走丝电火花线切割加工一般采用 0.10～0.25mm 的钼丝。

表 5-1　钼丝直径对应的最小拉断力

钼丝直径/mm	最小拉断力/N	钼丝直径/mm	最小拉断力/N
0.06	2～3	0.15	14～16
0.08	3～4	0.18	18～20
0.10	7～8	0.22	22～25
0.13	12～13		

在加工过程中电极丝承载放电能力的大小由电极丝丝径大小决定，所以丝径大小直接影响断丝率，因此在加工中应根据实际需要，选择直径大小适当、涂层表面光滑、没有氧化斑点或经过低温处理的高速切割电极丝，从而减少断丝。

(2) 电极丝的轴向运动速度对工件主要工艺指标的影响　快走丝线切割在加工过程中，由于电极丝沿轴向作往复运动，电极丝相对于工件厚度方向的进口和出口上下交替，线切割加工的工件表面就形成黑白交错相间的条纹（见图 5-13）。条纹的出现与电极丝的运动有

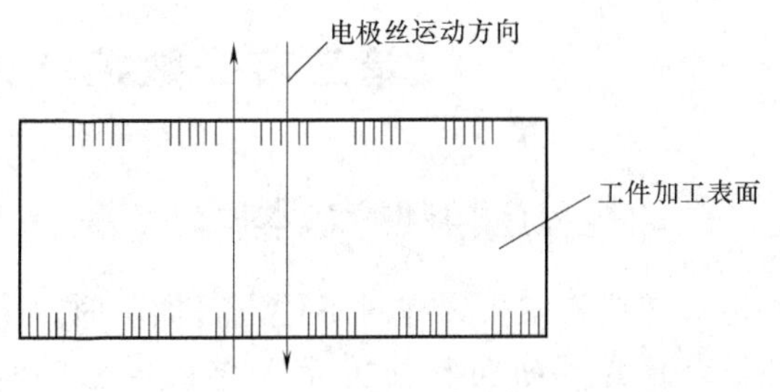

图 5-13　快走丝线切割工件表面形成黑白交错相间条纹

关，这是排屑和冷却条件不同造成的。电极丝从上向下运动时，工作液由电极丝从上部带入工件内，放电产物由电极丝从下部带出。这时，上部工作液充分，冷却条件好，下部工作液少，冷却条件差，但排屑条件比上部好。工作液在放电间隙里受高温热裂分解，形成高压气体，急剧向外扩散，对上部蚀除物的排除造成困难。

(3) 电极丝的预紧力对工件主要工艺指标的影响　电火花线切割加工中的电极丝安装是电火花线切割加工的第一道重要工序。电极丝安装时要保持有一定的预紧力，如果电极丝的张力不足，容易造成丝筒乱丝和电极丝滑出导轮的现象，在加工过程中电极丝会产生抖动现象，直接影响工件表面质量。一般电火花线切割机床都有钼丝张紧装置，对丝架没有张紧装置的线切割机床，加工之前要用手轮对电极丝进行拉紧。

(4) 电极丝的进给速度对工件主要工艺指标的影响　正常的电火花线切割加工要保证进给速度与蚀除速度大致相等，使进给均匀平稳。若进给速度过高，即电极丝的进给速度明显超过蚀除速度，则放电间隙变得越来越小，会频繁出现短路，造成加工不稳定，使平均加工速度降低，工件加工表面发焦，上下端面会产生过烧现象；进给速度太慢，会产生二次放电，使脉冲利用率过低，切割速度降低，也会影响工件表面质量。所以选择合理的进给速度进行线切割加工，得到的工件表面细腻而亮丽，丝纹均匀，表面粗糙度值较小。

(5) 工作液的选配对工件主要工艺指标的影响　电火花线切割加工的切割速度与工作液的介电系数、流动性、洗涤性等有密切关系。快走丝线切割机床的工作液有煤油、去离子水、乳化液、洗涤剂液、酒精溶液等。但由于煤油、酒精溶液加工时加工速度低、易燃烧，现已很少采用。目前，快走丝线切割工作液广泛采用的是乳化液，其加工速度快。慢走丝线切割机床采用的工作液是去离子水和煤油。

(6) 工件材料的厚度及材质对工件主要工艺指标的影响　工件材料的厚度直接影响线切割加工的工作条件，工件材料比较薄时，由于工作液较易进入加工工件的切割断面并充满放电间隙，对排屑和消电离有利，使加工的稳定性提高。但工件太薄，工件包住电极丝的长度变短，电极丝容易产生抖动，影响工件的尺寸精度和表面粗糙度。

由于工件材料不同，熔点、汽化点、导热系数等都不一样，因而即使按同样的电参数作线切割加工，所获得的工件表面质量也不相同，因此必须根据实际需要的表面质量对工件材料作相应的选择。另外，由于工件材料内部残余应力对加工的影响较大，在对热处理后的材料进行线切割加工时，由于大面积去除金属和切断加工会使材料内部残余应力的相对平衡受到破坏，从而可能影响零件的加工精度和表面质量，严重时会使工件产生变形和开裂，造成零件的报废。为了避免这些情况，应选择锻造性好、淬透性好、热处理变形小的材料。

第三节　数控电火花线切割编程

一、数控程序控制的基本原理

电火花线切割机床在对工件进行加工时，要控制电极丝沿预定轮廓作切割加工，脉冲电源控制装置要不断向驱动机床工作台运动的步进电动机发出进给脉冲信号，带动工作台（工件）按指定的路线运动。由于工作台的移动是由 X 和 Y 轴的步进电动机分别控制的，当加工轮廓曲线不与 X 轴或 Y 轴平行时，就需要脉冲电源控制装置相互协调地给两轴的步进电动机发出指令（称之为插补指令），控制电极丝逼近预定轮廓运动。如图 5-14 所示，要加工斜线 OJ，O 为电极丝当前位置（切割起点），J 为电极丝移动的目标点（30，20），X、Y 轴分别表示工作台的横、纵进给方向，脉冲电源控制装置先给 X 轴（横向）的步进电动机发出插补指令，电极丝从当前位置沿 X 轴正向进给一步到达 A 点。由于 A 点在斜线的下方已经偏离斜线，产生了偏差，为了使电极丝向斜线靠拢，脉冲电源控制装置需给 Y 轴（纵向）的步进电动机发出插补指令，电极丝从当前位置沿 Y 轴正向进给一步到达 B 点。由于 B 点在斜线的上方也偏离了斜线，产生了新的偏差。为了纠正这个偏差，电极丝应沿 X 轴正向再进给一步到达 C 点，如此连续进给，不断纠正偏差，直到斜线的目标点 J（30，20）。由以上分析可知，电极丝的运动轨迹是折线 $O \to A \to B \to C \to D \to E \to F \to G \to H \to I \to J$。斜线插补就是用以上折线代替斜线，完成对斜线的加工。同理可分析圆弧的插补过程（见图 5-15）。

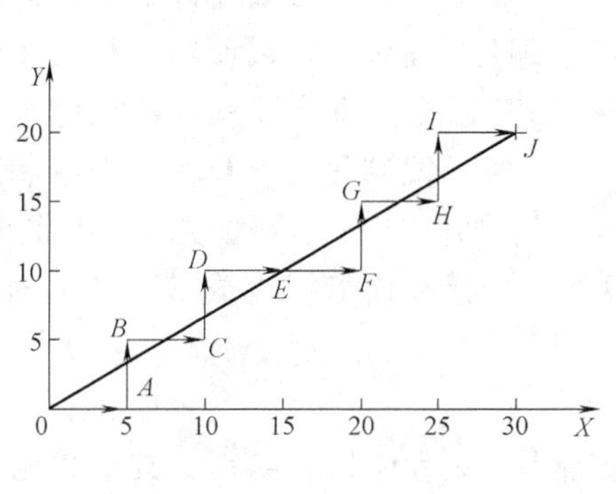

图 5-14 斜线的插补过程

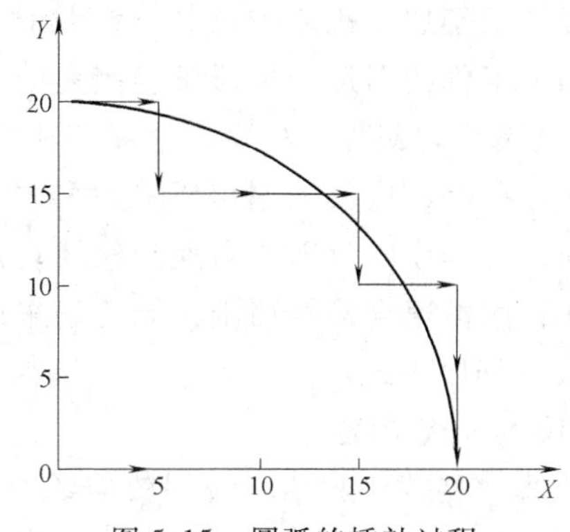

图 5-15 圆弧的插补过程

为了能够用折线来代替斜线或圆弧，就必须保证折线上的任何一点到斜线或圆弧之间的距离要小于某一公差值。脉冲电源控制装置给步进电动机每发出一个插补指令，工作台的移动距离为 1μm，由于折线与斜线或圆弧之间的最大偏差值仅为 1μm，这个误差是被加工零件的尺寸精度所允许的。

由斜线和圆弧的插补过程可以看出，工作台的进给是步进的，它每走一步机床的数控装置都要自动完成以下四个工作节拍（见图 5-16）：

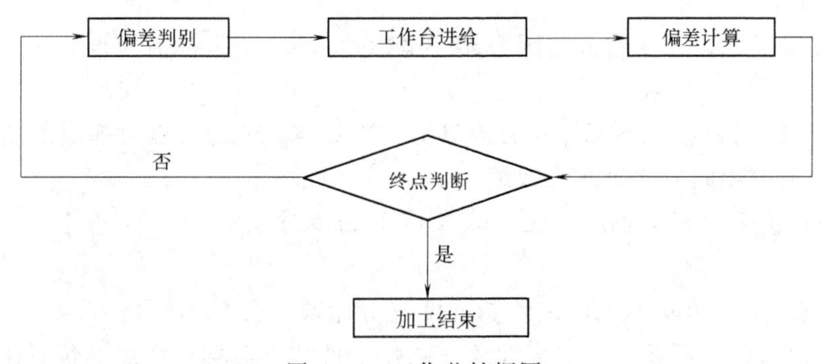

图 5-16 工作节拍框图

（1）偏差判别 目的是判别目前的加工坐标点对规定几何轨迹的偏离位置，然后决定滑板的走向。一般用 F 代表偏差值，$F=0$，表示加工点恰好在线（轨迹）上。$F>0$，表示加工点在线的上方或左方；$F<0$，表示加工点在线的下方或右方，以此来决定第二拍进给的轴向和正、负方向。

（2）工作台进给　根据 F 偏差值命令坐标工作台沿 $+X$ 向或 $-X$ 向；或 $+Y$ 向或 $-Y$ 向进给一步，向规定的轨迹靠拢，缩小偏差。

（3）偏差计算　按照偏差计算公式，计算和比较进给一步后新的坐标点对规定轨迹新的偏差 F 值，作为下一步判别走向的依据。

（4）终点判断　根据计数长度判断是否到达程序规定的加工终点。若到达终点，则停止插补和进给，否则再回到第一拍，直到加工到终点为止。

二、电火花线切割编程

数控线切割加工机床的控制系统是根据人的“命令”控制机床进行加工的。因此，必须先将加工工件的图形用机器所能接受的“语言”编好“命令”，以便输入控制系统，这种“命令”就是线切割加工程序。这项工作叫数控线切割编程，简称编程。数控电火花线切割机床的加工程序，主要采用以下三种格式编写：3B 格式编制程序、ISO 代码编制程序、计算机自动编制程序。目前，高速走丝线切割机床一般采用 3B（个别扩充为 4B 或 5B）数控程序格式，而低速走丝线切割机床普遍采用 ISO（国际标准化组织）或 EIA（美国电子工业协会）数控程序格式。

1. 3B 格式编制程序

（1）程序格式　目前，我国数控线切割机床常用 3B 程序格式编程，其格式见表 5-2。

表 5-2　无间隙补偿的程序格式（3B 型）

B	X	B	Y	B	J	G	Z
分隔符号	X 坐标值	分隔符号	Y 坐标值	分隔符号	计数长度	计数方向	加工指令

3B 程序编程格式中各符号所表示的具体含义如下：

1）分隔符号 B。因为 X、Y、J 均为数字，分隔符号（B）的作用是将 X、Y、J 的数字区隔离开，以免数字之间产生混淆。

2）坐标值（X、Y）表示增量（相对）坐标值，无正负号，单位 μm，μm 以下的数值按四舍五入选取。

① 对于圆弧或圆，在该圆弧的圆心建一坐标系，X、Y 坐标值为该圆弧的起点在该坐标系内的坐标值。

② 对于直线（斜线），坐标原点移至其起点，即 X、Y 为终点对起点的增量坐标值，允许将 X 和 Y 的值按相同的比例放大或缩小。

特例：平行于 X 轴或 Y 轴的直线，即 X 或 Y 为零时，X、Y 值均可不写，但必须保留分隔符 B。

3）计数方向 G　选取 X 方向进给总长度进行计数，用 Gx 表示；否则，用 Gy 表示。

计数方向的确定，不管是切割直线还是圆弧，计数方向均按终点的位置来确定。

① 加工直线时，用进给距离较长的一个方向作为进给长度计算方向，即以直线起点坐标为原点，终点坐标靠近何轴，则计数方向取该轴（见图 5-17）。

② 加工圆弧时，即以圆弧圆心坐标为原点，圆弧的终点坐标靠近何轴，则计数方向取另外一轴（见图 5-18）。

特例：斜线或圆弧的终点正好落在 45°线上，计数方向取 Gx、Gy 均可。

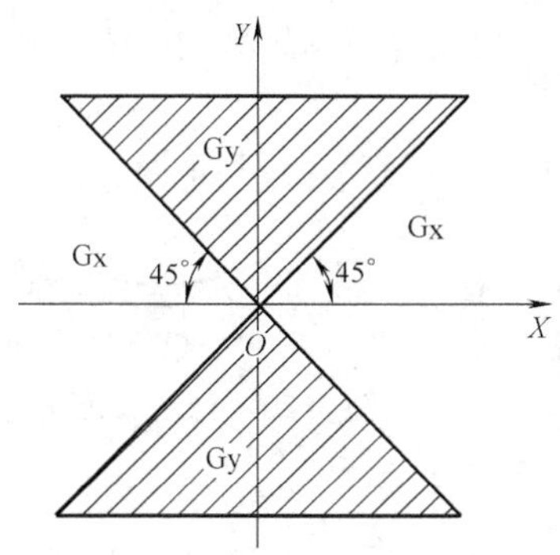

图 5-17　斜线所在区间的计数方向

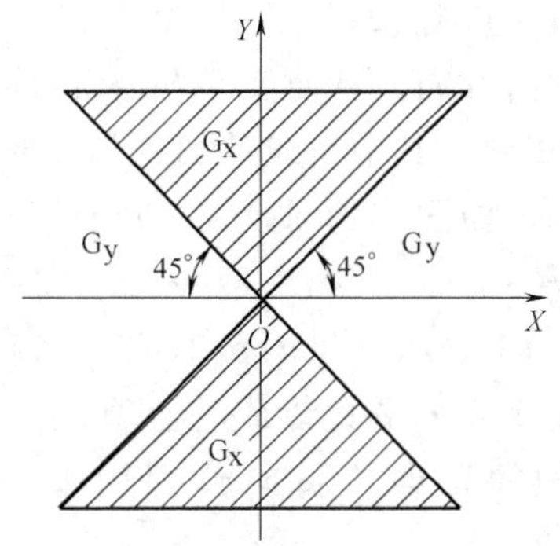

图 5-18　圆弧终点所在区间的计数方向

计数方向 G 也可以从斜线的终点坐标值相对于起点坐标值的大小或圆弧的终点坐标值相对于圆心坐标值的大小来判断（见图 5-19），线切割加工方向从 K 到 A，即按顺时针方向作周边加工。当切割线段 AB 时，$A(-25,\ 11.5)$ 为起点，$B(-21,\ 17.5)$ 为终点，B 点相对于 A 点的坐标值为 $X_e=4$，$Y_e=6$，因为 $Y_e>X_e$，即斜线的终点 B 靠近 Y 轴，计数方向取 Y 轴，即 Gy；同理，当切割圆弧 CD 时，C 为起点，D 为终点，D 点相对于圆心 P 点的坐标值满足 $X_e>Y_e$，即圆弧的终点 D 靠近 X 轴，计数方向取 Y 轴，即 Gy；而加工圆弧 FG 时，终点 G 点与圆弧的圆心同位于 Y 轴上，计数方向取 X 轴，即 Gx；加工圆弧 HK 时，终点 K 点与圆弧的圆心同位于 X 轴上，计数方向取 Y 轴，即 Gy。

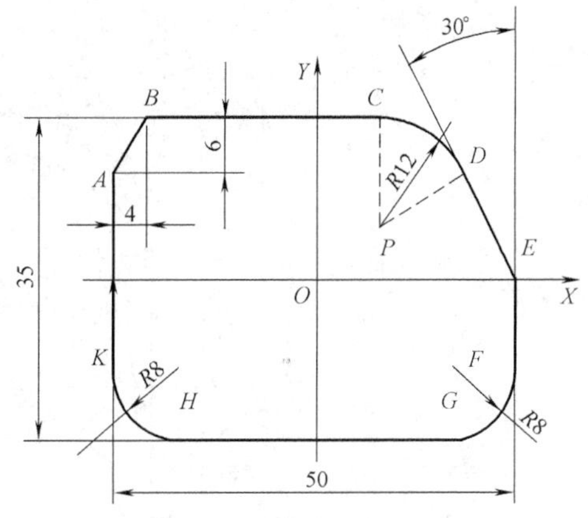

图 5-19　计数方向选取实例

由此可以看出，当斜线的终点坐标相对于起点坐标的值为（X_e，Y_e）时，若：

$|X_e|>|Y_e|$，计数方向取 X 轴，即 Gx。

$|X_e|<|Y_e|$，计数方向取 Y 轴，即 Gy。

当圆弧的终点坐标相对于圆心点坐标的值为（X_e，Y_e）时，若：

$|X_e|<|Y_e|$，计数方向取 X 轴，即 Gx。

$|X_e|>|Y_e|$，计数方向取 Y 轴，即 Gy。

4）计数长度 J　计数长度是指被加工图形在计数方向上的投影长度（即绝对值）的总和，以 μm 为单位。仍以图 5-19 为例，切割线段 AB 时，其计数方向取 Y 轴，即 Gy，AB 在 Y 轴上的投影长度为 6mm，其计数长度 $J=6000$（μm）；切割圆弧 CD 时，其计数方向取 Y 轴，即 Gy，CD 在 Y 轴上的投影长度为 $12\times(1-\sin30°)=6$mm，其计数长度 $J=6000$（μm）；而对于跨越几个象限的圆弧，如图 5-20 所示的 ST，圆弧终点 T 位于 Y 轴上，计数方向取 X 轴，即 Gx，圆弧 ST 在 X 轴上的投影由 SP 和 PT 两部分组成，$J_{sp}=15$mm，$J_{pt}=10$mm，圆弧

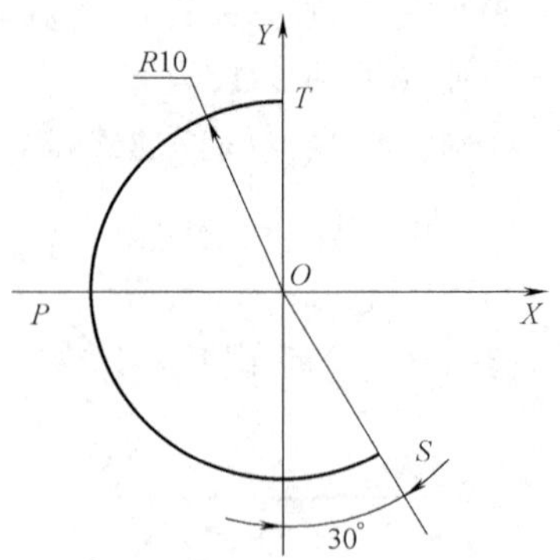

图 5-20　计数长度的计算

ST 在 X 轴上的计数长度 $J = J_{sp} + J_{pt} = 25000$（μm）。

5）加工指令 Z　加工指令 Z 是用来表达被加工图形的形状、所在象限和加工方向等信息的。控制系统根据这些指令，正确选择偏差公式，进行偏差计算，控制工作台的进给方向，从而实现机床的自动化加工。加工指令共有 12 种，其中斜线的加工指令有 4 个，圆弧加工指令有 8 个，如图 5-21 所示。斜线的终点坐标分别位于坐标系的第一、二、三、四象限，加工指令分别用 L1、L2、L3、L4 表示（见图 5-21a）；当斜线分别与 X 轴或 Y 轴平行而变成水平直线或垂直直线时，由直线的终点位于坐标轴的正向或负向分别用 L1、L2、L3、L4 表示（见图 5-21b）。

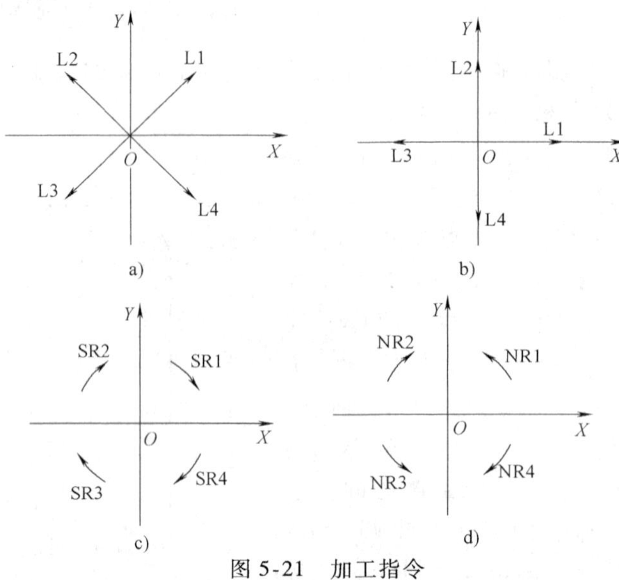

图 5-21　加工指令

a）直线的加工指令　b）直线在坐标轴上的加工指令

c）顺时针圆弧加工指令　d）逆时针圆弧加工指令

当加工圆弧时，先以该圆弧的圆心构建坐标系，再以被加工圆弧的加工起点位于该坐标系的哪个象限中，并按顺时针方式插补，如图 5-21c 所示。其加工指令分别用 SR1、SR2、SR3、SR4 表示；如按逆时针方式插补，则其加工指令分别用 NR1、NR2、NR3、NR4 表示，如图 5-21d 所示 。如圆弧加工起点刚好在坐标轴上，其指令可选相邻两象限中的任何一个。

（2）加工实例

实例 1　编写加工图 5-20 圆弧段的 3B 格式加工程序。

1）当加工方向为逆时针时，加工起点为 T 点，位于 Y 轴正方向上，坐标值为（0，10000），圆弧终点 T 靠近 Y 轴，计数方向为 Gx ，计数长度如前算出为 $J = 25000$，由于加工起点 T 位于 Y 轴正方向上，加工指令为 NR1 或 NR2，其 3B 加工程序为：BB10000　B25000　Gx　NR1；

2）当加工方向为顺时针时，加工起点为 S 点，位于第四象限内，加工指令为 SR4，坐标值为（5000，－8660），圆弧终点 S 在 Y 轴正方向上，计数方向为 Gx ，计数长度如前算

出为 $J=25000$，其 3B 加工程序为：B5000　B8660　B25000　Gx　SR4。

实例 2　编写图 5-22 封闭图形的 3B 格式加工程序，加工顺序为 $A \to B \to C \to D \to A$。

A—B 段：B 点相对于 A 点的坐标为（−15，30），按比例缩放后为（−1，2），计数方向为 Gy，计数长度 $J=J_y=30$mm，斜线位于第二象限，加工指令为 L2。

B—C 段：C 点坐标为（20，0），计数方向为 Gx，计数长度 $J=J_x=20$mm，斜线平行于 X 轴正方向，加工指令为 L1 或 L2。

C—D 圆弧段：圆弧起点 C 点坐标为（0，15），圆弧终点 D 位于 Y 轴上，计数方向为 Gx，计数长度为圆弧半径的两倍即 $J=30$mm，加工起点 C 位于 Y 轴正方向上，加工指令为 NR1 或 NR2。

D—A 段：A 点坐标为（−5，0），计数方向为 Gx，计数长度 $J=J_x=5$mm，斜线平行于 X 轴负方向，加工指令为 L2 或 L3。

总结上述分析，图 5-22 封闭图形的 3B 格式加工程序见表 5-3。

表 5-3　图 5-22 封闭图形的 3B 格式加工程序

序　号	加工程序内容	说　明
1	B1000　B2000　B30000　Gy　L2	斜线 A—B
2	B20000　B　B20000　Gx　L1	水平线 B—C
3	BB15000　B30000　Gx　NR1	圆弧段 C—D
4	B5000　B　B5000　Gx　L2	水平线 D—A

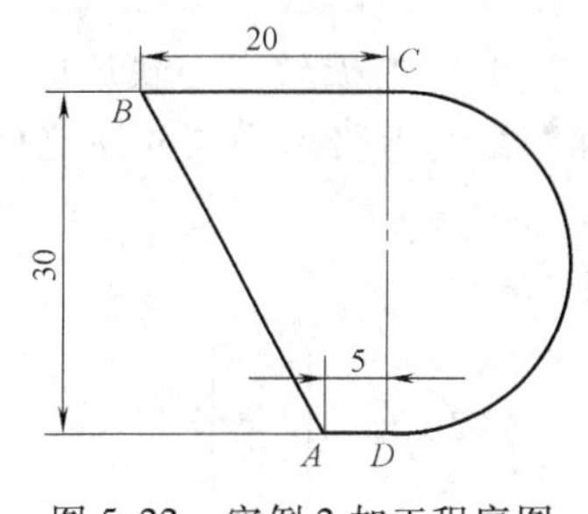

图 5-22　实例 2 加工程序图

在实际生产加工活动中，由于电极丝是贯穿工件的厚度方向的，一般在工件的无用边（孔类零件为加工轮廓的内部，轴类零件为加工轮廓的外部）钻一小孔，称为穿丝孔。穿丝孔与工件的加工轮廓间要有一定距离，线切割编程时把该段距离称为切割引导线。在图5-23中，A 点为穿丝孔中心，AB 为切割引导线。

实例 3　用 3B 格式编写图 5-23 工件轮廓的线切割加工程序。

1）确定加工路线：加工起点为 A 点，按顺时针方向作封闭轮廓加工。

2）分别计算各段曲线的局部坐标值，确定各段的计数方向、计数长度和加工指令等。

3）编写加工程序单，加工程序如下：

```
B5000    B        B5000    Gx   L1
B2500    B2000    B25000   Gx   L1
B2500    B2000    B25000   Gx   L4
B15000   B        B15000   Gx   L3
B        B10000   B10000   Gy   L4
B        B10000   B20000   Gx   SR1
B20000   B        B20000   Gx   L3
B        B10000   B20000   Gx   SR3
B        B10000   B10000   Gy   L2
B15000   B        B15000   Gx   L3
B5000    B        B5000    Gx   L3
```

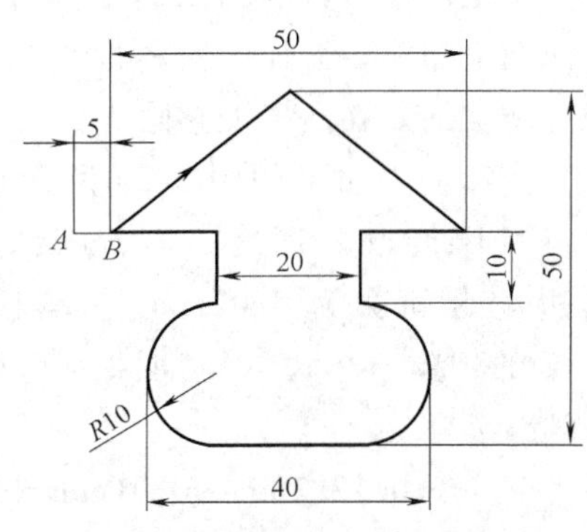

图 5-23　带引导线的加工图例

（3）间隙补偿问题　在实际加工过程中，线切割机床是通过控制电极丝的中心轨迹对工件作切割加工的，由于电极丝有一定的直径要求，加工过程中电极丝与工件之间也要有一定的间隙（称为放电间隙），以免短路，所以在线切割加工过程中，电极丝的中心轨迹和图样上工件的轮廓之间应偏离一个偏差值（称为间隙补偿），以便使线切割加工后得到的零件尺寸符合图样要求。

图 5-24 表达了在实际加工过程中电极丝直径大小、放电间隙和工件轮廓之间几何关系，即

$$f = d/2 + s$$

式中　f——间隙补偿值（mm）；

d——电极丝直径（mm）；

s——单边放电间隙（0.01mm）。

电极丝的中心轨迹相对于工件轮廓的偏移方向与工件类型有关。当加工轴类零件（如凸模）时，电极丝中心轨迹应位于工件轮廓图形的外面，f 取正值；若加工孔类零件（如凹模）时，电极丝中心轨迹应位于工件轮廓图形的里面，f 取负值（见图 5-25）。加工工件轮廓图形与电极丝中心轨迹之间的距离，在圆弧的半径方向和线段的法线方向都等于间隙补偿值 f。

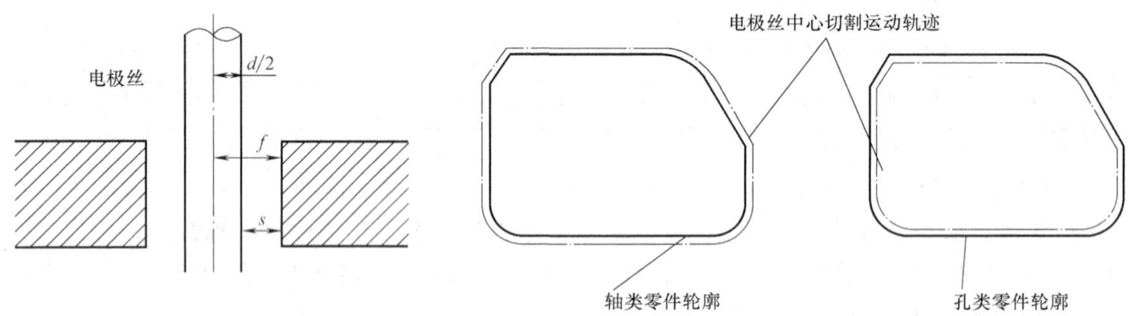

图 5-24　电极丝直径和放电间隙　　图 5-25　电极丝切割运动轨迹与工件轮廓图形的关系

当用线切割机床加工有配合要求的产品零件（如落料模的凸、凹模）时，除了考虑间隙补偿值 f 外，还要考虑零件的配合间隙。配合间隙量的扣除，除了根据零件图对应尺寸的公差标注进行扣除外，有些要根据经验进行选择。如当加工冲孔模具的凸凹模零件时，其配合间隙要在凹模上扣除，而加工落料模具凸凹模零件时，其配合间隙则要在凸模上扣除。

例如，要加工如图 5-26 所示的五金零件，其材料为 Q235 钢，厚度为 1.2mm，要求凸凹模间的单边配合间隙为 0.02mm，（电极丝选用直径为 0.12 的钼丝，单边放电间隙为 0.01mm），则间隙补偿量 f 为

$$f = 0.12/2\text{mm} + 0.01\text{mm} = 0.07\text{mm}$$

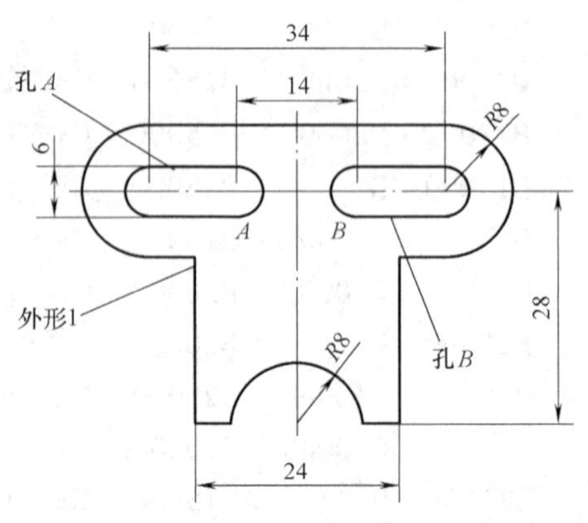

图 5-26　五金零件图

由于外形 1 属于落料模零件，在加工其凹模零

件时，可按产品图尺寸内偏间隙补偿量 f 作为电极丝中心的编程轨迹（见图 5-27a）；而在加工其凸模零件时，除了按产品图尺寸外偏间隙补偿量 f 外，还要内偏单边配合间隙 0.02mm，两者相加补正量 0.05mm 作为电极丝中心的编程轨迹（见图 5-27b）。

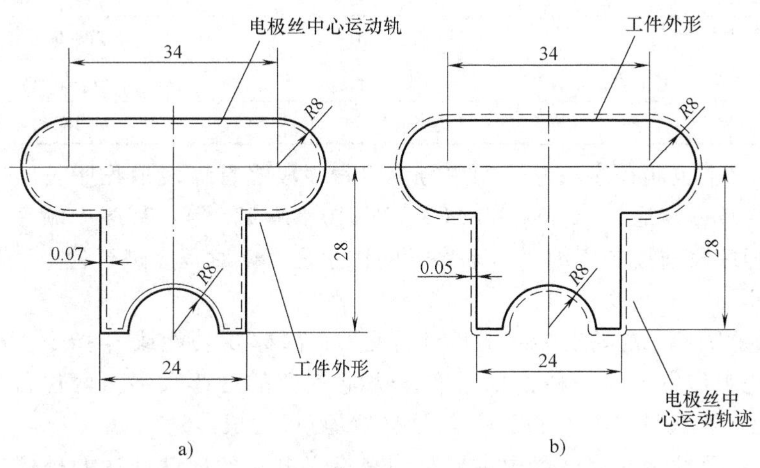

图 5-27　切割配合件时的补正量计算

a）切割凹模时电极丝中心运动轨迹　b）切割凸模时电极丝中心运动轨迹

2. ISO 代码数控程序编制

现阶段我国的电火花线切割加工编程格式，广泛使用的是 3B 或 4B 程序格式。随着我国改革开放的不断深入，特别是加入 WTO 以后，我国的机床生产行业与国际间的技术交流大大加强，为了便于国际交流，我国的机床技术标准必须与国际标准相一致，因此电火花线切割机床生产行业按照国际统一规范的 ISO 代码进行数控编程是今后数控系统发展的必然趋势。为了适应这种新的要求，机床生产厂家制造的数控系统必须是带有可以接受 ISO 代码指令的接口，用户无论是手工编程或是计算机辅助编程，都应具备生成 ISO 代码程序或直接采用 ISO 代码编程的手段。因此，技术人员掌握 ISO 代码进行数控编程变得尤为重要。

（1）程序段格式　程序段是由若干程序字组成的，它是数控加工程序中的一句。例如：

N1024　G01　X25000　Y－15000

大多数程序段是用来指令机床完成某一动作。在加工程序中每个程序段占一行。

程序段格式是指程序段中的字、字符和数据的安排形式。

程序字简称字，它是组成程序段的基本单元，一般都是由一个英字母加若干位 10 进制数字组成的（如：X8000），这个英文字母称为地址字符。不同地址字符表示的功能也不一样。地址字符的含义见表 5-4。

表 5-4　地址字符表

功　能	地　址	含　义
顺序号	N	程序段号
准备功能	G	指令动作方式
坐标字	X、Y、Z	主坐标轴移动指令
	A、B、C、U、V	附加坐标轴移动指令
	I、J、K	圆弧中心坐标

（续）

功　能	地　址	含　义
锥度参数字	W、H、S	锥度参数指令
进给速度	F	进给速度指令
刀具功能	T	刀具编号指令(切削加工)
辅助功能	M	机床开/关及程序调用指令
补偿字	D	间隙及电极丝补偿指令

1）顺序号字　也叫程序段号。顺序号位于程序段之首，表示程序段的序号，它的地址符是 N，后续数字一般是 2～4 位，如 N03、N0010、N8235 等。程序中顺序号可以不写，或只在有需要的程序段前按顺序编号。顺序号的作用是便于对程序进行检查、校对和修改；便于调用子程序。

2）准备功能字 G　准备功能字的地址符是 G，简称 G 功能或 G 指令。准备功能是建立机床或控制系统工作方式的一种指令。准备功能字 G 的后续数字为两位自然数，即 G00～G99，若第一位自然数是“0”可以不写，如 G06 可以写成 G6。

3）尺寸字　尺寸字在程序段中主要是用来指定电极丝运动到达的坐标位置。电火花线切割加工常用的尺寸字符有 X、Y、U、V、A、I、J、等。尺寸字符的后续数字为整数，可加正负号，单位为 μm 。

4）辅助功能字　由地址符 M 及后续的两位数字组成，即 M00～M99，简称 M 功能或 M 指令，用来指令机床辅助装置的接通或断开，也可用于在编写程序时在主程序内调用子程序。

（2）程序格式　一个完整的加工程序是由程序名、程序的主体（若干程度段）、程序结束指令组成，如：

```
O0010
N01   G92   X0   Y0
N02   G01   X10000 Y0
N03   G01   X10000   Y20000
N04   G02   X40000   Y20000
N05   G01   X30000   Y0
N06   G01   X0   Y0
N07   M02
```

1）程序名　线切割加工程序的程序名由文件名和扩展名组成，两者之间用“.”隔开。程序的文件名可以用字母和数字表示，最多可用 8 个字符，如上面加工程序的 O0010，但文件名不能重复。扩展名最多用 3 个字母表示，如 O10. CUT 的“CUT”为扩展名。

2）程序的主体　程序的主体由若干程序段组成，如上面加工程序的 N01～N06 段。在程序的主体中又分为主程序和子程序。将一段重复出现的、单独组成的程序，称为子程序。子程序命名后可单独储存，可重复被调用。子程序常应用在某个工件上有几个相同型面的加工中。调用子程序所用的程序，称为主程序。

3）程序结束指令 M02　M02 指令被安排在程序的最后，单列一段。当数控系统执行到 M02 程序时，就会自动停止进给并使数控系统复位。

（3）ISO 代码及其编程　我国快走丝数控电火花线切割机床常用的 ISO 代码指令与国际上使用的标准基本一致，常用的指令有运动指令、坐标方式指令、坐标系指令、间隙补偿指令、M 代码、镜像及交换指令、锥度加工指令、坐标指令和其他指令等。

1）运动指令

① 快速定位指令 G00　在机床不作放电加工情况下，G00 指令可使指定的某轴以快速移动到指定位置，其程序段格式为：G00　X_　Y_

例如，图 5-28 中快速定位到线段终点的程序段格式为 G00　X60000　Y80000

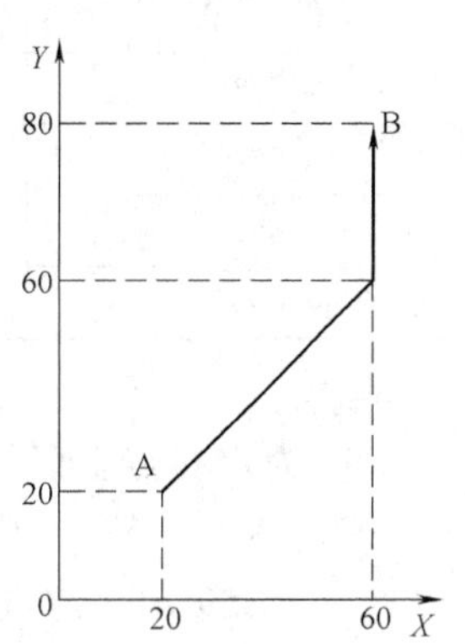

图 5-28　快速定位指令

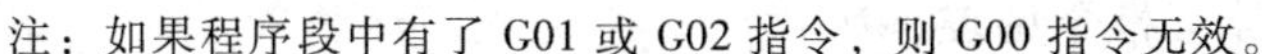
注：如果程序段中有了 G01 或 G02 指令，则 G00 指令无效。

② 直线插补指令 G01　该指令可使机床在各个坐标平面内加工任意斜率的直线轮廓和用直线段逼近的曲线轮廓，其程序段格式为：G01　X_　Y_

例如，图 5-29 中直线插补的程序段格式为

G01　X60000　Y80000

目前，可加工锥度的电火花线切割数控机床具有 *X*、*Y* 坐标轴及 *U*、*V* 附加轴工作台，其程序段格式为

G01　X_　Y_　U_　V_

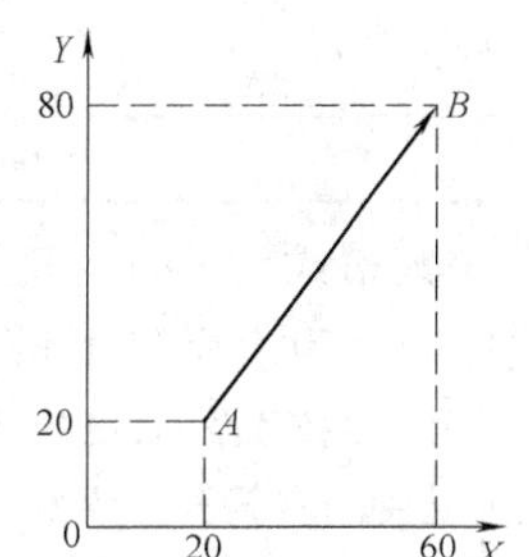

图 5-29　直线插补指令

③ 圆弧插补指令 G02、G03　G02 为顺时针加工圆弧的插补指令，G03 为逆时针加工圆弧的插补指令。圆弧插补指令的程序段格式为

G02　X_　Y_　I_　J_　或

G03　X_　Y_　I_　J_

式中，X、Y 表示圆弧的终点坐标；I、J 表示圆弧的起点到圆心的向量在 *X*、*Y* 轴上的投影值。

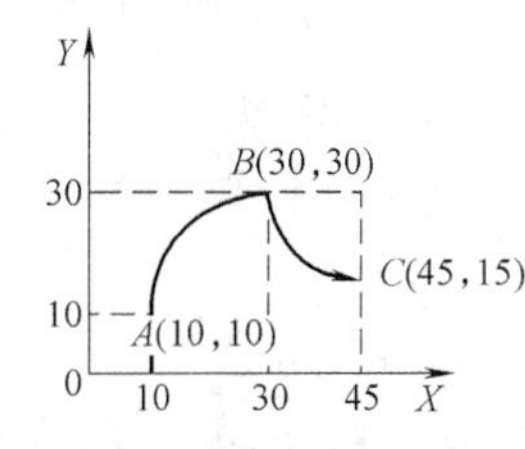

图 5-30　圆弧插补指令

图 5-30 所示 *A*→*B*→*C* 的加工路线，电极丝目前的位置在 *A* 点，其加工程序为

G92　X10000　Y10000

G02　X30000　Y30000　I20000　J0

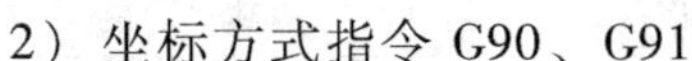
G03　X45000　Y15000　I15000　J0

2）坐标方式指令 G90、G91

G90 为绝对坐标指令，表示程序段中的编程尺寸坐标值是在所选用的加工坐标系内的目标点的坐标值。

G91 为增量坐标指令。该指令表示程序段中的编程尺寸是相对坐标给定的，即坐标值均以前一个坐标作为起点来计算下一点的位置值。

3）坐标系指令　坐标系指令用来指定加工坐标系的原点所在的位置。常用的坐标系指令见表 5-5。

表 5-5 坐标系指令

代码	功能	代码	功能
G92	加工坐标系设置指令	G57	加工坐标系 4
G54	加工坐标系 1	G58	加工坐标系 5
G55	加工坐标系 2	G59	加工坐标系 6
G56	加工坐标系 3		

其中：

G92 为定起点坐标指令，指令中的坐标值为加工程序的起点坐标值，其程序段格式为

G92 X_ Y_

G54 ~ G59 用一定点位于机床坐标系中的坐标值作为加工坐标系的原点。

4）间隙补偿指令 常见的间隙补偿指令见表 5-6。

表 5-6 间隙补偿指令

代码	功能
G40	取消间隙补偿指令
G41	左偏置间隙补偿指令
G42	右偏置间隙补偿指令

其格式为 G41 D_

式中，D 为表示偏置量或补偿距离，其计算方法如以前所述。

注：左偏置、右偏置是沿加工方向看，电极丝偏向加工图形的左边称为左偏置；电极丝偏向加工图形的右边称为右偏置。如图 5-31 所示，图中实线为工件外形，单点画线为电极丝运动轨迹。

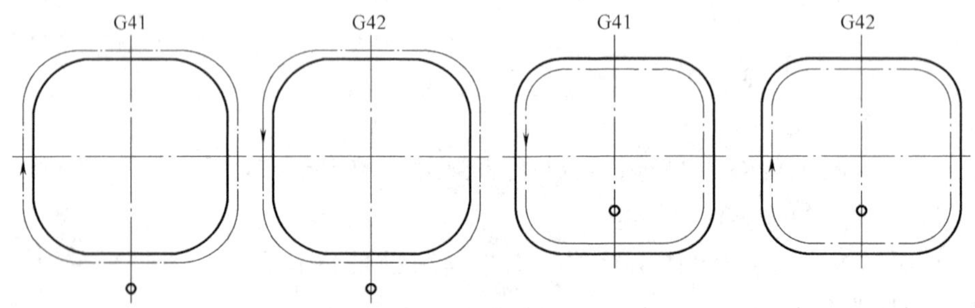

图 5-31 间隙补偿指令

5）M 代码 M 代码为系统辅助功能指令。常用的 M 代码指令及其功能见表 5-7。

表 5-7 M 代码指令

代码	功能	代码	功能
M00	程序暂停指令	M60	穿丝指令
M02	程序结束指令	M80	接触感知指令
M05	解除接触感知指令	M98	调用子程序指令
M50	切断指令	M99	子程序结束指令

其中，接触感知指令 G80，可以使电极丝从当前位置沿某个坐标轴运动，接触工件，然后停止。该指令只在“手动”加工方式时有效，而接触感知解除指令 M05 用于解除接触感知 G80。

一般来讲，M00、M02、M98、M99 属于比较通用的指令，其他 M 代码指令的功能应参考线切割机床自带的机床使用说明书。

6）镜像及交换指令　常用的镜像及交换指令及其功能见表 5-8。

表 5-8　镜像及交换指令

代　码	功　能	代　码	功　能
G05	*X* 轴镜像	G09	*X* 轴镜像，*X*、*Y* 轴交换
G06	*Y* 轴镜像	G10	*Y* 轴镜像，*X*、*Y* 轴交换
G07	*X*、*Y* 轴交换	G11	*X* 轴镜像，*Y* 轴镜像，*X*、*Y* 轴交换
G08	*X* 轴镜像，*Y* 轴镜像	G12	取消镜像指令

在图 5-32 中，直线 *OA* 对 *X* 轴镜像为 *OA'*，*A* 点与 *A'*点符合 *Y* = －Y 关系，属于 *Y* 轴镜像（G06）；直线 *OA* 对 *Y* 轴镜像为 *OA''*，*A* 点与 *A''*点符合 *X* = －X 关系，属于 *X* 轴镜像（G05）。在加工模具零件时，常遇到所加工零件的图形是对称的。例如，编制如图 5-33 中的 *AB* 和 *A'B'*的加工程序时，可以先编制其中一个，然后通过镜像交换指令即可加工出另外一个。

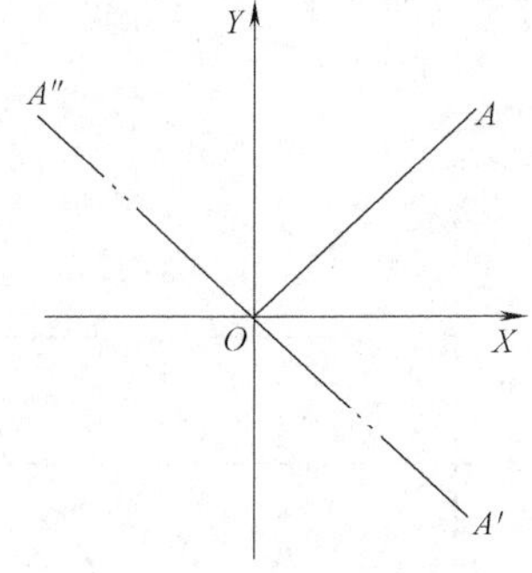

图 5-32　*X* 轴和 *Y* 轴镜像

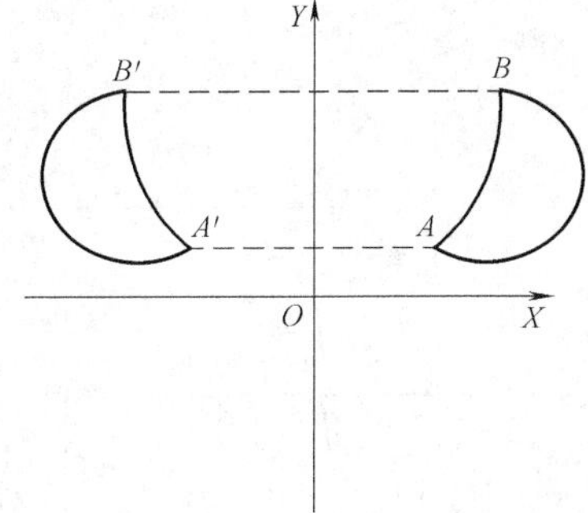

图 5-33　镜像交换指令的应用

7）锥度加工指令　锥度加工指令及其功能见表 5-9。

表 5-9　锥度加工

代　码	功　能
G50	消除锥度
G51	锥度左偏，A 为角度值
G52	锥度右偏，A 为角度值

在目前的一些电火花线切割数控机床上，锥度加工都是通过装在上导轮部位的 *U*、*V* 附加轴来实现的。加工时，控制系统驱动 *U*、*V* 附加轴工作台，使上导轮相对于 *X*、*Y* 坐标轴工作台移动，以获得所要求的锥角。用此方法可以解决冲压模凹模的漏料问题。

G51 为锥度左偏指令，即沿走丝方向看，电极丝向左偏离。顺时针加工，锥度左偏加工的工件为上大下小；逆时针加工，左偏时工件上小下大。锥度左偏指令的程序段格式为

G51　A_

G52 为锥度右偏指令，用该指令顺时针加工，工件为上小下大；逆时针加工，工件上大下小。锥度右偏指令的程序段格式为

G52 A_

在程序段中：A 表示锥度值，单位是度；G50 为取消锥度指令。

例如，图 5-34 中的凹模锥度加工指令的程序段格式为

G51 A0.5

加工前还需输入工件及工作台坐标指令 W、H、S（见表 5-10）。

8）坐标指令　常用的坐标指令及功能见表 5-10，其含义见图 5-34。

表 5-10　坐标指令

代　码	功　能
W	下导轮中心到工作台面高度
H	工件厚度
S	工作台面到上导轮中心高度

9）编程举例

实例 4　用绝对坐标 G90 和相对坐标 G91 两种方式编写如图 5-35 所示的凸模加工程序，切入长度为 10mm，电极丝直径为 0.1mm，单边放电间隙为 0.01mm，则间隙补偿量 $f=0.06$mm。

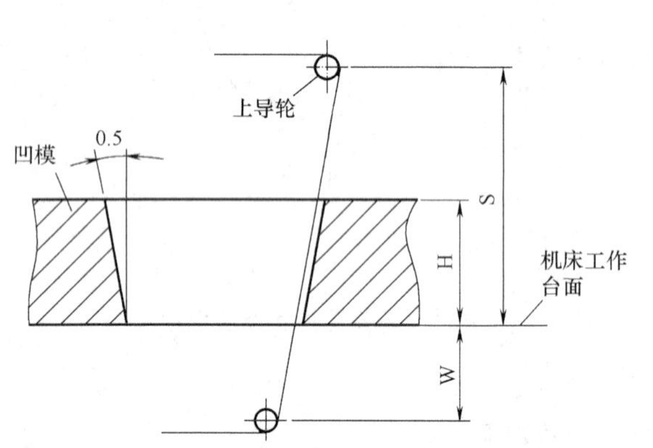

图 5-34　凹模锥度加工

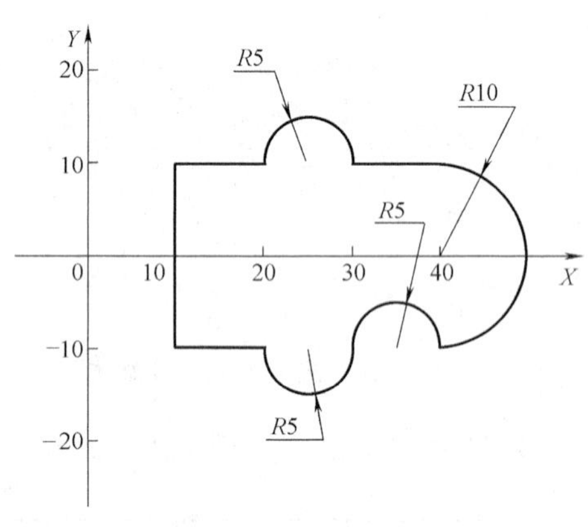

图 5-35　凸模零件图

按绝对坐标方式编程，程序为：

O0011	程序名
G90	按绝对坐标方式编程
G92　X0　Y0	确定加工程序起点，设置加工坐标系
G41　D60	左补偿，$F=0.06$
G01　X10000	引导线长度 10
Y10000	垂直线终点(10,10)
X20000	水平线终点(20,10)
G02　X30000　Y10000　I5000　J0	顺圆终点(30,10)，起点到圆心向量为 $I=5$
G01　X40000　Y10000	水平线终点(40,10)

G02　X40000　Y－10000　I0　J－10000	顺圆终点(40，－10),起点到圆心向量为 $J=-10$
G03　X30000　Y－10000　I－5000　J0	逆圆终点(30，－10),起点到圆心向量为 $I=-5$
G02　X20000　Y－10000　I－5000　J0	顺圆终点(20，－10),起点到圆心向量为 $I=-5$
G01　X10000　Y－10000	水平线终点(10，－10)
Y0	垂直线终点(10,0)
G40	取消间隙补偿
G01　X0　Y0	回加工起点
M02	加工结束

按相对坐标方式编程，程序为：

O0012	程序名
G92　X0　Y0	确定加工程序起点,设置加工坐标系
G91	按相对坐标方式编程
G41　D60	左补偿,$f=0.06$
G01　X10000	引导线长度 10mm
Y10000	沿 Y 轴正向移动 10mm
X10000	沿 X 轴正向移动 10mm
G02　X10000　Y0　I5000　J0	顺圆终点对起点(10,0),起点到圆心向量为 $I=5$
G01　X10000　Y0	沿 X 轴正向移动 10mm
G02　X0　Y－20000　I0　J－10000	顺圆终点对起点(0，－20),起点到圆心向量为 $J=-10$
G03　X－10000　Y0　I－5000　J0	逆圆终点对起点(－10,0),起点到圆心向量为 $I=-5$
G02　X－10000　Y0　I－5000　J0	顺圆终点对起点(－10,0),起点到圆心向量为 $I=-5$
G01　X－10000　Y0	沿 X 轴负向移动 10mm
Y10000	沿 Y 轴正向移动 10mm
G40	取消间隙补偿
G01　X－10000	回加工起点,沿 X 轴负向移动 10mm
M02	加工结束

实例 5　采用丝半径补偿线切割加工带锥度的复杂工件。以图 5-35 工件轮廓为工件底部大端尺寸，锥度为 3°，加工程序为：

G92　X0　Y0;	
W60000;	坐标指令
H40000;	

程序	说明
S100000;	
G52　A3;	锥度为 3°
G41　D60;	顺时针加工，间隙补偿量（0.06mm），左补偿
G01　X10000　Y0;	进刀线，建立间隙补偿和锥度加工
G01　X10000　Y10000;	工件下表面的实际加工路径
G01　X20000　Y10000;	
G02　X30000　Y10000　I5000　J0;	
G01　X40000　Y10000;	
G02　X40000　Y－10000　I0　J－10000;	
G03　X30000　Y－10000　I－5000　J0;	
G02　X20000　Y－10000　I－5000　J0;	
G01　X10000　Y－10000;	
G01　X10000　Y0;	
G50;	取消锥度加工
G40;	取消间隙补偿
G01　X0　Y0;	退刀线，执行取消锥度加工和取消间隙补偿
M02;	

加工效果图如图 5-36 所示。

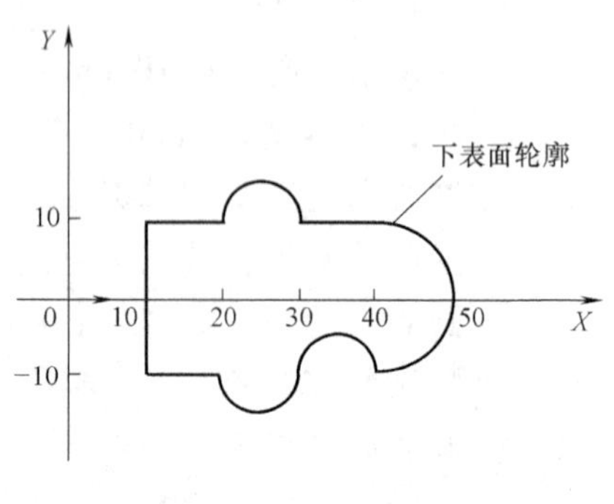

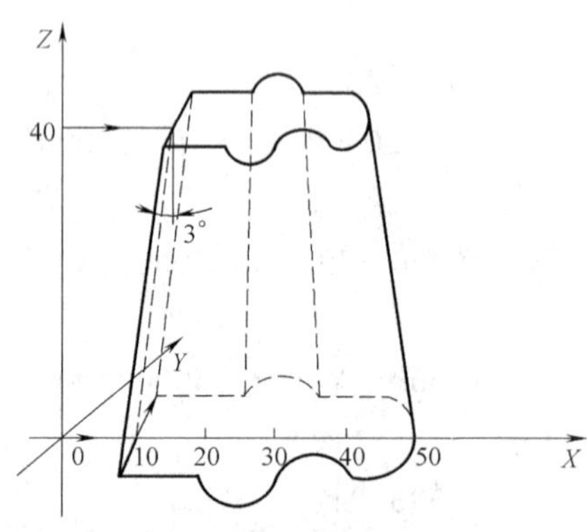

图 5-36　锥度加工效果图

实例 6　编制如图 5-37 所示的凸模零件的线切割加工程序。已知电极丝直径为 0.1mm，单边放电间隙为 0.01mm，工件厚度为 20mm。

工艺处理及计算如下：

1）工件装夹。由于坯料较长，采用两端支撑方式装夹工件。

2）选择穿丝孔及电极丝切入的位置。切割圆形孔时，在型孔中心处钻中心孔作穿丝孔；切割外轮廓时，应先在图 5-38 的 O_3 位置钻一个直径为 3mm 的穿丝孔，电极丝由 O_3 往 J 点切入。

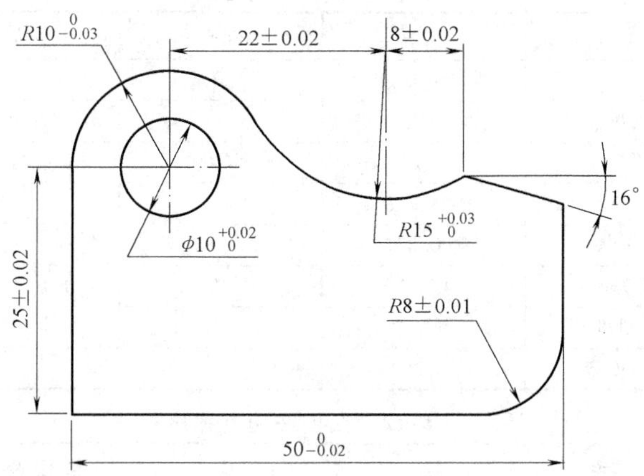

图 5-37　凸模零件图

3）确定切割线路。切割线路按逆时针方向切割，先切割圆形孔，后切割外轮廓，电极丝由 O_3 往 J 点切入，再沿逆时针方向加工到 K 点后返回至起点 O_3，完成切割加工。

4）计算平均尺寸（见图 5-38）。

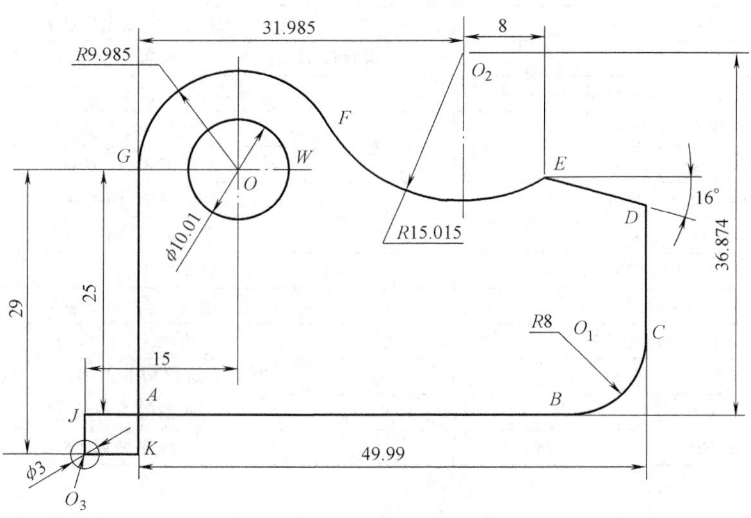

图 5-38　凸模零件平均尺寸图

5）确定计算坐标系。为简单起见，直接选型孔的圆心作为坐标系原点，建立坐标系。

6）确定间隙补偿量。间隙补偿量为 $f=0.1/2\text{mm}+0.01\text{mm}=0.06\text{mm}$。

7）计算各交点坐标。各个交点的坐标值见表 5-11。

8）ISO 代码编程。电极丝分中位于 O 点后即可加工，其线切割程序的 ISO 格式见表 5-12。

表 5-11　交点及圆心坐标值

交点	X	Y	圆心	X	Y
J	-15	-25	O	0	0
B	32.005	-25	O_1	32.005	-17
C	40.005	-17	O_2	22	11.874
D	40.005	-3.701	O_3	-15	-29
E	30	-0.832			
F	8.766	4.781			
G	-9.985	0			
K	-9.985	-29			

表 5-12　凸模线切割程序单

程　序　段	程 序 解 释
O0101	程序名
G92　X0　Y0	定加工坐标系
G41　D60	逆时针加工圆孔时，加入左补偿指令及补偿量 0.06mm
G01　X5005　Y0	直线加工，由 O 点加工到 W 点
G03　X5005　Y0　I-5005　J0	逆时针加工圆孔一周
G40	取消间隙补偿
G01　X0　Y0	由 W 点退回到加工起点 O 点
M00	程序暂停，断开电极丝
G00　X-15000　Y-29000	快速移动到 O_3 点
M00	程序暂停，装上电极丝
G42　D60	逆时针加工凸模时，加入右补偿指令及补偿量 0.06mm
G01　X-15000　Y-25000	切入加工，由 O_3 点到 J 点
G01 X32005 Y-25000	直线加工，由 J→B
G03 X40005 Y-17000 I0 J8000	逆圆加工，由 B→C
G01 X40005 Y-3701	直线加工，由 C→D
G01 X30000 Y-832	直线加工，由 D→E
G02 X8766 Y4781 I-8000 J12706	顺圆加工，由 E→F
G03 X-9985 Y0 I-8766 J-4781	逆圆加工，由 F→G
G01 X-9985 Y-29000	直线加工，由 G→K
G01 X-15000 Y-29000	由 K 点退回到加工起点 O_3 点
G40	取消间隙补偿
M02	程序结束

第四节　典型零件的电火花线切割编程与加工实例

实训一　线切割机床的基本操作

一、实训目的

1）了解电火花线切割机床的安全操作规程。

2）了解电火花线切割机床的基本操作。

3）熟练掌握电火花线切割机床的操作面板上按键的功用及其使用方法。

4）掌握电火花线切割机床的基本操作技能。

5）掌握电极丝的调校、工件的装夹和找正等加工前准备工作的操作方法。

6）培养良好的职业道德。

二、实训设备及工具

1）配有3B和ISO编程格式的数控线切割机床。

2）材料：45钢精料，尺寸60mm×60mm×15mm。

3）工具：ϕ0.12mm钼丝。

三、实训步骤

1. 开机

开机的操作步骤如下：

1）检查外接线路是否接通。

2）合上电源主开关，接通总电源。

3）按下启动按钮，进入控制系统。

2. 电极丝的安装及校正（见图5-39）

电极丝安装的操作步骤如下：

1）把电极丝的一端固定在卷丝筒的一个定点上，转动卷丝筒把电极丝平整均匀地绕到卷丝筒上。

2）把电极丝的另一端穿过上支架→上导轮→下导轮→下支架，并固定在卷丝筒的另一个定点上。

3）来回转动卷丝筒，注意电极丝绕在卷丝筒上的平整均匀程度，并注意观察卷丝筒的限位开关所处位置是否合理。

电极丝的校正是为了保证电极丝轴线与待加工工件水平基准面的垂直度要求，一般在电火花线切割机床运行一段时间后或是在更换导轮或其轴承、改变引电块的位置或更换引电块以及在作切割锥度切割加工等操作以后均需要校正电极丝的垂直度。电极丝垂直度的校正方法大多采用直角尺来测量，直角尺的一直角边靠向电极丝，另一直角边贴在机床工作台面或工件水平基准平面，观测直角尺的一直角边分别朝向机床的X轴和Y轴方向时电极丝与直角尺的另一直角边的贴紧程度。观测方法可用目视法或火花法。目视法依靠经验来判断电极丝与直角尺在接触线上的贴紧程度；火花法是给机床通上脉冲电源，观察放电火花在电极丝与直角尺或找正块在接触线上的分布均匀程度。

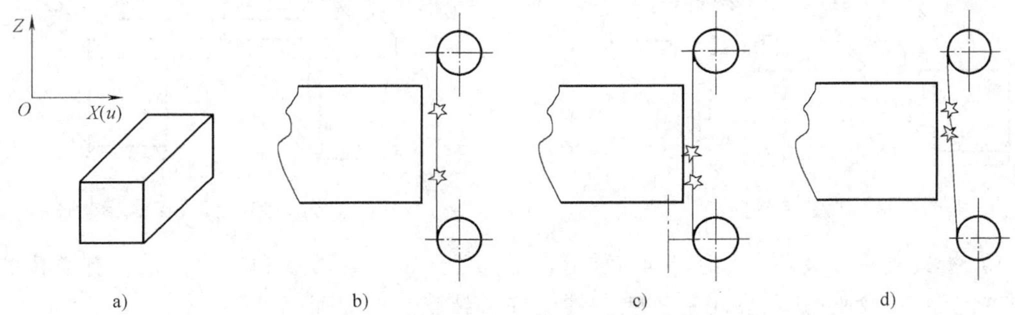

图5-39　电极丝的垂直度校正

a）找正块　b）垂直度较好　c）垂直度较差（右倾）　d）垂直度较差（左倾）

3. 工件的装夹及找正

（1）工件的装夹方法。装夹工件时，必须保证工件的切割部位位于机床工作台纵向、横向进给的允许范围之内，避免超出极限。同时应考虑切割时电极丝运动空间。夹具应尽可能选择通用（或标准）件，所选夹具应便于装夹，便于协调工件和机床的尺寸关系。在加工大型模具时，要特别注意工件的定位方式，尤其在加工快结束时，工件的变形、重力的作用会使电极丝被夹紧，影响加工。常用的工件的装夹方法有：

1）悬臂式装夹法。如图 5-40 所示，这种方式装夹方便，通用性强。但由于工件一端悬伸，易出现切割表面与工件上、下平面间的垂直度误差，仅用于加工要求不高、工件较小或悬臂较短的情况。

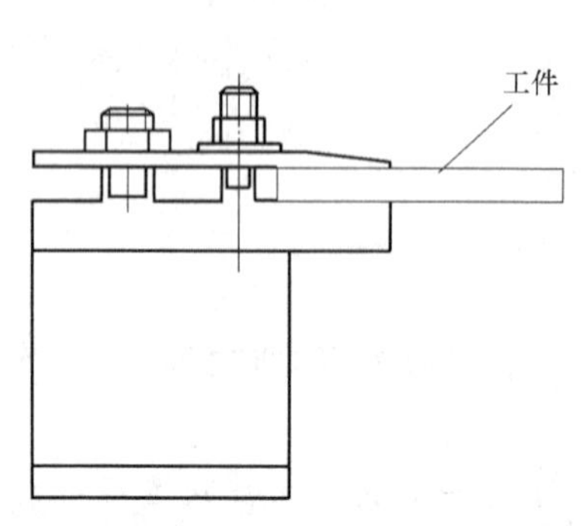

图 5-40 悬臂式装夹法

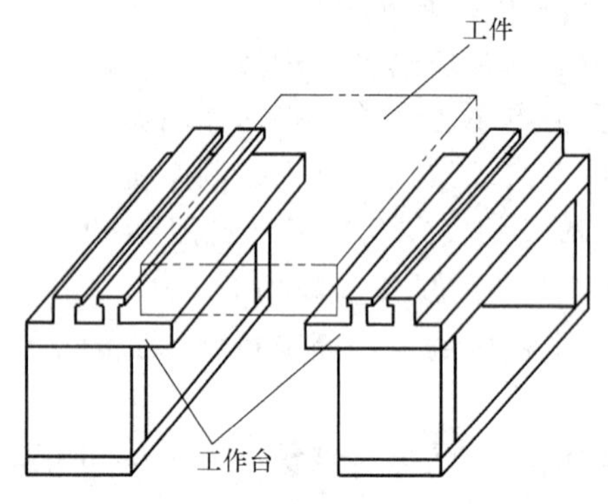

图 5-41 两端支撑装夹法

2）两端支撑装夹法。如图 5-41 所示，这种方式装夹方便、稳定，定位精度高，但由于工件中间悬空，不适于装夹较大的零件。

3）桥式支撑装夹法。如图 5-42 所示，这种方式是在通用夹具上放置垫铁后再装夹工件，装夹方便、稳定，对大、中、小型工件都能采用。

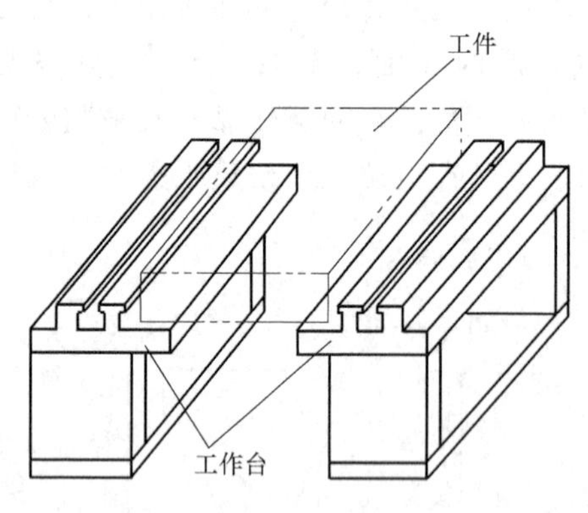

图 5-42 桥式支撑装夹法

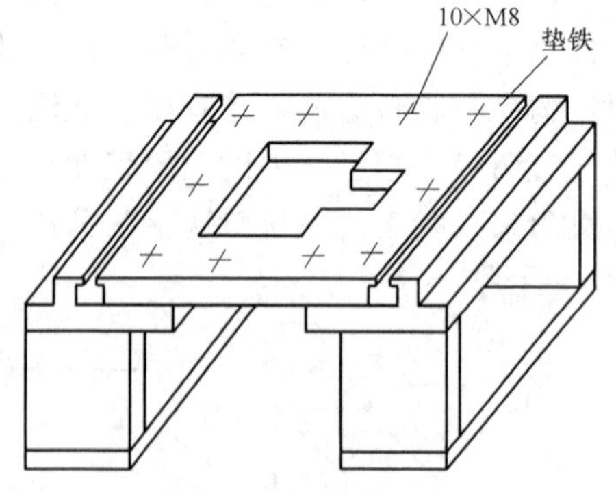

图 5-43 板式支撑装夹法

4）板式支撑装夹法。如图 5-43 所示，根据常用的工件形状和尺寸，采用有通孔的支撑板装夹工件。这种方式装夹时加工稳定性较好，精度高，但通用性差。

（2）工件的找正 装夹好工件以后，还必须对工件进行调整（找正），使工件的定位基准面与机床的工作台的进给方向 X 或 Y 轴保持特定的关系（如平行或垂直等），以保证所切割的工件基准面的相对位置精度。常用的找正方法有：

1）划线法找正。工件的切割图形与定位基准之间的相互位置精度要求不高时，可采用划线法找正。其操作方法是利用固定在丝架上的划针对准工件上划出的基准线，往复移动工作台，目测划针、基准间的偏离情况，将工件调整到正确位置，如图 5-44 所示。

2）用百分表找正。其操作方法是，用磁力表架将百分表固定在丝架或其他能与工件做相对运动的部件上，百分表的测量头与工件基准面接触，往复移动工作台，并配合调整工件的位置，直至百分表指针的偏摆范围达到所要求的数值（即在规定的公差范围之内）。找正应在相互垂直的三个方向上进行（即一个平面方向和一个线性方向），以保证工件的基准面与电极丝的轴线垂直，而且工件的基准边与机床的坐标轴平行，如图 5-45 所示。

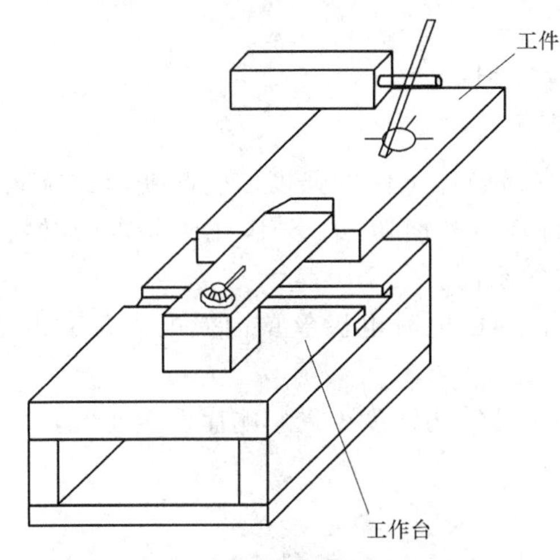

图 5-44　划线法找正工件

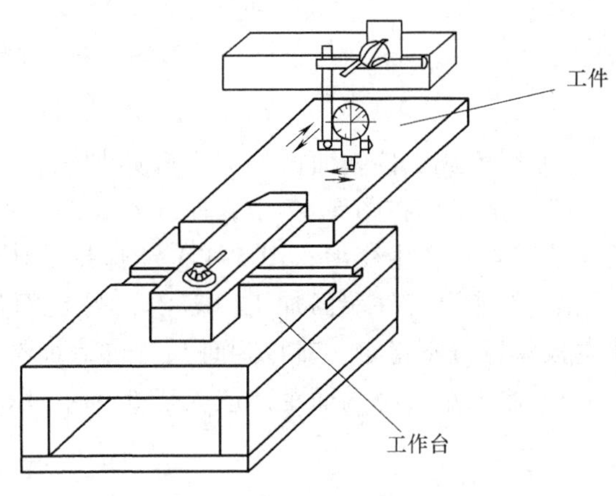

图 5-45　用百分表找正工件

4. 穿丝孔和电极丝切入位置的选择

穿丝孔是电极丝相对工件运动的起点，同时也是程序执行的起点，一般选在工件上的基准点处。穿丝孔位置的选择应考虑以下因素：

1）当切割凸模需要设置穿丝孔时，位置可选在加工轨迹的拐角附近，以简化编程。

2）切割凹模等零件的内表面时，将穿丝孔设置在工件对称中心，这样对编程计算和电极丝定位都较为方便。但切入行程较长，不适合大型工件采用。

3）在加工大型工件时，穿丝孔应设置在靠近加工轨迹边角处或选在已知坐标点上，以使运算简便，缩短切入行程。

4）在加工大型工件时，还应沿加工轨迹设置多个穿丝孔，以便发生断丝时能就近重新穿丝，切入断丝点。

穿丝孔的设置具有一定的灵活性，应根据具体情况确定。为缩短开始切割时的切入长度，穿丝孔也可选在距离型孔边缘 2～5mm 处，如图 5-46a 所示。加工凸模时，为减小变形，电极丝切割时的运动轨迹与边缘的距离应大于 5mm，如图 5-46b 所示。

5. 加工路线的选择

在加工中，工件内部应力的释放要引起工件的变形，所以在选择加工路线时，应尽量避免破坏工件或毛坯结构刚性。

选择加工路线时应注意以下几点：

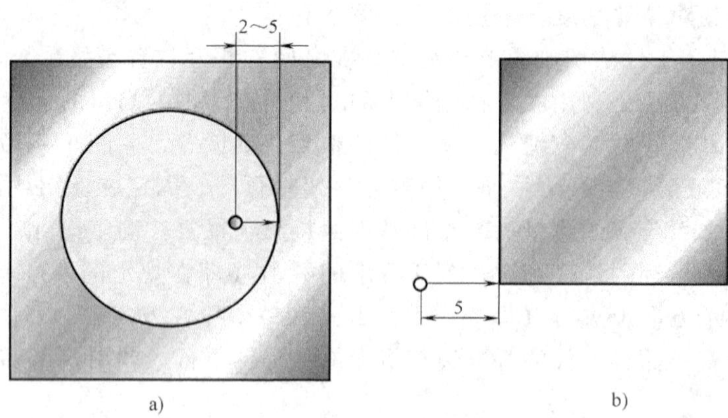

a)　　b)

图 5-46　穿丝孔位置选择

a）凹模　b）凸模

1）避免从工件端面由外向里开始加工，这样容易破坏工件的强度，引起变形，应从穿丝孔开始加工。在图 5-47 中，图 5-47a 选择在工件坯料外面切入，外围用于装夹的材料呈断裂状，容易产生变形；图 5-47b 能保持毛坯结构的刚性。

2）不能沿工件端面加工。若沿工件端面加工，则放电时电极丝单向受电火花冲击力，使电极丝运行不稳定，难以保证尺寸和表面精度。

3）加工路线距端面距离应大于 5 mm，以保证工件结构强度少受影响而发生变形。

a)　　b)

图 5-47　加工路线选择 1

4）加工路线应向远离工件夹具的方向进行加工，以避免加工中因内应力释放引起工件变形，待最后再转向工件夹具处进行加工。

5）当在一块毛坯上要切出两个以上零件时，不应该连续一次切割出来，而应从不同穿丝孔开始加工。如图 5-48 所示，图 5-48b 的切割方法对保持毛坯结构的刚性比图 5-48a 好。

a)　　b)

图 5-48　加工路线选择 2

6. 电极丝初始坐标位置的调整

在线切割加工之前，应将电极丝调整到切割起始点的坐标位置上，其调整方法有以下几种：

（1）目测调整法　对于加工要求较低的工件，在确定电极丝与工件基准间的相对位置时，可以直接利用目测或借助 2～8 倍的放大镜来进行观察。图 5-49 是利用穿丝处划出的十字基准线，分别沿划线方向观察电极丝与基准线的相对位置，根据两者的偏离情况移动工作台，当电极丝中心分别与纵横方向基准线重合时，工作台纵、横方向上的读数就确定了电极丝中心的位置。

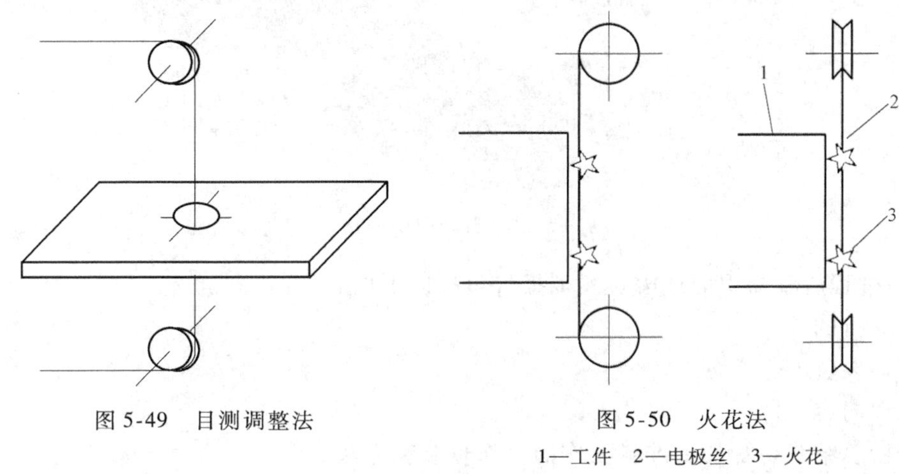

图 5-49　目测调整法

图 5-50　火花法

1—工件　2—电极丝　3—火花

（2）火花法　如图 5-50 所示，移动工作台使工件的基准面逐渐靠近电极丝，在出现火花的瞬时，记下工作台的相应坐标值，再根据放电间隙推算电极丝中心的坐标。此法简单易行，但往往因电极丝靠近基准面时产生的放电间隙，与正常切割条件下的放电间隙不完全相同而产生误差。

（3）自动找中心法　自动找中心法也叫接触感知法，就是让电极丝在工件孔的中心自动定位。此法是根据线电极与工件的短路信号，来确定电极丝的中心位置。目前装有计算机数控系统的线切割机床都具有接触感知功能，用于电极丝定位最为方便，如图 5-51 所示。

四、注意事项

1）操作线切割机床时应确保安全，包括人身和设备的安全。

2）起动机床运行前应把工作台上的扳手等辅助工具放入工具柜中。

3）禁止多人同时操作机床。

五、实训思考题

1）简述线切割机床的安全操作规程。

2）线切割机床由哪几部分组成？

3）切割大尺寸的工件时，用悬臂式装夹法装夹工件是否合理？为什么？

4）选择穿丝孔的位置时应考虑哪些因素？

5）用百分表找正工件基准面的目的是什么？为什么还要找正工件的基准边？

六、实训报告要求

实训报告是对实训时所学到的知识、所使用的机床和所操作的内容加以归纳和总结，以

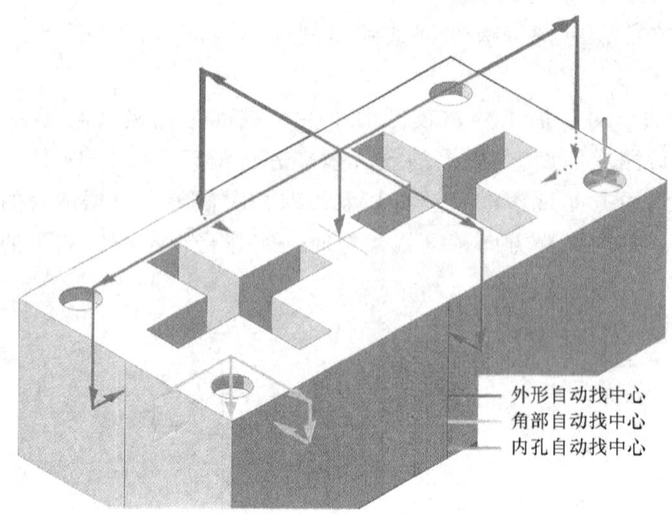

图 5-51　自动找中心法

加深对实训过程所学知识的理解。实训报告包括以下内容：

1）实训目的。

2）实训设备。

3）实训内容。

4）分析总结线切割加工准备工作的操作步骤和方法。

七、实训时间

每人 6 学时。

实训二　电火花线切割加工实例操作

一、实训目的

1）掌握简单零件的线切割加工程序的手工编制技能。

2）熟悉 ISO 代码编程及 3B 格式编程。

3）学会根据零件图制定合理的加工工艺。

4）学会选择合理的电参数以满足零件的精度要求。

5）熟悉线切割机床的基本操作。

二、实训设备及工具

1）DK7725E 型线切割机床。

2）材料：45 钢精料，尺寸 100mm × 50mm × 20mm。

3）工具：ϕ0.12mm 钼丝。

三、实训步骤

主要内容：加工如图 5-52 所示的工件，根据图样要求的尺寸，编制 ISO 程序以及写出加工的工艺和步骤。

1. 准备工作

1）根据图样分析，要求加工的工件为低压骨架下型腔（图中的顶杆孔未画出），而且是一模两穴。工件的材料为模具材料，并且在线切割加工之前进行热处理，硬度达到52～58HRC。

2）材料准备。在切割加工前，型腔的外形要加工结束并保证尺寸精度和位置精度。考虑到工件在加工前淬火，所以穿丝孔应在未热处理前预制，可用 ϕ4mm 的钻头完成。如有条件可在热处理完成后在电火花穿孔机上完成（小的顶杆孔只能在电火花穿孔机上加工）。

3）工件装夹和调整。采用桥式支撑装夹方式，压板夹具固定。在装夹时，两块垫铁各自斜放，使工件和垫铁留有间隙，方便电极丝位置的确定。用百分表找正调整工件，使工件的底平面和工作台平行，工件的直角侧面和工作台 X、Y 互相平行。

4）上丝、紧丝 和调垂直度。电极丝的松紧适宜，用火花法调整电极丝的垂直度，即电极丝与工件的底平面（装夹面）垂直。

5）电极丝位置的调整。为了保证工件内形相对于外形的位置精度和下型腔的装配精度，必须使电极丝的起始切割点位于下型腔的中心位置。电极丝位置的调整采用火花法校正。

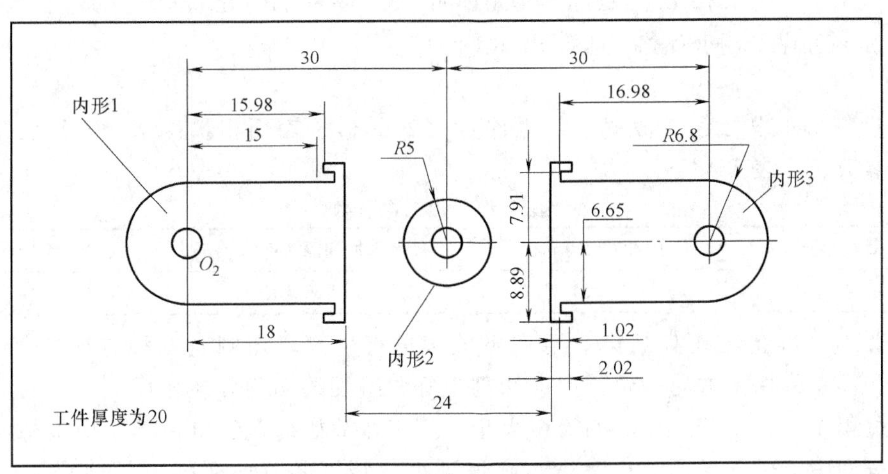

图 5-52　线切割加工实例操作图

2. ISO 编程

（1）确定工艺基准和编程零点　选择工件底平面作为定位基准面，考虑确定电极丝位置方便，加工基准和设计基准要统一，选择直角坐标系 O_1 为工艺基准。编程零点的选择有两种：

1）选择 O_1 为整个切割图形的编程零点，但是这种编程零点的缺点是尺寸标注基准和编程基准不统一，导致编程繁琐，计算量大，编程容易出错。

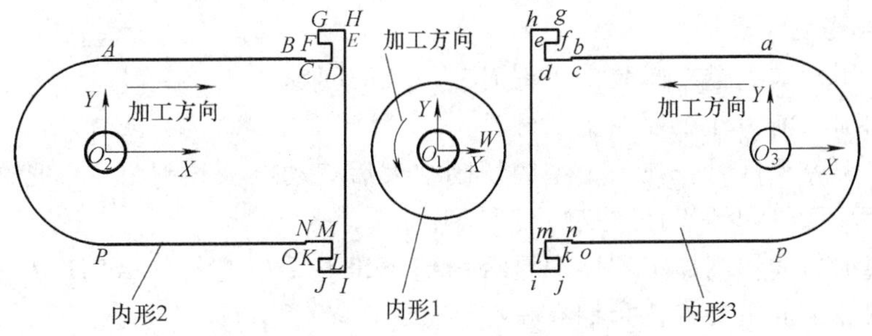

图 5-53　编程零点和加工路线的确定

2）分别选择 O_1、O_2、O_3 为三个封闭内形的编程零点。优点是尺寸标注基准和编程基准统一，编程方便简单，如图 5-53 所示。

（2）确定穿丝点和加工顺序　为方便预制穿丝孔和程序编制，选择 O_1、O_2、O_3 为三个切割图样的穿丝孔。加工顺序为首先切割内形 1，然后切割内形 2，最后切割内形 3。

（3）确定加工路线

1）内形 1：由 O_1 点向 W 切入，作逆时针方向加工到 W 点，向 O_1 点退出。

2）内形 2：由 O_2 点向 A 切入，作逆时针方向加工到 A 点，向 O_2 点退出。

3）内形 3：由 O_3 点向 a 切入，作逆时针方向加工到 a 点，向 O_3 点退出。

（4）间隙补偿量的确定

1）根据技术要求，钼丝的直径选为 0.13mm。单边放电间隙为 0.01mm，配合间隙为 0.01mm。

2）间隙补偿量 f 的计算。由于作凹模加工，配合间隙与放电间隙反向，间隙补偿量为

$$f = 0.13/2\text{mm} + 0.01\text{mm} - 0.01\text{mm} = 0.065\text{mm}$$

（5）编制程序　用 ISO 格式编写出加工程序。

3. 加工

（1）选择加工电参数　根据工件的厚度（20mm）、表面粗糙度 R_a 值为 1.6～3.2μm，选择电参数，见表 5-13。

表 5-13　加工电参数

峰值电流 i_s/A	脉冲宽度 Ton/μs	脉冲间隔 Toff/μs	加工速度/mm · min－1
1～4	≤4	Ton/Toff＝3～4	2～5

（2）切割　准备工作都结束后可按下该键进行切割。切割有两种方向，正向和反向。正向切割和编程的切割方向一致，反向切割正好和编程的切割方向相反。

切割过程中，可调节工作液的流量大小，使工作液始终包住电极丝，切割稳定。

切割过程中，可随时调整电参数，在保证尺寸精度和表面粗糙度的前提下，提高加工效率。

四、注意事项

1）采用桥式支撑方式装夹工件时一定要保证两边支撑块的距离要大于切割加工范围。

2）切割完一个内形后且在切割另一个内形前，由于电极丝已经拆过重装，必须重新校核电极丝的垂直度后再开始加工。

3）由于产品属于多型腔零件，一个型腔切割结束后需密切注意零件是否因内应力失衡而产生变形。

五、实训思考题

1）简述采用桥式支撑方式装夹工件时应注意的问题。

2）线切割加工前为什么要校正工件？

3）切割多型腔零件时，在一个型腔切割结束后移动电极丝到另一型腔的切割起点，重新装上电极丝后即可马上切割另一型腔，对吗？为什么？

4）在本实训的线切割加工程序中是否用到 M00 指令？它有什么用途？

5）线切割加工的主要工艺指标有哪些？

6）影响线切割加工工艺指标的主要因素有哪些？脉冲宽度的大小是如何影响工艺指

标的？

7）切割大厚度的工件应如何调整峰值电流、脉冲宽度和脉冲间隔的大小？

六、实训报告要求

实训报告要包括实训目的、实训设备、实训内容、分析总结线切割加工过程中出现的问题及解决办法等。

七、实训时间

每人 12 学时。

习　　题

一、选择题（可多选）

1. 电火花线切割加工的特点有：（　　）。

A. 不必考虑电极损耗　　B. 不能加工精密细小、形状复杂的工件

C. 不需要制造电极　　D. 不能加工不通孔类和阶梯型面类工件

2. 电火花线切割加工的对象有：（　　）。

A. 任何硬度，高熔点包括经热处理的钢和合金　　B. 成形刀，样板

C. 阶梯孔，阶梯轴　　D. 塑料模中的型腔

3. 对于线切割加工，下列说法正确的有：（　　）。

A. 线切割加工圆弧时，其运动轨迹是折线

B. 线切割加工斜线时，其运动轨迹是斜线

C. 加工斜线时，取加工的终点为编程坐标系的原点

D. 加工圆弧时，取圆心为编程坐标系的原点

4. 线切割加工数控程序编制时，下列计数方向的说法正确的有：（　　）。

A. 斜线终点坐标（X_e，Y_e）当$|Y_e|>|X_e|$时，计数方向取 Gy

B. 斜线终点坐标（X_e，Y_e）当$|X_e|>|Y_e|$时，计数方向取 Gy

C. 圆弧终点坐标（X_e，Y_e）当$|X_e|>|Y_e|$时，计数方向取 Gy

D. 圆弧终点坐标（X_e，Y_e）当$|X_e|<|Y_e|$时，计数方向取 Gy

5. 线切割加工编程时，计数长度应（　　）。

A. 以 μm 为单位　　B. 以 mm 为单位　　C. 写足四位数

D. 写足五位数　　E. 写足六位数

6. 加工斜线 OA，设起点 O 在切割坐标原点，终点 A 的坐标为 $X_e=17$mm，$Y_e=5$mm，其加工程序为（　　）。

A. B17　B5　B17　Gx　Ll　　B. B17000　B5000　B017000　Gx　Ll

C. B17000　B5000　B017000　Gy　Ll　　D. B17000　B5000　B005000　Gy　Ll

E. B17　B5　B017000　Gx　Ll

7. 加工半圆 AB，切割方向从 A 到 B，起点坐标 A（-5，0），终点坐标 B（5，0），其加工程序为（　　）。

A. B5000BB010000 $GxSR_2$　　B. B5000BB10000 $GySR_2$　　C. B5000BB01000 $GySR_2$

D. BB5000B01000 $GySR_2$　　E. B5BB010000 $GySR_2$

二、简答题

1. 简述脉冲宽度和脉冲间隔对放电间隙的影响。

2. 作为线切割加工用的电极丝应具有哪些特性?

3. 为了在线切割加工中得到较好的工件表面粗糙度，其电参数应分别如何调整?

三、编程题

1. 若要加工如图 5-54 所示斜线段，分别用 3B 和 ISO 格式编制其由 *A* 到 *B* 的线切割程序。

2. 加工如图 5-55 所示与正 *Y* 轴重合的直线线段，长度为 21.5mm。分别用 3B 和 ISO 格式编制其线切割程序。

3. 加工如图 5-56 所示圆弧，*A* 为此逆圆弧的起点，*B* 为终点。分别用 3B 和 ISO 格式编制线切割程序。

4. 利用 3B 和 ISO 格式编制如图 5-57 所示凸模的线切割程序，电极丝为 ϕ0.15mm 的钼丝，单边放电间隙为 0.01mm，配合间隙为 0.015mm。

5. 利用 ISO 格式编制如图 5-58 所示凹模的线切割程序，电极丝为 ϕ0.12mm 的钼丝，单边放电间隙为 0.01mm，配合间隙为 0.01mm。

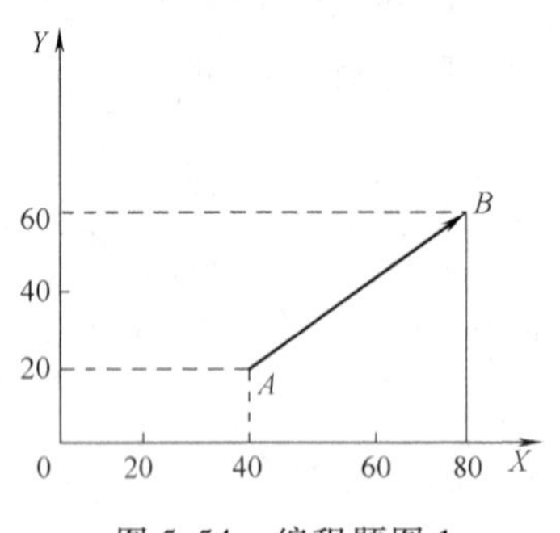

图 5-54　编程题图 1

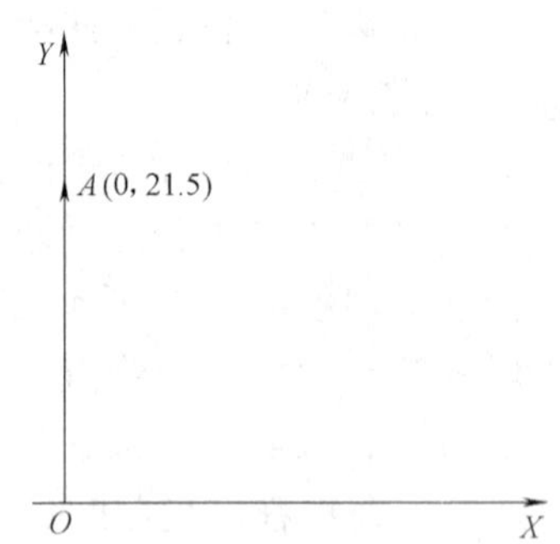

图 5-55　编程题图 2

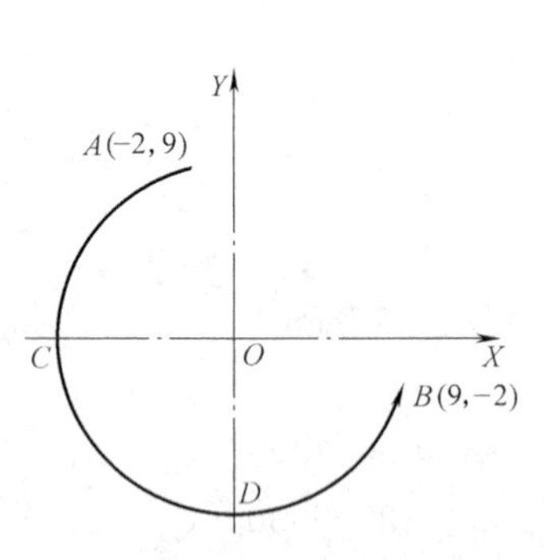

图 5-56　编程题图 3

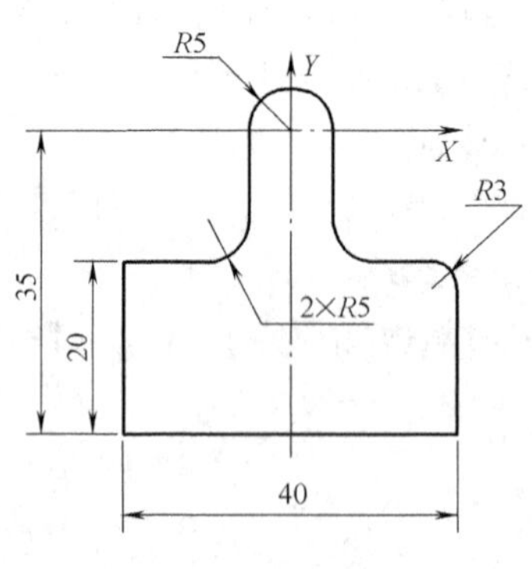

图 5-57　编程题图 4

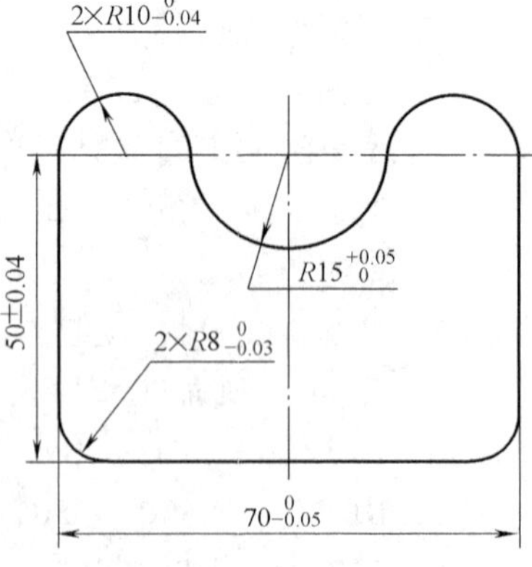

图 5-58　编程题图 5

参考文献

[1] 顾京．数控加工编程及操作［M］．北京：高等教育出版社，2003.

[2] 杨伟群．数控工艺培训教程［M］．北京：清华大学出版社，2004.

[3] 周虹．数控加工工艺与编程［M］．北京：人民邮电出版社，2004.

[4] 张安全．数控加工与编程［M］．北京：中国轻工业出版社，2005.

[5] 张超英．数控加工综合实训［M］．北京：化学工业出版社，2003.

[6] 唐健．数控加工及程序编制基础［M］．北京：机械工业出版社，2000.

[7] 夏丽英．数控加工技术［M］．北京：电子工业出版社，2003.

[8] 王爱玲．现代数控编程技术及应用［M］．北京：国防工业出版社，2005.

[9] 田春霞．数控加工工艺［M］．北京：机械工业出版社，2005.

[10] 李超．数控加工实例［M］．沈阳：辽宁科学技术出版社，2000.

[11] 韩鸿鸾．数控加工工艺［M］．北京：中国劳动社会保障出版社，2005.

[12] 宋国成，赵学岳．数控铣工技能鉴定考核培训教程［M］．北京：机械工业出版社，2006.